Unity游戏开发

（原书第3版）

Sams Teach Yourself Unity 2018
Game Development in 24 Hours, Third Edition

［美］迈克·吉格（Mike Geig）著
王东明 译

图书在版编目（CIP）数据

Unity 游戏开发（原书第 3 版）/（美）迈克·吉格（Mike Geig）著；王东明译．—北京：机械工业出版社，2019.7（2020.1 重印）

（游戏开发与设计技术丛书）

书名原文：Sams Teach Yourself Unity 2018 Game Development in 24 Hours，Third Edition

ISBN 978-7-111-63083-8

I. U… II. ① 迈 … ② 王… III. 游戏程序－程序设计 IV. TP311.5

中国版本图书馆 CIP 数据核字（2019）第 127802 号

本书版权登记号：图字：01-2018-6311

Unity 游戏开发（原书第 3 版）

出版发行：机械工业出版社（北京市西城区百万庄大街 22 号 邮政编码：100037）

责任编辑：关 敏　　责任校对：殷 虹

印 刷：北京市荣盛彩色印刷有限公司　　版 次：2020 年 1 月第 1 版第 2 次印刷

开 本：186mm×240mm 1/16　　印 张：21

书 号：ISBN 978-7-111-63083-8　　定 价：119.00 元

凡购本书，如有缺页、倒页、脱页，由本社发行部调换

客服热线：（010）88379426 88361066　　投稿热线：（010）88379604

购书热线：（010）68326294　　读者信箱：hzit@hzbook.com

The Translator's Words 译者序

游戏被称作第九大艺术形式，很多小伙伴因为喜欢玩游戏而对游戏开发产生了浓厚的兴趣，但是游戏制作过程中困难重重，抛开美术、设计不说，单单程序制作就足以让人望而却步。很多灵感爆棚的小伙伴苦于找不到门路，迟迟无法将自己的设想付诸实践，所以急需一本入门类的书籍来指引道路。本书就是这样一本入门书籍，可以作为游戏开发的敲门砖。

工欲善其事，必先利其器，Unity 游戏引擎是我们游戏开发的利器之一。Unity 不仅可以帮助开发者们实现“Write once，run anywhere”的跨平台愿景，而且能够大大降低游戏开发成本。在刚刚闭幕的、一年一度的游戏开发者盛会 Unite Shanghai 2019 上，我们看到了基于 Unity 引擎开发的《使命召唤手游》《胡闹厨房 2》《网络奇兵 3》等精品佳作。当前市场中排名前 150 的游戏有 70% 都是使用 Unity 制作的。Unity 在国内的开发者众多，社区也非常活跃，遇到问题相对容易解决。

本书主要介绍 Unity 2018 的使用和游戏开发流程中涉及的各种知识。每一章的结构特别清晰，先综述该章要介绍的内容，然后一步步深入讲解，中间穿插着很多动手做的实践操作，可以让读者加深对某个概念、方法的理解，每章的最后还有一个小测验和一个稍微大一点的实践练习，用于巩固该章的学习内容。阅读每一章平均需要一个小时左右，每一章的内容都构建在前一章的基础之上。书中还穿插了四个实战项目，一来可以帮助读者强化对前面几章的学习，二来在整本书阅读完毕之后，读者可以看到自己的阅读成果。对初学者来说，这不仅能极大地增强对游戏开发的自信心和热情，还能增加完整的项目经验。在不断完善各个项目的过程中，自己的学习能力也会得到提升。

本书主要面向游戏开发入门者，但是因为 Unity 2018 增加了一些之前版本中没有的功能，所以富有经验的开发者阅读本书也能有收获。

目前国内介绍 Unity 2018 游戏引擎的书籍屈指可数，本书的出现可以让读者多一种选择。

在翻译本书的过程中，Unity 2018 还在迭代更新，所以有些内容可能稍有变化，但这并不影响阅读。希望读者能收获自己想要的知识。

前　言 Preface

Unity 是一款非常强大的工具，它在专业游戏开发者和业余游戏开发者中都非常受欢迎。本书可以引导读者快速入门，尽早使用 Unity 开始工作（确切地说是 24 小时左右），同时还涵盖了游戏开发中的基本原则。本书不像某些书籍那样仅介绍特定的几方面内容，或者整本书都在介绍如何制作一款游戏，而是讲解了 Unity 开发中的各种知识，并包含四个游戏案例。当你读完本书时，不仅能拥有 Unity 游戏开发引擎所需的理论知识，同时还将完成四款游戏的开发工作，从而获得一个游戏作品集。

本书读者对象

本书适合任何想要学习使用 Unity 游戏引擎的人阅读。无论你是一名在校学生还是一位有丰富经验的开发者，都可以通过阅读本书学到想要的知识。阅读本书并不需要有游戏开发经验或者基础知识，所以如果这是你第一次涉足游戏开发领域也不用紧张。

本书的组织结构

根据 Sams Teach Yourself 系列丛书的原则，本书分为 24 章，阅读每一章大概要花一小时。各章内容介绍如下：

第 1 章——本章主要让你熟悉 Unity，了解 Unity 游戏引擎的各个部分。

第 2 章——本章教你如何使用 Unity 游戏引擎中最基本的内容“游戏对象”（game object），同时也将教你坐标系统和基本的变换。

第 3 章——在本章中，你将学习在材质上应用着色器和纹理时，如何使用 Unity 的图形资源管线，同时也会学习如何将这些材质应用于各种 3D 对象。

第 4 章——在本章中，你将学习如何使用 Unity 的地形系统打造游戏世界。为了创造出独一无二且令人惊叹的世界，不要怕辛苦。

第 5 章——本章将深入剖析灯光和摄像机。

第 6 章——现在我们开始做第一款游戏了！在本章中，你将学习制作一款名为 Amazing Racer 的游戏，这款游戏会用到前面几章学到的所有知识。

第 7 章——在本章中，你将开始学习 Unity 的脚本系统。如果你之前从来没有编程经验，也不要着急，本章的节奏很慢，足以让你打好基础。

第 8 章——本章将继续沿着第 7 章的内容深入学习一些脚本的进阶内容。

第 9 章——本章将带你领略现代视频游戏中常见的各种碰撞交互。你将会学习物理相关的知识，同时也会学习触发器碰撞。你还将学习如何创建物理材质，并将它们应用到你的游戏对象上。

第 10 章——是时候开始制作第二款游戏了！在本章中，你将学习制作一款名为 Chaos Ball 的游戏。游戏的名字就已经点明了游戏内容，游戏制作过程中将会使用大量的碰撞和物理材质，同时还将加入要求各种快速反应的策略。

第 11 章——预设将会让你创建重复使用的游戏对象。在本章中你将学习创建和修改预设。

第 12 章——在本章中，你将学习 Unity 用于创建 2D 游戏的强大工具，包括如何使用精灵和 Box2D 物理引擎。

第 13 章——在本章中，你将学习如何构建复杂的 2D 环境，而不仅仅是由简单的精灵瓦片构成的环境。

第 14 章——在本章中，你将学习如何使用 Unity 的强大用户界面系统，以及如何为游戏创建一个菜单。

第 15 章——现在开始制作第三个游戏！在本章中，你将学习制作 Captain Blaster，这是一款复古风的太空射击游戏。

第 16 章——是时候学习粒子效果了。在本章中，你将体验 Unity 的粒子系统，使用粒子系统创建酷炫的效果并将它们应用到游戏当中。

第 17 章——在本章中，你将学习动画和 Unity 的动画系统，学习制作 2D 和 3D 动画以及强大的动画工具。

第 18 章——本章主要介绍 Unity 的 Mecanim 动画系统，你将学习如何使用 Mecanim 动画系统中强大的状态机以及如何混合动画。

第 19 章——在本章中，你将学习如何使用时间线系统制作动画序列。

第 20 章——本章开始制作第四款游戏，名为 Gauntlet Runner。本游戏将使用一种新的方式来滚动背景，并展示如何实现高级游戏功能。

第 21 章——本章将学习如何在游戏中添加环境音效。你将学习如何使用 2D 或 3D 音效，并了解它们之间的差异。

第 22 章——本章将介绍如何为移动设备构建游戏。你也会学习使用移动端内置的加速器和多点触屏显示器。

第 23 章——现在我们要开始学习如何添加多场景并在多场景之间传递数据，同时也将学习部署游戏的设置。

第 24 章——现在，你将回顾学习 Unity 的整个过程。本章将会告诉你都学到了什么，并为你接下来的学习路线指明方向。

希望你能喜欢本书，并从中学到有用的知识。希望你在 Unity 游戏开发的旅途中一切顺利。

随书资源

从链接 http://fixbyproximity.com/Downloads/UnityBook.html 中，你将获得本书用到的所有代码（这些代码都带有作者的注释），以及所有第三方艺术资源（纹理、字体和模型）和第三方的音频资源。

致谢

特别感谢每一位帮助我撰写本书的人。

首先感谢 Kara 让我坚持下去。我不知道当本书面世的时候，我们会谈论些什么。但无论说什么，你应该都是对的。爱你，宝贝。

Link 和 Luke，我们应该让妈妈轻松一些，她已经快崩溃了。

感谢我的父母。现在，我也是父亲了。当我成为父亲之后，才理解你们为我付出了多少心血，谢谢你们将我抚养成人。

感谢 Angelina Jolie，由于你在《Hackers》（1995）这部精彩的电影中扮演的角色，让我决定学习使用计算机。你低估了这个角色对十岁孩子的影响，你很出色！

感谢牛肉干的发明者，你的名字在历史长河中可能会慢慢被遗忘，但是你的产品却永远深入人心。我喜欢牛肉干，谢谢。

感谢 Michael Wu，你不仅同意作为本书的技术编辑，而且还是我们的播客“Mikes' Video Game Podcast”中的 Mike。

感谢 Laura 说服我撰写本书。同时，也要感谢她在 GDC 的时候帮我买午餐，这对我撰写本书起到了至关重要的作用。

最后，感谢 Unity Technologies 开发了 Unity 游戏引擎，否则本书就不会面世。

Contents 目　　录

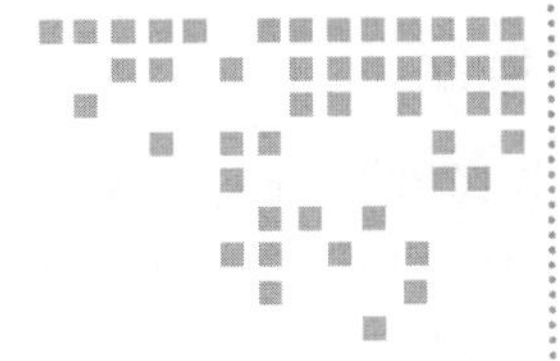

第1章 Unity介绍

Chapter 1

本章的主要任务是让你熟悉Unity环境，以方便在后面的学习中尽情发挥。首先介绍Unity的几种不同的许可证，然后教你安装Unity。本章也会教你如何创建一个新项目以及如何打开一个现有项目。之后会打开编辑器熟悉其中的各个组件。最后，学习如何在一个场景中使用鼠标或者键盘导航。本章需要动手实践，所以在阅读的过程中要下载安装合适的Unity。

1.1 Unity安装

要使用Unity，首先需要下载并安装。现在的软件安装过程十分简单且直观。不过，在安装之前，我们先来介绍三种不同的Unity许可证：Unity Personal，Unity Plus和Unity Pro。Unity Personal是一个免费版本，它提供的功能足以满足本书中所有的示例和项目。事实上，Unity Personal包含了制作商业游戏需要的全部功能，只要你的要求不是太高，就可以一直使用这个版本开发商业游戏。如果你想使用Unity的高级功能，那么可以升级到Unity Plus或者Unity Pro（它们主要面向专业团队）。

注意：Unity Hub

在本书出版的时候，已经有了一种用来安装Unity和创建项目的新方式。Unity Hub是不同项目的中心启动器。不幸的是，本书没有来得及加入相关介绍，但这并不意味着本章内容没有用。你仍然可以使用本章介绍的方法安装Unity并创建项目。即使你决定使用Unity Hub，本章后面的内容也一样适用。就像广告语中常说的那样："包装升级，口味不变。"

下载并安装 Unity

本章假设你选择了 Unity Personal 版本的许可证。如果你选择的是 Plus 或者 Pro 版本，安装过程也基本相同，只在选择许可证的时候有些区别。当你准备好下载并安装 Unity 以后，请按照如下步骤操作：

1. 在 Unity 下载页面按照指引下载 Unity 安装程序：http://unity3d.com/get-unity/download

2. 运行安装程序，就像安装其他软件时一样按照提示操作即可。

3. 出现图 1-1 的提示框时，请确保勾选了 Unity 2018 和 Stand Assets 这两个复选框。如果你的电脑空间足够，也可以安装示例项目和其他平台的构建支持选项，多安装的内容对本书中的操作没有影响。

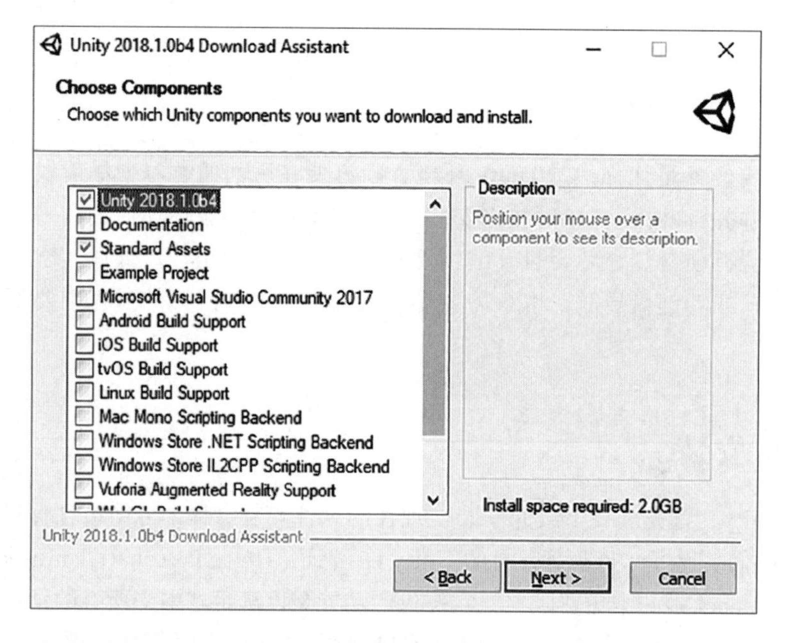

图 1-1　选择要安装的组件

4. 选择 Unity 的安装位置。建议使用默认选项，除非你有自己的想法。Unity 的安装过程将会持续一段时间，在这段时间内，你将看到如图 1-2 所示的界面。

5. 如果你已经有了 Unity 账户，可能会要求你登录账户。如果还没有，那么请按照指引注册一个新账号。请确保你可以访问填写的邮箱，因为需要在邮件中确认邮件地址。现在 Unity 已经安装完成。

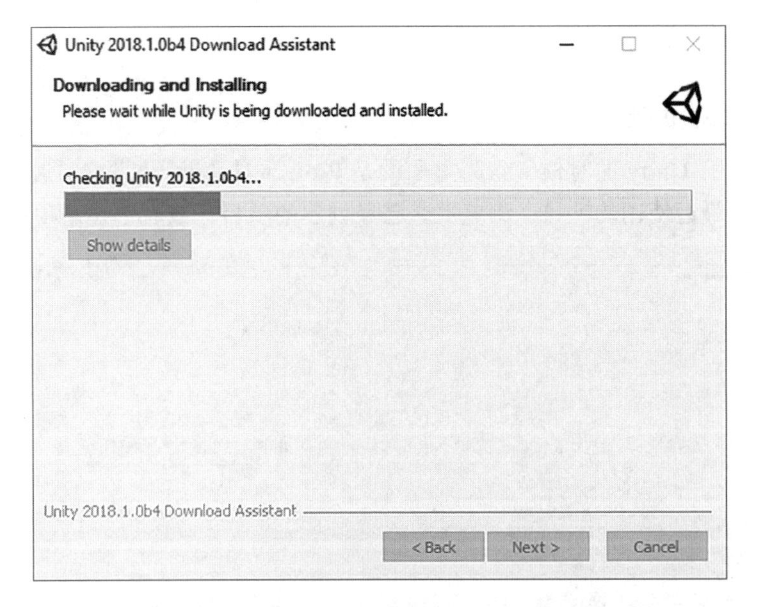

图 1-2　Unity 下载过程要持续一段时间，请耐心等候

注意：Unity 支持的操作系统和硬件

想要使用 Unity，必须使用 Windows PC 或者 Macintosh 计算机。虽然有一个版本的编辑器可以运行在 Linux 上，但是 Linux 并不是官方支持的操作系统。你的电脑必须满足最低配置的要求（下面的配置来自本书出版时的官方网页）：

1. Windows 7 SP1+、Windows 8 或者 Windows 10，64 位系统。Mac OS X 10.9+。注意，Unity 并没有在 Windows 或者 OS X 的服务器版本上测试过。
2. 显卡要支持 DX9（shader model 3.0）或 DX11（特征等级为 9.3）。
3. 支持 SSE2 指令集的 CPU（大多数 CPU 都支持）。

注意上面是最低配置要求。

注意：Internet 链接

书中所有的 URL 在本书出版时都是有效的，但是，链接地址有的时候会更改。如果你需要的资料在列表中找不到，那么可以使用网络搜索你想要的资源。

1.2　熟悉 Unity 编辑器

我们已经安装了 Unity，现在开始探索 Unity 编辑器。Unity 编辑器由可视化组件组成，它允许以“所见即所得”的方式构建游戏。由于大多数交互实际上都发生在我们与编辑器之间，因此我们通常把它简称为 Unity。本章接下来将介绍 Unity 编辑器的各种元素，以及如何使用这些元素来制作游戏。

1.2.1 Project 对话框

当第一次打开 Unity 的时候，首先显示的是 Project 对话框（见图 1-3）。我们可以使用这个对话框打开最近使用的项目，浏览那些已经创建的项目，或者创建新项目。

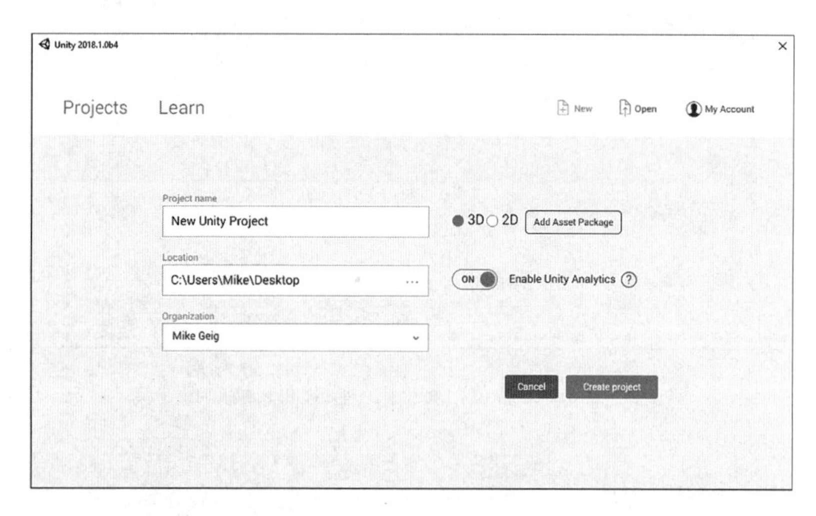

图 1-3 Project 对话框（这是 Windows 的界面，Mac 版本也类似）

如果你已经使用 Unity 创建了一个项目，那么当你打开编辑器的时候，将会直接进入这个项目。要回到 Project 对话框，选择 File > New Project 打开 Create New Project 对话框，或者选择 File > Open Project 打开 Open Project 对话框。

> 提示：打开 Project 对话框
>
> Unity 启动时，将会打开最后一个项目，我们可以通过设置更改这个行为。打开 Edit > Preferences（Mac 上是 Unity > Preferences），然后取消勾选 Load Previous Project on Startup 复选框。

> 动手做▼
>
> **创建第一个项目**
>
> 现在开始创建第一个项目。注意项目的保存位置，这样下次你就能轻松地找到这个项目。图 1-4 显示了创建项目用到的对话框。我们按照下面的操作创建项目：
>
> 1. 打开 Unity，然后打开 New Project 对话框。（如果 Unity 打开了一个项目，那么选择 File >New Project。）
>
> 2. 为项目选择一个存放位置。建议你创建一个名为 Unity Projects 的文件夹来保存本书中用到的所有项目。如果你不知道将文件保存到哪里，那么可以让文件保存在默认位置。

3. 在项目保存对话框中，将项目命名为 Hour 1 TIY，Unity 将会为项目创建一个同名的文件夹。

4. 选择 3D 选项，忽略 Add Asset Package 和 Enable Unity Analytics 选项。

5. 点击 Create project。

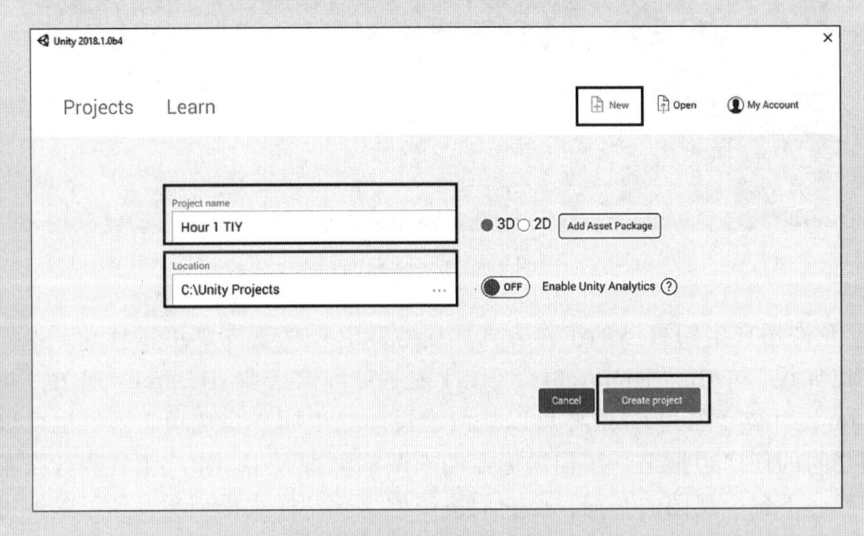

图 1-4　第一个项目的设置

注意：2D、3D、Package、Analytics 如何选择

你可能很好奇 New Project 对话框中的其他选项是干什么用的。2D、3D 选项是为了让你选择创建什么类型的项目。不要担心选择错误或者不确定自己到底要做什么类型的项目。这个选项仅会影响 Unity 的设置，你可以随时更改。Add Asset Package 按钮可以让你将经常用的资源自动导入新项目中。Enable Unity Analytics 选项是一个非常强大的工具，它可以生成游戏玩家的数据，然后可以基于这些数据分析玩家行为，从而改善游戏体验。这个功能对于开发人员来说特别强大，但是现在你还用不到它。

1.2.2　Unity 界面

前面我们已经安装了 Unity，也查看了 Project 对话框。现在开始进行下一步，熟悉 Unity 界面。在第一次打开新创建的 Unity 项目时，将会看到好几个灰色的窗口——视图（view），并且所有视图中的内容基本都是空的，如图 1-5 所示。不要慌，我们将迅速使这个界面变得鲜活起来。后面我们将逐一研究每个视图的功能。首先，让我们看一下 Unity 界面的整体布局。

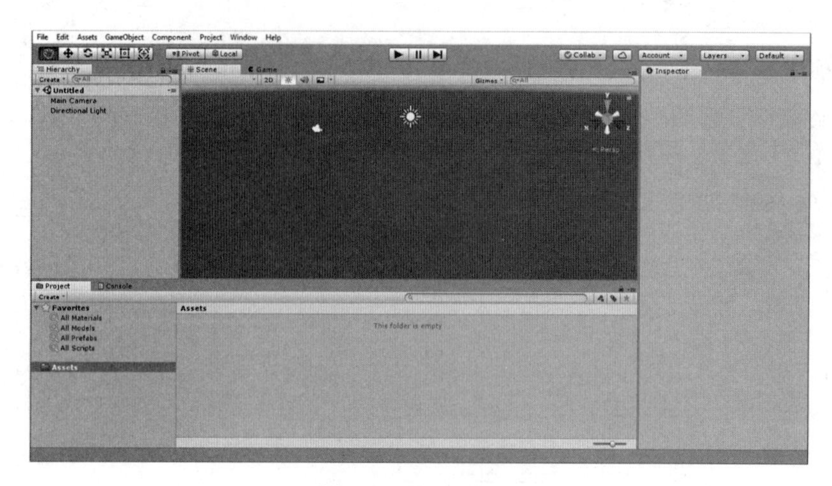

图 1-5　Unity 界面

Unity 允许用户定制自己的工作方式。这意味着任何视图都可以移动、停靠、复制或改变。比如说，单击“Hierarchy”（位于左边）可以选取 Hierarchy 视图，并把它拖到 Inspector 上（位于右边），这样可以让两个视图处于同一个选项卡下。也可以把光标放在视图之间的任何边框上，按住鼠标拖动来调整窗口大小。事实上，为什么不花点时间重新排列一下各个视图的布局，使它们按照你喜欢的样式排列呢？如果最终得到的布局不是你喜欢的样子，也不要感到恐惧。可以使用 Window > Layouts > Default Layout 这个选项，它能帮助你轻易地切换回内置的默认视图。在熟悉界面的过程中，你可以尝试使用各种布局（我最喜欢 Wide 布局）。如果你创建了一个自己很喜欢的布局，那么可以使用 Window > Layouts > Save Layout 将这个布局保存下来（本书中，我使用了名为 Pearson 的自定义布局）。当你保存了一个自定义布局之后，如果不小心打乱了布局结构，还可以轻松地还原到自定义的布局。

注意：使用合适的布局

没有相同的两个人，同样，也不会存在同时令两个人都感到完美的布局。良好的布局有助于项目开发，让你倍感舒适。一定要花时间调整下布局，找到最适合自己的布局方式。接下来 Unity 将是你主要的开发工具，调整 Unity 的布局让它符合你的工作习惯，这样对之后的工作会很有好处。

复制视图的操作也是一个相当直观的过程。简单地右键单击任何视图选项卡（如图 1-6 的 Inspector），把鼠标光标悬停在 Add Tab 上，将会弹出一个视图列表，你可以从中选择想要的视图（见图 1-6）。你可能想知道为什么需要两个一样的视图。在频繁移动视图的过程中，视图有可能会被意外关闭。重新添加就会恢复。此外，还要考虑创建多个 Scene 视图的情况。每个 Scene 视图都可以与项目内的特定元素或轴对齐。如果希望看到它的实际应用，可以使用 Window > Layouts > 4 Split 命令，查看 4 Split 的内置布局（如果之前你已经创建了一种喜欢的布局，在体验 4 Split 布局前一定要记得先保存你刚创建的布局）。

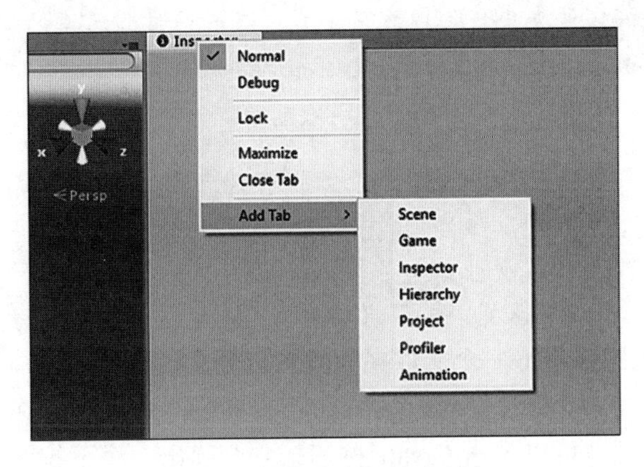

图 1-6　创建一个新的选项卡

现在，我们已经从整体上对 Unity 界面有了了解，接下来，让我们看看每一个视图的功能。

1.2.3　Project 视图

项目创建后使用的所有资源（文件、脚本、纹理、模型等）都可以在 Project 视图中找到（见图 1-7）。这个窗口显示了整个项目用到的所有资源和组织结构。创建一个新项目后，你会发现一个名为 Assets 的文件夹。如果进入硬盘保存项目的文件夹，也会发现名为 Assets 的文件夹。这是因为 Unity 为 Project 视图中的文件夹在硬盘上制作了相同的镜像。如果在 Unity 中创建一个文件或文件夹，资源管理器中就会出现对应的文件或文件夹（反之亦然）。可以执行简单的拖放操作，在 Project 视图中移动资源。这样就可以在文件夹中添加资源，或者自由地组织项目结构。

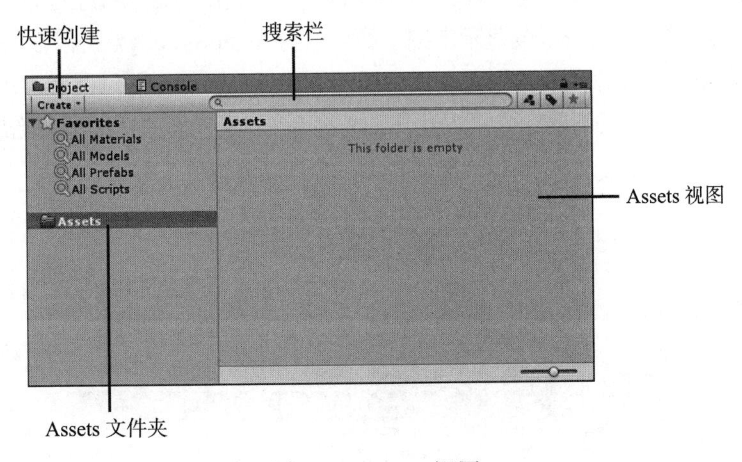

图 1-7　Project 视图

注意：资源和对象

资源是在 Assets 文件夹中任何以文件形式存在的条目，所有的纹理、网格、声音文件、脚本等都可以称为资源。同样，游戏对象是组成场景或者关卡的对象。你可以使用游戏对象创建资源，也可以使用资源创建游戏对象。

警告：移动资源

Unity 维护着项目中各种资源之间的联系。因此，在 Unity 外移动或删除资源可能会导致潜在的问题。一般来说，应该在 Unity 中执行所有的资源管理操作。

当你在 Project 视图中单击一个文件夹的时候，就会在右边的 Assets 区域下显示该文件夹中的全部内容。如图 1-7 所示，当前 Assets 文件夹是空的，因此在右边不会显示任何内容。如果想要创建资源，可以单击 Create 按钮，它会弹出一个下拉菜单，利用这个菜单可以把各种资源和文件夹都添加到项目中。

提示：项目组织

资源的组织方式在项目管理中极其重要。随着项目逐渐变大，资源的数量也开始增多，最终查找某个资源可能会变成一项冗繁的工作。我们可以利用一些简单的组织规则，避免这类问题的产生。

1. 每种资源类型（场景、脚本、纹理等）都应该创建专属文件夹。
2. 每种资源都应该属于一个文件夹。
3. 如果要在文件夹中创建文件夹，那么要确保它们的结构明确。文件夹的用途应该明确而不是含糊不清。

遵循上面的三条原则将会让问题变得简单很多。

Favorites 按钮可以让你迅速选择某种类型的全部资源，它能让你快速扫视这种类型的资源。当单击 Favorites 中的一个按钮（例如 All Models）或者利用内置的搜索栏进行搜索时，可以缩小 Assets 与 Asset Store 中资源的显示范围。如果单击 Asset Store，就可以在 Unity Asset Store 中浏览满足搜索条件的资源（见图 1-8）。然后还可以按免费资源还是付费资源进一步缩小显示范围。这是一个特别出色的功能，它可以让你在不离开 Unity 界面的情况下找到想要的资源。

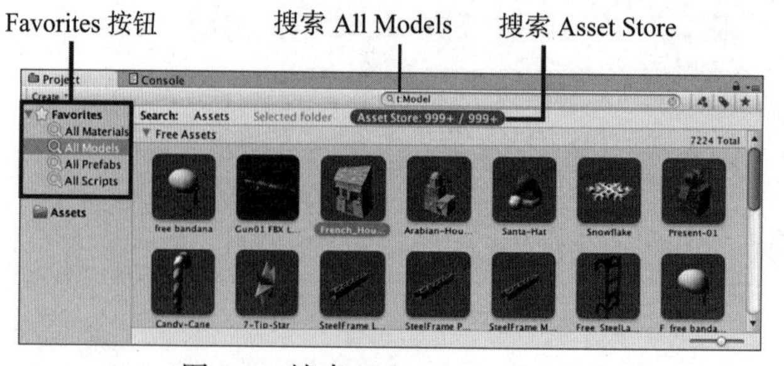

图 1-8　搜索 Unity Asset Store

1.2.4 Hierarchy 视图

Hierarchy视图与Project视图在很多地方都很类似（见图1-9）。它们之间的区别是：Hierarchy视图显示了当前场景而不是整个项目中的内容。当首次使用Unity创建项目时，会创建一个默认场景，场景中包含两项：Main Camera和Directional Light对象。当你向场景中添加资源的时候，它们就会出现在Hierarchy视图中。与Project视图一样，可以使用Create功能向场景中快速添加资源，也可以使用内置的搜索栏进行搜索，还可以单击并拖动对象来组织和“嵌套”它们的结构。

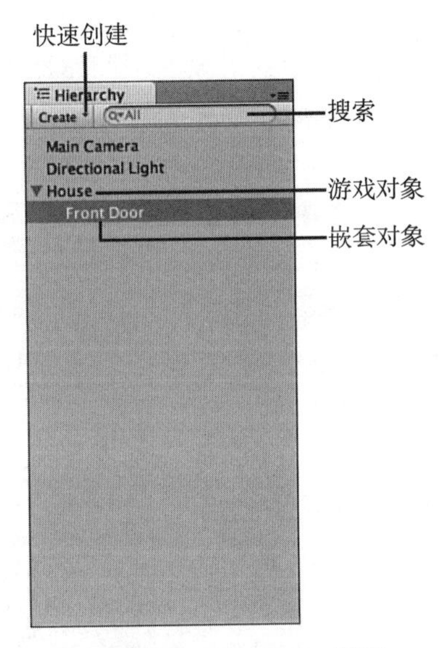

图1-9 Hierarchy视图

> 提示：嵌套
>
> 嵌套是一个专业术语，用于建立两个或者多个对象之间的关系。在Hierarchy视图中，单击一个对象并把它拖到另一个对象上，就会把这个对象嵌套在另一个对象中，这样就会创建父/子关系（parent/child relationship）。在这种情况下，上层的对象是父对象，其下的任何对象都是子对象。很容易分辨父子对象的关系，因为它们以缩进形式显示。后面我们将会发现，Hierarchy视图中具有嵌套关系的对象可能会影响它们的行为。

> 提示：场景
>
> 场景是用来描述关卡或者地图的术语。在Unity项目的开发过程中，每一个场景都有自己的一组对象或者行为。因此，如果你创建了一个游戏，其中包含大雪关卡和丛林关卡，那么这两个关卡应该属于不同的场景。当你在网上搜索某些问题的答案时，你会发现场景（scene）和关卡（level）是混用的。

> 提示：场景组织
>
> 当创建了一个新的 Unity 项目后，要做的第一件事就是在 Project 视图的 Assets 文件夹下创建一个名为 Scenes 的文件夹。把所有的场景（或关卡）放在相同的位置。一定要给场景起一个有意义的名称，即可以描述出它的用途。Scene1 现在听起来像是一个非常好的名字，但是当你创建了 30 个场景之后，就根本无法从名字上判断这个场景到底是干什么用的了。

1.2.5 Inspector 视图

Inspector 视图能够让你查看当前选中的对象的全部属性。从 Project 或 Hierarchy 视图中单击任何资源或对象，Inspector 视图将自动显示对应的信息。

如图 1-10 所示，在 Hierarchy 视图中选择了 Main Camera 对象之后，就可以在 Inspector 视图中查看它的属性。

下面看看 Inspector 视图的各项功能。

1. 如果勾选对象名称旁边的复选框，就会禁用这个对象，它就不会出现在项目中。

2. 下拉列表（比如 Layer 或 Tag 列表，后面将介绍它们的详细信息）用于从一组预先定义的选项中选择合适的选项。

3. 文本框、下拉菜单和滑动条可以更改它们的值，所做的更改将会自动并且立即反映在场景中——即使游戏处于运行状态也会这样。

4. 每个游戏对象就像是不同组件（比如图 1-10 所示的 Transform、Camera 和 GUI Layer）的容器。可以通过取消选中这些组件或者单击右键然后选择 Remove Component 命令移除组件来禁用这些组件。

5. 点击 Add Component 按钮可以添加组件。

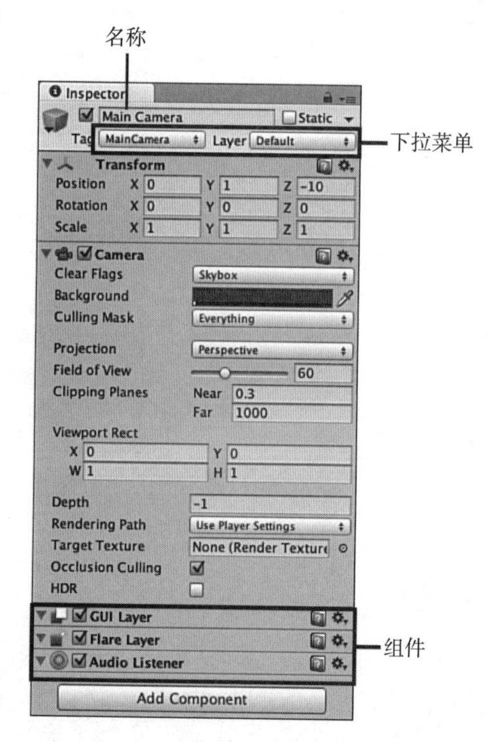

图 1-10 Inspector 视图

> 警告：场景运行时更改对象属性
>
> 更改对象的属性并且可以立即在运行的场景中查看更改后的效果的功能非常强大。它能让你动态调整诸如运动速度、跳跃高度、碰撞力度之类的属性，而不用停止后再重新启动游戏。不过要注意：在场景运行时更改的任何对象属性都将在场景运行结束时恢复。如果你在场景运行时进行了更改，而且喜欢更改后的效果，那么一定要记住都更改了哪些内容，以便在场景停止运行时再次设置它们。

1.2.6　Scene 视图

Scene 视图对你来说是最重要的视图，因为它能让你在构建游戏的过程中实时看到游戏中的内容（见图 1-11）。使用鼠标和几个快捷键，你就可以在场景内四处移动，然后将对象放置在合适的地方。它会给你一种强烈的掌控感。

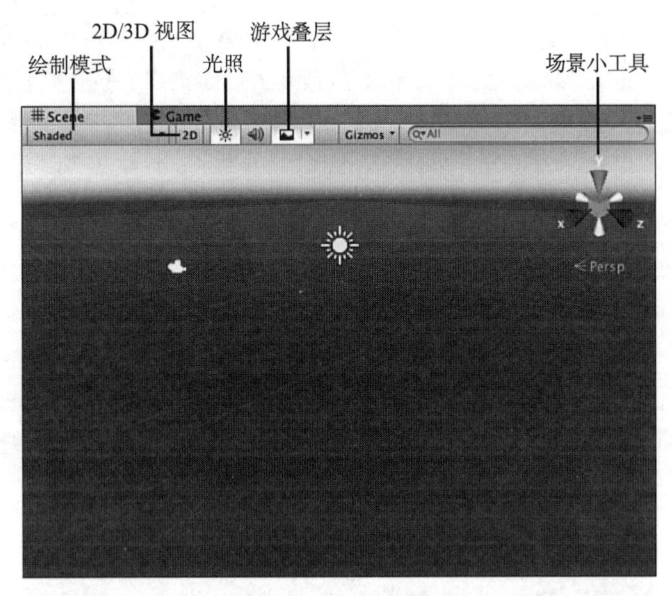

图 1-11　Scene 视图

我们稍后将学习如何在场景内四处移动，首先学习 Scene 视图中的各个功能。

1. 绘制模式（Draw Mode）：确定场景如何绘制。默认选项是 Shaded（阴影），意思是说所有对象将利用它们的纹理绘制。

2. 2D/3D 视图（2D/3D view）：确定场景按照 2D 视图显示还是按照 3D 视图显示。注意，在 2D 模式下，场景小工具（后面会介绍）不会显示。

3. 场景光照（Scene Lighting）：用于确定 Scene 视图中的对象是使用默认的环境光（Ambient Lighting），还是通过实际存在于场景内的灯光来照明。默认情况下使用内置的环境光。

4. 试听模式（Audition Mode）：用于设置 Scene 视图中音频源的功能。

5. 游戏叠层（Game Overlay）：用于控制场景视图中的天空盒、雾效等其他效果是否显示。

6. 小工具选择器（Gizmo Selector）：让你能够选择哪些"小工具"（gizmo，帮助可视化调试或者显示图像图标等的小工具）会出现在 Scene 视图中，还能控制放置网格是否可见。

7. 场景小工具（Scene Gizmo）：能控制你当前的朝向，并能让场景视图与某个轴对齐。

注意：场景小工具

场景小工具在 Scene 视图中起到了很重要的作用。我们可以看到，该控件具有与坐标轴对齐的 X、Y 和 Z 指示器。它能让你很容易确定现在查看的是场景中的哪个方向。在第 2 章中我们将讨论轴和 3D 空间。小工具还允许主动控制场景的对齐方式。如果单击小工具中的一个轴向，就会发现 Scene 视图将会立即对齐那个轴，并且被放置到某个方向，比如顶部或左边。单击小工具中心的方框，将在 Iso 模式与 Persp 模式之间切换。

Iso 是 Isometric 的缩写，它是没有应用透视的 3D 视图。Persp 是 Perspective 的缩写，它是应用了透视的 3D 视图。自己尝试操作一下，看看它是如何影响 Scene 视图的。你会发现场景小工具的图标会从 Iso 的平行线变更为 Persp 的分叉线，就像牛蹄子一样。

1.2.7 Game 视图

最后要学习的是 Game 视图。一般来说，Game 视图允许你在编辑器内“玩”游戏，它会模拟当前场景。Game 视图中所有元素的行为都像完全构建了项目一样。图 1-12 显示了 Game 视图的样子。尽管从技术上讲 Play、Pause 和 Step 按钮不是 Game 视图的一部分，但是它们可以控制 Game 视图，所以也将它们显示在图 1-12 的 Game 视图中。

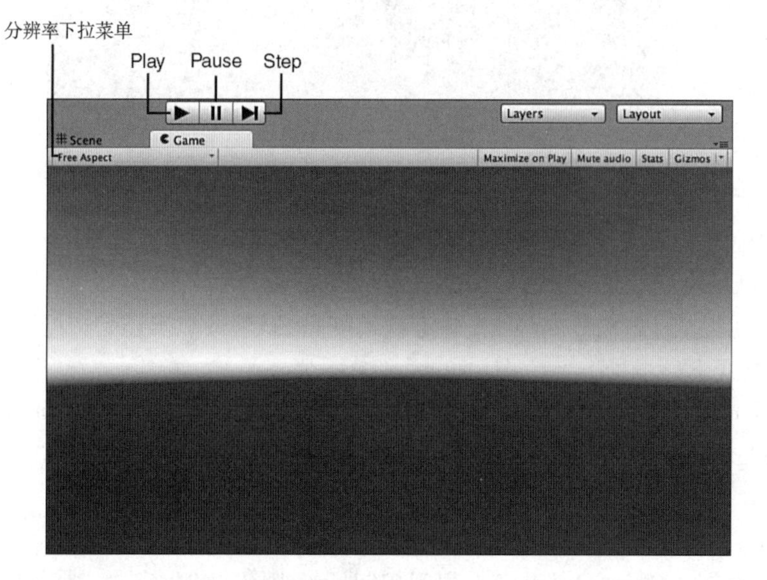

图 1-12　Game 视图

提示：丢失 Game 视图

如果发现 Game 视图隐藏在 Scene 视图后面，或者完全看不到 Game 视图选项卡，不要担心。只需要单击 Play 按钮，Game 视图选项卡就会出现在编辑器中，然后开始运行游戏。

Game 视图带有一些控件，可以帮助我们测试游戏。

1. 播放：Play 按钮可以播放当前的场景。所有的控件、动画、声音和效果都将显示。一旦游戏运行起来，其效果就像是在独立的播放器（比如在 PC 或移动设备上）中运行一样。游戏运行过程中想要停止游戏运行，可以再次单击 Play 按钮。

2. 暂停：Pause 按钮用于暂停当前正在运行的 Game 视图。游戏将会保持它的状态，并且可以从暂停时它所处的状态继续运行。再次单击 Pause 按钮，将会继续运行游戏。

3. 步进：Step 按钮在 Game 暂停时可用，它可以让游戏以单帧的速度运行。这允许缓慢地"单步"运行游戏，可以让你调试遇到的问题。在游戏正在运行时按下 Step 按钮将导致游戏暂停。

4. 分辨率下拉菜单：从这个下拉菜单中，可以选择希望 Game 视图窗口在运行时显示的分辨率。默认选项是 Free Aspect，可以更改这个选项，以匹配游戏的目标平台的分辨率。

5. 最大化播放（Maximize on Play）：这个按钮用于确定 Game 视图在运行时是否会占据编辑器的全部空间。它默认是关闭的，所以正在运行的游戏只会占据 Game 视图选项卡的大小。

6. 静音（Mute audio）：当游戏运行时，这个选项可以让游戏静音。当有人坐在你旁边，已经厌倦了听你测试时游戏运行带来的音效时，你就可以很方便地用这个按钮将音效关闭。

7. Stats：这个按钮用于确定游戏正在运行时是否要在屏幕上显示渲染的统计信息。这些统计信息可用于确定场景的效率。该按钮默认处于关闭状态。

8. Gizmos：它既是一个按钮，也是一个下拉菜单。这个按钮用于确定游戏正在运行时是否显示小工具，默认不显示。从下拉菜单（点击旁边的小箭头就可以弹出）中可以选择显示哪些小工具。

注意：运行、暂停和关闭

刚开始学习的时候可能无法区分运行（running）、暂停（paused）和关闭（off）这些术语的含义。当没有在 Game 视图中运行游戏的时候，我们就称游戏是关闭的。当游戏处于关闭状态时，游戏控件将不会工作，也无法播放游戏。当按下 Play 按钮时，游戏开始运行，我们就说游戏正在运行。播放、执行和运行都指同一件事。如果游戏正在运行，并且按下 Pause 按钮，游戏就会停止运行，但是仍将保持它最后运行的状态。此时游戏就处于暂停状态。暂停的游戏与关闭的游戏之间的区别是：暂停的游戏可以从暂停的位置继续运行，而关闭的游戏则需要从头开始运行。

1.2.8　隆重介绍：工具条

虽然工具条并不是视图，但是它在 Unity 编辑器中起到了举足轻重的作用。图 1-13 显示了工具条的组成。

1. 变换工具（Transform Tool）：这些按钮能让你操纵游戏对象，后面我们会更详细地学习它们的使用。要特别注意那个小手按钮，它是 Hand 工具，将在本章后面介绍。

2. 变换小工具（Gizmo）切换开关：这些切换开关可以控制小工具如何显示在 Scene 视图中，目前暂且不管它们。

3. Game 视图控件（Game View Control）：这些按钮用于控制 Game 视图。

4. 账户和服务（Account and Service）控件：这些按钮可以让你管理正在使用的 Unity 账户以及项目中使用的 Unity 服务。

5. 图层下拉菜单（Layers Drop-down）：这个菜单用于决定哪些对象图层将出现在 Scene 视图中。默认情况下，所有的内容都将出现在 Scene 视图中。目前暂且不管它。第 5 章中我们会介绍图层相关的内容。

6. 布局下拉菜单（Layout Drop-down）：这个菜单允许快速更改编辑器的布局。

图 1-13　工具条

1.3　在 Unity 场景视图中导航

Scene 视图可以对游戏的结构进行诸多控制。可视化摆放和修改对象的能力非常强大。不过，如果不能在场景内四处移动，上面提到的功能也没有发挥的余地。本节将介绍几种更改位置和在 Scene 视图中导航的方式。

> 提示：缩放
>
> 不管使用什么方式导航，滚动鼠标滚轮可以在场景中缩放。默认情况下，Scene 视图会在场景中心缩放。如果在滚动滑轮的过程中按住 Alt 键，那么就会在鼠标指向的位置执行缩放操作。

1.3.1　Hand 工具

Hand 工具（快捷键：Q）提供了一种使用鼠标移动 Scene 视图的简单方法（见图 1-14）。如果你使用的是单键鼠标，那么会发现这个工具特别有用（因为其他方法都需要双键鼠标）。表 1-1 简要解释了 Hand 工具中各个控件的功能。

图 1-4　Hand 工具

表 1-1　Hand 工具的控件

动作	效果
点击拖曳	在场景中拖曳摄像机
按住 Alt 并拖曳	让摄像机沿着当前轴转动
按住 Ctrl（Mac 的 Command 按键）并右键拖曳	摄像机缩放

在下面的链接中可以找到Unity的所有快捷键：http://docs.unity3d.com/Manual/UnityHotkeys.html。

警告：不同的摄像机

在使用 Unity 的过程中，我们将遇到两种摄像机。第一种是标准的游戏对象摄像机，你可以看到场景中已经有了一个这样的摄像机（默认情况）；第二种比起传统意义上的摄像机更像是一种假想的摄像机，它决定了我们可以在 Scene 视图中看到什么。本章提到的摄像机指的都是第二种摄像机。我们并不会实际操纵游戏对象摄像机。

1.3.2　Flythrough 模式

Flythrough 模式让你能够以传统第一人称控制模式在场景中移动。玩过第一人称游戏（比如第一人称射击游戏）的读者都很熟悉这种模式。如果你没有玩过类似的游戏，那么可能要花点时间习惯这种模式。不过，一旦熟悉了这种模式，就不会忘记。在 Scene 视图中按住鼠标右键会进入 Flythrough 模式。表 1-2 展示的所有操作都需要按住鼠标右键。

表 1-2　Flythrough 模式中的行为

动作	效果
移动鼠标	让摄像机绕轴转动，有一种在场景中左右看的感觉
按住 WASD 按键	WASD 按键可以让你在场景中移动，每个按键分别对应方向“前、左、后、右”
按住 QE 按键	QE 按键可以在场景中上下看
按住 Shift 按键的同时按下 WASD 或者 QE 按键	与按住 WASD 和 QE 是一样的效果，但是速度更快因为 Shift 就是加速的意思

提示：快速定位

可以用多种方式在场景导航中获得精确控制。不过有时你只是想要迅速浏览下场景。对于这种情况，最好使用快速定位（Snap Control）的方式。如果想要快速导航并放大场景中的某个游戏对象，可以在 Hierarchy 视图中选择对应的对象使其高亮，然后按下 F（Frame Select 的快捷键）键。你会发现场景将迅速定位到那个游戏对象。另一种迅速定位的方式你已经见过。利用场景小工具可以快速把摄像机定位到任何一个轴。这样，就可以从任意角度查看对象，而不必手动四处移动场景摄像机。一定要学会快速定位，这样在场景中快速导航就会变得非常快！

提示：进一步学习

当你打开 New Project 或者 Open Project 对话框的时候，可能会被对话框中的 Learn 按钮吸引（见图 1-15）。点击这个按钮就可以看到 Unity 新的学习资源。这些资源非常有趣，如果喜欢可以花一些时间学习一下，这样将会更加熟悉 Unity 引擎的使用。（提及它是我的一点私心，因为这些教程的制作有我的功劳。）

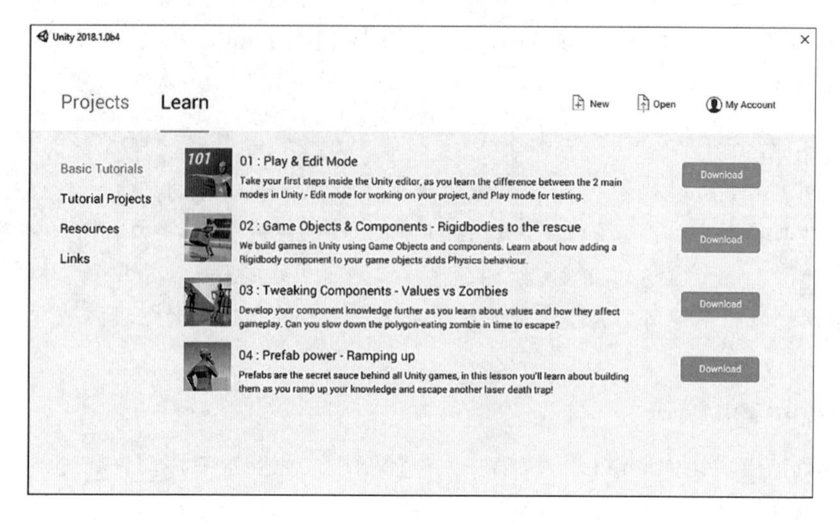

图 1-15　Project 对话框中的 Learn 部分

1.4　本章小结

本章从下载和安装 Unity 开始，我们首先认识了 Unity 游戏引擎，然后学习了如何打开和创建项目，之后又学习了 Unity 编辑器中各种不同的视图，最后学习了如何在 Scene 视图中导航。

1.5　问答

问：资源和游戏对象是一样的吗？

答：不完全一样。一般来说它们之间最大的区别是：资源在硬盘上有对应的文件或者有一组文件与之对应，而游戏对象并没有。资源可能包含游戏对象，也可能不包含游戏对象。

问：有那么多不同的控件和选项，需要立刻把它们都记住吗？

答：根本不需要。大多数控件和选项都已经设置为了默认状态，默认状态基本上涵盖了大多数使用情况。随着你对 Unity 的认识进一步加深，可以继续学习各种不同控件的更多知识。本章只是告诉你 Unity 编辑器中都包含什么，然后对它们有一个大概的认识。

1.6　测验

花些时间完成下面的练习，确保掌握了本章的内容。

问题

1. 判断题：必须购买 Unity Pro 才能制作商业游戏。
2. 哪种视图能够让我们可视化地操纵场景中的对象？
3. 判断题：应该总是在 Unity 中移动资源文件，而不应该使用操作系统的文件管理器。
4. 判断题：在创建一个新项目时，应该包含你认为好的资源。
5. 当按住鼠标右键时，在 Scene 视图中进入的是哪种模式？

答案

1. 错误 2. Scene 视图 3. 正确 4. 错误 5. Flythrough 模式

1.7 练习

花点时间练习一下本章中所学的概念。从根本上理解 Unity 编辑器很重要，因为这里的知识后面都会用到。为了完成这个练习，请按照如下步骤操作。

1. 使用 File > New Scene 命令或者按下 Ctrl+N 组合键（在 Mac 上是 Command+N 组合键）创建一个新场景。
2. 在 Project 视图中使用 Create > Folder 在 Assets 文件夹下创建一个 Scenes 文件夹。
3. 使用 File > Save Scene 命令或者按下 Ctrl+S 组合键（在 Mac 上是 Command+S 组合键）保存场景。一定要在 Scenes 文件夹中保存场景，并给它起一个有意义的名称。
4. 向场景中添加一个立方体。有三种方式可以完成这个操作：单击顶部的 GameObject 菜单，在弹出式菜单中选择 3D Object > Cube 命令；选择 Hierarchy 视图中的 Create > 3D Object > Cube 命令；在 Hierarchy 视图中点击右键，然后选择 3D Object > Cube 命令。
5. 在 Hierarchy 视图中选择新添加的立方体，并在 Inspector 视图中体验它的各种属性。
6. 练习使用 Flythrough 模式、Hand 工具和快速定位在 Scene 视图中导航。使用立方体作为参照物帮助你进行导航。

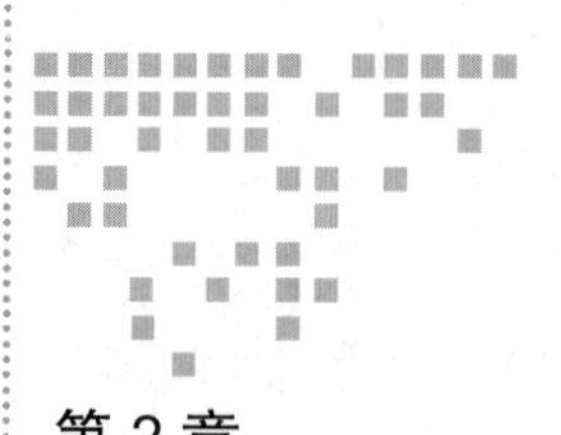

Chapter 2 第2章

游戏对象

游戏对象是Unity游戏项目的基本组件。场景中存在的每个物体都是或者都基于游戏对象。在本章中，你将学习Unity中的游戏对象。不过，在开始使用Unity中的对象之前，必须先学习2D和3D坐标系统。学习完这些系统之后，将开始使用Unity内置的Unity游戏对象，最后将学习各种游戏对象变换。本章中学习的知识是本书的基础，一定要花时间学好它。

2.1 维度和坐标系

那些华丽而富有魅力的视频游戏其实都是建立在数学基础上的。所有的属性、运动和交互都可以归结为数字运算。幸运的是，很多基础都已经打好。数学家辛苦工作了几个世纪，发现、创建和简化了各种过程。正是数学家的杰出工作，我们才可以利用现代软件轻松地创建游戏。你可能认为游戏中的对象只是随意地摆放在空间中，但是实际上每种游戏空间都具有维度，并且每个对象都置身于一种坐标系（或网格）中。

2.1.1 3D中的D

如前所述，每一款游戏都会使用某种级别的维度。可能你最熟悉的维度系统是2D和3D，它们分别是二维（two-dimensional）和三维（three-dimensional）的缩写。2D系统是一个平面系统。在2D系统中，只处理垂直和水平元素（换句话说就是上、下、左、右）。像Tetris、Pong和Pac Man这样的游戏就是2D游戏。3D系统跟2D系统类似，但它多一个维度。在3D系统中，不仅具有垂直和水平方向（上、下、左、右），还具有深度（里和外）。图2-1完美阐述了2D正方形和3D正方形，也就是立方体（cube）。注意在3D立方体中有

Z轴，它看上去就像是凸出来了一样。

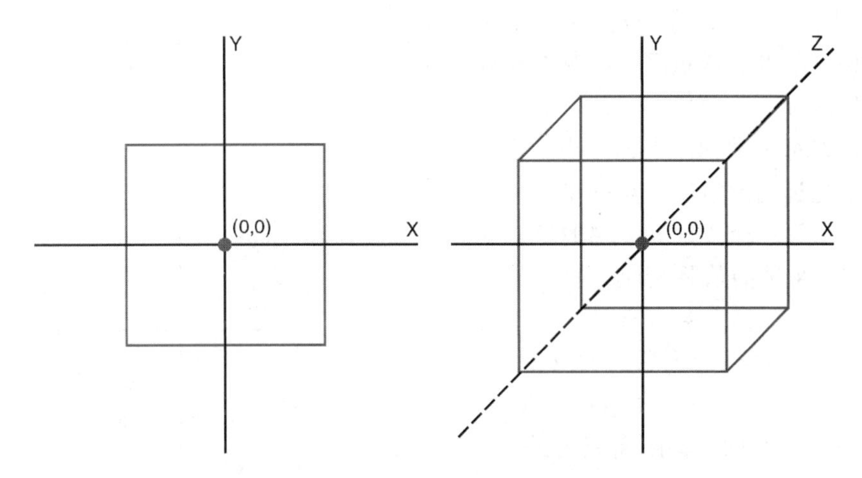

图 2-1　2D 平面和 3D 立方体

> 注意：学习 2D 和 3D
>
> Unity 是一个 3D 引擎。因此，利用它创建的所有项目一般都使用三维系统。所以，用 Unity 无法制作纯粹的 2D 游戏。现代软件表现每个物体的时候都是按照 3D 来渲染的。2D 游戏同样拥有 Z 轴，只不过不用罢了。你可能想知道为什么我们还要不胜其烦地介绍 2D 系统。事实是：即便在 3D 项目中，仍然有许多 2D 元素。纹理、屏幕元素和绘图技术都使用 2D 系统。Unity 有一套强大的工具用于制作 2D 游戏，2D 系统也不会很快消失。

2.1.2 使用坐标系

维度系统在数学上等价于坐标系。坐标系由一系列称为轴向的直线（axis）和称为点（point）的位置组成，轴直接对应于其模拟的维度。比如，2D 坐标系中包含 X 轴和 Y 轴，它们分别代表水平和垂直方向。如果对象沿着水平方向移动，我们称之为“沿着 X 轴”移动。同样，3D 坐标系使用 X 轴、Y 轴和 Z 轴，分别用于水平、垂直和深度移动或定位。

> 注意：常用的坐标系
>
> 在谈到对象的位置时，一般都会列出它参照的坐标系。描述对象位置的时候，说它在 X 轴上是 2，在 Y 轴上是 4 可能有点麻烦。幸运的是，我们有一种简单的方式描述坐标。在 2D 系统中，采用 (X，Y) 这样的形式记录坐标。在 3D 系统中，则写成 (X，Y，Z) 的形式。因此，刚才的示例可以记作 (2，4)。如果对象在 Z 轴的坐标是 10，则写作 (2，4，10)。

每种坐标系都有一个所有的轴相交的点，这个点称为原点（origin），原点的坐标在 2D 坐标系中是 (0，0)，在 3D 坐标系中则是 (0，0，0)。原点非常重要，因为它是计算其他点的基础。其他任何点的坐标都只是那个点沿着每个轴到原点的距离。当移动某个点使之远离原点时，点的坐标将变大。例如，右移一个点时，X 轴的值将变大；左移时，X 轴的值将变小，直到它经过原点为止。此时，点 X 坐标的绝对值将再次开始变大，但会变成负数。如图 2-2 所示，在 2D 坐标系中定义了 3 个点。点 (2，2) 在 X 方向和 Y 方向上都距离原点 2 个单位（unit）。点 (–3，3) 在左边和上方都距离原点 3 个单位。点 (2，–2) 在右边和下方都距离原点 2 个单位。

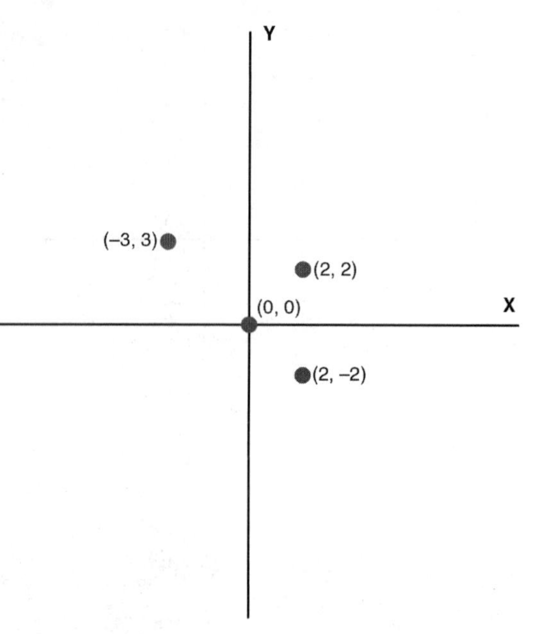

图 2-2　三个点相对于原点的距离

2.1.3　世界坐标系和本地坐标系

现在你已经学习了游戏世界的维度以及组成它们的坐标系。前面我们使用的坐标系称作世界（world）坐标系。在任何给定的时间，在任何世界坐标系中都只有一个 X 轴、一个 Y 轴和一个 Z 轴。同样，所有的对象都共享唯一一个原点。有一点你可能不知道，还有一种称为本地（local）坐标系的坐标系。每个对象都有属于自己的本地坐标系，与其他对象完全分隔开。本地坐标系具有它自己的轴和原点，其他对象不会使用它们。图 2-3 展示了同一个正方形在不同坐标系下的坐标表示，阐释了世界坐标系与本地坐标系之间的区别。

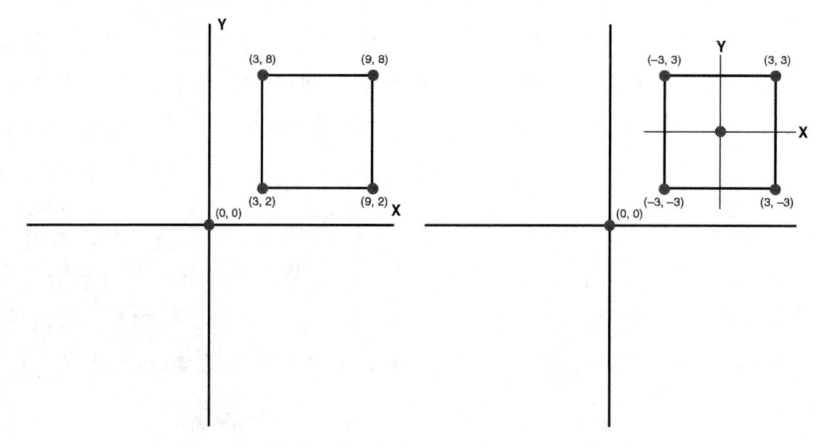

图 2-3　世界坐标系（左）和本地坐标系（右）

你可能想问：如果世界坐标系用于记录对象的位置，那么本地坐标系是用于什么的呢？本章后面将探讨变换游戏对象以及设置游戏对象的父对象，它们都需要使用本地坐标系。

2.2　游戏对象

Unity 游戏中的所有形状、模型、灯光、摄像机和粒子系统等都具有一个共同点：它们都是游戏对象。游戏对象是每个场景的基本单元。虽然游戏对象比较简单，但是却非常强大。归根结底，游戏对象只不过是一种变换（将在本章后面详细讨论）和一个容器。游戏对象作为容器用于保存各种使对象更生动、更有意义的组件。至于向游戏对象中添加什么，取决于你自己。Unity 有众多组件，它们为 Unity 带来了多样性。在本书的课程中，你将学习使用很多组件。

注意：内置的对象

并不是每个你使用的游戏对象一开始都是空对象。Unity 有多个内置的游戏对象可以拿来就用。单击 Unity 编辑器顶部的 GameObject 菜单项，就可以看到大量可用的内置对象。学习使用 Unity 的很大一部分内容就是学习使用内置的游戏对象和自定义的游戏对象。

动手做▼

创建一些游戏对象

现在我们花一些时间熟悉游戏对象。你将创建几个基本的对象，并且检查它们的各种组件。

1. 创建一个新项目，或者在已经存在的项目中创建一个新场景。

2. 单击 GameObject 菜单项并选择 Create Empty 命令，添加一个空游戏对象（也可以通过按下 Ctrl+Shift+N 组合键（PC 用户）或者 Command+Shift+N 组合键（Mac 用户）来创建空游戏对象）。

3. 查看 Inspector 视图，将会发现你刚才创建的游戏对象除了有一个变换组件之外，没有任何其他组件。（所有的游戏对象都有一个变换组件。）在 Inspector 视图中单击 Add Component 按钮，查看所有可以添加到对象的组件。

4. 单击 GameObject 菜单项，把光标放在 3D Object 命令上，然后从列表中选择 Cube 命令，这样就可以在项目中添加一个立方体。

5. 注意立方体具有空游戏对象所不具有的各种组件。网格（mesh）组件让立方体可见，碰撞器（collider）组件让它能够在物理层面与其他对象交互。

6. 最后，在 Hierarchy 视图中单击 Create 下拉菜单，并从列表中选择 Light > Point Light 命令，在项目中添加一个点光源（point light）。

7. 可以看到点光源仅仅与立方体共享了变换组件，它的主要功能是发光。你可能还会注意到，点光源发出的光由已经添加到场景中的直接光决定。

2.3 变换

现在，你已经学习、探索了不同的坐标系，并且尝试创建了一些游戏对象。现在应该把它们二者融合起来。在使用 3D 对象时，经常会听到变换（transform）这个术语。根据上下文，变换既可能是一个名词，也可能是一个动词。3D 空间内的所有对象都有位置、旋转和缩放比例这三个属性。如果把它们结合起来，就会得到对象的变换（名词）。此外，如果变换指的是更改对象的位置、旋转或缩放比例，那它就是一个动词。Unity 把它的两种含义用变换组件（transform component）统一起来。

我们回想下之前的内容，就会发现变换组件是每个游戏对象都必须具有的唯一组件。每个空游戏对象都具有变换。使用这个组件，可以查看对象当前的变换参数，也可以改变对象的变换参数。这现在听起来可能令人糊涂，但它相当简单，过不了多久你就会了解。由于变换由位置、旋转和缩放比例组成，执行变换就有三种独立的方式，分别为平移、旋转和缩放。这些变换可以使用 Inspector 或变换工具实现。图 2-4 和图 2-5 显示了哪些 Inspector 组件和工具与哪些变换相关联。

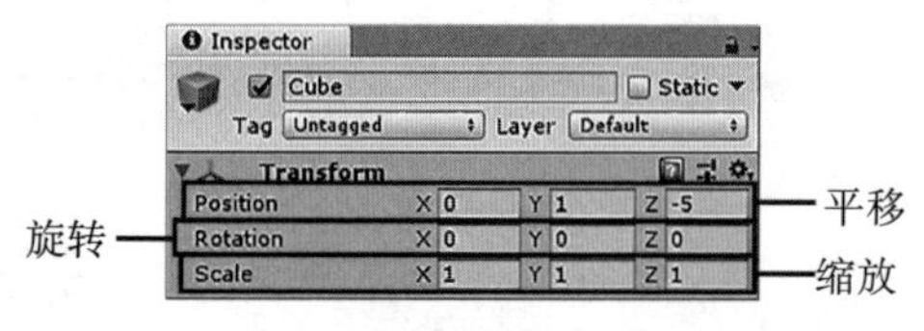

图 2-4　Inspector 中的 Transform 选项

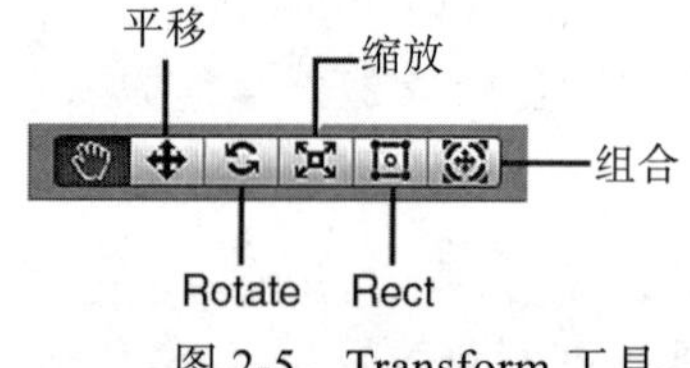

图 2-5　Transform 工具

> 提示：Rect 的使用
>
> 术语 Rect（rectangle 的缩写）常用于描述 2D 游戏对象之间的关系。比如说，像精灵这样的 2D 对象与 3D 对象有着类似的变换类型。你可以使用简单化的 Rect 工具控制它们的位置、旋转和缩放（Rect 工具的位置见图 2-5）。此外，Unity 中的用户界面（UI）对象具有不同的变换，称为 Rect 变换。在第 14 章中，我们会详细介绍它。现在，你只需要了解它与应用在 UI 上的 transform 一样即可。

2.3.1 平移

在 3D 系统中改变对象的坐标位置称为平移（translation），这是最简单的变换。当你平移一个对象时，它将会沿着轴移动。图 2-6 演示了一个沿着 X 轴平移的正方形。

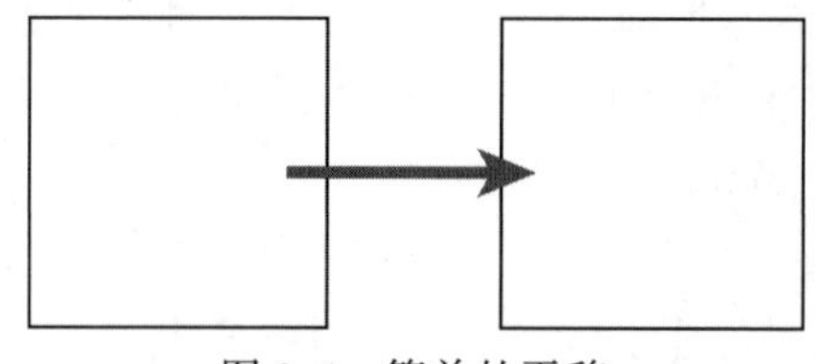

图 2-6　简单的平移

当你选择 Translate 工具的时候（快捷键：W），会注意到所选的任何对象在 Scene 视图中将稍微有所改变。更确切地讲，你会看到 3 个箭头出现，它们沿着 3 个轴从对象的中心指向外面。它们是平移小工具，它们可以帮助你在屏幕上移动对象。单击并按住其中任何一个轴的箭头将使其变成黄色。然后，移动鼠标，对象将沿着那个轴移动。图 2-7 展示了平移小工具的样子。注意，这个工具只会出现在 Scene 视图中。

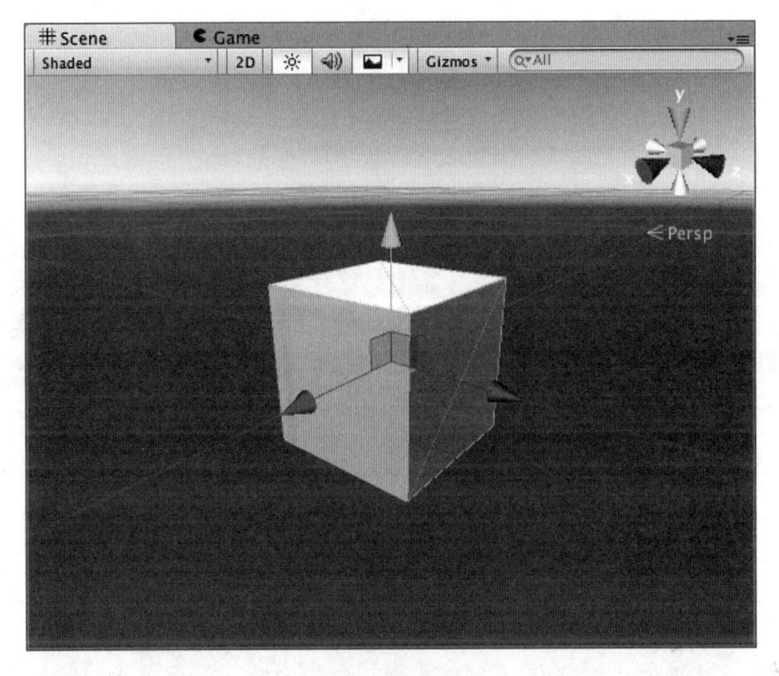

图 2-7 平移小工具

> **提示：Transform 组件和 Transform 工具**
>
> Unity 提供了两种方式来管理对象的变换。知道何时使用哪种方式很重要。当你利用 Transform 工具在 Scene 视图中执行对象的变换时，会发现 Inspector 视图中对应的变换数据也会发生改变。使用 Inspector 视图通常更容易对对象执行较大的变换，因为只需要更改它们的值。不过，变换工具对于快速、较小的改变更有用。结合使用这两种方式将极大地改进工作流程。

2.3.2 旋转

旋转对象不会在空间中移动，而是改变对象与空间的关系。更简单地说，旋转能够使你重新定义 X 轴、Y 轴和 Z 轴对于特定的对象指向的是哪个方向。当对象绕着一个轴旋转的时候，就是说那个轴不动。图 2-8 展示了一个围绕 Z 轴旋转的正方形。

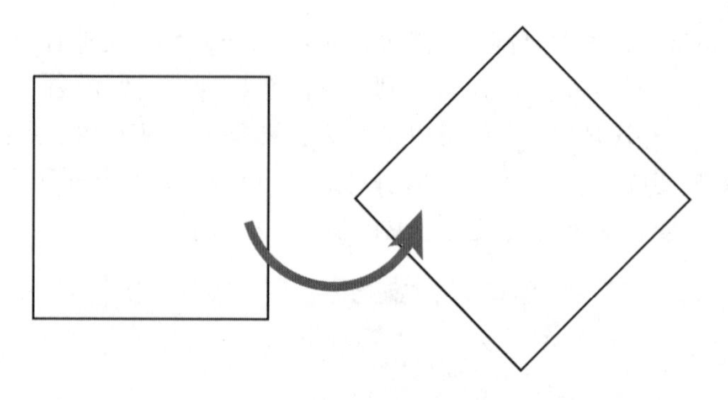

图 2-8　绕 Z 轴旋转的对象

提示：如何确定旋转的轴向

如果不确定需要围绕哪个轴旋转对象才能获得想要的效果，可以使用一种简单的方法。一次围绕一个轴旋转，假装对象是通过与那个轴平行的针固定在某个位置上。对象只能围绕固定它的针旋转。现在，确定围绕哪根针旋转就是允许对象以哪种方式旋转，它就是旋转对象所需要的轴。

就像 Translate 工具一样，选择 Rotate 工具（快捷键：E）会让旋转小工具出现在对象周围。这些小工具是圆形的，代表对象围绕轴的旋转路径。单击并拖动其中任何一个圆形都会使其变成黄色，然后围绕那个轴旋转对象。图 2-9 显示了旋转小工具的样子。

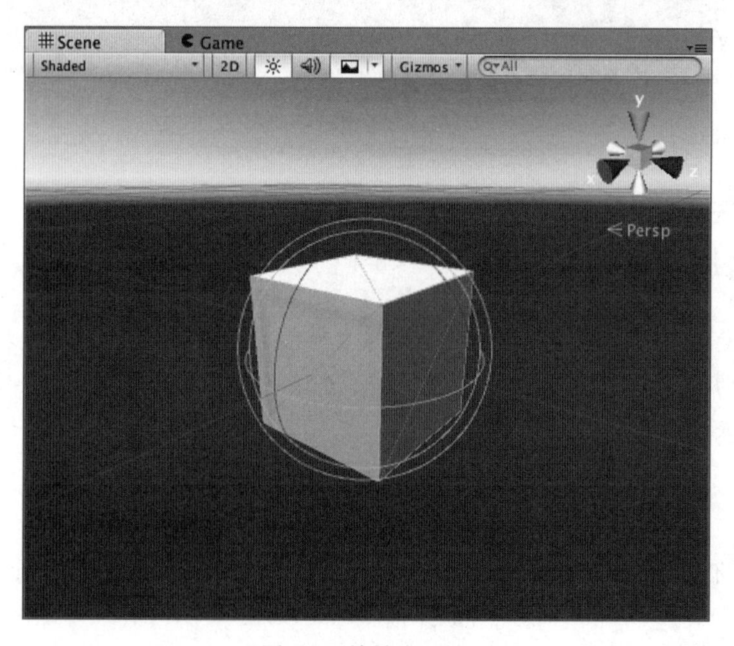

图 2-9　旋转小工具

2.3.3 缩放

缩放将导致对象在3D空间内扩大或者缩小。这种变换相当直观且易于使用。在任何一个轴上缩放对象都会导致对象在这个轴上放大或者缩小。图2-10展示了在X轴和Y轴上缩放正方形。图2-11展示了当你选择了Scaling工具的时候缩放小工具的样子。

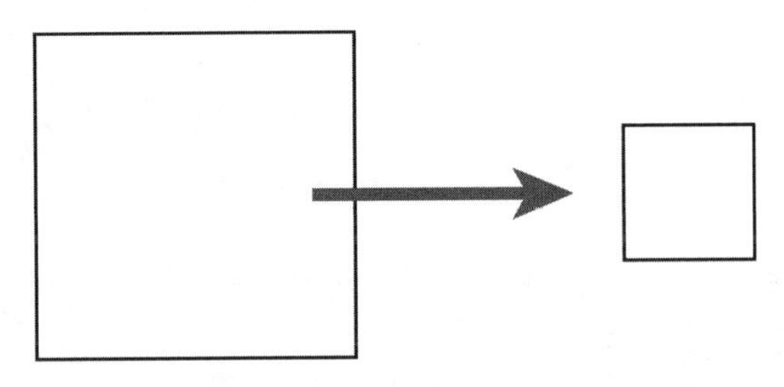

图2-10 在X轴和Y轴上执行缩放操作

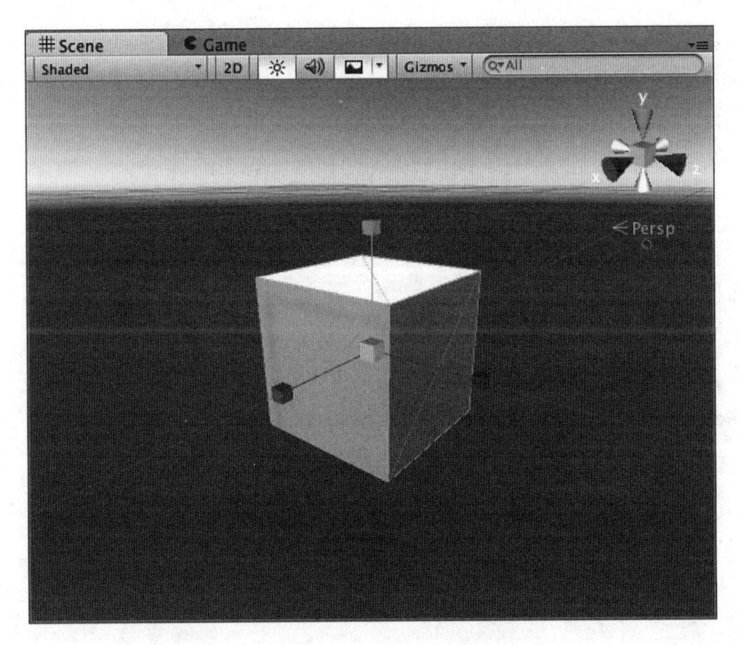

图2-11 缩放小工具

2.3.4 变换的风险

本章前面介绍的变换都是在本地坐标系中进行的。所以，我们所做的更改可能会影响未来的变换操作。例如，图2-12展示了如果两种变换的顺序不同，可能产生不同的效果。

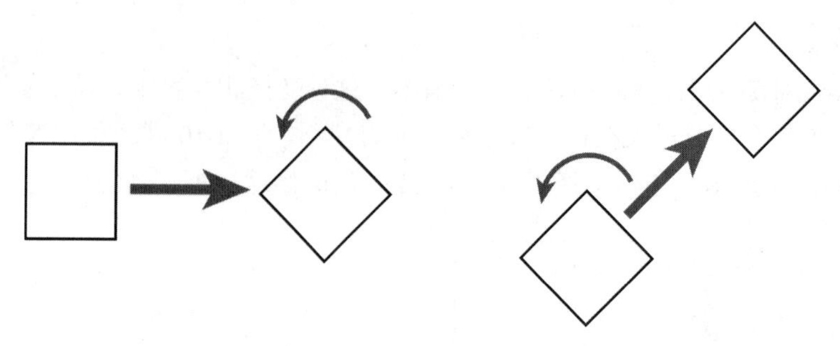

图 2-12　变换顺序的影响

正如你所见，如果不注意变换的顺序，可能会导致不可预知的后果。幸好，只要提前安排好变换，就能得到正确的效果。

- 平移：平移是一种惰性相当强的变换，这意味着在它之后应用的任何改变一般不会受其影响。
- 旋转：旋转将改变本地坐标系中轴的方向。在旋转之后应用的平移将导致对象沿着新的轴移动。例如，如果要围绕 Z 轴把对象旋转 180°，然后在正 Y 方向上移动，对象实际的表现是在向下（而不是向上）移动。
- 缩放：缩放实际上会影响本地坐标系网格（grid）的大小。一般来说，当把对象放大时，实际上是把它在本地坐标系中放大，所以看上去对象似乎变大了。这种改变具有乘法效应。例如，如果一个对象的缩放值是 1（默认值），沿着 X 轴平移 5 个单位，对象看上去好像右移了 5 个单位。不过，如果把同一个对象缩放到 2，然后在 X 轴上平移 5 个单位，这将导致对象看上去好像右移了 10 个单位。这是因为本地坐标系的大小现在加倍了，所以是 5×2=10 个单位。相反，如果把对象缩放到 0.5 然后移动，它好像只移动了 2.5 个单位（0.5×5=2.5）。

一旦理解了这些规则，就很容易确定一组变换将如何改变对象的表现。到底当前的变换是什么效果，取决于你选择的是 Local 还是 Global，说了这么多，大家最后动手试一试效果。

> 提示：所有功能集于一体的工具
>
> 工具栏上的最后一个场景工具是 Composite 工具（快捷键是 Y）。这个工具集成了针对 3D 对象的平移、旋转和缩放功能。

2.3.5　小工具的位置

对于不了解小工具功能的新手来说，小工具的摆放选项会特别令人迷惑。这些选项控制了场景视图中变换小工具的位置和对齐规则。观察图 2-13 就会发现，在 Local 和 Global 这两个不同的坐标系下，平移小工具的对齐规则不同。

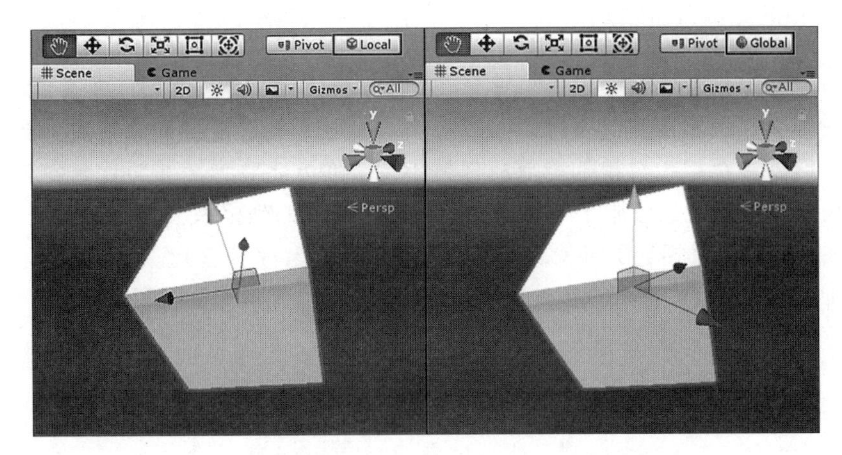

图 2-13 Local 和 Global 坐标系下小工具的对齐规则

此外，图 2-14 展示了当你选中多个对象的时候小工具的位置变化。当选中 Pivot 选项的时候，小工具在第一个对象的中间；当选中 Center 选项的时候，小工具在所有选中的对象中间。

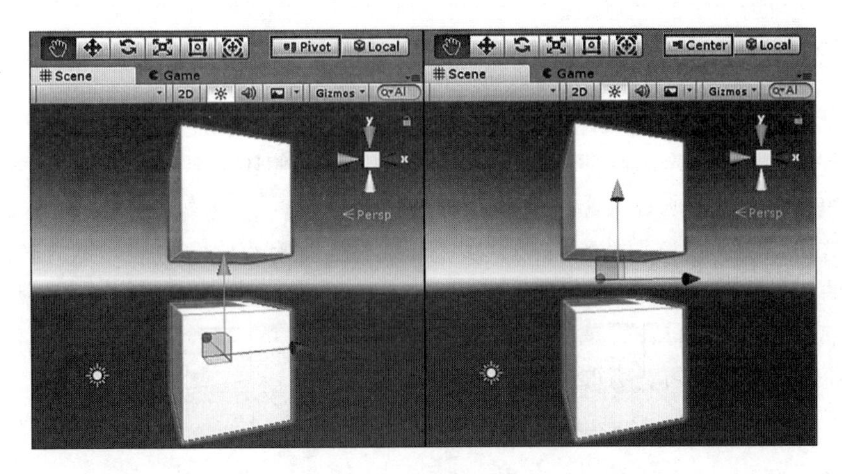

图 2-14 Pivot 和 Center 选项下小工具的位置

一般来说，这两个选项应该分别设置为 Pivot 和 Local，这样可以让你在 Unity 的日常开发中得心应手。

2.3.6 变换和嵌套的对象

在第 1 章中，我们学习了如何在 Hierarchy 视图中创建嵌套的游戏对象（将一个游戏对象拖曳到另一个游戏对象上）。回忆一下，当一个对象嵌套在另一个对象中的时候，我们将上层的对象称为父对象，其他对象称为子对象。应用于父对象的变换会像我们想象中那样正常进行。对象可以平移、缩放和旋转。特殊的是子对象的行为方式。一旦发生嵌套，子对象的变换就是相对于父对象进行的。因此，子对象的位置不是基于它与原点的距离，而是它与父对象的距离。如果旋转了父对象，子对象将随之移动。不过，如果查看子对象的旋转属性，你会发现它根本没有记录自己旋转过。对于缩放也是如此。如果缩放父对象，子对象也会改变大小。子对象的缩放将保持不变。你可能感到迷惑为什么会这样。记住，当应用变换时，不是把它应用于对象，而是应用于对象的坐标系。旋转的不是对象，而是它的坐标系，其效果就相当于对象旋转了。当子对象的坐标系基于父对象的本地坐标系时，对父对象所做的任何改变都将直接改变子对象（而子对象并不需要了解这一点）。

2.4 本章小结

在本章中，学习了 Unity 的游戏对象。首先学习了 2D 与 3D 之间的区别，然后研究了坐标系，它立马摧毁了你对“世界”这个概念的理解。之后开始学习游戏对象，包括一些内置的游戏对象。最后，学习了有关变换的知识以及 3 种变换方式。你应尝试了一些变换，意识到其中蕴含的一些风险，以及它们如何影响嵌套的对象。

2.5 问答

问：既学习 2D 概念又学习 3D 概念有用吗？

答：有用，即使整个游戏都是 3D 游戏，在技术上我们还是会使用一些 2D 概念。

问：应该立即学会所有内置游戏对象的使用吗？

答：并不需要。内置游戏对象那么多，一次性学完有点强人所难。随着时间的推移，跟着本书的步伐慢慢学即可。

问：熟悉变换的最佳方式是什么？

答：练习。多加练习，练得越多，熟悉得越快。

2.6 测验

花些时间完成下面的练习，确保掌握了本章的内容。

问题

1. 2D 和 3D 中的 D 代表什么意思？
2. 有多少种变换方式？
3. 判断题：Unity 没有内置对象，你必须自己创建。
4. 如果一开始对象在（0, 0, 0）的位置，沿着 X 轴将游戏对象移动一个单位，然后再将它绕 Z 轴旋转 90 度，那么现在的坐标是多少？如果先旋转后移动呢？

答案

1. 维度。

2. 3 种。

3. 错，Unity 包含众多内置对象。

4. 如果一开始对象在（0, 0, 0）的位置，沿着 X 轴将游戏对象移动一个单位，然后再将它绕 Z 轴旋转 90 度，那么现在的坐标是（1, 0, 0）。如果先旋转 90 度，后移动一个单位，那么坐标是（0, 1, 0）。

2.7 练习

花点时间在包含父子对象的场景中尝试各种变换，这样可以更好地理解坐标系改变对象坐标的定位方式。

1. 创建一个新的场景或项目。

2. 在项目中添加一个立方体，然后把它放在 (0, 2, –5) 处。记住坐标的简写表示法。立方体应该具有以下坐标值：X=0、Y=2、Z=–5。你可以在 Inspector 视图的变换组件里轻松设置这些值。

3. 在场景中添加一个球体，注意球体的 X、Y 和 Z 值。

4. 在 Hierarchy 视图中把球体拖到立方体上，从而把球体嵌套在立方体下。注意位置值是如何改变的。球体现在是相对于立方体定位的。

5. 把球体放在 (0，1，0) 处。注意它不会出现在原点的正上方，而是位于立方体的正上方。

6. 体验各种变换方式。一定要在立方体以及球体上都做一些变换操作，查看不同的变换操作对父对象和子对象的影响有何不同。

Chapter 3 第 3 章

模型、材质和纹理

在本章中，你将学习关于模型的知识以及如何在 Unity 中使用它们。首先你需要了解网格和 3D 对象的基本原理。接下来，学习如何导入自己的模型或者使用从 Asset Store 中获得的模型。最后我们将探讨 Unity 的材质和着色器功能。

3.1 模型的基础知识

如果没有图形组件，视频游戏肯定不会有那么好的效果。在 2D 游戏中，图形由称为精灵（Sprite）的平面图像组成。你只需改变这些精灵的 X 坐标和 Y 坐标的位置并按顺序翻转其中几个精灵，就可以欺骗观众的眼睛，让他们相信自己看到的是真正的运动和动画。但是，在 3D 游戏中，事情没有那么简单。在具有第三根轴的世界里，对象需要具有体积才能欺骗眼睛。由于游戏中包含大量的对象，所以我们需要快速处理出现的事情。网格，简单地说就是一系列互连的三角形。这些三角形彼此相连，构成了条带，然后组成基本的形状，最后再构成复杂的图形。这些条带提供了模型的 3D 定义，可以非常快地进行处理。尽管如此，也不要担心，Unity 会帮你处理好一切，不必你亲自管理它。在本章的后面，你将会看到三角形怎样组成了 Unity Scene 视图中的各种形状。

注意：为什么是三角形？

你可能想知道为什么 3D 对象完全由三角形组成。答案很简单：计算机将图形按照一系列的点来处理，也就是我们通常说的顶点。对象所具有的顶点越少，绘制速度就越快。三角形具有两个性质让人们非常喜欢。第一个性质是当有了一个三角形的情况下，只需要再添加另一个顶点，就可以创建一个新三角形。所以创建一个三角形需要 3 个顶点，创建两个三角形只需要4个点，创建3个三角形只需要5个顶点。这使得它们非常高效。另一个性质是：通过使用这种三角形联合在一起形成的形状，你可以对任何3D对象进行建模。其他任何形状都不具备这样的灵活性和性能。

注意：术语：模型还是网格

术语模型（model）和网格（mesh）很相似。通常可以互换使用它们。不过，它们之间也有区别。网格包含定义3D对象的形状的顶点信息。当我们谈论模型的形状或形式时，实际上说的是网格。因此，网格也称作模型的地理信息，所以模型就是包含网格的对象。

模型使用网格定义它的维度，但它也可以包含动画、纹理、材质、着色器及其他网格。一般的规则是：如果一个对象包含除顶点信息以外的任何其他内容，那么它就是模型，否则就是网格。

注意：2D

本章主要讨论渲染3D对象相关的内容，如果只想制作2D游戏，那么什么内容最实用呢？还需要学习本章的知识（或者说任何有关3D的内容）吗？当然需要！就像我们在第2章中说到的那样，根本就没有纯粹的2D游戏。精灵只不过是作用于平面的3D对象。灯光也可以应用在2D对象上。甚至2D和3D使用的摄像机都是一样的。这里学到的所有内容都可以应用在2D游戏中，因为2D游戏包含在3D游戏内。使用Unity勤加练习，你会发现2D游戏和3D游戏的界限非常模糊。

3.1.1　内置的3D对象

Unity有几种基本的内置网格（或图元）可以使用。它们提供了一些简单的形状，可以用在简单的功能上，或者将它们组合在一起构建复杂的对象。图3-1显示了可用的内置网格（前面的章节中我们已经接触过立方体和球体）。

提示：使用简单的网格建模

你是否遇到过在游戏中需要一个复杂的对象，但却找不到合适的模型的情况？在Unity中嵌套对象可以让你轻松地使用内置的网格创建简单的模型。只需把网格挨着放在一起，让它们组成你想要的模型的粗略外观即可。然后把所有的对象都嵌套在一个中心对象之下。这样，当移动父对象时，所有的子对象也会被移动。这可能不是在游戏中创建模型的最优雅的方式，但它在原型制作的过程中非常实用。

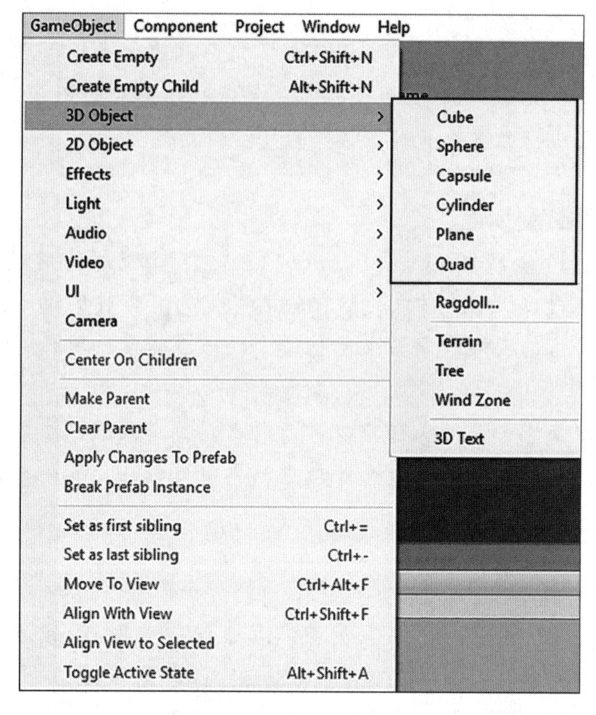

图 3-1　Unity 内置的网格

3.1.2　导入模型

内置的模型很不错，但是大多数时间，游戏需要复杂的艺术资源。幸好，Unity 允许将你自己的 3D 模型导入到项目中。操作非常简单，只需把包含 3D 模型的文件放入 Assets 文件夹中，就导入到项目中了。之后，可以把它拖入场景或层次结构中，围绕它构建游戏对象。Unity 天生支持 .fbx、.dae、.3ds、.dxf 和 .obj 文件，所以基本上你能够使用几乎所有的 3D 建模工具。

动手做▼

导入自己的 3D 模型

按照下面的步骤操作，就可以将自定义的 3D 模型导入到 Unity 项目当中。

1. 创建一个新的 Unity 项目或场景。

2. 在 Project 视图中，在 Assets 文件夹下创建一个名为 Models 的新文件夹，右键单击 Assets 文件夹，然后选择 Create > Folder 命令。

3. 在本书配套文件的 Hour 3 文件夹中找到 Torus.fbx 文件。

4. 将操作系统的文件管理器和 Unity 编辑器并排摆放，在文件管理器中单击 Torus.fbx 文件，然后把它拖到你在第 2 步中创建的 Models 文件夹中。在 Unity 里单击 Models 文件夹，查看新的 Torus 文件。如果操作正确，Project 视图将类似于图 3-2 中展示的样子。(注意：如果你使用的是早期版本的 Unity，或者更改了 Unity 设置，可能会发现自动创建了一个 Materials 文件夹。遇到这种情况不要慌张，我们会在后面的章节介绍材质相关的知识。)

5. 将 Torus 从 Models 文件夹拖到 Scene 视图中。注意 Torus 游戏对象添加到场景中的时候包含一个网格过滤器和一个网格渲染器。这两个组件可以让 Torus 对象显示在屏幕上。

6. 当前场景中的 Torus 非常小，所以我们在项目视图中选中 Torus 资源，然后在 Inspector 视图中查看。将缩放系数从 1 改为 100，然后点击 Inspector 下面的 Apply 按钮。

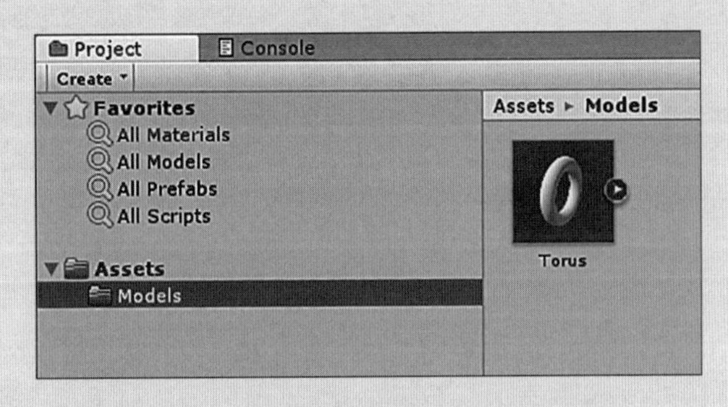

图 3-2　添加了 Torus 模型的 Project 视图

警告：网格默认的缩放大小

Inspector 视图中网格的大多数选项都是高级选项，我们不会很快讲解它们的用法。现在我们感兴趣的属性是比例因子。不同的软件可能有不同的缩放比例。默认情况下，Unity 将一个单元作为一米，其他软件，比如说 Blender 可能将一个单元视为一厘米。一般情况下，当你导入一个模型的时候，Unity 会自动推断导入的模型的缩放比例。有的时候，比如在本例中，它就没有正确推断，所以需要你手动调节缩放系数。将缩放系数从 1 更改到 100，也就是告诉 Unity 将模型放大 100 倍，从而将以厘米为单位的模型转化为以米为单位的模型。

3.1.3　模型和 Asset Store

你不需要成为建模专家也能使用 Unity 创建游戏。Asset Store 提供了一种简单有效的方式来查找预制的模型并把它们导入到项目中。一般来说，Asset Store 上的模型分免费或付费两种，它们要么是独自发布，要么存在于相似模型的集合中。一些模型自带纹理，还有一些只包含网格数据。

动手做

在 Asset Store 中下载模型资源

让我们学习如何从 Unity Asset Store 中查找和下载模型。按照下面的步骤操作，找到一个名为 Robot Kyle 的模型，然后把它导入到我们的场景中。

1. 创建一个新场景（使用 File > New Scene 命令）。在 Project 视图的搜索栏中输入 Robot Kyle t:Model（见图 3-3）。

2. 在搜索筛选区域中，单击 Asset Store 按钮（如图 3-3 所示）。如果看不到这个按钮，那么可能需要调整编辑器窗口或者 Project 视图窗口的大小，当然，也需要保证因特网处于连接的状态。

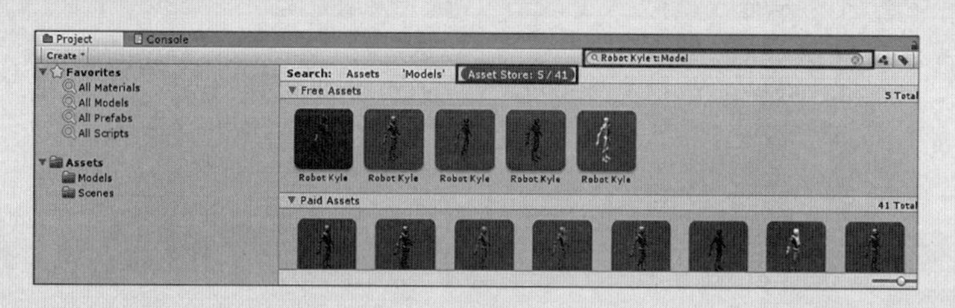

图 3-3　定位模型资源

3. 选中 Unity Technologies 发布的名为 Robot Kyle 的模型。选中一个资源，然后在 Inspector 视图中就可以查看发布者的信息（见图 3-4）。

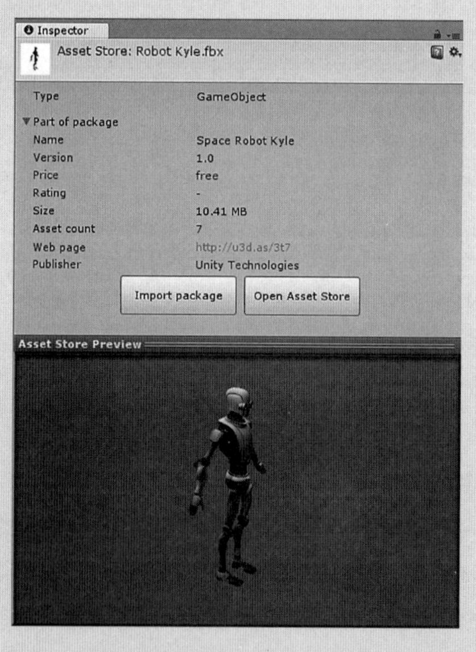

图 3-4　资源 Inspector 视图

4. 在 Inspector 视图中，单击 Import Package 按钮。此时，可能需要你提供 Unity 账户凭证（Account Credential）。如果这一步操作有困难，没关系，随书资源中我已经附带了这个资源，只需要导入它即可。

5. 打开 Import Package 对话框后，保持一切都处于选中状态，并选择 Import。

6. 在 Assets > Robot Kyle > Model 下找到机器人模型，然后把它拖到 Scene 视图中，注意此时模型在 Scene 视图中可能相当小，需要靠近一些才能查看它。

3.2　纹理、着色器和材质

对于不熟悉过程的新手来说，将图形应用到 3D 模型的过程可能会让人产生畏难情绪。Unity 提供了一种简单、特定的工作流程，它能让你精确掌控物体的表现，这种能力相当强大。图形资源可以分解为纹理、着色器和材质。每个概念都会在单独的一节中介绍，图 3-5 显示了它们是如何密切协作的。注意，纹理并不会直接应用于模型，而是把纹理和着色器应用于材质。然后再把那些材质应用于模型。这样，无须许多工作就能快速、干净地替换或修改模型的外观。

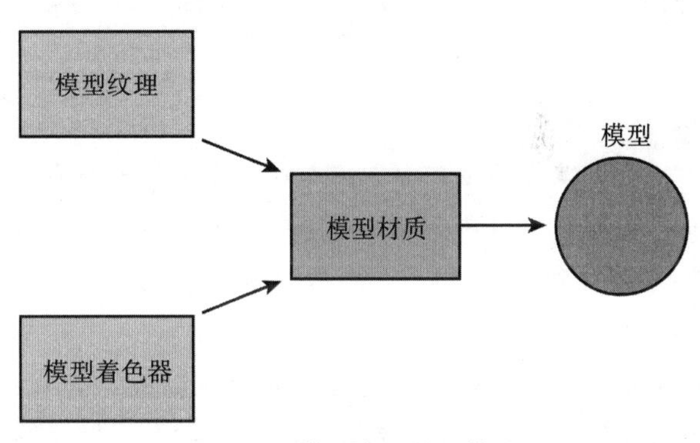

图 3-5　模型资源的工作流

3.2.1　纹理

纹理是应用于 3D 对象的平面图像。它们负责将模型变成色彩斑斓令人着迷的游戏对象，而不是单调生硬的形状。将 2D 图像应用于 3D 模型听上去可能有些奇怪，但是一旦你熟悉了这个过程，就会发现它真的很直观。我们来看一个汤罐头。如果你取下罐头的标签，就会看到它是一张平面的纸。这个标签就像是纹理。打印完标签之后，用它将罐头包装起来，这样就能够吸引顾客的目光。

和所有其他的资源一样，很容易在 Unity 项目中添加纹理。首先为纹理创建一个文件夹，Textures 是一个不错的文件夹名。然后把想要添加到项目中的纹理拖到你刚刚创建的 Textures 文件夹中。大功告成！

注意：展开操作

将纹理的工作过程想象成罐头的包装固然不错，但是更复杂的对象应该如何操作呢？在创建一个错综复杂的模型时，生成所谓的展开（unwrap）是一种常见的做法。展开有点像贴图，它准确显示了平面纹理将如何包装在模型周围。如果查看本章前面 Robot Kyle 下的 Textures 文件夹，就会看到一个 Robot_Color 纹理。它看上去比较奇怪，这是因为它是用于模型的 unwrap 纹理。unwrap、模型和纹理的生成是一种艺术，本书不会讨论它们。现在这个阶段，初步了解它们的工作原理就足够了。

警告：怪异的纹理

在本章后面将对模型应用一些纹理。你可能会发现纹理有点弯曲或者在朝着错误的方向往上翻转，现在我们只需知道这并不是什么错误即可。将一个基本的矩形 2D 纹理应用到模型上，就会出现这个问题。模型不知道哪种方式是正确的，因此它将尽其所能地应用纹理。如果想避免这个问题，可以使用为正在制作的模型设计的专门的纹理。

3.2.2 着色器

如果模型的纹理决定了它在表面上绘制什么内容，那么着色器就确定了如何绘制纹理。还有一种看待着色器用途的方式：材质是你和着色器之间的接口。材质告诉你着色器如果要绘制对象需要什么东西，你提供它想要的资源，这样它就可以按照你想要的方式绘制对象。现在还有些难以想象，但是后面当我们创建材质时，你就会理解它们是如何工作的。因为无法在没有材质的情况下创建着色器，本章后面将会介绍大量关于着色器的知识。事实上，关于材质要学习的大量内容实际上是材质的着色器的知识。

提示：思考练习

如果你现在理解着色器的工作方式比较费力，那么可以考虑下面这种场景：假设你有一块木头。木头的物理性是它的网格。颜色、质地和可见的元素就是它的纹理。现在拿起木头，往上浇一些水。木头的网格还是原来的网格，它还是由原来的材料（木头）组成，但是看上去有些不同。它稍微暗了一点并且富有光泽。这个例子中有两个“着色器”：干木头和湿木头。湿木头“着色器”添加了一些东西，让它看起来有些不同，但实际上并没有改变它。

3.2.3 材质

如前所述，材质差不多就是可以应用于模型的着色器和纹理的容器。自定义材质的大部分工作就是为它选择着色器，尽管所有的着色器都具有一些共同的功能。

要创建一种新材质，首先要创建一个 Materials 文件夹。然后右键单击该文件夹，再选择 Create > Material 命令。给材质起个有意义的名称，这样就可以了。图 3-6 展示了两个使用不同着色器设置的材质。注意它们都使用了 Standard 着色器。每种设置的 albedo（后面会详细介绍）颜色都设置为白色，但是它们的 Smoothness 设置不同。Flat 材质的 Smoothness 值低一些。所以光看起来特别平，因为光会漫反射。Shiny 材质的 Smoothness 值高，它创建了比较强的灯光效果。两种材质都可以预览，所以你可以看到它在模型上将会如何显示。

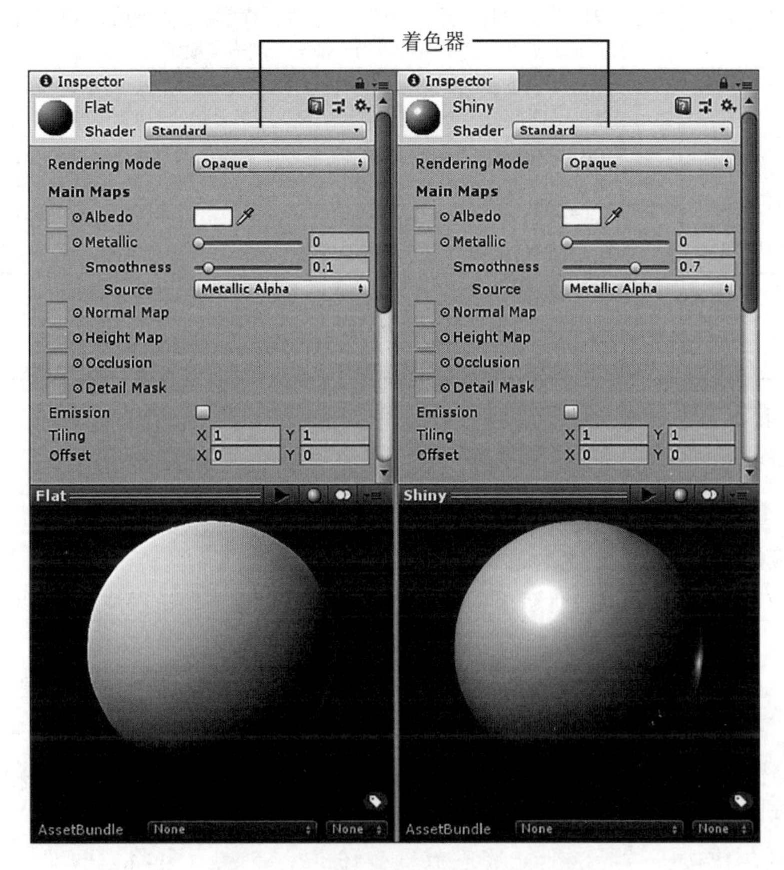

图 3-6 不同着色器设置下的材质

3.2.4 着色器进阶

我们已经学习了纹理、模型和着色器，现在学习怎样把它们结合在一起。Unity 有一个非常强大的 Standard 着色器，这也是本书讲解着色器的重点所在。表 3-1 展示了常见的着色器属性。除了表 3-1 列出的属性外，Standard 着色器还有很多其他属性，但是本书主要关注列表中的这些属性。

看上去似乎有许多知识要学习，但是一旦你对纹理、着色器和材质的基础知识变得更熟悉，你会发现对这些属性的理解也就更加深刻了。

表 3-1 常见的着色器属性

属性	描述
Albedo	这个属性定义了对象的基本颜色。基于 Unity 强大的物理渲染（PBR）系统，颜色与灯光的交互看上去就像真的一样。比如说，黄色在白光下的显示就是黄色，但是在绿光下就会显示蓝色。这个属性应用于那些纹理需要颜色的对象
Metallic	这个属性的功能如名字所示，它影响对象的金属性。这个属性使用一张“贴图”来显示对象上不同部分的金属表现。为了更真实的效果，我们将这个属性设置为 0 或者 1
Smoothness	它是 PBR 中的一个关键因素，用于表示对象表面的光滑性。它的直接效果就是让对象看起来是更光滑或更不光滑。为了更真实的效果，避免将这个属性设置为 0 或者 1
Normal Map	它包含了应用于模型的法线贴图。法线贴图可以对图形应用凹凸效果。当计算光照应该提供给模型的效果大于它原本应该显示的效果时非常有用
Tiling	它定义了纹理在一个模型上可以重复多少次。既可以在 x 轴上也可以在 y 轴上重复（记住纹理是平面的，它没有轴）
Offset	它定义了纹理在 x 轴或者 y 轴上的偏移

Unity 还有本书没有囊括的很多其他着色器，Standard 着色器的灵活性非常高，足以满足你的基础需求。

动手做▼

对模型应用纹理、着色器和材质

让我们按照下面的步骤把所掌握的关于纹理、着色器和材质的所有知识结合起来，创建一个看上去相当不错的砖墙效果。

1. 创建一个新项目或场景。注意：创建新项目将会关闭并重新打开编辑器。
2. 创建一个 Textures 和一个 Materials 文件夹。
3. 在本书配套文件中找到 Brick_Texture.png 文件，并把它拖到在第 2 步中创建的 Textures 文件夹中。
4. 向场景中添加一个立方体，将它放置在 (0，1，–5) 处，并将它的缩放比例设置为 (5，2，1)。图 3-7 显示了现在这个立方体的属性。

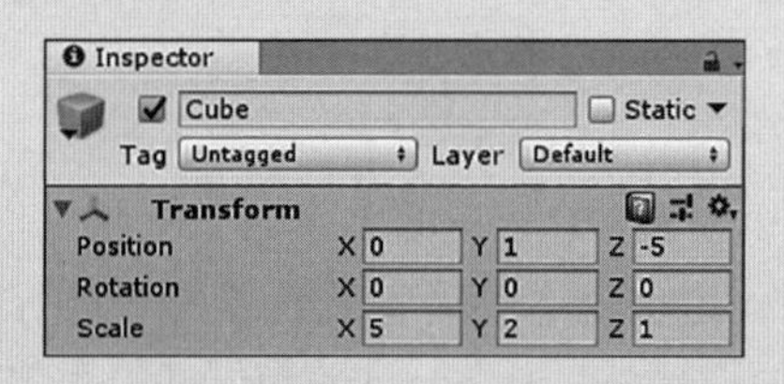

图 3-7 立方体的属性

5. 创建一种新材质（右键单击 Materials 文件夹，然后选择 Create > Material 命令），最后将它命名为 BrickWall。
6. 将着色器设置为 Standard，在 Main Maps 中单击单词 Albedo 左边的小圆圈按钮图标，然后在弹出式窗口中选择 Brick_Texture。

7. 把砖墙材质从 Project 视图中拖到 Scene 视图中的立方体上。

8. 注意纹理被拉伸得有些超出了墙面，首先选择材质，然后把拼贴的 x 值改为 3，请确保这个操作是在 Main Maps 中进行，而不是 Secondary Maps。现在墙面看上去好多了。现在场景中就有了一堵带有纹理的砖墙。图 3-8 显示了最终的效果。

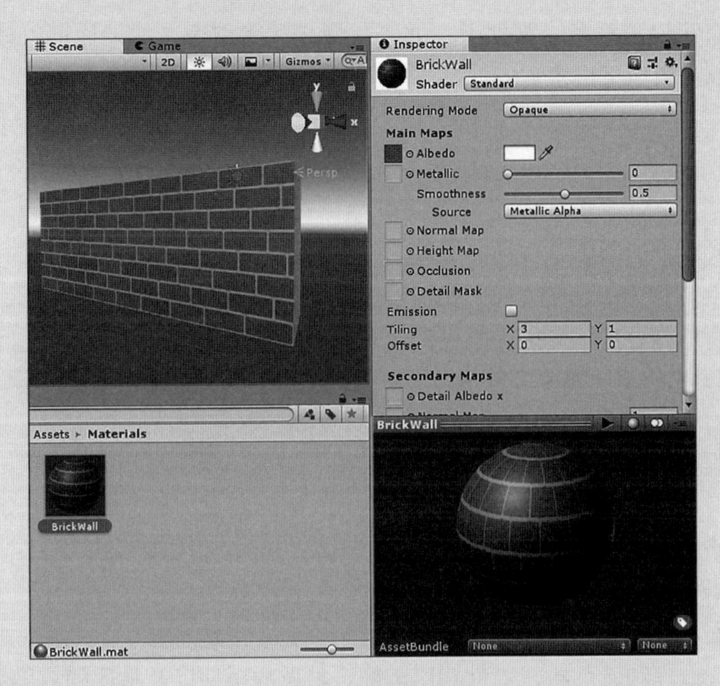

图 3-8　最终效果图

3.3　本章小结

在本章中，我们认识了 Unity 中的模型。首先学习了如何利用称为顶点的集合也就是网格构建模型。然后，学习了如何使用内置的模型，导入你自己的模型，以及从 Asset Store 下载模型。接着学习了 Unity 中的给模型贴图的工作流程，体验了纹理、着色器和材质的使用，最后通过创建一块纹理化的砖墙结束了本章的学习。

3.4　问答

问：如果我不是艺术家，那我还能够制作游戏吗？

答：绝对可以。使用免费的在线资源和 Unity Asset Store，可以找到各种艺术资源放到游戏中。

问：我需要知道如何使用所有内置的着色器吗？

答：不用。许多着色器的使用场景非常有限。先学会本章中介绍的着色器，如果游戏项目需要，可以再学习使用更多的着色器。

问：如果 Unity Asset Store 中有付费的艺术资源，这意味着我可以出售自己的艺术资源吗？

答：是的，可以这样做。事实上，并不仅限于艺术资源。如果你可以创建高质量的其他资源，也可以在商店里出售它们。

3.5 测验

花些时间完成下面的练习，确保掌握了本章的内容。

问题

1. 判断题：因为方形很简单，所以使用方形作为模型的网格。
2. Unity 支持什么 3D 模型文件格式？
3. 判断题：Unity Asset Store 里面只有收费资源。
4. 解释纹理、着色器和材质的关系。

答案

1. 错，网格是由三角形组成的。
2. .fbx、.dae、.3ds、.dxf 以及 .obj 文件。
3. 错，里面有很多免费资源。
4. 材质包含纹理和着色器，着色器用于确定材质的属性以及材质的渲染方式。

3.6 练习

在这个练习中，我们将体验着色器对模型的外观所产生的影响。每种模型使用相同的网格和纹理，只有着色器是不同的。这个练习中创建的项目命名为 Hour3_Exercise，可以在本书配套文件的 Hour 3 文件夹中找到它。

1. 创建一个新场景或新项目。

2. 在项目中添加一个 Materials 和一个 Textures 文件夹。在本书配套文件的 Hour 3 文件夹中找到 Brick_Normal.png 和 Brick_Texture.png 文件，把它们拖到 Textures 文件夹中。

3. 在 Project 视图中，选择 Brick_Texture。在 Inspector 视图中，把 aniso 级别改为 3，提高曲线的纹理质量。然后单击 Apply 按钮。

4. 在 Project 视图中，选择 Brick_Normal。在 Inspector 视图中，把纹理类型改为 Normal Map。然后单击 Apply 按钮。

5. 在 Hierarchy 视图中选择定向灯光，把它的位置设置为 (0，10，–10)，旋转角度设置

为 (30，–180，0)。

6. 在项目中添加 4 个球体，并把它们的缩放比例都设置为 (2，2，2)。然后把它们的位置分别设置为 (1, 2, –5)、(–1, 0, –5)、(1, 0, –5) 和 (–1, 2, –5)，这样就可以把它们分散开。

7. 在 Materials 文件夹中创建 4 种新材质，并把它们分别命名为 DiffuseBrick、SpecularBrick、BumpedBrick 和 BumpedSpecularBrick。图 3-9 展示了 4 种材质对应的属性，将这个四种材质的属性按照图设置它们的值。

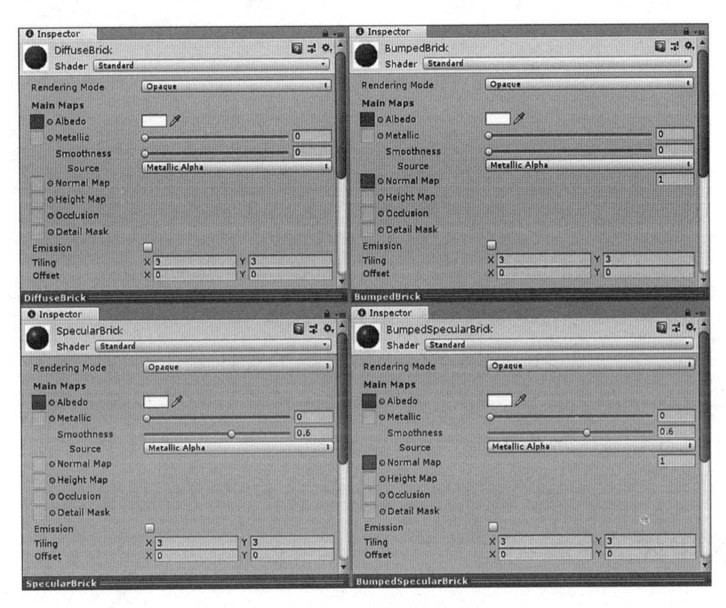

图 3-9　材质的属性

8. 将每种材质分别拖到 4 个球体上。注意球体的灯光和曲度怎样与不同的着色器交互。记住，可以在 Scene 视图中移动，从不同的角度查看球体。

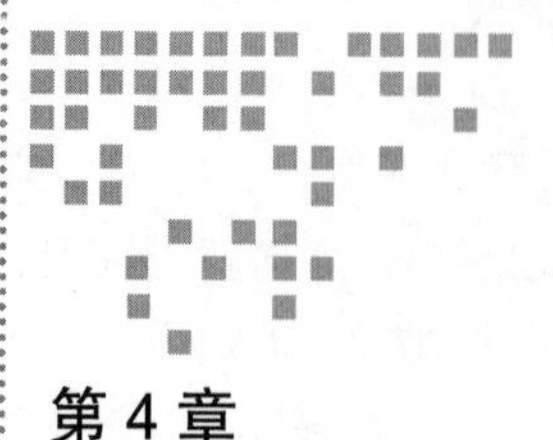

Chapter 4 第4章

地形和环境

在本章中，你将学习地形的生成。你将学习地形是什么，如何创建它，以及怎样制作它。你还将体验纹理绘制和微调。除此之外，你还将学习为游戏创建宽广、辽阔和逼真的地形，以及如何使用角色控制器在地形上移动探索。

4.1 地形的生成

所有的 3D 游戏关卡都以某种形式存在于游戏世界里。这些游戏世界可以是高度抽象或逼真的。通常，带有辽阔的“室外”关卡的游戏称为具有地形。术语地形（terrain）指的是用于模拟世界外部风景的任何陆地区域。高山、平原或者潮湿的沼泽地都是游戏地形的示例。

在 Unity 中，地形是可以雕刻成许多不同形状的平面网格。我们可以将地形视作沙箱里的沙子。你可以挖掘沙土让其变为洼地，也可以堆积沙土让它隆起。基本地形唯一不能做的是叠层，这意味着无法创建像洞穴或突出物这样的物体。这些项目必须单独建模。此外，就像 Unity 中的其他对象一样，地形也有位置、旋转角和缩放比例（尽管在游戏过程中这些值通常不会改变）。

4.1.1 将地形添加到项目中

在场景中创建一张平面地形是一个非常简单的任务，我们只需要设置一些基本的参数。要把地形添加到场景中，只需选择 GameObject > 3D Object > Terrain 命令即可。Project 视图中将会出现一个名为 New Terrain 的资源。如果在 Scene 视图中导航，还可能会注意到地形非常大。事实上，我们目前并不会用上这么大的地形。因此，我们需要调整这个地形的一些属性。

要使这个地形更容易管理，需要更改地形分辨率。通过修改分辨率，可以更改地形的长度、宽度和最大高度。

为什么要使用“分辨率（Resolution）”这个术语呢？在本书的后面学习高度图的时候，你将会慢慢明了。如果想要更改地形的分辨率，请按照下面的步骤操作：

1. 在 Hierarchy 视图中选中你的地形。然后在 Inspector 视图中找到并单击 Terrain Settings 按钮（见图 4-1）。

2. 找到 Resolution 的设置，现在地形宽度和长度被设置为 500，把这些值都设置为 50，这样比较方便我们管理。

Resolution 设置中的其他选项用于修改纹理的绘制方式以及地形的表现方式。目前不用设置这些选项。当你更改了宽度和高度之后，将会看到地形变小了很多并且更容易管理。现在我们开始打造地形。

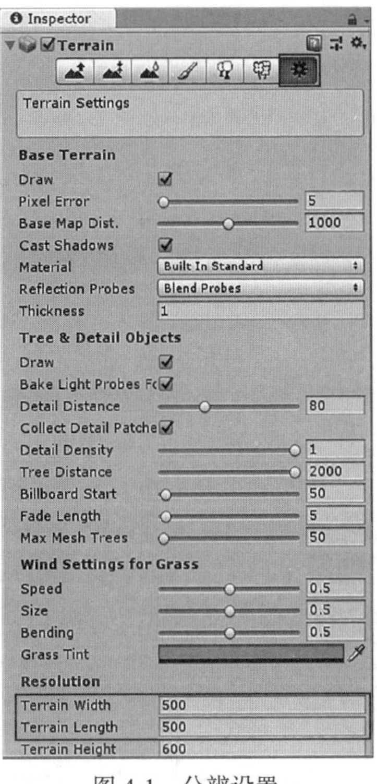

图 4-1　分辨设置

> 注意：地形大小
>
> 目前，我们要处理的地形的长度和宽度都是 50 单位，这纯粹是为了在学习多种工具时容易进行管理。在真实的游戏中，地形可能会大得多，以适应你的需要。还值得指出的是：如果你有高度图（将在下一节中介绍），那么会希望地形比例（长度和宽度的比例）与高度图的比例匹配。

4.1.2　高度图制作

一般来说，在 8 位图像中有 256 度灰可以使用，灰度的范围从 0（黑色）到 255（白色）。知道这一点之后，就可以获取一幅黑白图像，通常称为灰度（grayscale）图像，并把它用作所谓的高度图（heightmap）。高度图是一幅灰度图像，其中包含与地形图类似的海拔信息。较深的阴影可能被认为是较低的位置，较浅的阴影则被认为是较高的位置。图 4-2 显示了一个高度图的示例。它看起来可能不是很直观，但是像这样的简单图像可以产生一些动态的风景。

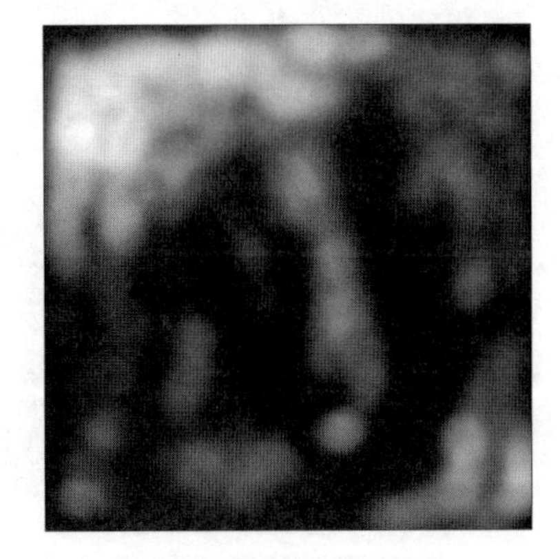

图 4-2　简单的高度图

对现有的平面地形应用高度图很容易，只需按照下面动手做的步骤，将高度图导入到平面地形上即可。

动手做▼

照以下步骤来导入和应用高度图：

1. 创建一个新的 Unity 项目或者场景。在本书配套文件的 Hour 4 文件夹中找到 terrain.raw 文件，并把它放到你可以轻松找到的某个位置。

2. 使用本章前面学到的知识，创建一个地形，记得将长宽设置为 50。

3. 在 Hierarchy 视图中选择刚才创建的地形，然后单击 Terrain Settings 按钮（如果你不记得它在哪里，请参见图 4-1）。在 Heightmap 区域中，单击 Import Raw 按钮。

4. 打开 ImportRawHeightmap 对话框，找到第一步的资源 terrain.raw，并单击 Open 按钮。

5. 打开 Import Heightmap 对话框，按照图 4-3 所示设置各个选项值。使所有的选项保持不变，并单击 Import 按钮。（Byte Order 属性与电脑现在正在运行的操作系统无关，与创建高度图的电脑有关。）

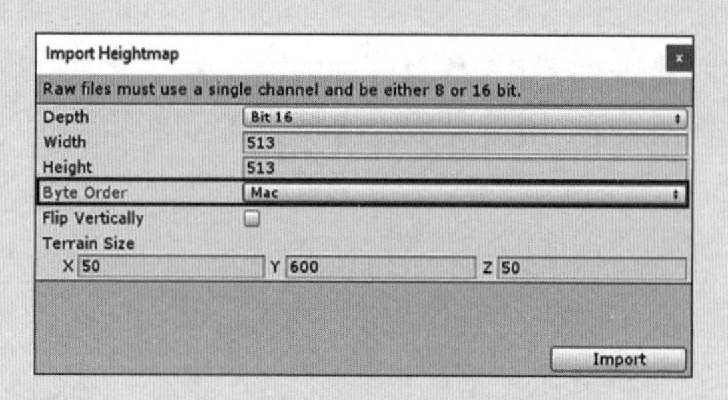

图 4-3 Import HeightMap 对话框

6. 现在，地形看上去比较怪异。问题在于当你把地形的长度和宽度设置成更容易管理的值的时候，高度没有改变，还保持在 600，这个值对现在来说显然太高了。

7. 在 Inspector 视图 Terriain Setting 中的 Resolution 区域将高度设置为 60，这样看上去好多了，见图 4-4。

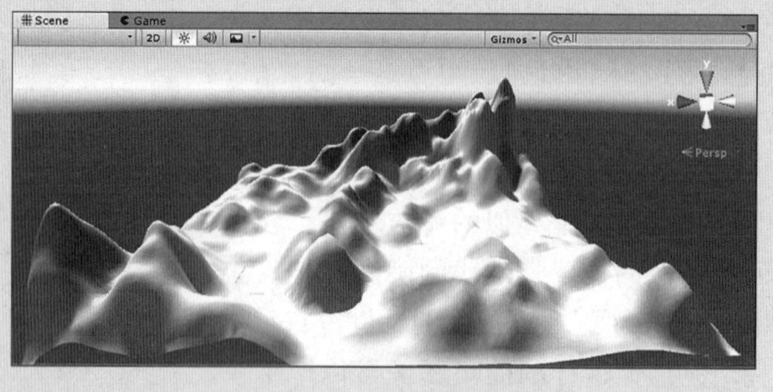

图 4-4 导入高度图后的地形

提示：计算高度

迄今为止，高度图似乎比较随机，但实际上它的值很容易计算。所有的值都基于 255 的百分比和地形的最大高度。地形的最大高度默认为 600，但是很容易更改这个值。如果应用（灰度）÷255×（最大高度）这个公式，就可以轻松地计算地形上的任意位置的高度。

例如，黑色的灰度值是 0，因此任何黑色区域的高度都将是 0 单位（0÷255×600）。白色的灰度值是 255，因此它对应的高度为 600 单位。如果灰度值是一个比较中间的数例如 125，那么它对应的高度值就是 294（125/255×600）。

提示：高度图的格式

在 Unity 中，高度图必须是 .raw 格式的灰度图像。有许多方式生成这些类型的图像，可以使用简单的图像编辑器或者甚至 Unity 本身。如果使用图像编辑器创建高度图，就要尽量使高度图具有与地形相同的长宽比。否则，地形就会出现明显的扭曲。如果使用 Unity 的制作工具制作某种地形，并且希望为它生成一幅高度图，可以转到 Inspector 视图中的 Terrain Settings 中的 Heightmap 区域，点击 Export Raw 按钮。

一般来说，对于大地形，或者对于性能要求比较高的地方，你应该使用其他工具导出高度图并将地形导出为网格。使用 3D 网格，你还可以在导入 Unity 之前在网格中添加洞穴、骑楼等。注意，如果将网格作为地形导入，你将无法在它上面使用 Unity 的纹理工具和绘制工具（不过，你可以在 Asset Store 里面找到其他带有这项功能的工具）。

4.1.3　Unity 地形制作工具

Unity 提供了多种工具可以让你亲手制作地形。在 Terrain 组件下的 Inspector 视图中可以看到这些工具。这些工具都采取相同的工作模式：使用给定大小和透明度的画笔“绘制”地形。实际上，我们所做的事情是绘制一幅高度图，然后它会被转换为针对 3D 地形所做的修改。绘画效果是累积的，也就是说在一个区域上绘制的内容越多，那个区域上的效果将越强烈。图 4-5 展示了这些工具。使用这些工具，几乎可以生成你可能想象到的任何风景。

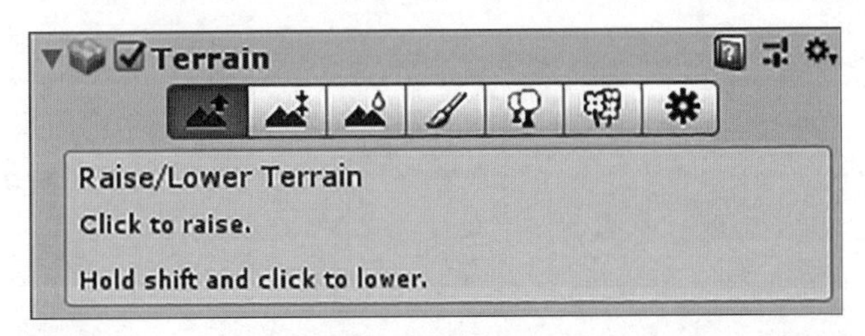

图 4-5　地形制作工具

首先，你要学习的第一个工具是 Raise/Lower 。顾名思义，这个工具可以让你在绘制的区域抬高或降低地形。要利用这个工具制作地形，请按照下面的步骤操作。

1. 选择一个画刷（画刷确定了绘制效果的大小和形状）。

2. 选择画刷的大小和不透明度。不透明度确定了绘制的力度。

3. 在 Scene 视图中点击并拖动地形，使其抬高。在点击拖动的同时按住 Shift 键，就会降低地形。

图 4-6 展示开始绘制地形前的一些选项，地形大小设置为 50 × 50、高度设置为 60。

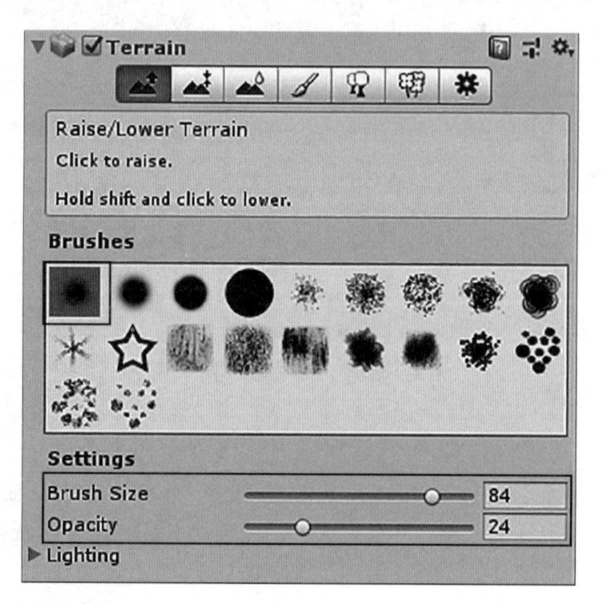

图 4-6　绘制开始时的选项

下一个工具是 Paint Height 工具。该工具的工作方式与 Raise/Lower 工具几乎完全相同，只不过它的功能是绘制地形到指定的高度。如果指定的高度高于当前地形，那么绘制结果就是抬高地形。反之，如果指定的高度低于当前地形，就会降低地形。当你在地形上创建台地或其他平坦结构的时候，这个工具会很有用。让我们继续学习。

提示：平整地形

无论在什么时候，如果想把地形重置回平面状态，都可以找到 Paint Height 工具，然后单击 Flatten。这个功能一个额外的优点是：可以把地形平整到除默认值 0 以外的高度。如果最大高度是 60，那么把高度图平整到 30，就能够把地形抬高 30 个单位，同样也可以把它降低 30 个单位。这样就很容易把峡谷添加到平面地形中。

你将使用的最后一个工具是 Smooth Height 工具。该工具不会以特别显著的方式改变地形，而是会删除在制作地形时出现的许多锯齿状线条。可以把该工具视作抛光机，在完成了主要的绘制工作之后，使用这个工具执行微小的调整。

动手做

绘制地形

既然已经学习了绘制工具，现在让我们练习使用它们。在这个练习中，你将尝试绘制一块特定的地形。

1. 创建一个新项目或场景，并添加一个地形，把该地形的分辨率设置为 50×50，并把它的高度设置为 60。

2. 使用 Paint Height 工具，把高度修改为 20，并单击 Flatten，把该地形平整到高度为 20。（如果发现地形消失了，不要紧张，只是将它改为了 20 而已。）

3. 使用绘制工具，尝试创建类似于如图 4-7 所示的地形（注意：我们更改了图中的灯光，方便我们观察效果）。

4. 继续试验使用各种工具，尝试向地形中添加独特的特性。

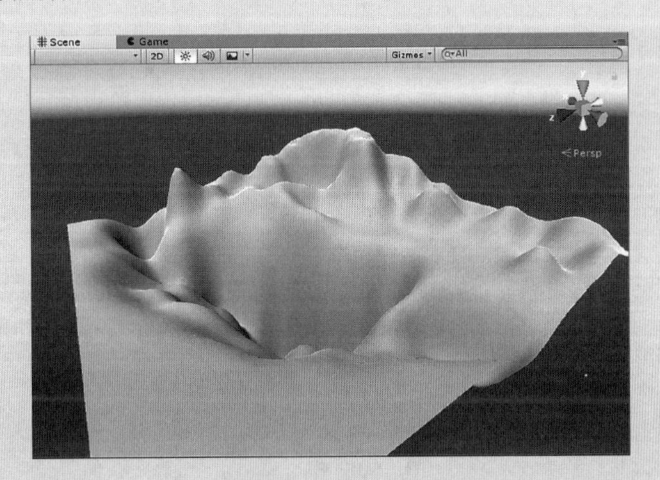

图 4-7　地形示例

提示：练习、练习、再练习

开发强大、有吸引力的关卡本身也是一种艺术。必须对小山丘、峡谷、大山和湖泊的位置进行深思熟虑，这些元素不仅需要在视觉上令人满意，而且需要考虑关卡的可玩性，放置在最合适的位置。关卡构建技能不可能一蹴而就，一定要多加练习并精雕细琢你的关卡构建技能，这样才能创建激动人心且令人难以忘怀的关卡。

4.2　地形纹理

现在你已经知道如何构建 3D 游戏世界的物理维度。即使地形中已经包含了许多元素，但它仍然是平淡无奇的（主要是因为材质）并且难以导航。现在是时候向关卡中添加一个角色了。在本节中，你将学习如何添加地形的纹理，让地形看起来更有吸引力。为地形添加纹理的步骤与绘制地形差不多。首先选择一个画刷和一张纹理贴图，然后将它应用于地形。

4.2.1 导入纹理资源

在你开始使用纹理绘制世界之前，需要先准备一些可以使用的纹理。Unity 具有一些地形资源可供你使用，但是需要先导入它们。要加载这些资源，可以使用 Assets > Import Package > Environment 命令，此时将出现 Importing Unity Package 对话框（见图 4-8）。可以使用这个对话框指定你希望导入的资源。如果你想减小项目的大小，那么最好不要导入不需要的资源。目前只需保持选中所有的选项即可，然后单击 Import 按钮。现在 Project 视图中的 Assets 下应该有个一个名为 Standard Assets 的文件夹。这个文件夹中包含本章接下来我们要使用的所有地形资源。

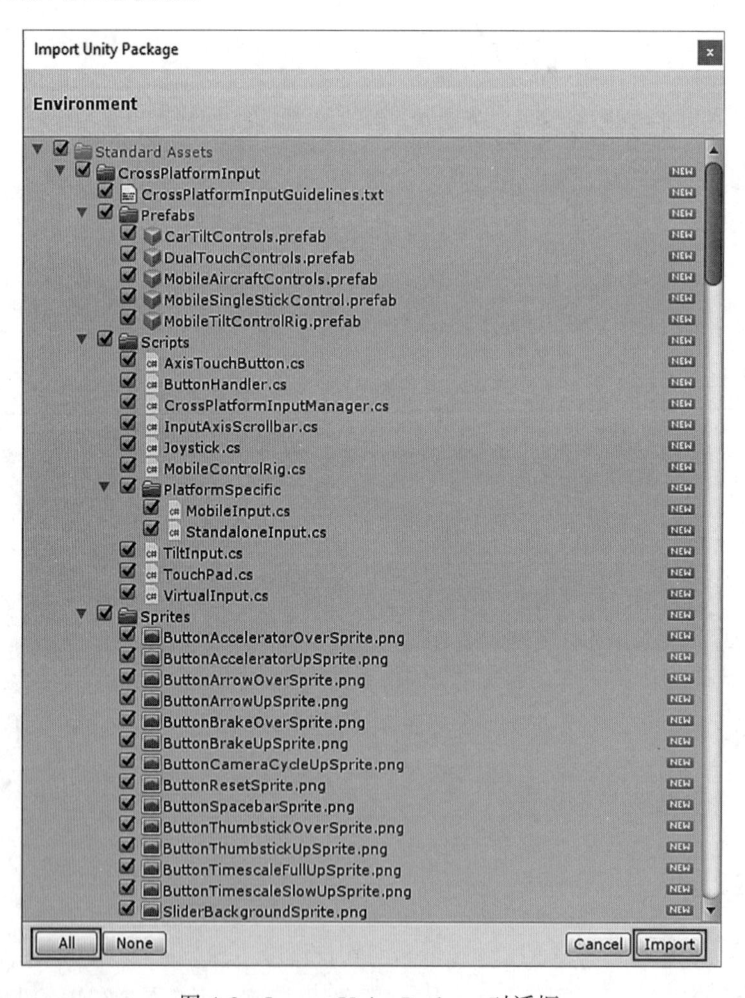

图 4-8 Import Unity Package 对话框

> 注意：丢失 Packages
>
> 当你使用 Assets > Import Package 的时候，如果发现没有 Environment 资源包，那么就意味着在安装 Unity 的时候，没有勾选 Standard Assets 选项。如果你需要这些资源（本书后面会用到其中的资源），那么可以再次运行安装器，安装标准资源。

4.2.2　纹理化地形

想要开始绘制地形，首先需要载入一张纹理。当你在 Hierarchy 视图中选择地形之后，就会在对应的 Inspector 中看到纹理化工具，如图 4-9 所示。注意 3 个数字属性：画笔大小、不透明度和目标强度。你应该熟悉前两个属性，最后一个属性是新增的。目标强度是通过持续绘画可以实现的最大不透明度。它的值是一个百分数，其中 1 表示 100%。我们使用这个值作为一种控制方式，避免在绘制纹理的过程中用力过猛。

想要加载纹理，可按照以下步骤操作。

1. 在 Inspector 视图（不是在 Unity 菜单中）中选择 Edit Textures > Add Texture 命令。

2. 在 Edit Terrain Texture 对话框中，点击 Texture 方框中的 Select 按钮（见图 4-10）并选择 GrassHillAlbedo 纹理。

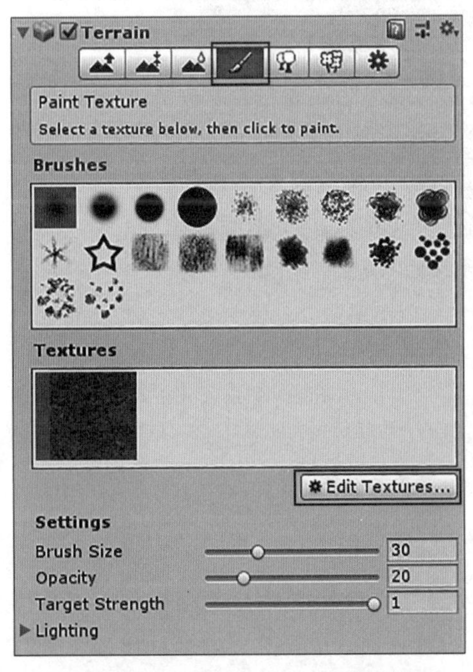

图 4-9　Paint Texture 工具和属性

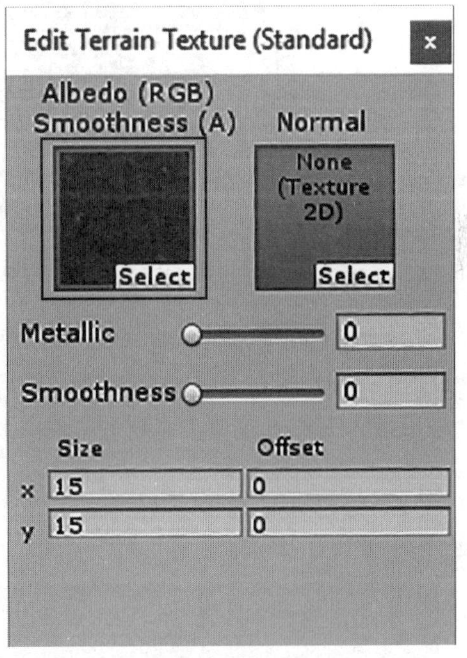

图 4-10　Edit Terrain Texture 对话框

3. 单击 Add 按钮，不需要添加法线贴图，但是如果你有一张崎岖不平的纹理，那么也可以添加一张法线贴图。

此时，整个地形上应该遍布着一块块的青草。看上去比之前白色的地形好看一些，但是距离逼真还很遥远。接下来，我们将开始在地形上进行一些绘制操作，让地形看上去更逼真。

动手做▼

在地形上绘制纹理

请按照下面的步骤操作，在地形上应用一种新的纹理，让地形具有逼真的双色效果。

1. 按照本章前面介绍的步骤，添加一种新纹理。这一次，让我们加载 GrassRockyAlbedo 纹理。一旦加载了这个纹理，请确保单击选中它（注意：如果选中了它，下面就会出现一个蓝条）。

2. 将画笔大小设置为 30，不透明度设置为 20，目标强度设置为 0.6。

3. 小心绘制（单击并拖动）地形的陡峭部分和裂缝。这将给人留下青草不会在陡峭的山坡以及山丘之间生长的印象（见图 4-11）。

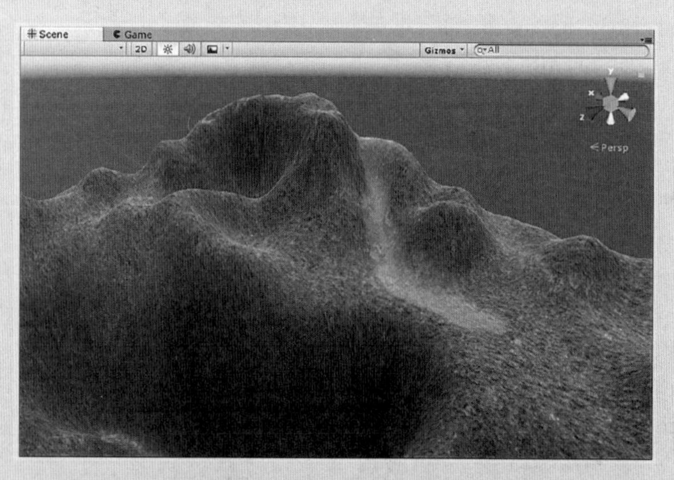

图 4-11　使用了两张纹理的悬崖和砂石小路

4. 继续尝试使用纹理绘制，载入纹理 CliffAlbedoSpecular 用它做一些悬崖峭壁，或者载入纹理 SandAlbedo，制作一条小路。

你可以像这样载入很多纹理，由此达到想要的效果。不过要注意的是，需要多次尝试，才能达到想要的效果。

注意：创建地形纹理

游戏世界通常都是独一无二的，所以需要自定义纹理来满足游戏的需求。当你为地形创建自己用的纹理的时候，应当遵循一些基本原则。首先就是要让纹理可以重复使用，也就是意味着让纹理可以无缝拼接。纹理越大，穿帮的可能性越小。其次，制作方形的纹理。最后，让纹理的大小为 2 的幂次方（比如 32、64、128 等）。后面两条影响纹理的压缩和效率。经过一段时间的尝试，你就可以做出美轮美奂的地形了。

提示：最重要的是细致

纹理化的时候，最重要的就是细致。一般来说，从一个元素过渡到另外一个元素的过程非常平滑。纹理化的时候要注意考虑这一点，当你将一块地形缩小的时候，还是能发现纹理的拼接点，那就说明做得还不够小心仔细。

警告：Terrain 错误怎么处理

根据你的项目设置和所使用的 Unity 版本，当你运行游戏场景的时候，可能会得到一些错误。其中的一个错误类似于“ TerrainData is missing splat texture...make sure it is marked for read/write in the importer.”这个错误的意思是提示你运行时访问纹理出现了一些错误。不过幸运的是，这个错误的解决方法很简单。只需要在 Project 视图中选择有问题的纹理，然后查看 Inspector 中的导入设置，然后点击 Advanced 按钮，然后勾选 Read/Write Enabled，这样问题就解决了。

4.3　生成树和草

只有平面纹理的游戏世界将会令人厌烦。几乎每一处自然风景都有某种形式的植物。在本节中，你将学习如何添加和自定义树木和青草，让地形看起来更加生机盎然。

4.3.1　绘制树木

向地形中添加树木与地形的制作和纹理化一样，整个过程与绘画非常相似。基本的前提是加载一个树木模型，然后设置树木的属性，最后绘制你希望树木出现的区域。根据你设置的选项，Unity 会把树木分散开并进行相应的修改，为我们营造一种生机勃勃的感觉。

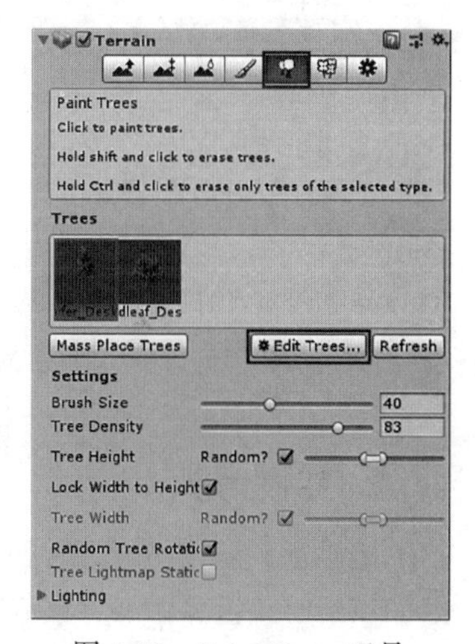

图 4-12　Paint Trees 工具

你将使用 Paint Trees 工具把树木分散布置在地形上。当你在场景中选择了地形，就可以在 Terrain 组件的 Inspector 视图中选择 Paint Trees 工具。图 4-12 显示了 Paint Trees 工具及其标准属性。

表 4-1 描述了 Paint Trees 工具的属性。

表 4-1　Paint Trees 工具的属性

属性	描述
Brush Size（画刷大小）	定义绘画时，添加树木的区域的大小
Tree Density（树的稠密度）	定义绘制树木的稠密值
Tree Height（Width）Rotation（树木的高度、宽度和旋转等）	定义了各个树木的形态，这些属性可以让你定义多种多样的树木，而不是整个地形上都是同样的树木

动手做▼

在地形上添加树木

让我们使用 Paint Trees 工具，按照下面的步骤把树木添加到地形上。在做这个练习之前，假定你已经创建了一个新场景并且已经添加了地形。地形的长度和宽度都设置为 100。如果地形已经完成了绘制和纹理化工作，那么看起来的效果将会更好。

1. 使用 Edit Trees > Add Tree 命令，将会弹出 Add Tree 对话框（见图 4-13）。

2. 点击 Add Tree 对话框上 Tree Prefab 文本框右边的圆形图标，将会弹出 Tree Selector 对话框。

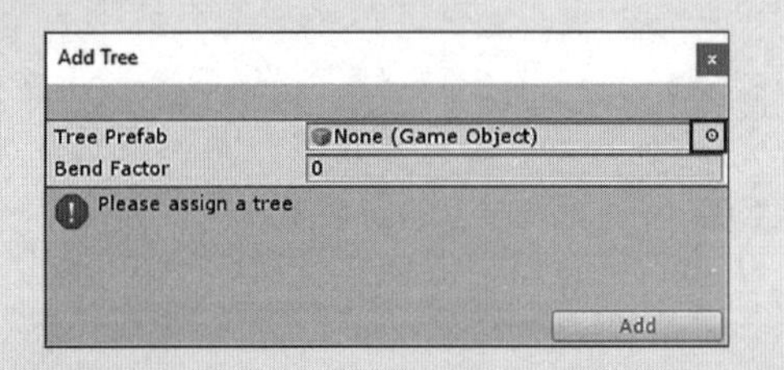

图 4-13　Add Tree 对话框

3. 选择 Conifer_Desktop，并点击 Add 按钮。

4. 把画刷大小设置为 2，把树密度设置为 10，将宽度和高度设置为随机值（Random）。

5. 在希望出现树木的区域上单击并拖动，在地形上绘制树木。单击并拖动时按住 Shift 键，将会删除树木。如果你发现无法绘制树木，那么查看 Terrain Settings->Tree & Detail Objects，确保 Draw 选项已经勾选。

6. 继续尝试不同的画笔大小、密度以及其他属性。

4.3.2　绘制青草

既然我们已经学会了如何绘制树木，那么现在应该学习如何给游戏世界添加青草或其他小植物。青草或其他小植物在 Unity 中称为 details（细节）。因此，用于绘制青草的工具是 Paint Details 工具。与树木不同，details 使用公告板（billboards，见注意“公告板”）实现，而不是 3D 模型。就像你在本章前面看到的那样，使用画笔和绘画操作将 details 添加到地形中。图 4-14 显示了 Paint Details 工具以及它的一些属性。

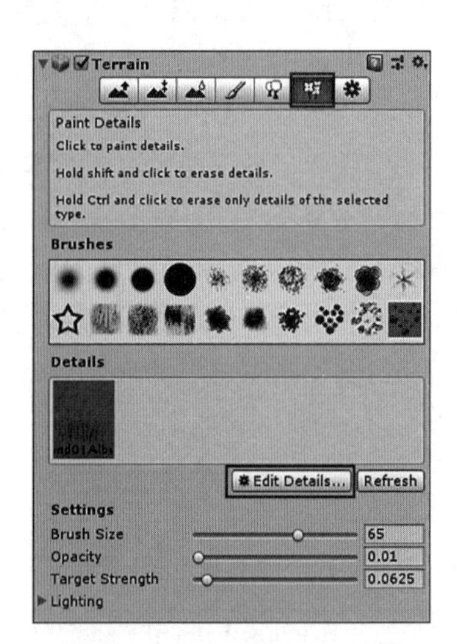

图 4-14　Paint Details 工具

将青草应用于地形是一个相当直观的过程，首先需要添加青草纹理，请按照下面的步骤操作。

1. 在 Inspector 视图中单击 Edit Details，并选择 Add

Grass Texture 命令。

2. 在 Edit Grass Texture 对话框中，点击 Texture 文本框旁边的圆形图标（见图 4-15），然后选择 GrassFronAlbedoAlpha 纹理，搜索 "Grass" 能帮助你很快找到它。

3. 将纹理属性设置为任何你想要的值。要特别注意颜色属性，因为它们将为青草建立自然颜色的范围。

4. 更改完成后，点击 Apply 按钮。

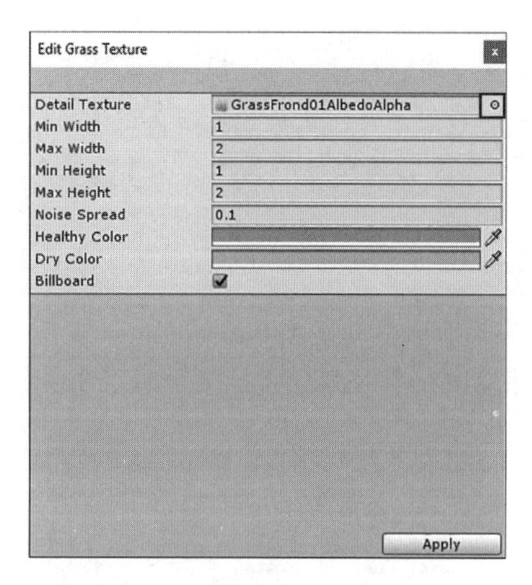

图 4-15　Edit Grass Texture 对话框

注意：公告板

公告板是 3D 游戏世界中的一种特殊的可视化组件，它具有 3D 模型的效果，但是实际上并不是 3D 模型。模型存在于三维世界中，因此，在移动三维模型的时候，可以看到它的各个面。不过，公告板是始终面向摄像机的平面图像。当尝试转动公告板时，它就会重新面向你的新位置。公告板常用于青草细节、粒子和屏幕上的效果。

在加载了青草纹理之后，只需选择一种画笔并设置画笔属性。现在就准备好开始绘制青草。

提示：逼真的青草

可能你会注意到：刚开始绘制青草时，它的效果看上去并不太真实。在把青草纹理添加到地形前，你需要考虑几件事。首先，注意为青草纹理设置的颜色。要尽量使它们的颜色更深、更具土色调。其次，选择一种非几何形状的画刷，以便帮助打破硬边缘（参考图 4-14 来设置好的画刷）。最后，降低透明度和目标强度这些属性值，一开始可将不透明度设置为 0.1，目标强度设置为 0.0625。如果想要获得更多的青草，可以在相同的区域反复绘制。也可以回到 Edit Details 面板更改青草纹理属性。

警告：植被和性能

场景拥有的树木和青草越多，渲染它所需的处理资源也越多。如果你关注的是性能，就不要添加太多的植被。在本章后面将会探讨一些属性，它们有助于处理植被数量与性能之间的关系，但是作为一条基本的规则，要尽量只在那些确实需要的区域添加植被。

提示：消失的青草

与树木一样，青草也会受到它与观察者之间的距离影响。树木在观察者远离时将恢复较低的质量，而青草完全不会渲染。结果就是距离过远的时候只能看到一个圆环而无法看到中间的青草。同样，本章后面探讨的属性可以修改这个距离。

4.3.3 地形设置

Inspector 视图中最后一个地形工具是 Terrain Settings 工具。这个工具从总体上控制地形、纹理、树木和细节的外观和工作方式。图 4-16 展示了 Terrain Settings 工具。

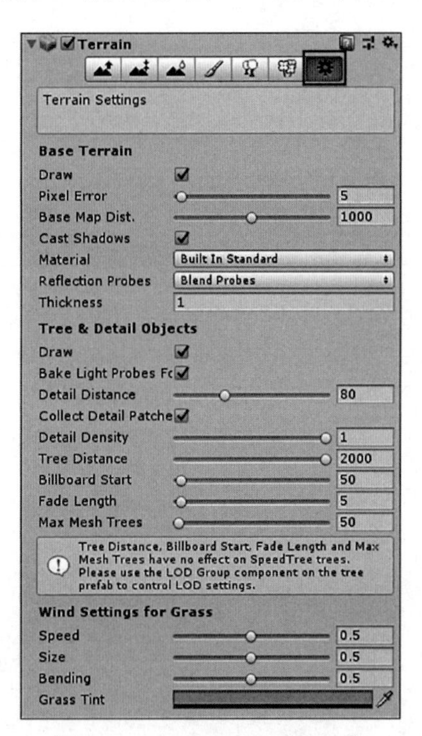

图 4-16 Terrain Settings 工具

第一组用于地形的总体调整。表 4-2 描述了这些设置的用途。

表 4-2　基本的地形设置

设置	描述
Draw	决定了地形是否需要绘制
Pixel Error	指定了渲染地形时允许出现的错误数量。这个值越大，地形的细节就越低
Base Map Dist	指定了显示高分辨率纹理的最大距离，当观察者的距离大于这个值的时候，纹理就会降级为低分辨率
Cast Shadows	决定地形的集合图形是否会生成阴影
Material	用于指定渲染地形的自定义纹理，材质中必须包含能够渲染地形的着色器
Reflection Probes	指定反射探针如何应用于地形。当使用内置的标准材质或者使用支持反射的自定义材质的时候，这个值才有用。这个属性属于比较高级的内容，这里不会详述
Thickness	这个值指定了地形碰撞的体积应该沿着 y 轴延伸到哪里。物体与地形的碰撞计算方式是从表面到碰撞底部的深度。这个值可以防止那些高速对象在没有使用代价高昂的持续性碰撞检测的时候直接冲入地形内部

除此之外，还有一些设置会直接影响树木和细节（比如青草）在地形中的展现方式。表 4-3 描述了这些设置的用途。

表 4-3　树木和细节对象的设置

设置	描述
Draw	决定树木和植被细节是否在场景中显示
Bake Light Probes For	可以让实时光更加真实有效。这是一个高级的性能设置
Detail Distance	指定了当摄像机距离植被多远时可以不用显示植被
Collect Detail Patches	提前加载植被细节，防止在地形上移动上的时候，因为内存使用出现卡顿
Detail Density	指定在单位区域内树木或者植被的数量。这个值可以设置得低一点，以减少渲染压力
Tree Distance	这个值指定了当摄像机距离树木多远时可以不用显示树木
Billboard Start	这个值指定了在摄像机距离 3D 模型多远的时可以不用显示树木的 3D 模型，而只用显示低质量的公告板
Fade Length	指定了树木的公告板显示与 3D 模型显示之间的过渡值。这个值设置得越高，过渡效果越好
Max Mesh Trees	指定了可以同时显示的 3D 模型树木的个数

接下来探讨的都是关于风的设置。因为你还没有机会在你创造的游戏世界里逛逛（本章后面我们会这样做），你可能想知道风的效果如何。一般来说，Unity 会在地形上面模拟一种微风，它会让青草弯曲，摇摆，让游戏世界充满生气。表 4-4 描述了风的设置。（Resolution 设置已经在本章前面的小节“在项目中添加地形”介绍过了。）

表 4-4　风的设置

设置	描述
Speed	设置风的速度，也就是风力效果的力度
Size	指定一次受到风力影响的区域的大小
Bending	指定受风力影响的草的摇摆程度
Grass Tint	控制关卡中所有草的色调（尽管这不是风相关的属性，但是却与风密切相关）

4.4 角色控制器

此时，你已经完成了地形的制作。你已经设计并纹理化了地形，为它添加了树木和青草，现在是时候进入关卡，开始“玩”游戏了。Unity 提供了两种基本的角色控制器，它能让你无须做太多工作就可轻松地进入场景中。一般来说，当你把一个控制器放入场景中，就可以使用大多数第一人称游戏常用的控制模式四处移动。

添加角色控制器

要向场景中添加角色控制器，首先需要导入资源。选择 Assets > Import Package >Character Controller 命令，在 Import Package 对话框中，选中所有的选项，并单击 Import 按钮，就会将一个名为 Character Controllers 的新文件夹添加到 Project 视图中的 Standard Assets 文件夹下。因为你没有供玩家使用的 3D 模型，所以这个例子中我们将使用第一人称控制器。在 Character Controllers 文件夹（见图 4-17）中找到 FPSController 控制器资源，然后将它拖到 Scene 视图的地形上。

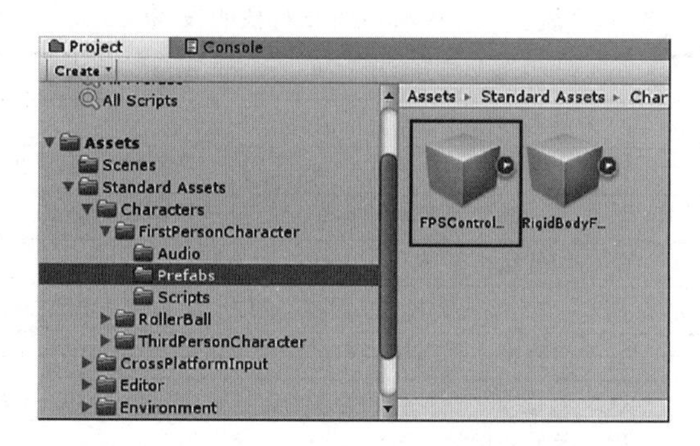

图 4-17 FPSController 角色控制器

现在已经把角色控制器添加到了场景中，然后我们就可以在自己创建的地形中四处移动。在场景中玩游戏时，你会注意到现在可以从放置控制器的位置查看游戏世界。可以使用 W、A、S 和 D 键四处移动，使用鼠标观察周围的情况，使用空格键跳跃。如果你还不能熟练地使用这些控制，那么可以多加尝试，然后开始享受你自己创建的世界！

提示：“2 Audio Listener”信息

当你把角色控制器添加到场景中时，可能会在编辑器底部看到一条消息：“There are 2 audio listeners in the scene.”这是因为 Main Camera（默认存在的摄像机）带有一个音频侦听器组件，而你添加的角色控制器也有一个。由于摄像机代表玩家的视角，只有一个能侦听音频，因此可以通过把 Main Camera 的音频侦听器组件删除来修正这个问题。如果愿意，你也可以删除 Main Camera 对象，因为 FPSController 本身自带一个摄像机。

提示：从游戏世界里坠落

当你运行游戏场景的时候，如果发现摄像机在游戏世界里坠落，十有八九是角色控制器有一部分陷入地面下导致的。尝试把角色控制器抬高一点，使之位于地面之上。当场景开始运行时，摄像机应该只会下落一点点，碰到地面就会停止下落。

4.5　本章小结

在本章中，你学习了 Unity 中地形相关的知识。首先，我们了解了什么是地形，然后在场景中添加了一个地形。之后，学习了如何使用高度图和 Unity 内置的制作工具制作地形。接下来，我们学习了如何为地形添加纹理，让地形更加有吸引力。最后，我们在地形上添加了树木和植被，加入了一个角色控制器在地形中探索。

4.6　问答

问：游戏一定要有地形吗？

答：并不是，游戏故事发生的场景多种多样，有的在一个屋子里，有的在一个抽象空间，还有的发生在带有网格的辽阔地形上。

问：我的地形看上不去太好，这样正常吗？

答：需要一段时间的练习才能熟练掌握地形制作工具，熟练之后，就可以做出更好看的地形了，如果在一个关卡中花的心思足够多，就能制作出自己满意的作品。

4.7　测验

花些时间完成下面的练习，确保掌握了本章的内容。

问题

1. 判断题：可使用 Unity 地形创造洞穴。
2. 衡量地形高度的灰色图片叫什么？
3. 判断题：在 Unity 中制作地形就像画画一样。
4. 如何访问 Unity 可用的地形纹理？

答案

1. Unity 地形无法叠层。
2. 高度图。
3. 对。
4. 使用 Asset > Import Package > Environment 命令可以导入地形资源。

4.8 练习

制作地形并将它纹理化，制作的地形中必须包含以下元素：

1. 海滩
2. 山脉
3. 平原

如果想要制作包含这些元素的地形，我们需要一张比较大的地形。当我们添加了这些元素之后，就可以按照下面的步骤为地形添加纹理。可以在 Terrain Asset 包中找到下面列出的所有纹理资源。

1. 海滩应该使用 SandAlbedo 纹理，然后过渡到 GlassRocky/albedo。
2. 平原应该使用 GrassHillAlbedo。
3. 当地形逐渐陡峭的时候，我们应该从 GrassHillAlbedo 慢慢过渡到 GlassRocky/albedo。
4. 当地形变得越来越陡峭以后，我们要从 GlassRocky/albedo 慢慢过渡到 Cliff 纹理。

最后在地形上添加树木和植被，充分利用你的创造性完成这个练习，创造让自己引以为豪的游戏世界。

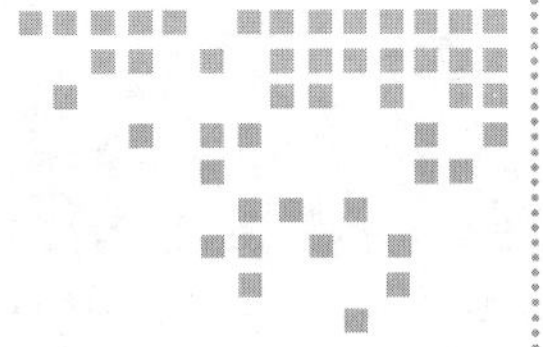

第5章 *Chapter 5*

灯光和摄像机

在本章中，你将学习如何在Unity中使用灯光和摄像机。首先将探讨灯光的主要功能，然后探索不同类型的灯光以及它们的独特应用。学完了灯光相关的知识之后，就开始学习摄像机的使用。你将学习如何添加新的摄像机，如何摆放，以及如何利用它们生成有趣的效果。最后将学习在Unity中处理图层。

5.1 灯光

在所有形式的视觉媒体中，灯光在视觉感受方面起到了重要的作用。明亮的淡黄色灯光可以使场景看上去很阳光、很温暖。同样的场景，给它一种强度较低的蓝色灯光，这时看上去就有些怪异恐怖并且令人躁动不安。灯光的颜色和天空盒的颜色混合在一起将会营造出一种逼真的感觉。

大多数想要实现逼真效果的场景都会寻求至少添加一种（通常是许多种）灯光。在前面的一章中，你只是简单地使用灯光，用于照亮其他元素。在本节中，我们将更直接地使用灯光。

> 注意：重复属性
>
> 不同的灯光共享许多相同的属性。如果某种灯光具有已经在另一种灯光下介绍过的属性，那么我们将不会重复介绍这个属性。只需记住：如果两种不同的灯光具有同名的属性，那么这些属性对应的功能是一样的。

> 注意：什么是灯光？
>
> 在 Unity 中，灯光本身并不是对象。相反，灯光是一种组件。这意味着当把灯光添加到场景的时候，实际上只不过是在场景中添加了一个带有 Light 组件的游戏对象。这个灯光组件可以是任何类型的灯光。

5.1.1 烘焙灯光和实时灯光

在我们真正开始学习灯光之前，让我们先了解使用灯光的两种主要方式：烘焙和实时光。有一件事要牢记于心：游戏场景中用到的灯光或多或少都是经过计算的，使用电脑计算灯光主要分三步：

1. 通过光源计算灯光的颜色、方向和范围。
2. 当光线照到游戏对象的表面时，会照亮游戏对象的表面并且更改游戏对象的颜色。
3. 计算灯光与游戏对象表面的碰撞角，之后灯光会发生散射。不断重复步骤 1 与步骤 2（这依赖于灯光的设置）。随着不断的散射，光线的属性会随着照射到游戏对象表面而不断改变（就像现实世界一样）。

每个灯光都会在每一帧重复相同的操作，由此创建了全局光照（对象接收来自周围的各种灯光和颜色）。这个过程的计算结果可以通过 Precomputed RealTime CI 功能来获得，这个功能默认开启，并不需要我们做什么操作。使用这个功能，我们就可以在场景开始运行之前，提前计算一部分灯光效果，然后在运行时，我们只需要计算另外一部分必须要实时计算的灯光效果。当你打开一个 Unity 场景的时候，有的时候会注意到场景先暗一下，之后才变亮，这就是一个提前计算的过程。

另外，烘焙（Baking）指的是完全提前计算纹理和对象的光照以及阴影。你可以使用 Unity 或者专门的图形编辑器完成这项工作。比如说，如果先制作一张带有黑色阴影的墙面纹理，用墙上的黑色阴影表示人的影子，再在墙边放一个人物模型，这样看起来就像是人物在墙上留下了一个影子。事实上，影子是提前“烘焙”到贴图上的，烘焙可以加快游戏的运行速度，因为游戏引擎不需要每帧都计算光影效果。不过，本书并不需要使用烘焙技术，因为本书中的示例都很简单，完全用不到相关的技术。

5.1.2 点光源

首先我们要介绍的灯光类型是点光源，我们可以将点光源视作一只灯泡。所有的灯光都是从一个中心位置发射出来，辐射到各个方向。点光源也是用于室内照明的最常见的灯光类型。

要在场景中添加一个点光源，只需要使用 GameObject > Create Other > Point Light 命令。一旦将点光源添加到场景中，就可以像其他对象一样操纵点光源游戏对象。表 5-1 描述了点光源的属性。

表 5-1　点光源的属性

属性	描　述
Type	指定组件提供的光源类型，因为我们添加的是点光源，所以这个属性我们选择 Point，更改这个类型就是更改灯光的类型
Range	确定灯光的照射范围，灯光的强度会从灯光的发射处向外逐渐衰减
Color	确定灯光的颜色，颜色可以叠加，这也就是说，如果用红光照射蓝色的对象，那么对象将会显示紫色
Mode	确定灯光是实时光、烘焙光还是两者混合
Intensity	确定光的明亮度，注意光源仍然只会照射 Range 属性那么远
Indirect Multiplier	确定灯光在对象表面散射后的强度（Unity 支持全局光照，所以最后的结果会计算散射光）
Shadow Type	确定场景中这个光源带来的阴影的计算方式。软阴影更加逼真但是对性能要求也越高
Cookie	Cookie 可以使用一张立方图（例如天空盒）确定灯光的照射方式。本章的后面将会继续讲解 Cookie 的详细内容
Draw Halo	确定灯光四周是否可以出现光晕，本章后面将会介绍光晕的详细信息
Flare	接受一张耀斑资源，用来模拟强光射进摄像头的效果
Render Mode	确定灯光的重要程度。有三种设置模式：Important，Auto，Not Important。Important 光渲染的质量更高，而非 Important 的灯光渲染速度更快，现在我们使用 Auto 这个设置
Culling Mask	确定哪些层级会受到灯光的影响。默认情况下所有的游戏对象都会受到灯光的影响。本章后面将会介绍层级的概念

动手做▼

向场景中添加点光源

让我们按照下面的步骤构建一个添加了一些动态点光源的场景：

1. 创建一个新的场景或项目，删除场景中自带的光源。

2. 向场景中添加一个平面（选择 GameObject > 3D Object > Plane 命令），确保将该平面定位于 (0，0.5，0)，并将其旋转到 (270，0，0)。摄像机应该可以看到这个平面。

3. 向场景中添加两个立方体，把它们的位置分别设置为 (–1.5，1，–5) 和 (1.5，1，–5)。

4. 向场景中添加一个点光源（选择 GameObject > Light> Point Light 命令），并把该点光源放在 (0，1，–7) 的位置。注意灯光如何照亮立方体的内侧和背景平面（见图 5-1）。

5. 将灯光的阴影类型设置为 Hard Shadow，然后尝试移动它。继续观察灯光的属性，不断尝试更改灯光的颜色、范围和强度属性。

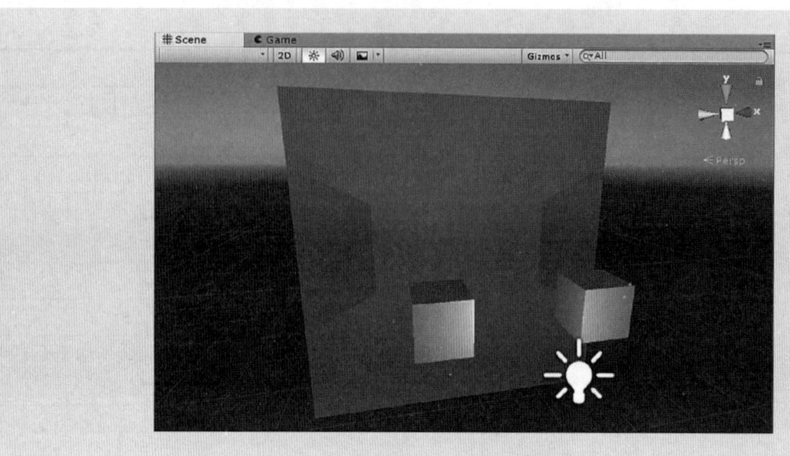

图 5-1 动手做的结果

5.1.3 聚光灯

聚光灯的工作方式非常像汽车的前灯或手电筒。聚光灯的光线开始于一个中心点，然后以圆锥体的形式发出光。换句话说，聚光灯将照亮它们前面的对象，而其他对象处于黑暗中。与在每个方向上发光的点光源不同，可以把聚光灯对准特定的目标。

要把聚光灯添加到场景中，可以选择 GameObject > Create Other > Spotlight 命令。此外，如果场景中已经有其他灯光，也可以把它的类型改为 Spot，它便会变成聚光灯。

聚光灯只有一个尚未介绍的属性：Spot Angle。该属性确定由聚光灯发出的光的圆锥体的半径。

动手做▼

向场景中添加聚光灯

现在，我们可以在 Unity 场景中添加聚光灯了。为了简单起见，这个练习使用了上一小节中创建的项目。如果你还没有完成上面的项目，那么要先完成它，然后再做这个练习，操作步骤如下：

1. 复制之前项目的 Point Light 场景（使用 Edit > Duplicate 命令），并将它命名为 Spotlight。

2. 在 Hierarchy 视图中右键单击 Point Light，然后选择 Rename 命令，把对象重命名为 Spotlight。在 Inspector 中，把 Type 属性改为 Spot。然后把灯光对象放在 (0, 1, –13) 处。

3. 体验聚光灯的各种属性。注意范围、强度和聚光角度将如何影响和改变灯光的效果。

5.1.4　定向光

本章介绍的最后一种灯光是定向光。定向光类似于聚光灯，它也可以对准目标照射。与聚光灯不同的是，定向灯光会照亮整个场景。可以把定向光视作太阳。事实上，在前面的第 4 章中，我们已经把定向灯光用作太阳了。来自定向灯光的光线在整个场景中均匀、平行地照射。

一个新的场景默认会带一个定向光源。如果要在场景中添加定向光，可以选择 GameObject > Light > Directional Light 命令。同样，如果场景中已经有其他灯光，也可以把它的类型改为 Directional，它便会变成定向光。

定向灯光具有一个尚未介绍的属性：Cookie Size。Cookie 将在后面介绍，这个属性用于控制 Cookie 有多大，因此也就控制了它在整个场景中重复多少次。

动手做▼

向场景中添加定向灯光

我们现在将向 Unity 场景中添加定向灯光。同样，这个练习基于上一小节中创建的项目。如果你还没有完成上面的项目，那么要先完成它，然后再做这个练习，操作步骤如下：

1. 复制之前项目的 SpotLight 场景（使用 Edit > Duplicate 命令），并将它命名为 Directional Light。

2. 在 Hierarchy 视图中右键单击 Spotlight，然后选择 Rename 命令，把对象重命名为 Directional Light。在 Inspector 中，把 Type 属性改为 Directional。

3. 把对象的旋转角度设置为 (75，0，0)，注意当你旋转光源的时候天空的变化。这是因为场景中使用的是过程化的天空盒。在第 6 章中我们将会介绍更多关于天空盒的内容。

4. 注意灯光如何照射场景中的对象。现在把灯光的位置设置为 (50，50，50)。注意灯光并没有改变。因为定向光是平行发光的，它的位置无关紧要，起作用的只有定向灯光的旋转角度。

5. 尝试定向光的各个属性。它没有范围（因为它的范围是无限的），但是要注意灯光的颜色和强度如何影响场景的变化。

注意：区域灯光和发光材质

还有两种灯光类型本书中没有介绍：区域灯光（Area Light）和发光材质（Emissive Material）。区域灯光是灯光贴图烘焙过程的一个功能。这些主题比本书介绍的内容更高级，我们目前接触的游戏项目用不到。如果想学习关于区域灯光的更多知识，Unity 官方具有大量的在线文档可供阅读。

发光材质是一种应用于对象上的材质，使用它可以让对象自发光。这种类型的灯光经常用于 TV 屏幕、指示灯等。

5.1.5 利用对象创建灯光

由于 Unity 中的灯光是组件，场景中的任何对象都可以是灯光。要把灯光添加给某个对象，首先要选取该对象。然后在 Inspector 视图中，单击 Add Component 按钮，会弹出一个列表。选择 Rendering 命令，最后选择 Light 命令。现在，对象就有了灯光组件。添加灯光的另外一种方式是在对象上添加灯光，然后选择 Component > Rendering > Light 命令。

给对象添加灯光时，需要注意一些事：首先是对象将不会阻挡灯光，这也就是说把灯光放在一个立方体内将不会阻止灯光向外照射；其次是给对象添加灯光不会使之发光，对象本身不会看上去像在发光一样，但它事实上是在发光。

5.1.6 光晕

光晕是在雾天或者阴雨条件下出现在灯光周围的发光圆环（见图 5-2）。之所以会出现光晕，是因为灯光在光源四周弹射出小粒子。在 Unity 中，可以轻松地给灯光添加光晕。每种灯光都具有一个名为 Draw Halo 的复选框。如果选中它，就会为灯光绘制光晕。如果这样操作之后还没有看见光晕，那么可能是距离灯光太近了，请往后拉一下镜头。

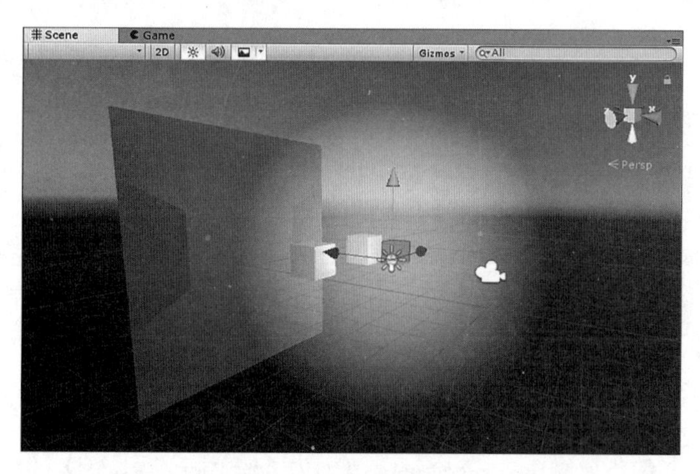

图 5-2 灯光周围的光晕

光晕的大小由灯光的范围确定。范围越大，光晕也越大。Unity 还提供了几个可以应用于场景中所有光晕的属性，选择 Windows > Lighting > Settings 命令访问这些属性。展开 Other Settings 面板，渲染设置就会出现在 Inspector 视图中（见图 5-3）。

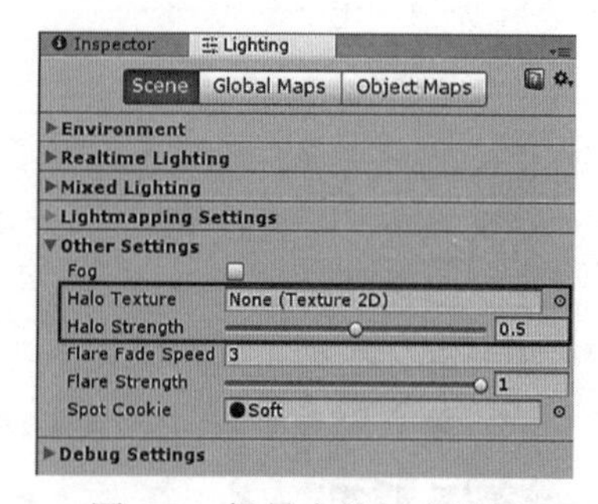

图 5-3 场景中的灯光设置

Halo Strength 属性决定了光晕的大小，它基于灯光的范围。比如说，如果灯光的范围是 10，强度是 1，那么光晕将向外扩展 10 个单位。如果把强度设置为 0.5，那么光晕将只向外扩展 5 个单位（10 × 0.5=5）。Halo Texture 属性通过使用一种新纹理，允许为光晕指定不同的形状。如果不希望为光晕使用自定义的纹理，可以将它留空，这样就会使用默认的圆形纹理。

5.1.7 Cookie

如果在墙上点亮一盏灯，然后把手放在灯光与墙之间，可能会发现一些灯光被手阻挡，从而让手在墙上留下阴影。我们可以在 Unity 中使用 Cookie 模拟这种效果。Cookie 是一种特殊的纹理，你可以把它们添加到灯光中，用来控制光源的发光方式。对于点光源、聚光灯和定向光来说，Cookie 的使用稍微有点不同。聚光灯和定向灯光中的 Cookie 都使用黑白平面纹理。聚光灯不会重复 Cookie，但是定向灯光会。点光源也使用黑白纹理，但是它们必须放在立方图中。立方图是把 6 种纹理放在一起构成一个盒子的图（比如天空盒）。

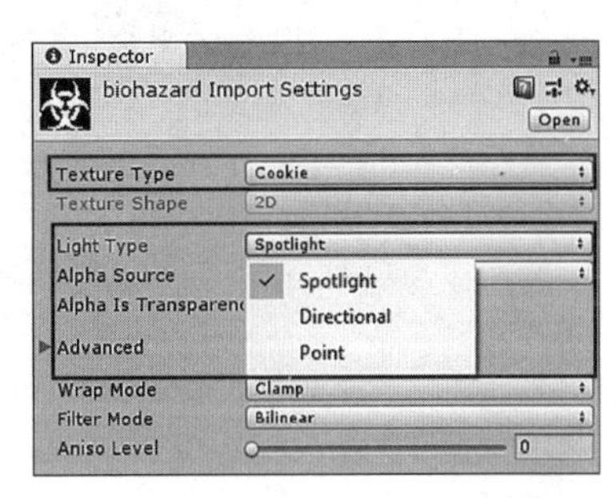

图 5-4 点光源，聚光灯以及定向光中 cookie 对应的纹理的属性

给灯光添加 Cookie 是一个相当直观的过程，只需把纹理应用于灯光的 Cookie 属性即可。使 Cookie 工作的诀窍是提前正确地设置纹理。要正确地设置纹理，可以在 Unity 中选择它，然后在 Inspector 窗口中更改它的属性。图 5-4 显示了将纹理转化为 Cookie 所用到的属性。

动手做▼

给聚光灯添加 Cookie

本练习使用的 biohazard.png 图片可以在随书资源的第 5 章中找到。按照下面的步骤操作，将 Cookie 添加到聚光灯中，这样我们就可以更加了解整个过程。

1. 创建一个新项目或场景，删除场景中自带的定向光。

2. 向场景中添加一个平面，把它定位于 (0，1，0) 处，并把旋转方式设置为 (270，0，0)。

3. 首先选中 Main Camera，然后给它添加灯光，使用 Component > Rendering > Light 命令，把灯光类型更改为 Spot。把范围设置为 18，把聚光角度设置为 40，并把强度设置为 3。

4. 把 biohazard.png 纹理从本书配套资源中拖到 Project 视图中。选中该纹理，然后在 Inspector 视图中把纹理的类型改为 Cookie。将灯光类型设置为 Spotlight，将 alpha 源设置为 From GrayScale。这样就可以让 Cookie 在黑色的地方阻挡灯光。

5. 选中 Main Camera，单击并把 biohazard 纹理拖到灯光组件的 Cookie 属性中，就会看到 biohazard 图标投射到了平面上（见图 5-5）。

6. 尝试各种灯光范围和强度参数。旋转平面，查看标志如何变换，扭曲。

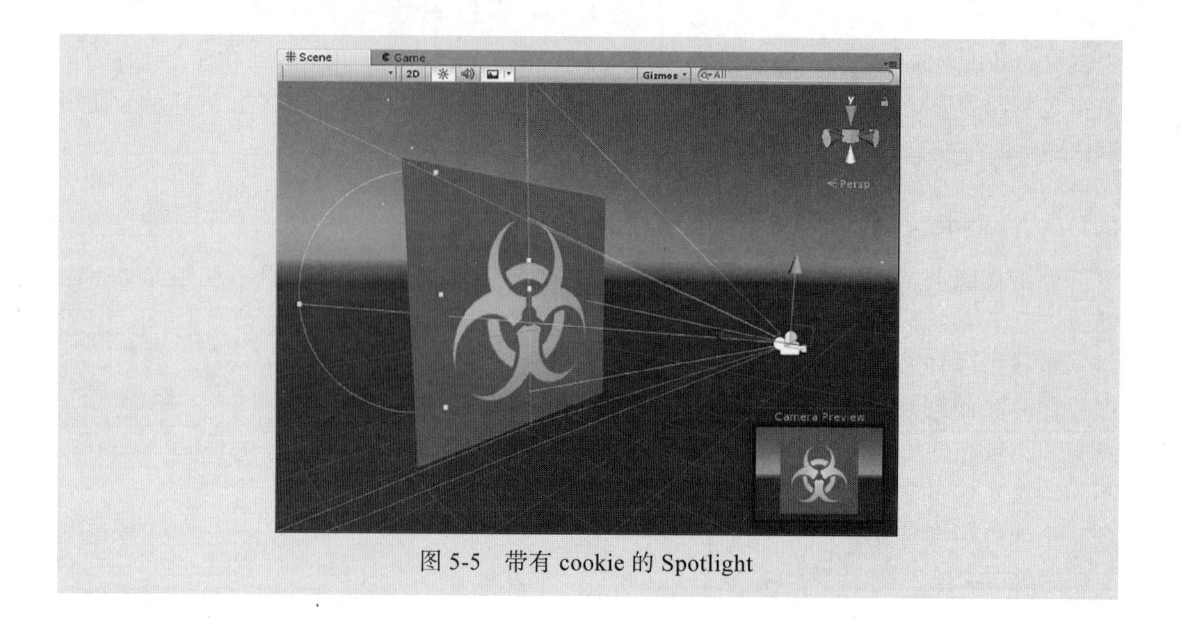

图 5-5 带有 cookie 的 Spotlight

5.2 摄像机

摄像机是玩家观察游戏世界的视野。它提供了场景透视关系，控制元素如何显示在玩家眼前。Unity 做的所有游戏都有至少一个摄像机。事实上，每当你创建一个新场景，场景中就会自动添加一个摄像机。摄像机在 Hierarchy 视图中总是显示为 Main Camera。在本节中，你将学习有关摄像机的知识，以及如何使用它们制作有趣的效果。

5.2.1 摄像机介绍

所有的摄像机都使用相同的属性集，这些属性决定了它们的行为方式。表 5-2 描述了所有的摄像机属性。

表 5-2 摄像机属性

属性	描 述
Clear Flags	这个属性用于决定在场景中没有游戏对象的时候，应该显示什么内容。默认显示 Skybox。如果没有 Skybox，那么将会显示一种颜色，仅当有多个摄像机的时候，才使用 Depth Only 选项。Don't Clear 选项将导致图像拖尾，如果没有写自定义渲染器，那么就不应该使用它
Background	如果没有天空盒，需要指定背景图片
Culling Mask	这个属性决定摄像机将会看到哪些图层，默认情况下，摄像机能看到所有的内容。我们可以不勾选某些图层（本章后面会详细介绍图层相关信息），这样摄像机就不会看到这些图层了

（续）

属性	描　述
Projection	这个属性决定摄像机如何观察世界。这里有两个选项：Perspective 和 Orthographic Perspective 会使用 3D 方式看世界，遵循近大远小的原则。如果游戏中需要深度透视，那么我们可以选择这个选项。Orthographic 方式将会忽略深度选项，它会将所有对象都看成平的
Field of View	它指定摄像机能看到多大的区域
Clipping Planes	这个属性指定可以看到的对象的范围，比近距剪切平面更近或远距剪切平面更远的对象都看不到
View Port Rect	它表示摄像机投影到屏幕的哪个位置以及能看到多大的屏幕，它是 View Port Rectangle 的简写。默认情况下 x 和 y 都设置为 0，所以会显示在界面的左下方。宽高分别设置为 1，这样就可以显示整个屏幕。在本章的后面我们将会详细讨论这个属性的细节
Depth	指定了多个摄像机的优先级，数字越小，越先绘制。也就是说，如果数字越大，那么就越可能会最后绘制，也可能不绘制它
Rendering Path	这个属性指定了摄像机的渲染路径。它应该设置为 Use Player Settings
Target Texture	这个属性可以指定一张摄像机使用的纹理，这样摄像机就会渲染纹理而不是屏幕
Occlusion Culling	当摄像机看不到游戏对象的时候，不渲染游戏对象，因为它们被其他对象挡住了
Allow HDR	这个属性决定 Unity 内部灯光的计算是否限制在基本的颜色范围之内（HDR 表示 Hyper Dynamic Range）。这个属性主要用于高级的视觉效果
Allow MSAA	这个属性决定是否开启基本但是高效的反锯齿功能，全称是 MultiSample 反锯齿。反锯齿的作用是移除图像渲染像素边缘的锯齿
Allow Dynamic Resolution	允许控制台游戏使用动态分辨率调整

摄像机有很多属性，但是你可以设置大多数属性，之后就不用动了。摄像机还有几个额外的组件：Flare Layer 允许摄像机查看灯光的镜头光晕；音频侦听器允许摄像机接收声音。如果向场景中添加多个摄像机，记得删除多余的音频侦听器，因为每个场景只能有一个音频侦听器。

5.2.2　多个摄像机

如果没有多个摄像机，很多效果都将无法实现。幸运的是，在 Unity 场景中，你可以根据需要增加任意多个摄像机。要向场景中添加新摄像机，可以使用 GameObject > Camera 命令。除此之外，还可以给已经在场景中的游戏对象添加摄像机组件。为此，可以选择对象并在 Inspector 中使用 Add Component 命令，然后再选择 Rendering > Camera 命令添加摄像机组件。记住，给现有的对象添加摄像机组件将不会自动提供 Flare Layer 或音频侦听器这两个组件。

> **警告：多个音频侦听器**
>
> 如前所述，一个场景只能有一个音频侦听器。在 Unity 的老版本中，如果一个场景有两个或多个侦听器将会引发错误，阻止场景运行。现在，如果场景中包含多个侦听器则只会显示警告消息，尽管可能无法正常监听音频。在第 21 章中我们将详细讨论相关的知识。

动手做▼

使用多个摄像机

理解多个摄像机如何交互的最佳方式是亲自尝试使用它们。这个练习重点关注的是基本的摄像机操作。

1. 创建一个新项目或场景，然后添加两个立方体，把它们分别放在 (–2，1，–5) 和 (2，1，5) 的位置。

2. 把 Main Camera 移到 (–3，1，–8) 处，并把它的旋转角度设置为 (0，45，0)。

3. 在场景中添加一个新摄像机（选择 GameObject > Camera 命令），把它的坐标设置于 (3，1，–8)，将它的旋转角度改为 (0，315，0)。取消选中组件旁边的复选框，确保禁用该摄像机的音频侦听器。

4. 运行场景。注意第二部摄像机是用于显示的唯一摄像机，这是由于第二部摄像机具有比 Main Camera 更高的深度属性。Main Camera 先在屏幕上绘制，然后第二部摄像机在其上绘制。将 Main Camera 的深度改为 1，然后再次运行场景，注意 Main Camera 现在是唯一可见的摄像机。

5.2.3 屏幕分拆和画中画

如你以前看到的，如果场景中有多个摄像机，而一部摄像机只是简单地绘制在另一部摄像机之上，那么在场景中的多部摄像机并没有起到太多作用。在本节中，你将学习使用 Normalized View Port Rect 属性实现屏幕分拆和画中画的效果。

正常的视口（View Port）实质上把屏幕当作一个简单的矩形处理。这个矩形的左上角是 (0，0)，右下角是 (1，1)。这并不意味着屏幕必须是完美的正方形。我们也可以把坐标视作大小的百分比。因此，坐标 1 表示 100%，坐标 0.5 则表示 50%。记住这一点后，把摄像机放在屏幕上就变得很容易。默认情况下，摄像机从 (0，0) 处投影，并把宽度和高度都设置为 1（或 100%）。这导致它们将占据整个屏幕。不过，如果修改这些数字，将会获得不同的效果。

动手做▼

创建一个分屏摄像机系统

在这个练习中我们将创建一个屏幕分拆摄像机系统。这种系统在双人游戏中很常见，两个玩家必须共享相同的屏幕。这个练习构建在上一小节多摄像机的练习之上。

1. 打开上个练习创建的项目。

2. 确保 Main Camera 的深度为 –1。确保将摄像机的 View Port Rect 属性的 x 和 y 值都设置为 0，并把 w 和 h 属性分别设置为 1 和 0.5（100% 的宽度和 50% 的高度）。

3. 确保第 2 个摄像机的深度也为 –1。把视口的 x 和 y 属性设置为 (0，0.5)，这个设置会让摄像机从屏幕中间开始向下移动。把 w 和 h 属性分别设置为 1 和 0.5。

4. 运行场景，仔细观察两个摄像机如何同时投射到屏幕上（见图 5-6）。你可以根据自己的需要像这样把屏幕拆分多次。

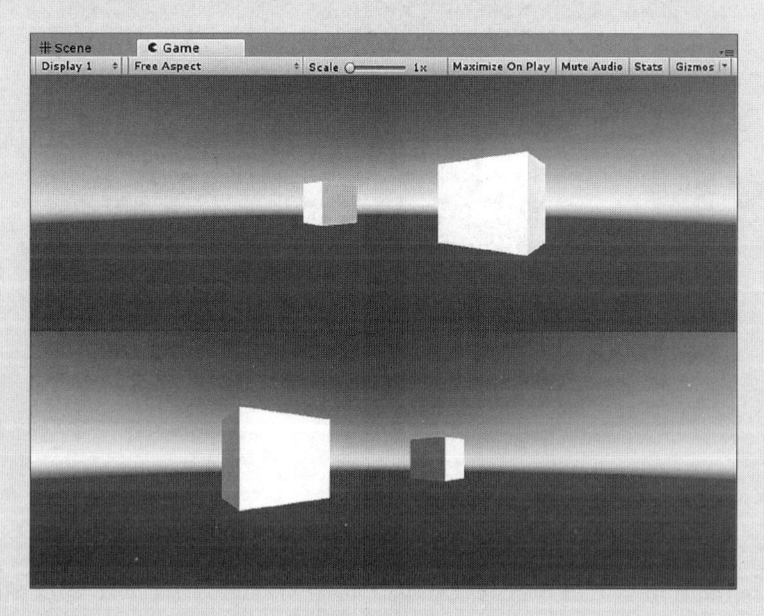

图 5-6　分屏效果

动手做▼

创建画中画的效果

画中画的效果通常用于制作小地图这样的功能。使用这个功能，可以让一个摄像机在另一个摄像机绘制的特定区域再次绘制。这个练习构建在上一小节多摄像机的练习之上。

1. 打开上一小节创建的项目“使用多个摄像机”。

2. 确保 Main Camera 的深度为 –1。确保将摄像机的 Normalized View Port Rect 属性的 x 和 y 属性都设置为 0，并把 w 和 h 属性都设置为 1。

3. 确保第 2 部摄像机的深度为 0。然后把视口的 x 和 y 属性设置为 (0.75，0.75)，并把 w 和 h 值都设置为 0.2。

4. 运行场景。注意第二部摄像机出现在屏幕的右上角（见图 5-7）。尝试使用不同的视口设置，让摄像机出现在不同的角落。

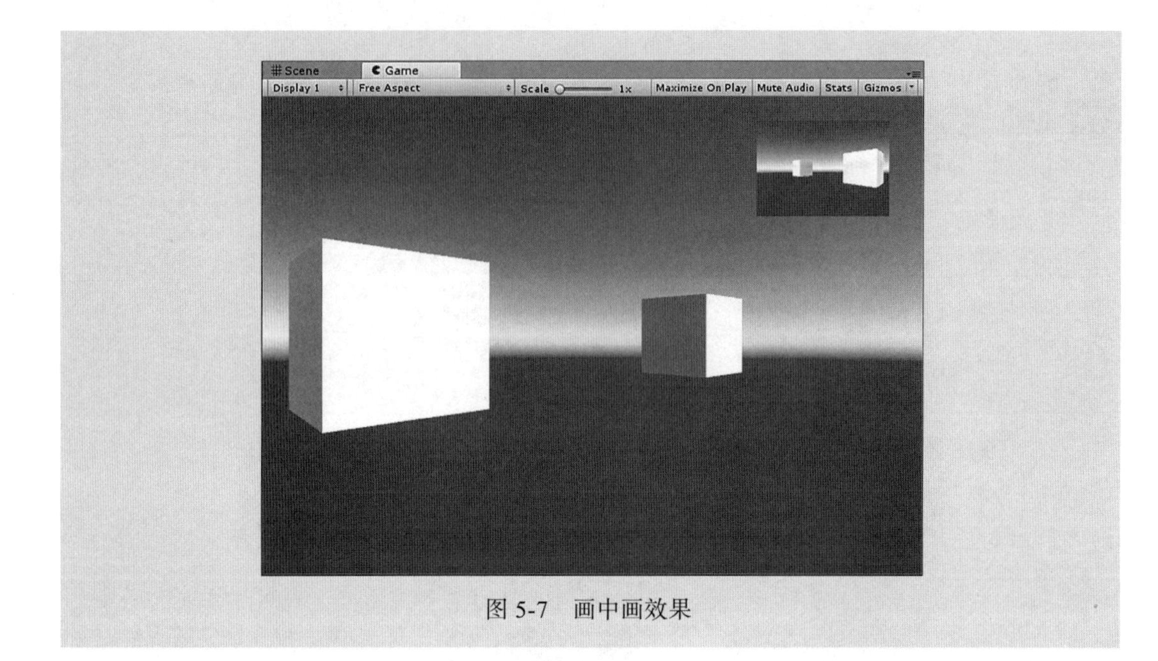

图 5-7　画中画效果

5.3　图层

当一个项目或者场景中包含很多对象时，通常难以组织。有的时候，你希望一些游戏对象只能被某些摄像机看到或者只会被某些灯光照亮。有时，你可能希望只让某些类型的对象之间发生碰撞。在 Unity 中用图层处理这种需求。图层将一组行为类似的对象放在一起，按照某种方式处理。默认情况下有 8 个内置的图层和 24 个用户定义的图层。

> 警告：图层过多
>
> 添加图层能够在不需要做很多工作的情况下实现复杂行为。不过有一点要注意：如果不是真的有使用图层的需要，那么请不要添加图层。有的开发者在把对象添加到场景中时随意地创建图层，也不考虑以后是否需要这些图层。这种方法可能导致组织结构的梦魇，因为你不得不记住每个图层的用途。简而言之，当你切实需要图层时再添加。不要仅仅因为可以使用图层就滥用它们。

5.3.1　图层介绍

每个游戏对象一开始都存在于 Default 图层中。也就是说，对于那些不属于特定图层的对象，将它们都放在一起。在 Inspector 视图中可以很轻松地把对象添加到图层中。首先选择游戏对象，然后在 Inspector 视图中单击 Layer 下拉菜单，为对象选择一个图层（见图 5-8）。默认情况下，有 5 个图层可以选择：Default、TransparentFX、Ignore Raycast、Water

以及 UI。目前可以忽略其中大多数选项，因为现在你还用不到这些图层。

即使内置的图层无法满足使用，你也可以很轻松地添加新的图层。你可以在 Tags&Layers Manager 中添加图层，我们有 3 种方式打开 Tags&Layers Manager 的方法。

选择一个对象，然后点击 Layer 下拉菜单，再选择 Add Layer 命令（见图 5-8）。

在编辑器顶部的菜单中，选择 Edit > Project Settings > Tags and Layers 命令。

在场景工具栏中单击 Layers 选择器，并选择 Edit Layers 命令（见图 5-9）。

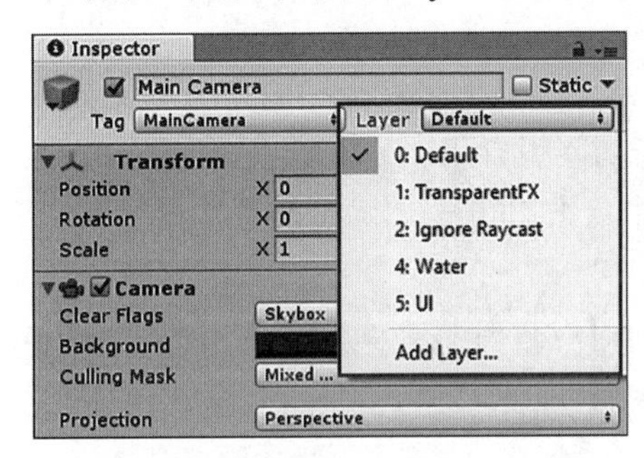

图 5-8　图层下拉菜单

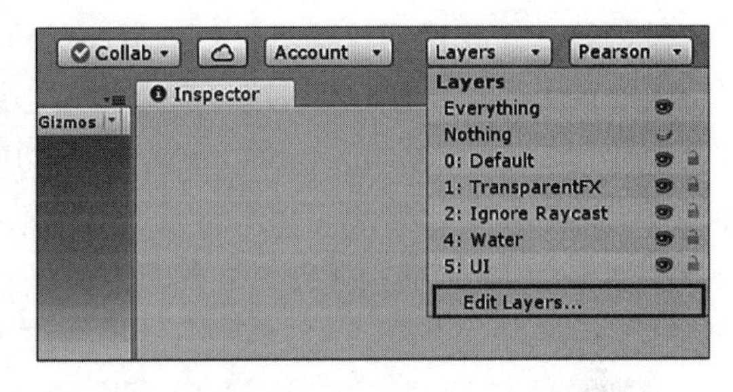

图 5-9　场景工具栏的 Layer 选择器

在 Tags&Layers Manager 里，在用户图层中任选一个，在右边单击，给它起一个名字。图 5-10 介绍了这个过程，显示了两个刚添加的新图层（这两个图层是为演示而专门添加的，你如果不需要可以不用添加）。

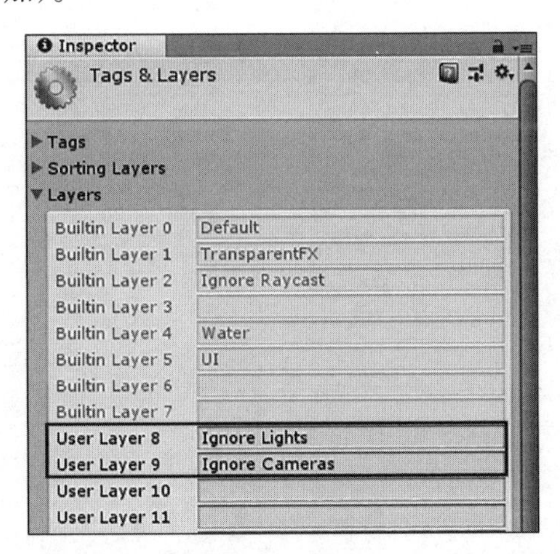

图 5-10　在 Tags&Layers Manager 中添加两个新图层

5.3.2　使用图层

图层有很多应用，它们的用法只会受限于你的想象力，本节将介绍 4 种常见的用法。

图层第一种常见的用法是在 Scene 视图中隐藏它们。通过在 Scene 视图工具栏中点击 Layers 选择器（图 5-9），可以选择哪些图层将出现在 Scene 视图中，以及哪些图层不会出现。默认情况下，场景的设置会显示所有内容。

> **提示：不可见的场景游戏对象**
>
> 常见的一个错误是：意外更改了 Scene 视图中可见的图层。如果你不熟悉怎样让图层显示隐藏，那么这种问题可能相当令人困惑。只需要注意，当游戏对象应该出现在 Scene 视图中却没有出现的时候，首先要做的就是检查 Layers 选择器，确保将其设置成显示所有的内容。

图层的第二个作用是排除不被灯光照亮的对象。如果你是在创建自定义的用户界面、阴影系统或者使用复杂的光照系统，就会发现这个功能很有用。为了阻止图层被灯光照亮，可以选择灯光对象，然后在对应的 Inspector 视图中点击 Culling Mask 属性，最后取消选择你想忽略的那些图层（见图 5-11）。

图层的第三个作用是告诉 Unity 哪些对象之间可以进行物理交互。使用 Edit > Project Settings>Physics 命令，找到 Layer Collision Matrix 属性（见图 5-12）。

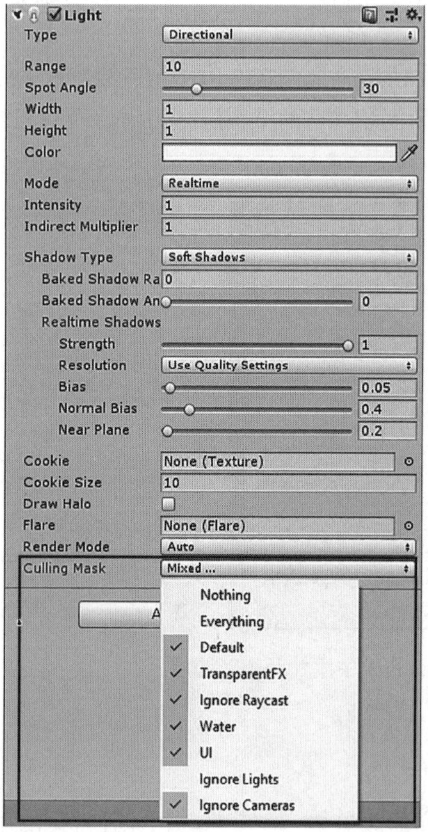

图 5-11　Culling Mask 属性

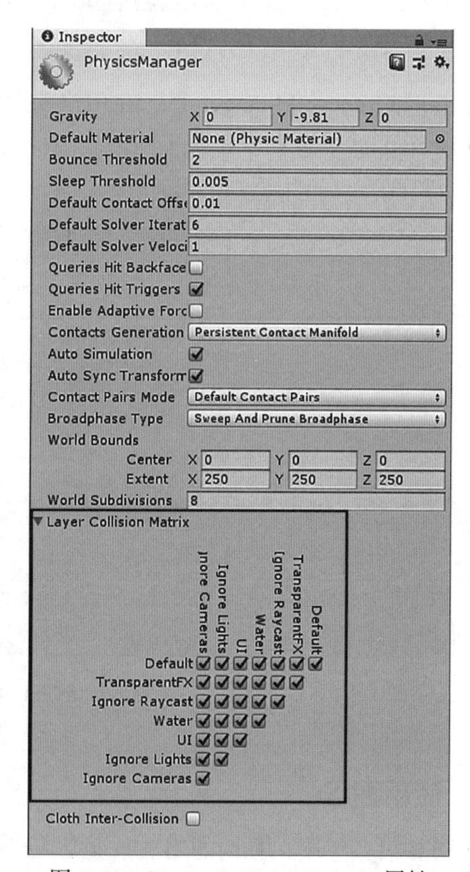

图 5-12　Layer Collision Matrix 属性

图层的最后一个功能是可以使用它们定义摄像机可以看到什么以及不能看到什么。如果你想为某个玩家使用多个摄像机构建自定义的视觉效果，就可以使用这个功能。如前所述，要忽略图层，只需点击摄像机组件上的 Culling Mask 下拉菜单，并取消选择你不希望显示的图层即可。

动手做▼

忽略灯光和摄像机

按照下面的步骤操作，让我们熟悉下图层与灯光和摄像机的交互。

1. 创建一个新的项目或场景，在场景中添加两个立方体，把它们的位置分别设定为 (2，1，–5）和 (2，1，–5)。

2. 使用学习的 3 种方法中的任意一种方法进入 Tags&Layers Manager，然后添加两个新图层：Ignore Lights 和 Ignore Cameras（见图 5-10）。

3. 选中其中一个立方体，并把它添加到 Ignore Lights 图层中。然后选中另一个立方体，并把它添加到 Ignore Cameras 图层中。

4. 选中场景中的定向光，在它的 Culling Mask 属性中，取消选择 Ignore Lights 图层。注意，现在场景中只会照亮其中一个立方体，另一个立方体因为其图层的原因将被忽略。

5. 选择 Main Camera，然后从它的 Culling Mask 属性中删除 Ignore Cameras 图层。运行场景，我们会注意到只显示了一个没有照亮的立方体，另一个立方体被摄像机忽略了。

5.4　本章小结

在本章中，你学习了灯光和摄像机，熟悉了不同类型的灯光。你还学习了给场景中的灯光添加 Cookie 和光晕。本章还学习了摄像机的基础知识，以及添加多部摄像机实现分屏效果和画中画的效果。最后，本章的末尾我们学习了 Unity 的图层。

5.5　问答

问：我发现这一章忽略了灯光贴图的内容，这个内容重要吗？

答：灯光贴图是一种用于优化场景中灯光效果的有用技术。这部分内容是比较高级的主题，现阶段，你不需要使用这部分内容让场景更好看。

问：我怎样知道自己想要的是透视摄像机还是正交摄像机？

答：就像本章中介绍的那样，一般来说，对于 3D 游戏和效果，需要使用透视摄像机；对于 2D 游戏和效果，则需要正交摄像机。

5.6 测验

花些时间完成下面的练习，确保掌握了本章的内容。

问题

1. 如果你想使用一种灯光照亮整个场景，那么应该用哪种类型的灯光？
2. 可以向场景中添加多少个摄像机？
3. 你可以创建多少个用户定义的图层？
4. 什么属性决定了哪些图层将被灯光和摄像机忽略？

答案

1. 定向光是唯一一个照亮整个场景的灯光。
2. 无数个。
3. 24 个。
4. Culling Mask 属性。

5.7 练习

在这个练习中，你将有机会操作多个摄像机和多种灯光。在做这个练习时需要一些灵活性，请自由地发挥你的创意。

1. 创建一个新的场景或项目，删除定向光，然后向场景中添加一个球体，将它设置在 (0，0，0) 的位置。

2. 向场景中添加 4 个点光源，位置分别设置为 (–4，0，0)、(4，0，0)、(0，0，–4) 和 (0，0，4)，并为每个光源指定自己独特的颜色。然后按照你的喜好设置灯光的范围和强度，在球体上创建想要的视觉效果。

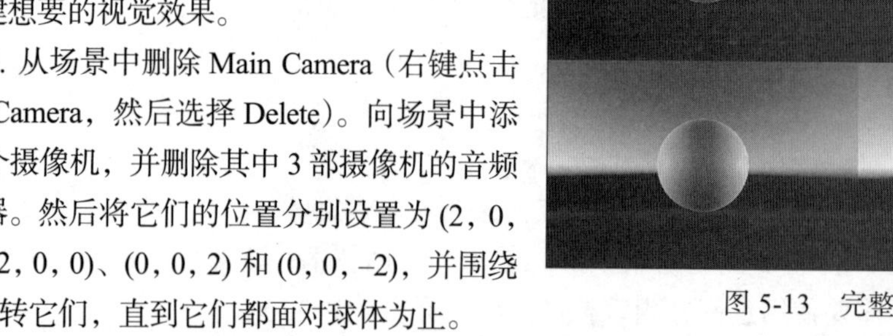

3. 从场景中删除 Main Camera（右键点击 Main Camera，然后选择 Delete）。向场景中添加 4 个摄像机，并删除其中 3 部摄像机的音频侦听器。然后将它们的位置分别设置为 (2，0，0)、(–2，0，0)、(0，0，2) 和 (0，0，–2)，并围绕 y 轴旋转它们，直到它们都面对球体为止。

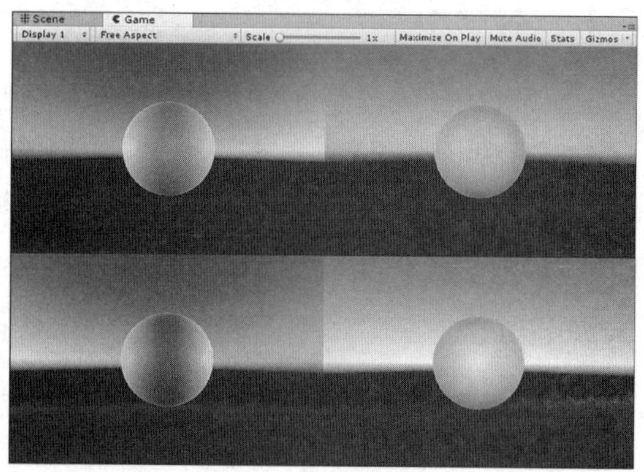

图 5-13 完整的练习

4. 然后我们要更改 4 部摄像机上的视口设置，让 4 部摄像机实现一种分屏的效果。应该让四个摄像机分别显示屏幕的一个角落，每个摄像机都占据屏幕大小的 1/4，如图 5-13 所示。这一步留给你来完成。如果你不知道如何完成，那么请查看第 5 章随书的资源，里面有这个例子的完整版本。

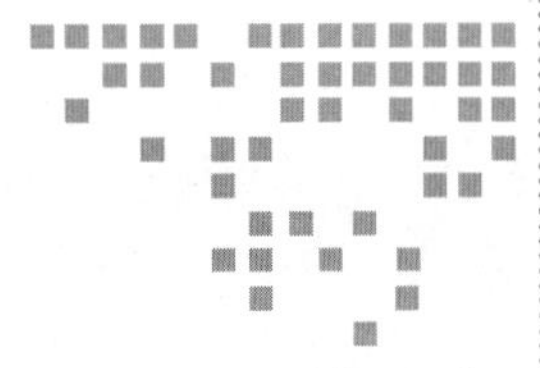

第 6 章 Chapter 6

游戏案例 1：Amazing Racer

在本章中，你将使用现在学到的所有知识来制作第一款 Unity 游戏。首先带你了解下游戏的基本设计元素。之后，再构建游戏世界。然后，将添加一些交互性对象，让游戏具备可玩性。制作完成之后，我们再做一些小修改提升玩家游戏体验。

> 提示：完成的项目
>
> 一定要按照本章中的指引来构建完整的游戏项目。如果在制作过程中出现问题，可以在本书配套资源中的 Hour 6 下找到该游戏的完成版本。如果需要帮助或灵感，可以将其作为参考。

6.1 设计

游戏开发的设计部分主要是提前规划游戏的主要特性和组成。可以把它想象成开工制作之前的蓝图，有了它，可以让实际的构造过程顺畅很多。在制作游戏的过程中，大量时间通常都花费在设计上。由于你本章创建的游戏相当基本，因此设计阶段将会很快完成。在这款游戏的设计过程中，我们主要关注三块内容：理念、规则和需求。

6.1.1 理念

这款游戏背后的思想非常简单。从一个游戏区域的一边开始，迅速跑到另一边。在前进的道路上将会出现山丘、树木和各种障碍物。你的目标是看看可以多快完成它。之所以要制作一款这样的游戏，是因为它包含了你在前面学到的所有内容。而且，因为你还没有学习 Unity 的脚本，所以不能添加非常精巧的交互。本书后面制作的游戏将越来越复杂。

6.1.2 规则

每个游戏都必须有一组规则。规则的用途主要有两方面：第一，它们规定了玩家实际上将如何玩游戏；第二，因为软件是一个许可的过程（参见下面的“注意：许可的过程”），规则指定了玩家征服挑战所采用的动作。用于 Amazing Racer 的游戏规则如下所示。

1. 没有胜利或失败的条件，只有完成的条件。当玩家进入完成区域时，就完成了游戏。

2. 玩家总是从相同的地点出生，完成区域也总是位于相同的地点。

3. 途中会出现水障碍。每当玩家陷入水障碍中，都会把该玩家移回出生点（spawn point）。

4. 游戏的目标是尽量用最短的时间从地图这边跑到那边。这是一条隐含的规则，没有明确地在游戏中制作对应的功能。我们将在游戏中提供一些线索，暗示玩家这就是目标。其思想是：玩家将基于提供给他们的信号凭直觉期望用更短的时间达成目标。

> 注意：许可的过程
>
> 在创建游戏时，始终要记住软件是一个许可的过程。这就是说除非明确指定允许做什么，否则玩家将无法做什么。例如，如果玩家希望爬树，但是你没有制作任何可以让玩家爬树的功能，那么就不允许玩家执行这个动作。如果你没有为玩家提供跳跃的功能，那么就不能跳跃。你希望玩家能够做的一切动作都必须在游戏中添加对应的功能。记住：不能假定有任何动作，而是必须为所有行为都做好规划！还有一点需要铭记：玩家可能创新性地运用你提供的动作，比如说堆叠障碍物，然后跳过最顶端的障碍物。

> 注意：术语
>
> 本章使用了以下新术语。
>
> 出生：出生指的是玩家或实体进入游戏的过程。
>
> 出生点：出生点是玩家或实体在游戏中出生的位置，游戏中可以有一个或多个出生点，它们可以是静止的，也可以是变化的。
>
> 条件：条件是触发器的一种。胜利的条件就是让玩家赢得游戏的事件（比如积累足够多的点数）；失败条件就是导致玩家游戏失败的事件（比如失去所有的点数）。
>
> 游戏控制器：游戏控制器规定了游戏的规则和流程。它负责确定是否满足赢得或输掉游戏的条件（或者只是游戏结束了）。任何对象都可以作为游戏控制器，只要它始终存在于场景中即可。通常，将一个空对象或者 Main Camera 作为游戏控制器。

6.1.3 需求

游戏设计过程中的另一个重要步骤是确定游戏将需要哪些资源。一般来讲，游戏开发团队由多人组成。其中一些人从事设计工作，一些人专门负责编程，还有一些人负责创建艺术资源。团队的每位成员在开发过程中都有自己对应的工作，大家一起分工合作，才能提高工作效率。如果每个人都等待某件事情完成才能开始工作，那么将会出现许多开始和停止事件。你可以提前确定资源相关的内容，这样就可以在需要它们之前就制作好。下面列出了 Amazing Racer 游戏的所有需求。

1. 一块矩形区域的地形。地形需要足够大，这样才能展示一场具有挑战性的比赛。地形中应该包含一些障碍物，以及出生点和终点（见图 6-1）。

2. 地形的纹理和环境效果。我们使用 Unity 提供的标准资源。

3. 一个出生点对象、一个完成区域对象和一个水障碍对象。我们使用 Unity 生成它们。

4. 一个角色控制器。我们使用 Unity 标准资源提供的。

5. 一个图形用户界面（GUI）。本书的配套资源中会为你提供它。注意，为了简单起见，本章使用旧风格的 GUI，它完全通过脚本工作。在第 14 章中我们再介绍新版 UI 系统。

6. 一个游戏控制器。我们将在 Unity 中创建它。

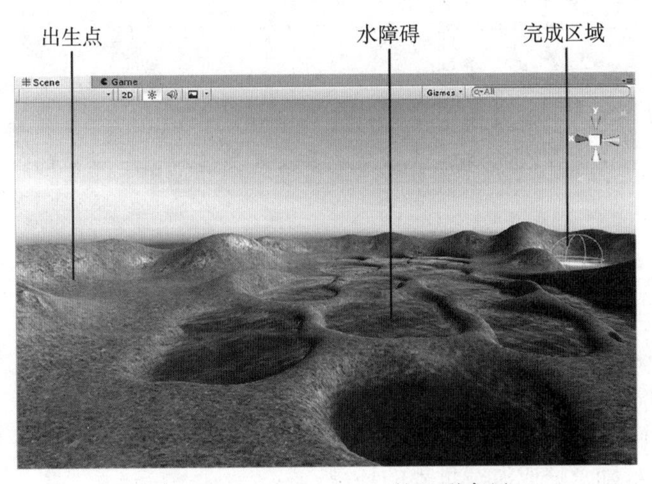

图 6-1　Amazing Racer 的地形布局

6.2　创建游戏世界

既然你已经在纸上完成了游戏的基本设计，现在可以开始制作了。制作一款游戏有很多切入点，对于这个项目，我们从游戏世界开始。由于这是一款竞技赛跑游戏，所以游戏世界的长度将大于它的宽度（或者说它的宽度大于长度，这取决于你怎么看）。我们会使用许多 Unity 标准资源来加快游戏的制作过程。

6.2.1　制作地形

制作 Amazing Racer 的地形有很多发挥创造力的余地。因为每一个人都会有不同的想法，所以为了简化这个过程，让每一个人在本章中都具有相同的经历，我们将提供一幅高度图。要制作地形，请按照以下步骤操作：

1. 创建一个新项目，然后将它命名为 Amazing Racer。在项目中添加一个地形，在 Inspector 视图中将它的位置设置为（0，0，0）。

2. 在第 6 章的配套资源中找到文件 TerrainHeightMap.raw，导入该文件作为地形的高度图（通过在 Inspector 视图的 Terrain Settings 中的 Heightmap 区域中点击 Import Raw 命令）。

3. 保持 Depth、Width、Height 这些属性不变，将 Byte Order 属性改为 Mac，然后将 Terrain 的大小改为 200 宽，100 长，以及 100 高。

4. 在 Assets 文件夹下创建一个 Scenes 文件夹，然后将当前场景保存为 Main。

现在应该对地形稍加修改，以匹配我们的游戏世界。你可以自由地执行一些微小的调整和修改，让它变成你喜欢的样子。

警告：构建你自己的地形

在本章中，你将基于提供的高度图制作地形。高度图已经为你准备好了，以便你可以迅速进入游戏开发的过程。不过，你也可以选择构建自定义的游戏世界，让这款游戏真正属于你自己。不过，如果你这样做，就要当心提供给你的一些坐标和旋转角度可能不匹配。如果你想构建自己的游戏世界，就要注意提前规划好对象的位置，并把它们恰当地放在游戏世界中。

6.2.2 添加环境

此时，你可以开始纹理化地形并向其中添加一些环境效果。你需要导入程序包（点击 Assets > Import Package > Environment 命令）。

你现在可以自由地按照所喜欢的方式装饰游戏世界。下面的操作步骤只是一些参考，你可以按照自己喜好随意修改游戏世界的环境。

1. 按照喜好调整定向光的旋转角度。

2. 纹理化地形。示例项目使用以下纹理：平坦的区域使用 GrassHillAlbedo，陡峭的区域使用 CliffAlbedoSpecular，它们之间的区域使用 GrassRockyAlbedo。水坑内使用 MudRockyAlbedoSpecular。

3. 在地形中添加一些树木。树木应该保持稀疏，主要放在平坦的表面上。

4. 向场景中添加一些水资源，在 Assets\Standard Assets\Environment\Water\Water4\Prefabs 文件夹找到 Water4Advanced 这个预设（我们会在第 11 章学习更多相关内容），然后将位置设为 (100，29，100)，缩放大小设置为（2，1，2)。

现在应该就准备好了地形，开始准备在地形上行走。一定要花足够多的时间进行纹理化，以确保场景内环境过渡自然。

6.2.3 雾效

在 Unity 中，你可以在场景中添加雾效，用来模拟不同的效果。比如说雾霾、大雾或者距离太远的模糊感。也可以用雾效来营造一种陌生的感觉，在 Amazing Racer 中，我们可以使用雾效来遮掩远处的地形，为游戏增加一定的探索趣味。

添加雾效的方式非常简单，请按照下面的步骤操作：

1. 使用 Window > Lighting > Settings 命令打开光设置窗口。
2. 在其他 Other 设置中勾选雾效。
3. 将颜色改为白色，稠密度改为 0.005。注意，这些值都可以根据你的喜好随意更改。
4. 尝试不同的雾效颜色和浓密感，表 6-1 描述了雾的各个属性。

不同的属性影响了场景中雾的表现，表 6-1 介绍了这些属性。

表 6-1　雾的属性

设置	描　述
Fog Color	指定了雾效的颜色
Fog Mode	控制雾效的计算，这里有三种模式：Linear，Exponential 以及 Exponential Squared。对于移动应用来说，Linear 就够用了
Density	决定了雾效的强度，只有在 Exponential 和 Exponential Squared 模式下这个参数才有用
Start and End	控制雾效距离摄像机的远近，这个属性只有在 Linear 模式下才有用

6.2.4 天空盒

你可以通过给游戏世界添加一个天空盒来增加感染力，它是一个包围游戏世界的大盒子。虽然它不过是由 6 个平面组成的立方体，它朝里面的纹理使得它看上去像无边无际的苍穹。你可以创建自己的天空盒，也可以使用 Unity 内置的标准天空盒，这些标准天空盒在 3D 场景中都可以使用。在本书中，你将使用内置的天空盒。

标准天空盒称为“procedural skybox”，这是说天空盒的颜色不固定，可以更改或计算得出。旋转场景中的定向光就能理解这一点。旋转灯光的时候注意天空的颜色以及太阳如何变化。创建及应用自定义的 procedural skybox 非常简单，请按照以下的步骤操作：

1. 在 Project 视图中右键单击，然后选择 Create > Material 命令（天空盒实际上就是应用到“天空中巨大盒子”的材质）。

2. 在新材质的 Inspector 中，选择 Shader 下拉框，然后选择 Skybox > Procedural，注意，在这里你也可以选择 6 Sided、CubeMap 或者 Panoramic 这些类型的天空盒。

3. 在 Lighting 的设置（Windows > Lighting > Settings）中，将天空盒应用于场景。同样，你也可以将天空盒材质拖动到场景视图的空间上。将天空盒应用到场景中的时候，你无法立刻看到效果。你自己创建的天空盒的属性现在和内置的天空盒的属性一样，所以完全看不出区别。

4. 尝试不同的天空盒参数，你可以修改太阳的外观、大气层中散射的光线、天空盒的颜色等。尽可能地多多尝试，制作独一无二的效果吧。

天空盒并非一定是 procedural 的，天空盒也可以使用六张纹理营造精雕细琢的天空（通常称为 cubemap），它们可以包含 HDR 或者 panorama 图片。这些设置是否可用取决于你选择的天空盒的着色器。对于本书来说，我们都会使用 procedural 类型的天空盒，因为它易于使用，很容易看到效果。

6.2.5 角色控制器

现在，我们需要向场景中添加一个角色控制器。

1. 使用 Assets > Import Package > Characters 命令导入标准的角色控制器。

2. 在 Assets\Standard Assets\Characters\FirstPersonCharacter\Prefabs 文件夹下找到 FPSController 这个资源，然后将它拖到场景中。

3. 设置控制器的位置（角色控制器在 Hierarchy 视图中是蓝色的，名字为 FPSController）。如果控制器在地形中的位置看起来不对，那么请确保控制器的位置在（0，0，0）。现在将控制器沿着 y 轴旋转 260 度。然后将控制器重命名为 Player。

4. 实验 Player 游戏对象的 First Person Controller 和 Character Controller，这两个组件控制了角色在游戏内的行为。比如说，如果不想让角色有爬山的功能，那么可以将 Character Controller 中的 Slope Limit 属性设置得低一些。

5. 因为 Player 控制器有自己的摄像机，所以我们需要将场景中的 Main Camera 删除。

一旦将角色控制器放入了场景并设置好了位置，就可以播放场景。一定要在场景里来回走动一下，看看哪些区域需要修整或者做一些平滑处理。要注意游戏世界的边界。找到能够离开游戏世界的区域，将这些位置的地面抬高，让玩家无法脱离地图。这个阶段一般要修正地形中出现的各种基本问题。

> 提示：脱离游戏世界
>
> 一般来说，游戏关卡中会有一些水或者其他一些障碍，防止玩家退出正常的游戏区域。如果游戏使用了重力的功能，玩家可能会从游戏世界中坠落。你希望创建某种方式，阻止玩家到达某个他们不应该来的区域。这个游戏项目使用了高高的护堤，让玩家始终在规定区域内游戏。第6章（Hour 6）的随书配套资源中提供的高度图有几个玩家可以爬出去的位置。看看你是否能够找到并校正它们。你也可以像本章前面介绍的那样在 Character Controller 中设置一下坡度限制的属性。

6.3 游戏化

现在，我们已经拥有了一个可以用来体验游戏的世界。我们可以四处逛逛，初步感受下这个游戏世界。目前，这个游戏看起来只是一个玩具，只可用来初步体验。你想要的是一款游戏，它需要添加一定的规则和目标。把某件东西转变成游戏的过程称为游戏化（Gamification），这就是本节将要做的事情。如果你一直都按照前面的步骤操作，那么现在游戏项目看上去应该如图 6-2 所示（虽然雾效、天空盒、植被等都有一些不同）。下面我们将添加一些可以交互的游戏控制对象，为那些对象添加游戏脚本，把它们串联在一起。

图 6-2　当前 Amazing Racer 的游戏状态

> 注意：脚本
>
> 脚本是定义游戏对象行为的代码段。你还没有学习在 Unity 中编写脚本。不过，要创建交互式游戏，必须要使用脚本。考虑到这一点，我们为你提供了制作这款游戏所需的脚本。我们努力让脚本变得尽可能小，以便你可以理解这个项目的大部分内容。可以在文本编辑器中打开脚本，查看它们的行为。在第 7 章和第 8 章中我们会详细地介绍脚本。

6.3.1　添加游戏控制对象

就像在本章前面“需求”中定义的，我们需要 4 个特定的游戏控制对象。第一个对象是出生点。这是一个简单的游戏对象，作用只是用于告诉游戏在哪里生成玩家。要创建出生点，可以按照下面的步骤操作。

1. 向场景中添加一个空的游戏对象（使用 GameObject > Create Empty 命令）。
2. 将游戏对象放在 (160，32，125) 的位置处，然后将旋转角度改为（0，260，0）。
3. 在 Hierarchy 视图中将空对象重命名为 Spawn Point。

接下来，创建水障碍检测器。它将会是一个位于水面之下的简单平面，它有一个触发碰撞器（在第 9 章中我们会详细介绍），用于检测玩家是否落入水中。要创建检测器，可以按照下面的步骤操作。

1. 向场景中添加一个平面（使用 GameObject > 3D Object > Plane 命令），将它置于

（100, 27, 100）处，然后将缩放比例改为 (20，1，20)。

2. 然后在 Hierarchy 视图中把平面重命名为 Water Hazard Detector。

3. 在 Inspector 视图中选中 Mesh Collider 组件，然后勾选 Convex 和 Is Trigger 这两个选项（见图 6-3）。

4. 不要勾选 Inspector 的 Mesh Render 组件名字前面的复选框，这样就会禁用 Mesh Render 对象，游戏内将不会看到这个对象。

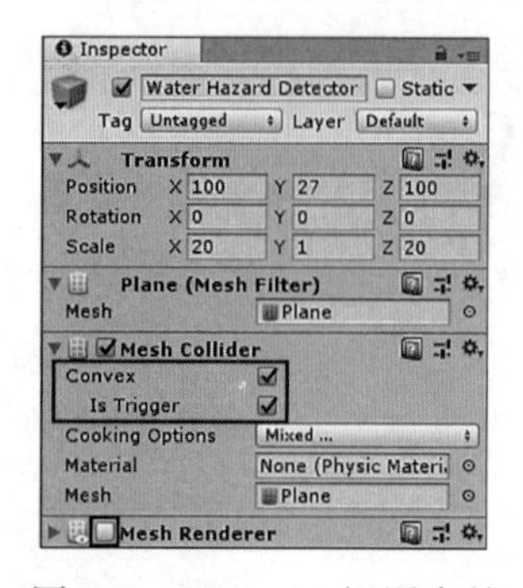

图 6-3 Inspector 视图中的 Water Hazard Detector 对象

接下来，我们要给游戏添加完成区域。这个区域是一个简单的对象，它上面带有一个点光源，让玩家知道要去往哪里。该对象带有一个胶囊体（capsule collider)，它可以让我们知道玩家何时可以进入该区域。要添加 Finish Zone 对象，可以按照下面的步骤操作。

1. 向场景中添加一个空的游戏对象，将它的位置设置在 (26，32，37) 处。

2. 在 Hierarchy 视图中将该对象重命名为 Finish Zone。

3. 在 Finish Zone 对象上添加一个灯光组件（选取该对象，使用 Component > Rendering > Light 命令）。如果它的类型还不是 Point，需要将灯光类型更改为 Point，然后把范围和强度分别设置为 35 和 3。

4. 选中 Finish Zone 对象然后使用 Component > Physics > Capsule Collider 命令，给该对象添加一个胶囊体。在 Inspector 视图中勾选 IsTrigger 复选框，然后把 Radius 属性设置为 9（见图 6-4）。

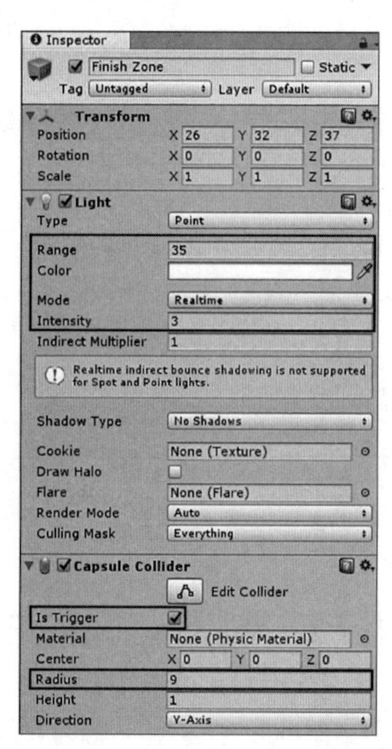

图 6-4 Inspector 视图中的 Finish Zone 对象

最后需要创建的是 Game Manager 对象。从技术上讲不需要有这个对象，在游戏世界里一直存在的对象上添加上对应的属性即可，比如 Main Camera。不过，一般都会创建一个单独的对象，以防止意外删除。在开发阶段，游戏管理对象是一个基本对象，后面用到的地方更多。要创建 Game Manager 对象，可以按照下面的步骤操作。

1. 向场景中添加一个空的游戏对象。

2. 在 Hierarchy 视图中将该游戏对象重命名为 Game Manager。

6.3.2 添加脚本

如前所述，脚本指定了游戏对象的行为。在本节中，我们会为游戏对象添加脚本。当前理解这些脚本的作用并不是很重要。有两种方法将脚本添加到项目中。

1. 将已经存在的脚本拖到项目的 Project 视图中。

2. 在 Project 视图中右键点击，选择 Create > C# Script 命令创建新脚本。

一旦将脚本添加到项目中后，要使用它们就变得很容易。要使用一个脚本，只需把它从 Project 视图中拖到想使用它的任何对象上即可。注意既可以将脚本拖动到 Hierarchy 视图中的对象上，也可以拖动到 Inspector 视图的组件中（见图 6-5）。

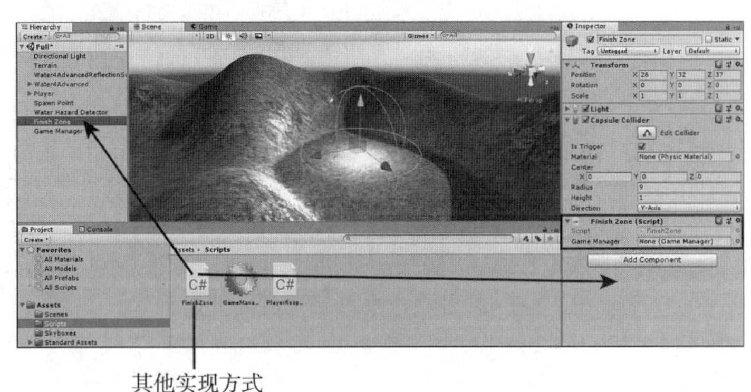

图 6-5　将脚本拖动到对象上来使用它

你也可以将脚本拖动到 Scene 视图中的对象上，但是如果这么做，很容易将脚本放到不应该放的对象上。因此，我们不建议在 Scene 视图中使用脚本。

> 提示：特殊的脚本图标
>
> 可能你会注意到，Project 视图中的 GameManager 脚本有一个齿轮形状的图标，这是因为脚本有一个 Unity 可以自动识别的名字 GameManager。有一些特殊的名字应用在脚本上的时候，图标就会发生变化，让我们更容易区分。

动手做▼

导入并关联脚本

请按照下面的步骤，从本书的随书资源中导入脚本并将它们与正确的对象关联在一起。

1. 在 Project 视图中创建一个文件夹，然后将它命名为 Scripts。在随书资源的 Hour 6 中找到以下三个脚本：FinishZone.cs、GameManager.cs 以及 PlayerRespawn.cs——然后将它们拖动到新创建的脚本文件夹中。

2. 将 Project 视图中的 FinishZone.cs 拖动到 Hierarchy 视图中的 Finish Zone 对象上。

3. 在 Hierarchy 视图中选择 Game Manager 对象，在 Inspector 视图中选择 Add Component > Scripts > GameManager（这是给对象添加脚本的另一种方法）。

4. 将 Project 视图中的 PlayerRespawn.cs 脚本拖动到 Hierarchy 视图中的 Water Hazard Detector 对象上。

6.3.3 将脚本连在一起

如果之前观察过脚本的内容，你可能会发现它们都有用于其他对象的占位符。这些占位符允许一个脚本与另一个脚本通信。对于脚本中每个占位符，在 Inspector 视图中脚本对应的组件上都会有一个属性。与操作脚本的方式一样，通过点击并拖动，就可以将对象应用于占位符（见图 6-6）。

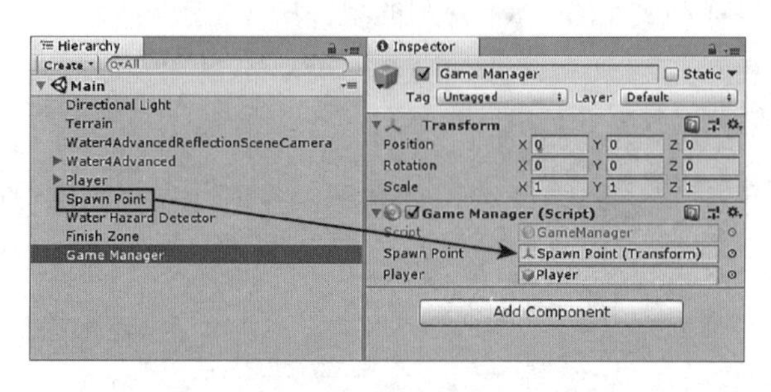

图 6-6 将游戏对象移动到占位符上

> **动手做▼**
>
> **将脚本连接在一起**
>
> 按照下面的步骤，给予脚本正常工作所需的游戏对象：
>
> 1. 在 Hierarchy 视图中，选中 Water Hazard Detector 对象，注意到 Player Respawn 组件上有一个 Game Manager 属性，这个属性是之前创建的 Game Manager 对象的占位符。
> 2. 在 Hierarchy 视图中点击并拖动 Game Manager 对象，将它拖动到 Player Respawn（Script）组件的 Game Manager 属性上。现在，每当玩家落入水中的时候，水障碍就会通知 Game Manager 对象说玩家落水了，然后玩家就会被移动到关卡开始时的出生点。
> 3. 选中 Finish Zone 游戏对象，在 Hierarchy 视图中选中 Game Manager 对象，然后拖动到 Inspector 视图中 Finish Zone 对象上脚本组件的 Game Manager 属性。现在，当玩家抵达终点的时候，游戏管理器就会收到通知。
> 4. 选中 Game Manager 对象，点击并拖动 Spawn Point 对象到 Game Manager 组件的 Spawn Point 属性上。
> 5. 点击并拖动 Player 对象（角色控制器），将它放到 Game Manager 对象的 Player 属性上。

现在我们已经将游戏对象联系在了一起，游戏已经可以玩了！虽然有些地方体验不太好，但是不要灰心，只要努力完善，游戏就会变得越来越好玩。

6.4 游戏测试

游戏已经制作完成，但还不能就此止步。现在，我们必须开始游戏测试。游戏测试主要是指在游戏的过程中找出游戏中的错误，或者找出游戏中感觉缺乏趣味的地方。在大多数情况下，让其他人测试你的游戏很有帮助，因为他们可以告诉你对于他们来说哪里的设计比较有趣，哪里的设计很耐玩。

如果你一直按照前面描述的步骤操作，现在应该不会报任何错误（通常称为bug）——至少我希望是这样。确定游戏中哪些部分有趣的过程，完全取决于游戏开发者本身的想法。因此，这个部分留给你自己完成。玩一玩游戏，看看哪些地方不喜欢，注意那些感觉毫无游戏趣味的地方。但是，不要只关注负面的东西，还要努力寻找让你喜欢的地方。现在想要进一步完善游戏体验可能有些困难，所以先记下来。如果有机会再考虑怎样做能让游戏变得更好。

现在可以让游戏变得更有趣的一个微小调整是更改玩家的速度。如果体验过几次这款游戏，可能会注意到角色移动得太慢，这可能让人感到游戏时间冗长了无乐趣。想要加快角色的移动速度，需要修改 Player 对象上的 First Person Controller(Script) 组件。在 Inspector 视图中展开 Movement 属性，然后修改移动速度（见图 6-7）。示例项目中的移动速度是 10。尝试更快或更慢的速度并寻找你觉得体验最好的速度（你已经发现按着 Shift 键移动角色就会跑起来，是不是？）。

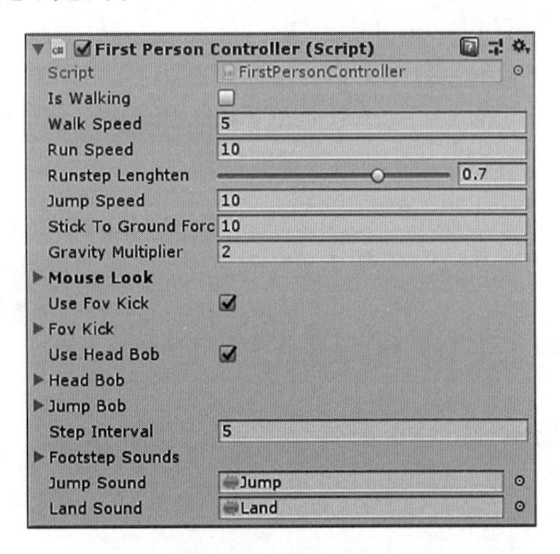

图 6-7　更改角色的行走或者跑步速度

> **提示：我的鼠标呢**
>
> 为了避免在你游戏的时候鼠标在屏幕上乱晃，First Person Character Controller（FPSController 游戏对象）隐藏并“锁定”了鼠标。这个设定在玩游戏的过程中非常好，但是当你想要点击按钮或者结束游戏的时候就有些不方便。如果想要使用鼠标，只需要按下 Escape 键，鼠标就会自动显示出来。如果想要离开游戏模式，可以按下 Ctrl+P（在 Mac 上是 Command + P）。

6.5 本章小结

本章中，你使用 Unity 制作了自己的第一款游戏。首先，我们学习了游戏理念、规则和需求这几方面的内容。然后，我们创造了游戏世界，并且添加了环境效果。紧接着，我们又添加了可以提供交互性的游戏对象。之后为这些游戏对象添加了脚本并把它们联系在一起。最后，我们进行了游戏测试，记下了喜欢和不喜欢的地方。

6.6 问答

问：本章的内容吸收不了，这是我的问题吗？

答：不是！对于不熟悉游戏制作的新手来说这个过程非常陌生。请坚持学习书中的知识，慢慢地就会对整个过程更加熟悉。现在，最重要的是弄清楚脚本如何关联到对象上。

问：你没有介绍如何构建和部署游戏。为什么？

答：构建和部署游戏在第 23 章介绍。制作游戏的过程中有许多事情要考虑，现在，我们的重点是学习如何制作游戏。

问：为什么没有脚本就没有办法制作游戏？

答：如前所述，脚本定义了对象的行为。如果没有交互式行为，将很难制作一款连贯的游戏。之所以在第 7 章和第 8 章学习编写脚本之前就在第六章中制作一款游戏的原因是：我们需要在学习新内容之前强化一下之前学过的知识。

6.7 测验

花些时间完成下面的练习，确保掌握了本章的内容。

问题

1. 什么是游戏的必需品？
2. Amazing Racer 这款游戏的获胜条件是什么？
3. 哪个对象负责控制游戏的流程？
4. 为什么测试游戏很重要？

答案

1. 必需品是制作游戏需要创建的资源列表。
2. 这是一个“钓鱼”问题！这款游戏没有明确的获胜条件。当玩家这一次到达的时间比上一次更短时，就认为他或她获胜了。虽然这个功能还没有添加到游戏中。
3. 游戏管理器。在这款游戏中它的名字是 Game Manager。
4. 主要是为了发现错误，确认游戏的哪些部分像我们希望的那样工作。

6.8　练习

制作游戏的过程中最有意思的部分便是可以按照自己的喜好设计游戏。根据教程学习制作游戏可能是一种良好的学习经历，但是无法获得制作一款自定义游戏的满足感。在这个练习中，稍微修改一下游戏，让这个游戏更有个人风格。至于如何修改游戏则完全取决于你自己。下面列出了一些建议。

1. 尝试添加多个完成区域。看看是否可以按照给玩家提供更多选择的方式来放置这些完成区域。

2. 修改地形，增加更多或者不同种类的障碍。只需要像制作水障碍那样制作这些障碍（包括脚本）就可以正常运行。

3. 尝试添加多个复活点，并让其中一些障碍把你移到其他复活点。

4. 修改天空和纹理，创建一个全新的游戏世界，让游戏体验更独特。

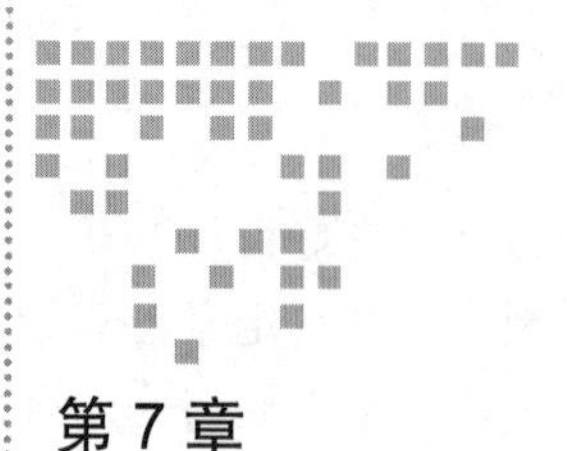

Chapter 7 第7章

脚本（上）

迄今为止，你已经学习了如何在Unity中制作对象。不过，这些对象毫无生气。只是摆放一个立方体有多大用处？给立方体提供一些自定义的动作，让它变得更生动有趣，这样效果会好得多。要做到这一点，我们需要脚本的支持。脚本（Script）是用于定义对象的复杂或非标准行为的代码文件。在本章中，你将学习编写脚本的基础知识。首先我们会学习如何在Unity中使用脚本，然后学习如何创建脚本以及使用脚本编程环境。之后再学习脚本语言的语法，包括变量、运算符、条件语句和循环。

提示：示例脚本

第7章（Hour 7）的随书配套资源中，有多个本章提到的脚本和编码结构。一定要认真学习这些额外的内容。

警告：编程新手

如果你以前从未编写过程序，本章的内容会让你感觉新奇，而且会感到迷惑。在学习本章的时候，要努力关注代码是如何编写的，以及为什么要这样编写。记住：程序编写是逻辑实现的过程。如果程序没有按照你希望的方式运行，那么肯定是因为你哪里写错了。有时也可能需要你改变自己的思维方式。慢慢学习本章的内容，多动手多实践。

7.1 脚本

如前所述，编写脚本是定义行为的一种方式。在Unity中，为对象添加脚本，就像给对象添加其他组件一样，可以为对象带来交互性。在 Unity 中，使用脚本一般需要三步：

1. 创建脚本。
2. 将脚本添加到一个或者多个游戏对象上。
3. 如果脚本需要，就用值或者其他游戏对象填充脚本的属性值。

接下来的课程，我们就讨论这几步。

7.1.1　创建脚本

在创建脚本之前，最好先在 Project 视图的 Assets 文件夹下创建名为 Scripts 的文件夹。一旦创建了用于存放脚本的文件夹，就可以在文件夹上右键点击，然后选择 Create > C# Script 命令，给脚本起一个名字。

> **注意：脚本语言**
>
> Unity 允许使用 C# 或者 JavaScript 作为脚本语言。本书使用 C# 语言编写所有的脚本，因为在 Unity 中 C# 的功能更全面更强大一些。值得注意的是，JavaScript 在 Unity 中正在逐步被淘汰，创建新文件的时候都没有 JavaScript 的选项了。未来 Unity 将完全不再支持 JavaScript。

一旦创建了脚本，就可以查看和修改它。在 Project 视图中单击脚本，就可以在 Inspector 视图中查看脚本的内容（见图 7-1）。在 Project 视图中双击脚本将打开默认的脚本编辑器，使用编辑器就可以向脚本中添加代码。假定你安装了默认的组件并且没有更改任何内容，那么双击一个文件将打开 Visual Studio 开发环境（见图 7-2）。

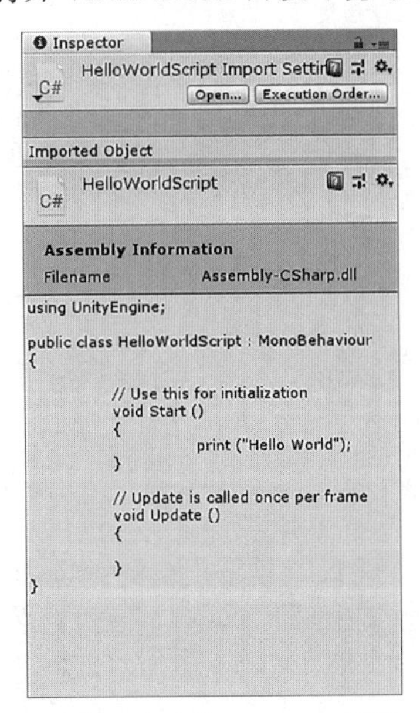

图 7-1　脚本的 Inspector 视图

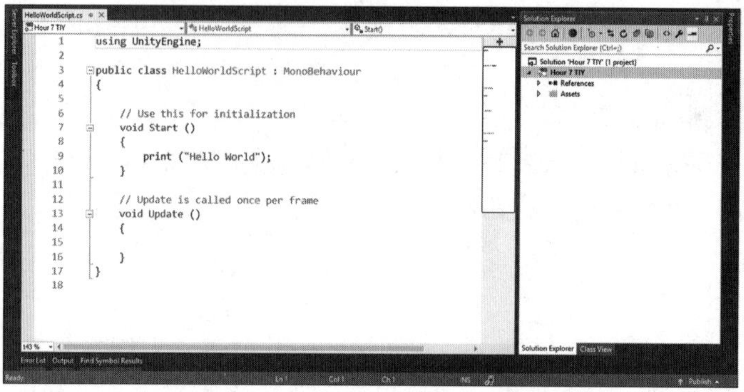

图 7-2 Visual Studio 的编辑器窗口

动手做 ▼

创建一个脚本

让我们按照下面的步骤创建一个本节使用的脚本。

1. 创建一个新项目或场景，然后在 Project 视图中添加一个 Scripts 文件夹。

2. 右键单击 Scripts 文件夹，然后使用 Create > C# Script 命令创建一个脚本，把脚本命名为 HelloWorldScript。

3. 双击新创建的脚本文件，等待 Visual Studio 打开。在 Visual Studio 的编辑器窗口中（见图 7-2）清除所有的文本，然后输入下面的代码。

```
using UnityEngine;

public class HelloWorldScript : MonoBehaviour
{
    // Use this for initialization
    void Start ()
    {
        print ("Hello World");
    }

    // Update is called once per frame
    void Update ()
    {

    }
}
```

4. 使用 File> Save 命令或者按下 Ctrl+S 组合键（Mac 上的 Command+S 组合键）保存脚本。回到 Unity 中，在 Inspector 视图中确认脚本已被更改，然后运行场景。注意没有任何事情发生。我们创建了脚本，但是只有将它添加到对象上之后，脚本才会工作。接下来介绍如何将脚本添加到对象上。

> 注意：脚本名
>
> 你刚刚创建了一个脚本，然后将它命名为 HelloWorldScript，文件的名称非常重要。在 Unity 和 C# 中，文件名必须要和其中的类名相匹配。接下来我们讨论什么是类（Class）。现在，必须要记住的是：如果脚本中包含一个名为 MyAwesomeClass 的类，那么脚本的名字必须是 MyAwesomeClass.cs。还需要注意的是，类名和文件名中不允许有空格。

> 注意：IDE
>
> Visual Studio 是一个强大而又复杂的工具，安装 Unity 的时候就会随之一起安装。这种编辑器称为 IDE（集成开发环境），使用它们可以编写游戏代码。因为 IDE 并不是 Unity 的一部分，所以本书并不会深入介绍。现在你只需要熟悉 Visual Studio 的编辑器窗口即可。在本章后面需要的时候，还会逐步介绍一些 IDE 的功能。（注意，在 Unity 2018.1 之前，Unity 安装的时候还会附带一款名为 MonoDevelop 的 IDE，你现在也可以使用这款编辑器，不过 Unity 引擎已经不再附带 MonoDevelop。）

7.1.2 添加脚本

要把脚本添加到游戏对象上，只需在 Project 视图中选中脚本，然后把它拖到对象上即可（见图 7-3）。你也可以把脚本拖动到 Hierarchy 视图、Scene 视图或 Inspector 视图中的对象上（假定已经选取了对象）。一旦把脚本添加到对象上，它就变成该对象的一个组件，在 Inspector 视图中可以查看它。

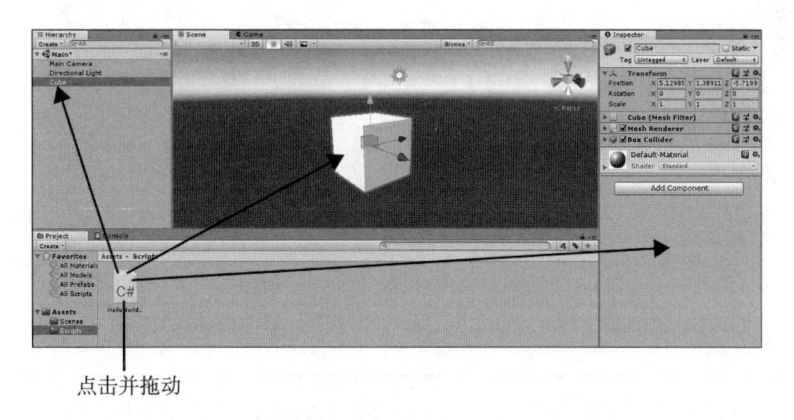

图 7-3 点击并拖动脚本到想要添加的对象上

想要观察实际操作过程，可以把前面创建的 HelloWorldScript 脚本添加到 Main Camera 上。在 Inspector 视图中你会看到一个名为 Hello World Script (Script) 的组件。如果运行场景，会在 Project 视图的下面，编辑器的底部看到“Hello World”（见图 7-4）。

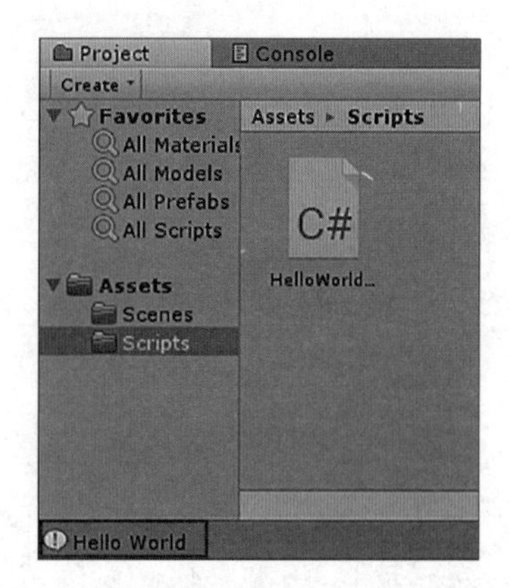

图 7-4 运行场景的时候会出现 Hello World

7.1.3 分析脚本的基本内容

在上一节中，我们修改了一个脚本，然后在屏幕上输入了一些文字，但是并没有解释脚本内容的含义。在本节中，我们将学习新的 C# 脚本的默认模板内容。（注意：使用 JavaScript 编写的脚本也有相同的组件，即使它们看上去稍有不同。）代码清单 7-1 包含了创建 HelloWorldScript 脚本时 Unity 自动生成的全部代码。

代码清单 7-1 默认的脚本代码

```
using UnityEngine;
using System.Collections;

public class HelloWorldScript : MonoBehaviour
{
    // Use this for initialization
    void Start () {

    }

    // Update is called once per frame
    void Update () {

    }
}
```

这段代码可以拆分成三部分：using 部分、类声明部分以及类内容部分。

7.1.4 using 部分

脚本的第一部分列出了这个脚本将要使用的库，它看起来如下所示：

```
using UnityEngine;
using System.Collections;
```

一般来说，你不需要频繁地更改这一部分的内容。当你在Unity中创建一个脚本的时候，这几行就会自动添加。System.Collections库是可选的，如果脚本没有使用它，那么可以先忽略它的功能。

7.1.5 类声明部分

脚本的下一部分称为类声明（Class Declaration）部分。每个脚本都包含一个以脚本命名的类，它看起来如下所示：

```
public class HelloWorldScript : MonoBehaviour { }
```

大括号开始与大括号结束之间的所有代码都是这个类的一部分，因此也是脚本的一部分。所有的代码都应该在这两个大括号之间。与using部分一样，一般情况下不需要改变它，目前应该保持不变。

7.1.6 类内容

类的开始和关闭大括号之间的部分被认为在类“中”。你的所有代码都出现在这里。脚本的类默认情况下一般包含两个方法Start和Update：

```
// Use this for initialization
void Start () {

}
 // Update is called once per frame
void Update () {

}
```

第8章我们会详细介绍什么是方法。目前，只需知道当场景第一次启动时，就会运行Start方法中的代码。每次游戏更新的时候，都会运行Update方法——有的时候一秒钟运行上百次。

提示：注释

程序设计语言可以让代码作者为以后阅读代码的人留下一些信息，这些信息称为注释（comment）。两个正斜杠（//）后面的任何单词都将被“注释掉”，这意味着计算机将会忽略它们，不会将它们视为代码。在前面的“动手做：创建脚本”部分我们可以看到注释的示例。

注意：控制台

到现在为止，Unity编辑器中还有一个窗口没有介绍：Console。一般来说，Console是一个包含游戏的文本输出的窗口。通常，当有一个来自脚本的错误或输出时，就会把消息写到Console。图7-5显示了Console窗口。如果Console窗口不可见，也可以使用Window > Console命令让它显示。

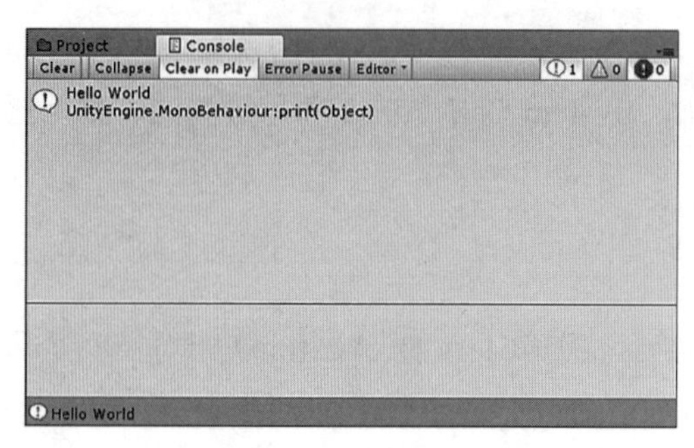

图 7-5 控制台窗口

动手做▼

使用内置方法

现在，让我们尝试使用内置的 Start 和 Update 方法，看看它们的工作方式。第 7 章的随书资源中包含了完整的 ImportantFunctions 脚本，尝试自己完成下面的练习，如果遇到困难，请参考书中的资源。

1. 创建一个新项目或场景，然后向场景中添加一个名为 ImportantFunctions 的脚本。双击该脚本，打开代码编辑器。

2. 在脚本内，向 Start 方法中添加如下一行代码：

```
print ("Start runs before an object Updates");
```

3. 保存脚本，然后在 Unity 中，把它添加到 Main Camera 上。运行场景，注意出现在 Console 窗口中的消息。

4. 回到 Visual Studio 中，然后把下面一行代码添加到 Update 方法中：

```
print ("This is called once a frame");
```

5. 保存脚本，并在 Unity 中快速开始运行场景，然后迅速停止场景运行。注意：在 Console 中，有一行文本来自 Start 方法，有多行文本来自 Update 方法。

7.2 变量

有的时候，相同的数据你想要在脚本中使用多次。这种情况下，你需要一个占位符来指向可以重用的数据。这些占位符就称为变量（variable）。与传统数学中的变量不同，程序设计中的变量不仅可以保存数字，还可以保存单词、复杂的对象或其他脚本。

7.2.1 创建变量

创建变量时，要给每个变量指定一个名称和一种类型。可以按照下面的语法创建变量：

```
<variable type> <name>;
```

因此，要创建一个名为 num1 的整型变量，可以输入以下代码：

```
int num1;
```

表 7-1 列出了所有原始（或基本）的变量类型以及它们可以保存的数据类型。

表 7-1　C# 变量类型

类型	描　述
int	它是 integer 的缩写，int 存储所有的正负整数
float	它存储浮点类型的数据（比如 3.4），是 Unity 中默认的数据类型，Unity 中的浮点数后面总是带有一个 f，比如说 3.4f、0f、0.5f 等
double	也存储浮点数，但它不是 Unity 默认的数字类型，一般来说 double 可以存储的数据比 float 大
bool	它是 Boolean 的缩写，bool 中存储对错（在代码中的表示是 true 或者 false）
char	它是 character 的缩写，char 存储单个字母、空格或者特殊字符（比如 a、5、!）。char 类型的变量用单引号括起（‘A’）
string	string 类型中存储整个单词或者句子。string 类型的值用双引号括起，比如“helloworld”

注意：语法

术语语法（syntax）指的是编程语言的规则。语法规定了代码的组织和书写方式，这样计算机才知道如何读取。可能你已经注意到，脚本中的每条语句或者命令后面都带有一个分号，这也是 C# 语法的一部分。忘记写分号会导致脚本出错，如果想学习更多关于 C# 的语法，请参考 C# 编程指南：https://docs.microsoft.com/en-us/dotnet/csharp/。

7.2.2　变量作用域

变量作用域指的是变量能够使用的范围。就像你在脚本中看到的那样，类和方法使用一对闭合的大括号表示它们所属的范围。两个大括号之间的区域通常称为块（block），了解这一点很重要，因为变量只能在创建它们的块中使用。所以，如果在 Start 方法内创建了一个变量，那么它无法在 Update 方法中使用，因为它们属于不同的块。如果在错误的地方使用其他块中创建的变量，代码就会报错。如果在类中，但是在方法外创建一个变量，那么这两个方法都可以使用这个变量，因为两个方法与变量处于相同的块（类块）中。代码清单 7-2 阐述了这一点。

代码清单 7-2　解释本地变量和全局变量的区别

```
// This is in the "class block" and will
// be available everywhere in this class
private int num1;

void Start ()
{
    // this is in a "local block" and will
```

```
        // only be available in the Start method
        int num2;
    }
```

7.2.3 公共和私有

在代码清单 7-2 中，可以看到 num1 之前有个关键字 private。这个关键字称为访问修饰符（access modifier），只有在类级声明的变量才需要它。有两种访问修饰符可以使用：private 和 public。关于这两个访问修饰符的内容可以讲很多，但是现在你只需要知道它们如何影响变量。一般来说，私有变量（使用关键字 private 修饰的变量）只能在创建它们的文件内使用，其他脚本和编辑器无法看到它们或者以任何方式修改它们。私有变量只打算在内部使用。与之相反，公共变量对于其他脚本甚至 Unity 编辑器都是可见的，这样你就可以很容易地在 Unity 内随意修改变量的值。如果没有为变量添加修饰符，那么默认情况下它是私有的。

动手做▼

在 Unity 中修改公共变量

按照下面的步骤操作，让我们看看如何在 Unity 编辑器中修改公共变量。

1. 创建一个新的 C# 脚本，使用 Visual Studio 打开，然后在类中的 Start 方法上添加下面一行代码：

```
public int runSpeed;
```

2. 保存脚本，然后在 Unity 中把它添加到 Main Camera 上。

3. 选中 Main Camera，然后查看 Inspector 视图。注意你刚才添加的脚本现在是它的一个组件。注意该组件有一个新属性：Run Speed。你可以在 Inspector 视图中修改该属性，所做的修改会在运行时反映到脚本中。图 7-6 显示了带有新属性的组件。示例图假定创建的脚本名为 ImportantFunctions。

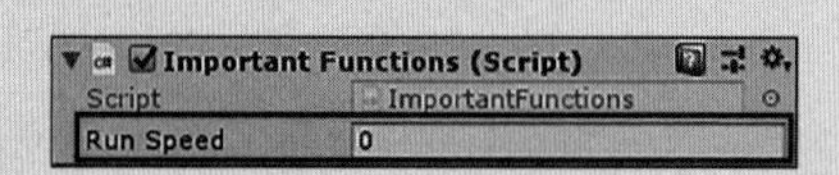

图 7-6 脚本组件的新属性 Run Speed

7.3 运算符

如果无法访问或修改变量，那么变量中的数据没有任何意义。运算符是一种特殊的符号，它能让你修改数据。它们一般分为四类：算术运算符、赋值运算符、关系运算符和逻辑运算符。

7.3.1 算术运算符

算术运算符用于在变量上执行算术运算。它们一般只用于数字变量，当然也存在少数例外情况。表 7-2 介绍了算术运算符。

表 7-2 算术运算符

运算符	描 述
+	加法。将两个数字加起来，对于 string 类型的变量来说，+ 号的作用是将两段字符串连在一起，下面是一个示例： `"Hello" + "World"; // produces "HelloWorld"`
–	减法。用左边的数字减去右边的数字
*	乘法。两个数字相乘
/	除法。使用左边的数字除以右边的数字

%	取模。使用左边的数字除以右边的数字，但是并不返回除法的结果，而是返回除数剩余的值。请参考下面的示例：
	`10 % 2; // returns 0`
	`6 % 5;  // returns 1`
	`24 % 7; // returns 3`

算术运算符可以串联在一起，生成复杂的数学字符串，就像下面的例子：

```
x + (5 * (6 - y) / 3);
```

算术运算符的运算顺序与标准的算术运算顺序一样。从左到右执行运算，括号优先，乘法和除法次之，加法和减法最后算。

7.3.2 赋值运算符

赋值运算符，顾名思义，它们用于给变量赋值。最常见的赋值运算符就是等号，但是还有很多赋值运算符是把多个运算结合在一起。C# 中的所有赋值运算都是从右到左。也就是说，将右边变量的值赋给左边的变量。

```
x = 5; // This works. It sets the variable x to 5.
5 = x; // This does not work. You cannot assign a variable to a value (5).
```

表 7-3 介绍了赋值运算符。

表 7-3 赋值运算符

运算符	描 述
=	将等号左边变量的值赋给等号右边的变量

+=，–=，*=，/=	简写的赋值运算符，首先使用算术运算符执行算术运算，然后再将结果赋值给左边的变量。请看下面的例子：
	`x = x + 5; // Adds 5 to x and then assigns it to x`
	`x += 5;    // Does the same as above, only shorthand`

++，–	自增运算符。用于把一个数字加 1 或者减 1，请看下面的例子：
	`x = x + 1; // Adds 1 to x and then assigns it to x`
	`x++;       // Does the same as above, only shorthand`

7.3.3 相等运算符

相等运算符用于比较两个值。相等运算符的结果总是 true 或 false。因此，可以保存相等运算符结果的变量类型只能是 Boolean（记住：Boolean 只能保存“true”或“false”）。表 7-4 介绍了相等运算符。

表 7-4　相等运算符

运算符	描　述

==	相等。不要与赋值运算符的 = 混淆，这个运算符只有在两边的值完全相等的时候才返回 true。否则就会返回 false，考虑下面的例子：
	`5 == 6; // Returns false`
	`9 == 9; // Returns true`

>,<	大于，小于。考虑下面的例子：
	`5 > 3; // Returns true`
	`5 < 3; // Returns false`

>=,<=	大于等于，小于等于。与大于号、小于号的区别就是它们还包含相等的逻辑。考虑下面的例子：
	`3 >= 3; // Returns true`
	`5 <= 9; // Returns true`

!=	不等于。如果两个值不相等，就会返回 true，否则返回 false。考虑下面的例子：
	`5 != 6; // Returns true`
	`9 != 9; // Returns false`

提示：附加练习

第 7 章的随书资源中，有一个名为 EqualityAndOperations.cs 的脚本，请参考这个脚本学习各种不同运算符的计算。

7.3.4 逻辑运算符

逻辑运算符可以让你把两个或更多的 Boolean 值（“true”或“false”）变成单个 Boolean 值，在确定复杂条件的时候很有用。表 7-5 介绍了逻辑运算符。

表 7-5　逻辑运算符

<table>
<tr><th>运算符</th><th>描　述</th></tr>
<tr><td>&&</td><td>AND 操作，用来比较两个 Boolean 值是否都是 true。若一个值或者两个值都返回 false，那么它就会返回 false。考虑下面的例子：
true && false; // Returns false
false && true; // Returns false
false && false; // Returns false
true && true;   // Returns true</td></tr>
<tr><td>||</td><td>OR 操作，用来计算两个值是否至少有一个为 true。若其中一个或者两个都返回 true，那么它就会返回 true。考虑下面的例子：</td></tr>
</table>

（续）

运算符	描　述

||	`true || false;   // Returns true`
	`false || true;   // Returns true`
	`false || false; // Returns false`
	`true || true;    // Returns true`

!	NOT 操作，返回 Boolean 值的反值。考虑下面的例子：
	`!true;  // Returns false`
	`!false; // Returns true`

7.4　条件

计算机的能力主要在于它能够做出初步的决定，这种能力的根源在于布尔值 true 和 false。我们可以使用这些布尔值来构建条件语句，让程序按照特定的流程运行。在使用代码指定流程或逻辑时，我们需要记住：机器一次只能做一个简单的决定。但是，把足够多的决定放在一起，就能构建出复杂的逻辑。

7.4.1　if 语句

条件语句的基础是 if 语句，结构如下：

```
if ( <some Boolean condition> )
{
  // do something
}
```

if 结构可以读作："如果为真，就执行"。所以，如果你希望 x 大于 5 的时候在 Console 中输出"Hello World"，那么就可以编写如下代码：

```
if (x > 5)
{
  print("Hello World");
}
```

记住：if 语句中，条件的内容（或者求值后）必须为 true 或 false。把数字、单词或其他任何语句放在 if 的判断条件中都无法正常工作。

```
if ("Hello" == "Hello") // Correct

if (x + y) // Incorrect
```

提示：奇怪的行为

条件语句使用特定的语法，如果没有按照规则书写，就可能会出现奇怪的行为。你可能会注意到代码中有一个 if 语句，但是行为却不太正确。可能条件代码一直都在运行，甚至不应该运行的时候也在运行。也可能是它永远都不会运行，甚至它应该运行时也不运行。你需要了解导致这种情况的两种常见原因：第一，if 条件后面没有分号，如果编写带有分号的 if 语句，则总会运行后面的代码；第二，确保在 if 语句内使用关系运算符（==），而不是赋值运算符（=），否则可能会导致奇怪的行为：

```
if (x > 5); // Incorrect
if (x = 5)  // Incorrect
```

记住这两种常见的错误会让你在后面的代码书写过程中省很多时间。

7.4.2 if/else 语句

if 语句非常适合条件判断，但是如果想让程序在不同的条件下有不同的行为，该怎么办？ if/else 语句可以达成这个效果。if/else 语句的执行逻辑与 if 语句基本相同，只不过它可以读作“如果条件真，就做这件事情，否则就做另外一件事情”。if/else 语句可以写成如下形式：

```
if ( <some Boolean condition> )
{
    // Do something
}
else
{
    // Do something else
}
```

比如说，如果在变量 x 大于变量 y 时将“X is greater than Y”打印到 Console，或者希望在 x 不大于 y 时打印“Y is greater than X”，可以写如下代码：

```
if (x > y)
{
    print("X is greater than Y");
}
else
{
    print("Y is greater than X");
}
```

7.4.3 if/else if 语句

有时，如果代码有多种执行可能，你希望用户能够从一组选项（比如一个菜单）中选择一个选项。if /else if 的构造方式与前两种结构非常相似，只不过它具有多个条件：

```
if( <some Boolean condition> )
{
    // Do something
}
else if ( <some other Boolean condition> )
```

```
{
    // Do something else
}
else
{
   // The else is optional in the IF / ELSE IF statement
   // Do something else
}
```

比如说，你想根据一个人的分数输出对应的字母，那么可以写如下的代码：

```
if (grade >= 90) {
    print ("You got an A");
} else if (grade >= 80) {
    print ("You got a B");
} else if(grade >= 70) {
   print ("You got a C");
} else if (grade >= 60) {
    print ("You got a D");
} else {
    print ("You got an F");
}
```

提示：大括号之争

你可能已经发现，有的时候我将大括号（有的时候也叫花括号）单独放在一行，有的时候我将大括号与类名或者函数名或者if语句放在同一行。事实上，这两种方式都可以，到底用哪种方式取决于自己的喜好。话虽这么说，但是网上关于大括号到底采用哪种方式写更好的问题却掀起了一轮轮的战争。的确，这个话题很重要，因为每个人都需要选择一种适合自己的方式，没人能够幸免。

提示：单行的if语句

严格来说，如果if语句的逻辑中只有一行代码，那么就不需要写大括号（也称为花括号），因此代码既可以这样写

```
if (x > y)
{
    print("X is greater than Y");
}
```

也可以这样写：

```
if (x > y)
    print("X is greater than Y");
```

不过，我建议你现在采取带大括号的第一种写法。这样当代码量变大的时候，会避免歧义。大括号内的代码会被认为是一个代码块，一起执行。

7.5　迭代

现在，你已经学会了如何处理变量以及如何做判断，当你想要做两个数字相加的操作时，现在的知识已经足以应对。但是，如果你想把 1 ~ 100 之间的所有数字加起来，该怎么做呢？ 1 ~ 1000 之间呢？你肯定不想输入一堆重复代码。所以，我们可以使用称作迭代（iteration）的结构（通常也称为循环 Looping）。有两种主要的循环方式：while 循环和 for 循环。

7.5.1　while 循环

while 循环是最基本的循环方式，它与 if 语句的结构类似：

```
While ( <some Boolean condition> )
{
    // do something
}
```

与 if 语句的唯一区别是：if 语句内的代码只执行一次，而 while 循环内的代码会一遍又一遍地执行，直到条件变为 false。因此，如果想把 1 ~ 100 之间的所有数字加起来，然后把它们输出到 Console，可以编写如下代码：

```
int sum = 0;
int count = 1;

while (count <= 100)
{
    sum += count;
    count++;
}

print(sum);
```

正如你所见，count 的初始值为 1，然后每次迭代或者每执行循环一次都会将其增加 1，直至它等于 101 为止。当 count 达到 101 时，它将不再小于或等于 100，所以会退出循环。省略 count++ 这一行将导致循环无限运行——所以一定要有这一行代码。在循环遍历的时候，都会把 count 的值加到变量 sum 上。当循环退出，就把和写到控制台上。

总之，只要 while 循环的条件为“真”，它就会反复运行所包含的代码。一旦它的条件变为 false，就会停止循环。

7.5.2　for 循环

for 循环与 while 循环的原理类似，只不过它的结构稍有不同。正如你在前面 while 循环看到的那样，首先必须要创建一个 count 变量，然后必须测试变量（作为条件），最后还必须计算总和，这些操作在 3 行上完成。for 循环的语法精简为一行，它看起来如下：

```
for (<create a counter>; <Boolean conditional>; <increment the counter >)
{
    // Do something
}
```

for 循环用 3 段语句（Compartment）控制循环。注意 for 循环 3 段语句之间是分号，而不是逗号。第一段会创建一个用于计数的变量（计数变量常用的名称是 i，即 iterator（迭代器）的缩写）；第二段是循环的条件语句；第三段语句用于增加或减少计数。用 for 循环重写前面的 while 循环，会如下所示：

```
int sum = 0;

for (int count = 1; count <= 100; count++)
{
    sum += count;
}

print(sum);
```

正如你所见，for 语法对循环逻辑的各个部分进行了压缩，节省了不少空间。你会发现 for 循环的确擅长处理计数这样的问题。

7.6 本章小结

在本章中，你初次涉足了视频游戏编程。首先我们了解了在 Unity 中编写脚本的基础知识，接着学习了如何创建和为游戏对象添加脚本，然后还对脚本结构进行了基本分析。之后，学习了程序的基本逻辑组成，最后学习了变量、运算符、条件语句和循环语句。

7.7 问答

问：制作游戏需要学习多少编程知识？

答：大多数游戏都会使用某种形式的程序来定义复杂的行为。行为越复杂，程序设计就越复杂。如果想要制作游戏，必须要熟悉程序设计的概念。即使你不打算成为游戏的主要开发人员也是如此。考虑到这一点，本书将主要为你介绍用于制作前几款简单游戏所需知道的基本知识。

问：本书中介绍了编写脚本需要的所有知识吗？

答：说对或者不对都可以。本书中介绍了基本的程序设计，这些知识基本上不会变，而仅会以新的、独特的方式应用它们。也就是说，一般程序设计都比较复杂，而这里介绍的内容很多都进行了简化。如果你想学习更多编程相关的内容，需要阅读专业书籍和文章。

7.8 测验

花些时间完成下面的练习，确保掌握了本章的内容。

问题

1. Unity 允许使用哪两种语言编写程序？
2. 判断题：Start 方法中的代码在每一帧开始的时候都会运行。
3. 在 Unity 中，哪种变量类型是默认的浮点数类型？
4. 哪个运算符返回除法的余数？
5. 什么是条件语句？
6. 哪种循环类型最适合计数？

答案

1. C#、JavaScript。
2. 错。Start 方法在场景开始运行的时候执行一次；Update 方法在每一帧都会运行。
3. float。
4. 求模运算符。
5. 条件语句是一种允许计算机根据判断条件决定代码路径的代码结构。
6. for 循环。

7.9 练习

把编码结构视为区块对于理解编程很有帮助。每个部分单独看都比较简单，但是，把它们组合在一起，就可以构建复杂的逻辑。后面我们会遇到各种编程挑战。使用你在本章中学习的知识，以找到问题的解决方案。把每个解决方案都单独放在一个脚本中，然后把脚本添加到场景的 Main Camera 上，确保它们都可以正常运行。在本书的配套资源中可以找到这个练习的解决方案。

1. 编写一个脚本，把 2 ~ 499 之间的所有偶数加起来，然后把结果输出到 Console 上。

2. 编写一个脚本，把 1 ~ 100 之间的所有数字输出到 Console 上，但是不要输出 3 或 5 的倍数，遇到这些数字就输出“ Programming is Awesome!”（提示：如果想要查看一个数字是否是另外一个数字的倍数，我们可以使用求模运算，如果求模运算的结果是 0，就说明这个数字是另一个数字的倍数）。

3. 在斐波纳契数列中，通过把前两个数字相加来确定下一个数字。该数列开始的数字是 0，1，1，2，3，5……编写一个脚本，计算斐波纳契数列的前 20 个数字，并把它们输出到 Console 中。

第 8 章 Chapter 8

脚本（下）

第 7 章中，我们学习了在 Unity 中编写脚本的基础知识。在本章中，你将使用所学的知识完成更有意义的任务。我们首先学习方法是什么，它们如何工作以及如何编写方法。然后动手做一些用户输入相关的练习。之后，将研究如何从脚本中访问组件。在本章最后，我们会学习如何使用代码访问其他游戏对象以及它们的组件。

> 提示：示例脚本
>
> 本章提到的脚本和代码结构都可以在第 8 章的随书资源中找到，确保找到这些脚本，做一些附加练习。

8.1 方法

方法，通常也称为函数，是可以独立调用的代码模块。每个方法一般都代表单独的任务或为完成某个目的而服务，很多方法组合在一起就可以实现复杂的目标。考虑你现在见过的两个方法：Start 和 Update，其中每个方法都有各自独立的功能。Start 方法包含第一次运行场景时对象运行所需要的全部代码，Update 方法则包含场景每一帧（这里说的帧指的不是渲染帧）都会运行的代码。

> 注意：方法的简写形式
>
> 到目前为止，你会发现：无论何时提及 Start 方法，都会在 Start 后面接上“方法”一词。总是在方法名的后面接上方法两字可能会让人觉得麻烦。不过，还是不能只写一个单词 Start，因为这样做人们不知道你所说的是一个单词，一个变量，还是一个方法。

处理这种情况的一个简单的方法是在单词后面跟上一对圆括号。所以，Start 方法也可以写为 Start()。如果你看到本书有像 SomeWords() 这样的内容，那么立即就可以知道正在谈论的是一个名为 SomeWords 的方法。

8.1.1 方法简介

在学习方法之前，我们先讨论下方法的构成，下面是方法的基本格式：

```
<return type> <name> (<parameter list>)
{
    <Inside the method's block>
}
```

方法名

每个方法都必须有一个唯一名（名字相同，但是参数不同，也是不同的方法，详情见后面介绍的方法签名相关的内容）。尽管影响函数命名的规则是由使用的语言决定的，但是良好的函数命名一般包含如下指导原则：

方法名应该具有描述性。它应该是一个动作或者是一个动词。

方法名中不要有空格。

方法名中不要出现特殊字符（!、@、*、%、$ 等）。不同的语言允许在方法名中使用不同的字符。但是不使用任何特殊字符，就不会有出现问题的风险。

方法名很重要，因为好的方法名既可以用来区分方法，还描述了如何使用。

返回类型

每个方法都有返回一个变量给调用它的代码的能力。这个返回的变量的类型就称为返回类型（Return Type）。如果方法返回一个整数，返回类型就是 int。同样，如果方法返回一个 true 或者 false，那么返回类型就是 bool。如果方法不返回任何值，那它还是有返回类型。在这种情况下，返回类型是 void（意思是不返回任何内容）。任何需要返回值的方法都使用 return 这个关键字来返回要返回的变量。

参数列表

就像方法可以把变量传回给调用它的代码一样，调用代码也可以传入变量，这些变量就称为参数（parameter），传入方法的变量在方法的参数列表中。例如，名为 Attack 的方法接受一个整形变量 enemyID 如下所示：

```
void Attack(int enemyID)
{}
```

我们可以看到，在指定参数时，必须同时提供变量类型和变量名，使用逗号分隔多个参数。

方法签名

方法的返回值、名称以及参数列表通常称为方法签名（Signature）。本章前面，我曾经说过，方法必须有一个唯一名，但是这个说法并不确切。正确的说法应该是方法必须有一个唯一的签名。因此，看下面的两个方法：

```
void MyMethod()
{}

void MyMethod(int number)
{}
```

即便这两个方法的名字一样，但是因为参数列表不同，所以这是两个不同的方法。像这样函数名一样，但是参数不一样的函数称为函数重载（overloading）。

方法块

方法块指的是方法中的代码，每当调用方法的时候，方法块中的代码就会被执行。

动手做 ▼

确定方法的各个部分

让我们花点时间回顾一下方法的各个部分，让我们看下面的例子：

```
int TakeDamage(int damageAmount)
{
    int health = 100;
    return health - damageAmount;
}
```

你能够确定下面各个部分吗？

1. 方法的名称是什么？
2. 方法返回的变量类型是什么？
3. 方法参数是什么？有多少个参数？
4. 方法的块中的代码是什么？

提示：将方法视作工厂

对于新手来说，方法的概念可能会让人感到困惑。一般会在方法的参数和返回值上犯错。一种简单而又直观的方式是把方法视作工厂。工厂接收原材料，然后把它们加工成产品。方法也一样，参数是传入“工厂”的原材料，返回值就是工厂的最终产品。不带参数的方法可以看作是不需要原材料的工厂。同样，可以把不带返回值的方法视为不生产最终产品的工厂。通过把方法想象成小型工厂，可以在你的大脑里直观地反映出逻辑流程。

8.1.2 编写方法

既然你已经理解了方法的组成，编写方法就变得很容易。在开始编写方法之前，先花一点时间回答下面三个问题：

1. 方法将完成的特定任务是什么？

2. 为了完成任务方法需要额外的数据吗？

3. 方法需要返回数据吗？

这三个问题会帮助你确定方法的名称、参数和返回数据。

考虑下面这个例子：玩家被一只火球击中。你需要写一个方法，通过扣除 5 点生命值来模拟这个过程。你已经知道这个方法的任务目标，还知道这个任务不需要额外的数据（因为你知道这个操作会扣除 5 点生命值），并且可能需要返回新的生命值。你应该像下面这样编写该方法：

```
int TakeDamageFromFireball()
{
    int playerHealth = 100;
    return playerHealth - 5;
}
```

在这个方法中可以看到，玩家的生命值是 100，减去了 5 点生命值，然后返回结果（95）。显然，我们可以优化这个方法。上面说的是火球造成了 5 点生命值的伤害，但是如果希望火球造成更多伤害，该如何处理呢？你需要准确知道在任何时间，一只火球会造成多少伤害。你需要一个变量，在这个例子中就是一个参数。新方法如下所示：

```
int TakeDamageFromFireball(int damage)
{
    int playerHealth = 100;
    return playerHealth - damage;
}
```

现在可以看到伤害是从方法读入的，并且应用于玩家的生命值。可以改进的另一个位置是生命值本身。目前，玩家可能永远也不会失去生命，因为在去除伤害之前总是会把生命值恢复到 100。把玩家的生命值存储在别的位置将会更好，这样它的值将会是持久的。然后可以读入它，并且相应地消除伤害。这样，方法将如下所示：

```
int TakeDamageFromFireball(int damage, int playerHealth)
{
    return playerHealth - damage;
}
```

现在可以看到伤害是从方法外传入，然后应用于玩家的生命值。另外一个可以优化的地方是生命值本身。目前，玩家不会损失生命，因为在扣除伤害之前总是会把生命值恢复到 100。把玩家的生命值存储在别的位置将会更好，这样就会永久保存生命值。然后就可以准确地读取并扣除生命值。现在，方法如下所示：

通过检查你的需求，可以为游戏编写更好、更健壮的方法。

注意：简化

在上面的例子中，我们的方法只是简单地执行基本的减法运算。这是因为刚开始学，我们将复杂问题简单化了。在现实环境中，有许多方式可以处理这个任务。玩家的生命值可以存储在脚本的变量中。在这种情况下，就不需要添加生命值参数。还有一种可能是使用 TakeDamageFromFireball 方法中一个复杂的算法，我们会通过护甲值、玩家的闪避值或者魔法盾减少伤害。如果你觉得这里的示例看上去有些愚蠢，只需要知道，这些示例只是用于阐述我们要介绍的各个主题的内容。

8.1.3　使用方法

一旦编写了方法，剩下的事就是如何使用它。使用方法通常称为调用（Calling 或 Invoking）方法。想要调用一个方法，只需写出方法名，后面跟上圆括号和方法对应的参数。所以，如果想要使用一个名为 SomeMethod 的方法，只需编写以下代码：

```
SomeMethod();
```

如果 SomeMethod 方法需要一个整数参数，那么我们会这样调用：

```
// Method call with a value of 5
SomeMethod(5);
// Method call passing in a variable
int x = 5;
SomeMethod(x); // do not write "int x" here.
```

注意，调用方法的时候，不需要传入方法参数的类型。如果 SomeMethod 返回一个值，可以将这个返回值存到一个变量中。代码会如下所示（这个例子返回了一个 Boolean 值，实际上我们可以返回任何类型的值）：

```
bool result = SomeMethod();
```

调用方法只需要使用上面的基本语法即可。

动手做▼

调用方法

让我们进一步优化上一节介绍的 TakeDamageFromFireball 方法。在这个练习中，我们将介绍调用这个方法的不同形式（在随书资源的第 8 章中可以找到这个练习的解决方案，名字为 FireBallScript），请按照下面的步骤操作：

1. 创建一个新项目或场景。创建一个名为 FireBallScript 的 C# 脚本，然后输入前面介绍的 3 个 TakeDamageFromFireball 方法。这些方法应该在类中定义，与 Start 和 Update 方法同级，但是不要写到这两个方法中。

2. 在 Start 方法中，首先调用第一个 TakeDamageFromFireball()，请输入以下代码：

```
int x = TakeDamageFromFireball();
print ("Player health: " + x);
```

3. 把脚本添加到 Main Camera 对象上，然后运行场景。注意 Console 中的输出。现在，在 Start() 中输入以下代码（把它放在你输入的第一段代码之下，不用删除之前的代码），调用第二个 TakeDamageFromFireball()：

```
int y = TakeDamageFromFireball(25);
print ("Player health: " + y);
```

4. 再次运行场景，注意 Console 中的输出。最后，在 Start() 中输入以下代码，调用最后一个 TakeDamageFromFireball()：

```
int z = TakeDamageFromFireball(30, 50);
print ("Player health: " + z);
```

5. 运行场景，注意最终的输出。注意这三个方法的行为有何不同。同时还要注意，你是分别调用每个方法的，正确版本的 TakeDamageFromFireball() 方法依赖于你传入的参数。

提示：帮助查错

如果在脚本运行过程中出现了错误，需要注意 Console 中错误信息最后面显示的行号。你也可以使用 Ctrl+Shift+B(在 Mac 上是 Command+Shift+B) “构建”代码，Visual Studio 在构建的过程中会帮你检查代码，构建完毕后还会显示错误所在的准确行数。

8.2 输入

如果没有玩家的输入，视频游戏（Video Game）将只是视频（Video）。玩家输入可以有多种途径。输入可以是物理的，比如游戏手柄、游戏操纵杆、键盘和鼠标；也可以是电容式控制器，比如在现代移动设备中广泛使用的触摸屏；还有移动设备，比如 Wii Remote、PlayStation Move 和 Microsoft Kinect。较少见的是音频输入，它使用麦克风和玩家的语音控制游戏。在本节中，你将学习编写代码，让玩家使用物理设备与游戏交互。

8.2.1 输入的基础知识

使用 Unity（与大多数游戏引擎一样）可以在代码中检测玩家是否按下特定的键，从而完成与玩家的交互。但是，这样做难以让玩家按照他们自己的喜好重新映射操控按键，所以最好不要这么做。幸好 Unity 有一个简单的系统，可以优雅地映射控制。使用 Unity，你可以找到一根特定的轴（axis），以便知道玩家是否想要执行某个动作。当玩家运行游戏时，他就可以选择不同的控制指令指代不同的轴。

我们可以使用 Input Manager 查看、编辑和添加不同的轴。要访问 Input Manager，可以使用 Edit > Project Settings > Input 命令。在 Input Manager 中，可以查看不同的输入动

作关联的不同的轴。默认情况下有 18 根输入轴，但是如果需要，也可以添加你自己的输入轴。图 8-1 显示了 Input Manager 的默认设置，展开显示的是水平轴。

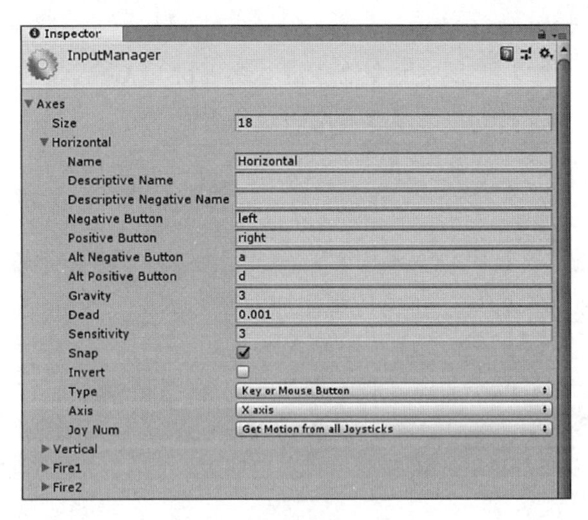

图 8-1 输入管理器

虽然水平轴不会直接控制一切（我们后面会编写脚本来执行该任务），但是它可以表示玩家要横向行走。表 8-1 描述了轴的属性。

表 8-1 轴的属性

属性	描述
Name	轴的名字，代码中用这个名字可以找到这根轴
Descriptive Name/Descriptive Negative Name	显示在玩家配置中的轴的完整名字。“Negative”指的是相反的名字，比如说“Go Left”与“Go Right”就是一对相反的名字
Negative Button/Positive Button	为轴传入正值或者负值，对于水平轴来说，它们对应正箭头和负箭头
Alt Negative Button/Alt Positive Button	为轴传递值的备用按钮，对于水平轴来说，它们对应 A 和 D
Gravity	一旦不再按键，轴的值多快回到 0 值
Dead	比这个值小的输入都会忽略，它会防止手柄抖动
Sensitivity	描述轴可以多快响应输入
Snap	当勾选了这个选项，如果按下了相反的按键，那么值会迅速归零
Invert	按下这个按键将会导致轴的方向改变
Type	输入类型，类型有键盘，鼠标按键，鼠标移动或者摇杆移动
Axis	与输入设备对应的轴，它不会应用于按钮
Joy Num	从哪个操纵杆获取输入，默认情况下会从所有摇杆中获取输入

8.2.2 输入脚本

一旦在 Input Manager 中设置了轴，在代码中处理它们就很简单。要访问玩家的输入，需要使用 Input 对象。更确切地说，会使用输入对象的 GetAxis 方法。GetAxis( ) 将读取轴的名称，也就是一个字符串，然后返回轴对应的值。所以，如果想要获得水平轴的值，可以输入以下代码：

```
float hVal = Input.GetAxis("Horizontal");
```

对于水平轴来说，如果玩家按下左箭头键（或 A 键），GetAxis( ) 将返回一个负数。如果玩家按下右箭头键（或 D 键），该方法将返回一个正数。

动手做▼

读入用户输入

按照下面的步骤操作，让我们学习使用垂直轴和水平轴，以更好地理解如何使用玩家输入。

1. 创建一个新项目或场景，在项目中添加一个名为 PlayerInput 的脚本，然后把它添加到 Main Camera 上。

2. 把以下代码添加到 PlayerInput 脚本中的 Update 方法中：

```
float hVal = Input.GetAxis("Horizontal");
float vVal = Input.GetAxis("Vertical");
if(hVal != 0)
    print("Horizontal movement selected: " + hVal);
if(vVal != 0)
    print("Vertical movement selected: " + vVal);
```

这段代码必须在 Update 函数中，因为它每一帧都要检查用户输入。

3. 保存脚本然后运行场景，注意按下箭头键时 Console 中的输出。现在试试按下 W、A、S 和 D 键。如果没有看到任何输出，请用鼠标点击 Game 窗口[⊖]，然后再重复操作一遍。

8.2.3 特定键的输入

尽管你一般只需要知道是否在通用轴上进行了什么操作，但有时也会希望知道是否按下了特定的键。要做到这一点，还需要再次使用这个输入对象。不过，这一次将使用 GetKey 方法。该方法会读入与特定键对应的特殊代码。如果当前按下了这个键，它就返回 true；如果当前没有按下这个键，它就返回 false。为了确定当前是否按下了 K 键，可以输入以下代码：

```
bool isKeyDown = Input.GetKey(KeyCode.K);
```

提示：查找键码

每个键都有对应的特殊键码，在 Unity 文档中，你可以找到想要的特定键的键码。此外，也可以使用 Visual Studio 内置的工具来查找键码。在 Visual Studio 中写脚本的时候，每当输入一个对象的名称，紧接着按下点号，就会有一个菜单弹出，里面有所有可以使用的选项。同样，如果在输入方法名后接着输入一个左圆括号，也将会弹出类似的菜单，显示多种选项。图 8-2 说明了如何使用弹出菜单查找 Esc 键对应的键码。

⊖ 用于激活窗口，让输入生效。——译者注

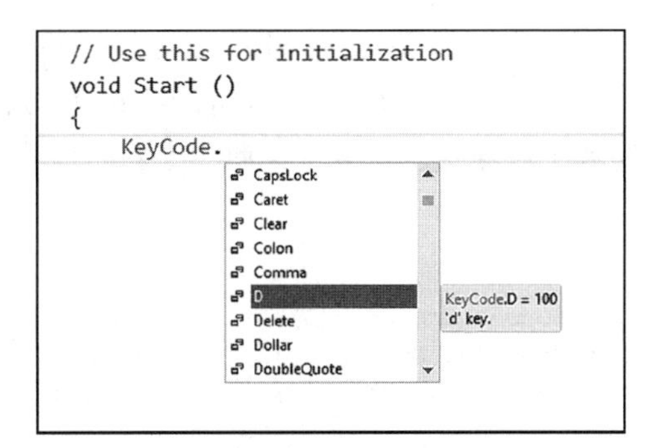

图 8-2　Visual Studio 中的自动弹出菜单

动手做 ▼

识别是否按下特定键

按照下面的步骤写一段脚本，确定是否按下了特定的键。

1. 创建一个新项目或场景，在项目中添加一个名为 PlayerInput 的脚本，然后把它添加到 Main Camera 上。

2. 在 PlayerInput 脚本的 Update 方法中添加如下代码：

```
if(Input.GetKey(KeyCode.M))
    print("The 'M' key is pressed down");
if(Input.GetKeyDown(KeyCode.O))
    print("The 'O' key was pressed");
```

3. 保存脚本并运行场景。注意当按下 M 键时与按下 O 键时有什么不同。当按下 M 键的时候，只要没有松开，Console 中就会一直打印“The‘M’was pressed down”，而按下 O 键到放开，只会打印一次对应的消息。

提示：按下、抬起

在上面这个“识别是否按下特定键”的动手做的练习中，我们用了两种不同的方式检测某个键是否被按下。就像名称显示的那样，我们使用 Input.GetKey() 检测按键是否被按下，我们还使用 Input.GetKeyDown() 检测按键是否在这一帧被按下。第二种方法仅会在第一次按下的时候响应，当按下按键不松开的时候，它就不再响应。一般来说，Unity 有三种不同的按键事件：GetKey()、GetKeyUp()、GetKeyDown()。其他方法也有类似的命名规则。了解按键第一次按下与按键一直按下的区别非常重要。无论想要检测哪种输入，都有一个方法与之对应。

8.2.4　鼠标输入

除了按键之外，你还希望捕获用户的鼠标输入。鼠标输入有两种行为：按下鼠标和鼠标移动。确定是否按下了鼠标与前面介绍的是否按下了某个键非常相似，这一小节中，你将再次使用 Input 对象。这一次，我们会使用 GetMouseButtonDown 方法，该方法的参数范围是 0 ~ 2，表明正在检测哪个鼠标键。该方法返回一个布尔值，表示是否按下了鼠标键。检测鼠标是否按下的代码如下所示：

```
bool isButtonDown;
isButtonDown = Input.GetMouseButtonDown(0); // left mouse button
isButtonDown = Input.GetMouseButtonDown(1); // right mouse button
isButtonDown = Input.GetMouseButtonDown(2); // center mouse button
```

鼠标只会沿着两根轴移动：x 轴和 y 轴。要获取鼠标移动，可以使用输入对象的 GetAxis 方法。同样也可以使用参数 Mouse X 和 Mouse Y 分别获取沿着 x 轴和 y 轴移动的距离。获取鼠标移动的代码如下所示：

```
float value;
value = Input.GetAxis("Mouse X"); // x axis movement
value = Input.GetAxis("Mouse Y"); // y axis movement
```

与按键不同，鼠标移动的距离是通过上一帧到这一帧鼠标移动的距离测量的。实际上，按住一个键会让某个值增加，直至它到达 ?1 或 1 的极限为止（依赖于它是正数还是负数）。然而，鼠标移动的返回值一般比较小，这是因为每帧都会重新计算和重置。

动手做 ▼

读取鼠标移动

在这个练习中，我们会读入鼠标移动，然后把结果输出到 Console。

1. 创建一个新项目或场景，添加一个名为 PlayerInput 的脚本，然后把它添加到 Main Camera 上。

2. 把以下代码添加到 PlayerInput 脚本的 Update 方法中：

```
float mxVal = Input.GetAxis("Mouse X");
float myVal = Input.GetAxis("Mouse Y");
if(mxVal != 0)
    print("Mouse X movement selected: " + mxVal);
if(myVal != 0)
    print("Mouse Y movement selected: " + myVal);
```

3. 保存脚本并运行场景。仔细观察 Console，看看移动鼠标时的输出。

8.3 访问局部组件

正如你在 Inspector 视图中所见，对象由多个组件组成。每个对象都有一个 transform 组件，还有很多可选的组件，比如 Render、Light 和 Camera。脚本也是一个组件，将这些组合在一起就可以为游戏对象提供行为。

8.3.1　使用 GetComponent

你可以在运行时通过脚本与组件进行交互。首先，需要获得想要操作的对象的引用（reference）。我们要在 Start() 函数中完成这个操作，然后将这个组件保存在一个变量中。这样做就不用浪费时间重复执行这个比较耗时的操作。

GetComponent<Type>() 方法与你之前看到的语法有些不同，它使用一对尖括号指明要查找的组件，比如 Light、Camera 脚本名等。

GetComponent() 返回游戏对象上第一个指定类型的组件，就像前面说的那样，我们应该把这个组件保存在一个临时变量中，方便下次访问。下面是示例代码：

```
Light lightComponent; // A variable to store the light component.
Start ()
{
    lightComponent = GetComponent<Light> ();
    lightComponent.type = LightType.Directional;
}
```

一旦拥有了组件的引用，我们就可以很方便地在代码中修改组件的属性。当我们想要修改组件的属性的时候，只需要在组件的引用后面敲一个点，就会弹出组件可以修改的属性。上面的例子中，我们将灯光组件的类型改为了 Directional。

8.3.2　访问 Transform

我们最常用的组件非 Transform 莫属。修改这个组件的属性，可以让游戏对象在屏幕上移动。记住，对象的 Transform 由平移、旋转和缩放组成。虽然你可以直接修改这些属性，但是最好使用游戏内置的方法，比如 Translate()、Rotate() 以及 localScale 变量，如下所示：

```
// Moves the object along the positive x axis.
// The '0f' means 0 is a float (floating point number). It is the way Unity reads
floats
transform.Translate(0.05f, 0f, 0f);
// Rotates the object along the z axis
transform.Rotate(0f, 0f, 1f);
// Scales the object to double its size in all directions
transform.localScale = new Vector3(2f, 2f, 2f);
```

> 注意：查找 Transform 组件
>
> 因为每个对象都有一个 Transform 组件，所以不需要显式的查找操作，可以像上面的代码一样直接操作这个组件。它是唯一一个可以这样操作的组件，其他组件必须使用 GetComponent 方法。
>
> 因为 Translate() 和 Rotate() 都是方法，所以如果把它们放在 Update() 中，游戏对象就会持续沿着 X 轴移动，沿着 Z 轴旋转。

动手做 ▼

变换对象

按照下面的步骤，将变换代码应用于场景中的一个对象：

1. 创建一个项目或者场景。在场景中添加一个立方体，并将它的位置置于（0, –1, 0）。

2. 创建一个名为 CubeScript 的新脚本，将这个脚本添加到立方体上，打开 Visual Studio，在 Update 方法中输入如下代码：

```
transform.Translate(.05f, 0f, 0f);
transform.Rotate(0f, 0f, 1f);
transform.localScale = new Vector3(1.5f, 1.5f, 1.5f);
```

3. 保存脚本并运行场景，你需要切换到 Scene 视图观察对象的移动。注意 Translate() 和 Rotate() 函数的效果会累加，但是 localScale 不会，它不会一直增长。

8.4 访问其他对象

很多情况下，都需要在脚本中查找其他对象并访问它们的组件。这个操作很简单，找到对象，然后调用合适的组件。这里有几种方法可以找到不在脚本范围内或者不是脚本所属的对象。

8.4.1 寻找其他对象

查找其他对象最简单的方式就是使用编辑器。在 GameObject 类型的类级别创建一个公共变量，然后我们只需要将想要使用的对象拖动到 Inspector 视图中的对应属性上即可。代码如下所示：

```
// This is here for reference
public class SomeClassScript : MonoBehaviour
{
    // This is the game object you want to access
    public GameObject objectYouWant;
    // This is here for reference
    void Start() {}
}
```

当你把这个脚本添加到某个对象上的时候，你会发现这个 Inspector 中会出现一个名为 Object You Want 的属性（见图 8-3），只需要将想要操作的对象拖到这个属性上，你就可以在脚本中操作这个对象了。

另外一种查找游戏对象的方式是使用 Find 方法。一般来说，如果你想让设计师将某些对象联系在一起，或者这些对象之间的关系是可选的，那么就使用 Inspector 让这些对象之间建立联系。但是，如果这些对象必须要建立联系，那么我们就使用 Find 方法。脚本中有三种主要的查找方式：使用名称，使用标签，或者使用类型。

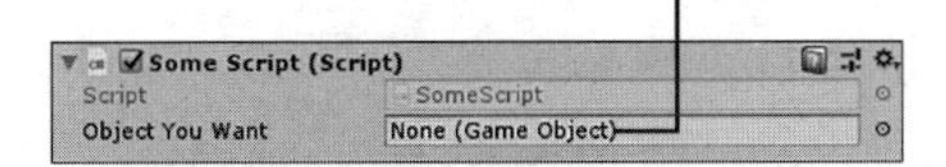

图 8-3　Inspector 视图中的新属性 Object You Want

第一种方式是使用名称查找，对象的名称就是 Hierarchy 视图中显示的名称。如果想查找一个名为 Cube 的对象，那么代码如下所示：

```
// This is here for reference
public class SomeClassScript : MonoBehaviour
{
    // This is the game object you want to access
    private GameObject target; //  Note this doesn't need to be public if using find.
    // This is here for reference
    void Start()
    {
        target = GameObject.Find("Cube");
    }
}
```

这个方法的缺点是：它只会返回指定名称的第一个对象。如果游戏中有多个 Cube 对象，那么你不知道找到的到底是哪个对象。

> 提示：查找效率
>
> 注意 Find() 方法的速度特别慢，因为它会遍历场景中的所有对象，直到找到匹配的对象。在一些大型场景中，这个方法会显著降低游戏效率，导致游戏帧率降低。所以，如果可以，尽量避免使用这个方法。话虽这么说，但是这个方法还是有它的使用场景。比如说，在上面的例子中，我们在 Start() 中调用 Find()，然后将查找结果保存下来，这样就可以显著降低 Find() 带来的副作用。

另外一种查找游戏对象的方式是通过 tag，对象的 tag 与对象的层级（本章前面讨论过）很类似，唯一的区别就是它们的语义。layer（层级）一般指的是对象的大分类，而 tag 指的是对象的标识。使用 Tag Manager(Edit > Project Settings > Tags&Layers) 可以创建 tag。图 8-4 显示了如何在 Tag Manager 中添加一个新 tag。

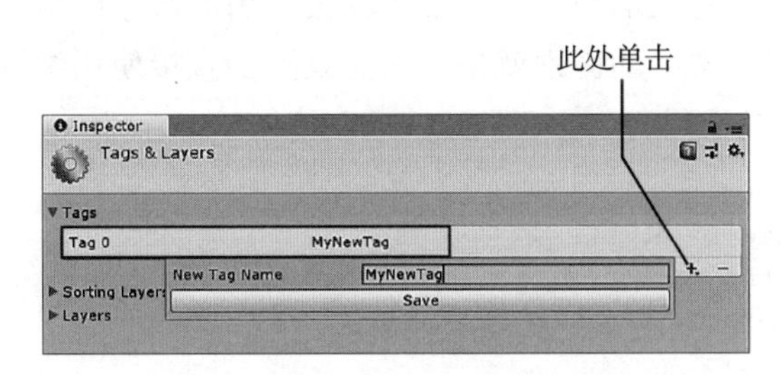

图 8-4　添加一个新 tag

一旦创建了新 tag，就可以很轻松地将 tag 应用于对象，在 Inspector 视图中使用 Tag 下拉列表为对象添加 Tag（见图 8-5）。

图 8-5 选择一个 tag

当对象添加了一个 tag 之后，就可以使用 FindWithTag() 方法查找对象：

```
// This is here for reference
public class SomeClassScript : MonoBehaviour
{
    // This is the game object you want to access
    private GameObject target;
    // This is here for reference
    void Start()
    {
        target = GameObject.FindWithTag("MyNewTag");
    }
}
```

在这里我们也可以使用 Find 方法，但是之所以用 FindWithTag() 是知识讲解的需要。

8.4.2 修改对象组件

一旦拥有了另外一个对象的引用，那么操纵被引用的对象的组件就跟操纵脚本所在的对象上的组件一样简单。唯一的区别就是：之前只需要直接使用组件的名称，但是现在要先写变量名然后再操作这个组件。如下所示：

```
// This accesses the local component, not what you want
transform.Translate(0, 0, 0);
// This accesses the target object, what you want
targetObject.transform.Translate(0, 0, 0);
```

动手做 ▼

变换目标对象

使用脚本按照下面的步骤修改目标对象。

1. 创建一个项目或者场景，在场景中添加一个立方体，然后将它的位置设置为（0，-1，0）

2. 创建一个新的脚本，命名为 TargetCubeScript。将这个脚本添加到 Main Camera 上。打开 Visual Studio，在 TargetCubeScript 文件中写入如下代码：

```
// This is the game object you want to access
private GameObject target;
// This is here for reference
void Start()
{
    target = GameObject.Find("Cube");
}
void Update()
{
    target.transform.Translate(.05f, 0f, 0f);
    target.transform.Rotate(0f, 0f, 1f);
    target.transform.localScale = new Vector3(1.5f, 1.5f, 1.5f)
}
```

3. 保存脚本并运行场景。你会发现立方体正在移动，虽然脚本在 Main Camera 上。

8.5 本章小结

在本章中，我们深入了解了 Unity 的脚本使用。学习了方法的概念并探讨了几种编写方法的方式。我们还学习了如何使用键盘和鼠标获得玩家的输入。然后我们学习了使用代码修改对象组件。在本章最后，我们学习了如何查找其他游戏对象，以及如何通过脚本与它们交互。

8.6 问答

问： 怎么知道一个任务需要多少个方法？

答： 方法应该是一个执行单一任务的简洁函数。我们不应该写那种包含很多代码的大而全的函数。当然，也不要写太多只有几行代码的函数，这样会破坏一段完整的逻辑。只要每个过程都有自己特定的方法，那么函数就够用了。

问： 本章为什么没有学习更多与游戏手柄有关的知识？

答： 这是因为游戏手柄的功能各种各样。而且，不同的操作系统处理它们的方式也不一样。本章中没有详细介绍它们的原因是：它们的种类太多，介绍其中一部分又无法让读者获得一致的体验（此外，也不是每一个人都有游戏手柄）。

问：每个组件都可以通过脚本编辑吗？

答：是的，至少所有的内置组件都是如此。

8.7 测验

花些时间完成下面的练习，确保掌握了本章的内容。

问题

1. 判断题：方法也可以称为函数。

2. 判断题：并非所有的方法都具有返回类型。

3. 把玩家交互映射到特定的按钮为什么是一个糟糕的做法？

4. 在关于本地和目标组件的小节的“动手做”练习中，沿着正 x 轴平移立方体，然后沿着 z 轴旋转。这将导致立方体的运动轨迹是一个大圆，为什么？

答案

1. 正确。

2. 错误。每个方法都具有返回类型，如果方法不返回任何内容，其类型就是 void。

3. 如果将玩家的操作都映射到特定的按钮，那么当这些按钮不满足玩家的喜好，玩家要自己重新映射按键的时候，就会遇到很大的困难。但是如果把控制映射到轴，玩家就可以轻松地按照自己的喜好调整按键。

4. 变换发生在本地坐标系上（参见第 2 章）。因此，立方体确实沿着正 x 轴移动。但是，该轴相对于摄像机所面对的方向却一直在改变。

8.8 练习

将每一章的内容融会贯通，查看它们如何以一种更真实的方式交互。在这个练习中，你将编写一些脚本，允许玩家直接控制游戏对象。如果需要，在随书资源的第 8 章中可以找到这个练习的解决方案。

1. 创建一个新项目或场景，在场景中添加一个立方体，将它的位置设置为 (0，0，–5)。

2. 创建一个名为 Scripts 的新文件夹，然后创建一个名为 CubeControlScript 的脚本，将它添加到立方体上。

3. 尝试向脚本中添加以下功能。如果遇到困难，可以查看随书资源中本章的示例代码：

每当玩家按下左或者右箭头键，让立方体分别沿着 x 轴的负向和 x 轴的正向移动。每当玩家按下向下或者上箭头键，让立方体分别沿着 y 轴的负向和 y 轴的正向移动。

当玩家沿着 y 轴移动鼠标时，就让 camera 围绕 x 轴旋转。当玩家沿着 x 轴移动鼠标时，就让立方体围绕 y 轴旋转。

当玩家按下 M 键时，就双倍放大立方体；当玩家再次按下 M 键时，就恢复到原始大小。M 键的功能就是在两个缩放大小之间切换。

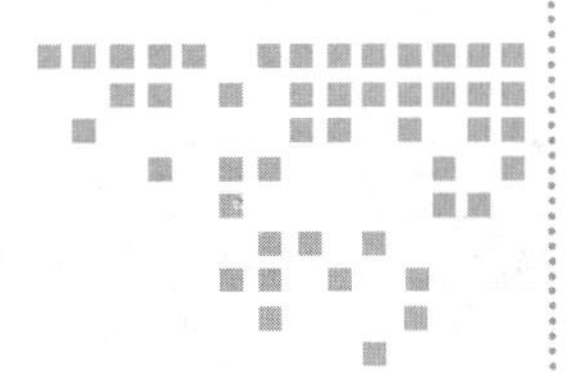

第 9 章 Chapter 9

碰　　撞

本章我们会学习视频游戏中最常用的物理概念：碰撞（Collision）。简单地说，当一个对象的边界接触到另一个对象的时候，就产生了碰撞。我们首先学习刚体是什么，以及它们可以提供的功能。之后，我们将体验 Unity 强大的物理引擎 Box2D 和 PhysX。接着，学习利用触发器更优雅地使用碰撞。在本章最后，我们会学习使用光线投射来检测碰撞。

9.1　刚体

为了让对象能够使用 Unity 内置的物理引擎，它们必须包含一个称为刚体（Rigidbody）的组件。添加刚体组件的对象会让对象的行为方式更像真实的实体。要添加刚体组件，只需选择你想要的对象（确保选择的不是一个 2D 对象），然后使用 Component > Physics > Rigidbody 命令即可。在 Inspector 中我们可以看到新加的刚体组件（见图 9-1）。

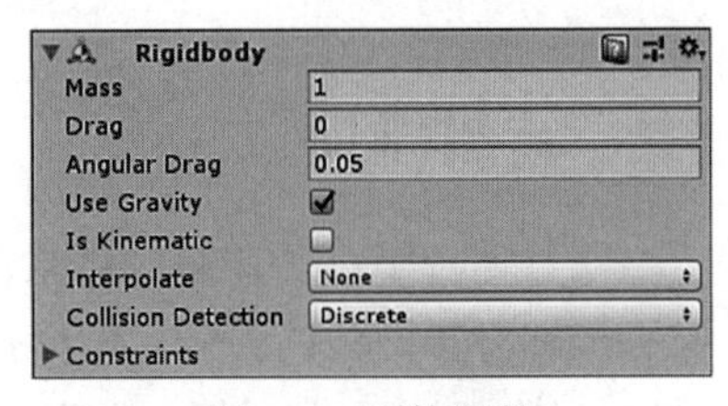

图 9-1　刚体组件

刚体组件上有一些还没有见过的属性。表 9-1 列出了这些属性。

表 9-1　刚体属性

属性	描　　述
Mass	用于描述对象的重量，使用任意单位。一般情况下，我们使用 1 单位 =1kg 的做法，除非你有更好的理由，否则不要改为别的值。这个值越大，移动对象要使用的力就越大
Drag	用于描述对象移动时遇到的空气阻力有多大。阻力越大，对象移动的时候要使用的力就越大，停止移动的时间也就越短。0 表示没有阻力

（续）

属性	描　述
Angular Drag	与 Drag 属性的意义类似，只不过它用于描述对象旋转时的阻力
Use Gravity	用于确定 Unity 的重力计算是否应用于对象。重力对对象的影响或多或少依赖于阻力
Is Kinematic	允许你自己控制刚体的移动。如果对象是 kinematic 的，那么它将不会受到力的影响
Interpolate	确定对象的移动是否平滑或者多么平滑。默认情况下，这个属性值是 None。如果设置为 Interpolate，那么平滑度基于前一帧进行计算，如果设置为 Extrapolate，那么平滑度基于下一帧的预测进行计算。只有当你觉得对象有残影或者滞动的感觉，而想获得更平滑的效果的时候再打开这个属性
Collision Detection	确定是否进行碰撞检测。默认设置是 Discrete。这个属性表示对象之间如何相互检测碰撞。Continuous 对于检测快速运动的对象有帮助。但是要注意：Continuous 会对性能造成很大的影响。Continuous Dynamic 设置对于离散物体来说使用离散检测，对于连续对象则使用连续检测
Constraints	确定刚体作用于一个对象的移动限制。默认情况下这些限制是关闭的。冻结位置轴向将会让对象无法沿着这个轴移动，冻结旋转轴向会让对象无法沿着这个轴转动

动手做▼

使用刚体

按照下面的步骤查看刚体的行为

1. 创建一个新项目或者场景。将一个立方体放到场景中，将它的位置设置为（0, 1, –5）。
2. 运行场景，观察立方体如何漂浮在镜头前。
3. 为立方体添加一个刚体（使用 Components > Physics > Rigidbody）。
4. 运行场景，注意观察对象如何因为重力的原因下坠。
5. 尝试刚体的各种属性对游戏对象的影响，比如 Drag 和 Constraints。

9.2 启用碰撞

既然你有了可以移动的对象，该让它们互相碰撞了。为了让对象检测到碰撞，它们需要一个称为碰撞体的组件。碰撞体分布在对象的周围，当其他对象进入碰撞体的范围内的时候，就可以检测到碰撞的发生。

9.2.1 碰撞体

几何对象，如球体、胶囊体和立方体，在创建的时候就已经拥有了碰撞体组件。如果你要为没有碰撞体的对象添加碰撞器，可以点击 Component > Physics，然后从菜单里选择碰撞体的形状。图 9-2 显示了各种可选的碰撞体形状。

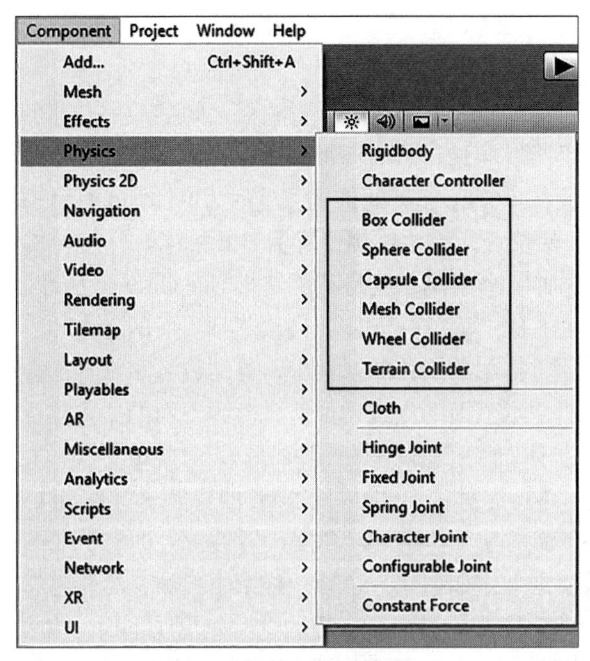

图 9-2 可用的碰撞体

一旦一个对象添加了碰撞体，碰撞体就会出现在 Inspector 视图中。表 9-2 描述了碰撞体的属性。除此之外，如果碰撞体是一个球体或胶囊体，你可能还需要一个额外的属性，比如半径（Radius）。这些几何属性的表现将会符合你的预期。

表 9-2 碰撞体属性

属性	描述
Edit Collider	允许你在 Scene 视图中直观地调整碰撞体的大小（有时形状也能调整）
Is Trigger	确定是物理碰撞器还是触发碰撞器。触发器将会在本章接下来的课程中详细介绍
Material	允许你在对象上应用物理材质，这样就可以更改它们的行为。比如，你可以为对象选择木纹、金属、橡胶等材质，它们的表现就像对应的物体一样。物理材质会在本章接下来的课程中有所介绍
Center	指的是碰撞体相对于对象的中心点
Size	指的是碰撞体的大小

提示：混搭碰撞体

为对象选择不同形状的碰撞体会带来一些非常有趣的影响。比如说，让一个立方体的碰撞体比立方体大很多，那么就会让立方体看起来像是悬浮在表面上一样。同样，如果让一个立方体的碰撞体比立方体本身小，那么立方体就会看上去像是陷入了地里面一样。此外，将一个圆形的碰撞体放在一个立方体上，可以让这个立方体像球形一样移动。我们可以体验各种不同形状的碰撞体对游戏对象的影响。

动手做 ▼

实验碰撞体

现在让我们尝试各种不同的碰撞体，看看它们之间是如何交互的。

1. 创建一个新项目或者场景，然后添加两个立方体。

2. 将一个立方体放在（0, 1, –5）的位置，然后为它添加一个刚体组件。将另外一个立方体放在（0, –1, –5）的位置，缩放比例设置为（4, 0.1, 4），旋转属性设置为（0, 0, 15），在第二个立方体上也添加一个刚体，但是不要勾选 Use Gravity 属性。

3. 运行场景，然后观察上面的立方体如何跌落到下面的立方体上，然后离开屏幕。

4. 现在，在下面立方体中的刚体的属性中，冻结位置和旋转的全部三个轴向。

5. 运行场景，然后注意上面的立方体如何跌落到下面的立方体上。

6. 移除上面立方体的碰撞体（右键单击 Box Collider 组件，然后选择 Remove Component）。在上面的立方体上添加一个圆形的碰撞体（使用 Component > Physics > Sphere Collider）。将下面的立方体的旋转角度设置为（0, 0, 350）。

7. 运行场景。观察立方体如何像一个球一样滚下斜坡，尽管它并不是球形。

8. 继续尝试不同的碰撞器。另一个有趣的试验是更改下面的立方体上的约束，尝试只冻结 y 轴位置，并解除冻结其他的一切。试试让盒子发生碰撞的各种不同的方法。

提示：复杂的碰撞器

可能你已经注意到一个名为 Mesh Collider 的碰撞体，在正文中故意没有介绍这个碰撞体，因为与其他碰撞体相比，这个碰撞体太难了，而且很容易弄错。一般来说，网格碰撞体（Mesh Collider）是一种使用网格定义形状的碰撞体。事实上，其他的碰撞体（立方形碰撞体、圆形碰撞体等）都是网格碰撞体，只不过是 Unity 内置的网格碰撞体。当然，网格碰撞体提供了非常精确的碰撞检测，但是它们也非常消耗性能。因此，一个良好的习惯（起码在当前阶段）是使用几个基本的碰撞体组成复杂的对象。如果有一个人体模型，可以尝试用球体表示头部和手，以及用胶囊表示躯干、手臂和腿。这样可以节省性能，并且仍然具有非常敏锐的碰撞检测。

9.2.2 物理材质

可以为碰撞体应用物理材质，给对象提供各种不同的物理属性。例如，可以使用橡胶材质让对象具有弹性，或者使用冰材质使之变得光滑。甚至可以创建你自己的物理材质，来模拟你想要达到的材质效果。

在 Character Assets 包中有很多提前做好的物理材质，导入这些材质，可以使用 Assets > Import Package > Character 命令。在 Import 屏幕中，点击 None 按钮反选所有的选项，然后向下滚动，勾选底部的 Physics Materials，然后单击 Import 按钮。这样项目中就会出现一个文件夹：Assets\Standard Assets\PhysicsMaterials，包含很多物理材质，例如Bouncy、Ice、Metal、Rubber和Wood。要创建一种新的物理材质，可以在Project视图中右击Assets文件夹，然后选择Create > Physic Material命令，或者Create > Physic Material 2D命令（如果使用2D物理，就使用这个命令，第12章中我们会专门介绍相关知识）。

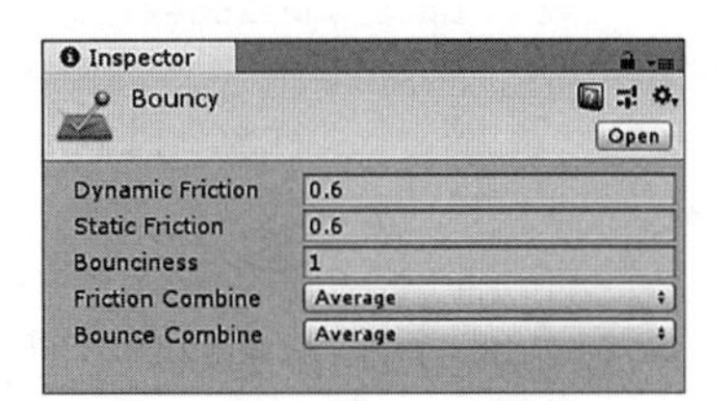

图9-3 物理材质的属性

物理材质具有一组属性，它们确定了材质在物理层面的行为方式（见图9-3）。表9-3描述了物理材质的属性。要把一种物理材质应用于某个对象，只需在Project视图中把它拖到带有碰撞体的对象上即可。

表9-3 物理材质属性

属性	描 述
Dynamic Friction	指定了对象在移动时的摩擦力。数字越小，对象移动起来感觉越光滑
Static Friction	指定了对象静止时的摩擦力。数字越小，对象越容易从静止状态变为移动状态
Bounciness	指定从碰撞中保留的能量值，值为1表示对象在弹跳中不会损失任何能量值，它会永远弹跳下去。值为0表示对象永远都不会弹跳
Friction Combine	确定如何计算两个碰撞对象之间的摩擦力，摩擦力可以计算平均值，也可以使用最大值或者最小值，也可以使用它们相乘的值
Bounce Combine	确定如何计算两个碰撞对象之间的弹力。弹力可以计算平均值，也可以使用最大值或者最小值，也可以使用它们相乘的值

物理材质可以按照喜好调整效果的大小，多加尝试，观察自己可以创造的各种有趣的游戏对象行为。

9.3 触发器

迄今为止，你已经见过了物理碰撞器，它们是使用Unity的内置物理引擎以位移和旋转方式做出反应的碰撞器。不过，如果回想一下第6章，就可能会想起另一种类型的碰撞器。还记得当玩家进入水障碍和完成区域时游戏是如何检测到的吗？这是触发碰撞器在起作用。触发碰撞器可以像普通碰撞器一样工作，但是不会做出特殊的行为，相反，触发器会调用3个特定的方法，允许你，也就是程序员自己来确定碰撞发生的这三个时间点要做什么工作：

```
void OnTriggerEnter(Collider other) // is called when an object enters the trigger
void OnTriggerStay(Collider other) // is called while an object stays in the trigger
void OnTriggerExit(Collider other) // is called when an object exits the trigger
```

使用这些方法，你可以定义当对象进入碰撞器、停留在碰撞器中或者离开碰撞器时的行为。例如，想在一个对象进入立方体周围的时候在控制台打印一条消息，那么就可以给立方体添加一个触发器，然后使用以下代码为立方体添加一个脚本：

```
void OnTriggerEnter(Collider other)
{
    print("Object has entered collider");
}
```

你可能会注意到触发器方法的一个参数，即 collider 类型的变量 other。这是一个指向进入触发器的对象的引用。使用这个变量就可以操纵进入触发器的对象。例如，修改上面的代码，把进入触发器的对象的名称输出到控制台，可以输入如下代码：

```
void OnTriggerEnter(Collider other)
{
    print(other.gameObject.name + " has entered the trigger");
}
```

还可以像下面一样，当对象进入触发器内部的时候就销毁游戏对象。

```
void OnTriggerEnter(Collider other)
{
    Destroy(other.gameObject);
}
```

动手做▼

使用触发器

在这个练习中，你可以使用触发器构建一个可交互的场景。

1. 创建一个新项目或者场景，然后在场景中添加一个立方体或者球体。

2. 将立方体放在（–1, 1, –5）的位置，将球体放在（1, 1, 5）的位置。

3. 创建更名为 TriggerScript 和 MovementScript 的两个脚本，将 TriggerScript 添加到立方体上，将 MovementScript 添加到球体。

4. 在立方体的碰撞体上勾选 Is Trigger。然后在球体上添加一个刚体，然后不勾选 Use Gravity。

5. 在 MovementScript 的 Update 函数中添加以下代码：

```
float mX = Input.GetAxis("Mouse X") / 10;
float mY = Input.GetAxis("Mouse Y") / 10;
transform.Translate(mX, mY, 0);
```

6. 将如下代码添加到 TriggerScript 中：

```
void OnTriggerEnter (Collider other)
{
    print(other.gameObject.name + " has entered the cube");
}
void OnTriggerStay (Collider other)
{
    print(other.gameObject.name + " is still in the cube");
```

```
    }
    void OnTriggerExit (Collider other)
    {
        print(other.gameObject.name + " has left the cube");
    }
```

确保上面这些方法在其他方法外，但是在类中，也就是说，同级的方法有 Start() 和 Update()。

7. 运行场景，注意鼠标如何移动球体，使用立方体碰撞球体，注意 Console 中的输出。注意这两个对象之间虽然没有物理反应，但是它们之间仍然有交互。你能指出这种交互对应图 9-4 中的哪个单元吗？

	Static Collider	Rigidbody Collider	Kinematic Rigidbody Collider	Static Trigger Collider	Rigidbody Trigger Collider	Kinematic Rigidbody Trigger Collider
Static Collider		碰撞			触发器	触发器
Rigidbody Collider	碰撞	碰撞	碰撞	触发器	触发器	触发器
Kinematic Rigidbody Collider		碰撞		触发器	触发器	触发器
Static Trigger Collider		触发器	触发器		触发器	触发器
Rigidbody Trigger Collider	触发器	触发器	触发器	触发器	触发器	触发器
Kinematic Rigidbody Trigger Collider	触发器	触发器	触发器	触发器	触发器	触发器

图 9-4 碰撞体交互矩阵

注意：碰撞功能不起作用

并不是所有碰撞场景都会导致碰撞现象的发生。参考图 9-4 查看两个对象的交互是否可以产生碰撞或触发碰撞器方法。

没有刚体组件的游戏对象中的静态碰撞体都是简单的碰撞体。当添加了刚体组件以后，这些碰撞体就变为了刚体碰撞体，如果又勾选了 Kinematic 选项，那么它们就会变为运动学刚体碰撞体。对于这三种碰撞体来说，你仍然可以勾选 Is Trigger 选项，然后就会出现图 9-4 中显示的六种类型的碰撞体。

9.4 光线投射

光线投射（raycasting）指的是发出一根想象中的线，即光线（ray），然后观察它碰撞到了哪些物体。例如，想象一下通过望远镜观察物体。你的视线就是光线，你在另一端看到的东西就是光线碰撞的物体。当需要瞄准、确定视线、测量距离等操作的时候，游戏开发人员通常会使用光线投射。Unity 中有几个 Raycast 方法，我们会介绍两个最常用的方法。第一个 Raycast 方法如下所示：

```
bool Raycast(Vector3 origin, Vector3 direction, float distance, LayerMask mask);
```

注意这个方法有好几个参数。首先，它使用了一个类型为 Vector3 的变量，之前我们用过这个类型。Vector3 是保存了 3 个浮点数的变量类型，它是一种无须 3 个独立的参数即可指定 x、y 和 z 坐标的极佳方式。第一个参数 origin 是光线开始的位置；第二个参数 direction 是光线行进的方向；第三个参数 float 确定光线照射的距离；最后一个变量 mask 则用于确定光线将会撞上哪些层。我们可以先忽略 distance 和 mask 变量，这样做，光线会照射无限远的距离，并且会撞上所有类型的对象。

如前所述，使用光线可以做许多事情。例如，如果想要确定摄像机前是否有物体，你可以在脚本中写如下代码，然后将这个脚本添加到摄像机上：

```
void Update()
{
    // cast the ray from the camera's position in the forward direction
    if (Physics.Raycast(transform.position, transform.forward, 10))
        print("There is something in front of the camera!");
}
```

另一种使用这个方法的方式是查找光线将会碰撞到的对象。这个版本的方法使用一个类型为 RaycastHit 的变量。Raycast 方法的很多版本都会使用（或者不使用）distance 和 mask。不过，使用这个版本的方法最常见的方式如下所示：

```
bool Raycast(Vector3 origin, Vector3 direction, out Raycast hit, float distance);
```

在这个版本的方法中我们还可以看到一件有趣的事：你会发现这个方法使用了之前从来没有见过的一个关键字 out。这个关键字的意思是说，当方法执行完毕的时候，变量 hit 将会被赋值，值就是它碰撞到的对象。这个方法可以高效地返回值。之所以会用这种方式，是因为 Raycast 已经返回了一个布尔值用来确定这条光线是否有碰到游戏对象。但是因为一个方法无法返回两个值，所以我们使用 out 这个关键字来获取更多数据。

动手做▼

投射光线

在这个练习中，让我们创建一个交互式的“射击”程序。这个程序会从摄像机发出一条光线，这条光线会摧毁它碰到的一切对象。让我们按照下面的步骤操作：

1. 创建一个新项目或场景，然后向场景中添加 4 个球体。

2. 将四个球体的位置分别设置为 (–1, 1, –5), (1, 1.5, –5), (–1, –2, 5）以及 (1.5, 0, 0)。

3. 创建一个名为 RaycastScript 的脚本，然后将它添加到 Main Camera 上。在脚本的 Update() 方法中，添加如下代码：

```
float dirX = Input.GetAxis ("Mouse X");
float dirY = Input.GetAxis ("Mouse Y");
// opposite because we rotate about those axes
transform.Rotate (dirY, dirX, 0);
CheckForRaycastHit (); // this will be added in the next step
```

4. 在脚本中添加一个名为 CheckForRaycastHit() 的方法，这个方法要在类中，但是在其他方法外，然后在方法中添加如下代码：

```
void CheckForRaycastHit() {
    RaycastHit hit;
    if (Physics.Raycast (transform.position, transform.forward, out hit)) {
     print (hit.collider.gameObject.name + " destroyed!");
     Destroy (hit.collider.gameObject);
  }
}
```

5. 运行场景。注意移动鼠标时镜头的变化。尝试将镜头对准每个球体，注意观察球体是如何被摧毁的，以及 Console 中的输出。

9.5 本章小结

在本章中，我们学习了通过碰撞实现对象交互。首先学习了 Unity 利用刚体实现的物理效果。然后学习了各种类型的碰撞体和碰撞。之后，我们认识到碰撞的表现不仅仅是物体的反弹效果，还可以在碰撞发生时几个时间点进行手动控制。最后，我们学习了通过光线投射来查找对象。

9.6 问答

问：我的所有对象都应该具有刚体吗？

答：当服务于大型的物理角色的时候，刚体是一个非常有用的组件。也就是说，给每个对象都添加刚体组件可能会产生怪异行为，而且还可能会降低性能。我们有一条很好的法则：仅当需要组件时才添加，而不要提前添加。

问：我们还有很多碰撞体没有讨论，为什么不讨论它们了？

答：大多数碰撞体的行为方式与我们介绍过的这些碰撞体的行为相同，还有一些碰撞体超出了本书的介绍范围（因此本书省略了它们）。我只想说，即便是只介绍了这几种碰撞体相关的知识，仍然足够让你制作出一些非常有趣的游戏。

9.7 测验

花些时间完成下面的练习，确保掌握了本章的内容。

问题

1. 如果你希望对象拥有像下落这样的物理轨迹，那么对象上应该添加什么组件？
2. 判断题：对象只能有一个碰撞体。
3. 光线投射有什么用途？

答案

1. 刚体。
2. 错误。一个对象可以有多个碰撞体组件。
3. 光线投射可以确定一个对象可以看到什么，可以用于查找光线所投射到的游戏对象，还可以计算对象之间的距离。

9.8 练习

在这个练习中，我们会创建一个交互式的应用程序，这个应用程序使用了运动和触发器。练习需要你发挥创造力，确定一种解决方案（因为这里没有介绍解决方案）。如果你遇到困难，需要帮助，可以在随书资源的 Hours 9 Exercise 中找到这个练习的解决方案。

1. 创建一个新项目或者场景，在场景中添加一个立方体，然后将它放置在（–1.5，0，–5）的位置。将对象的缩放大小设置为 (.1, 2, 2)，然后将它重命名为 LTrigger。

2. 复制立方体（在 Hierarchy 视图中右键点击这个立方体，然后选择 Duplicate 命令）。将这个新立方体命名为 RTrigger，然后将它放置在（1.5，0，–5）的位置。

3. 在场景中添加一个球体，然后将它放置在（0，0，–5）的位置，然后在球体上添加一个刚体，不要勾选 Use Gravity。

4. 创建一个名为 TriggerScript 的脚本，然后将它添加到 LTrigger 和 RTrigger 上。创建一个名为 MotionScript 的脚本，然后将它添加到球体上。

5. 现在到了最有趣的部分。你需要在应用程序中添加以下功能：

- ❑ 玩家可以使用方向键移动球体。
- ❑ 当球体进入、离开或停留在任何一个触发器内时，把相应的消息输出到 Console 中。消息中应该包含对象信息以及球体碰撞到的触发器的名字（LTrigger 还是 RTrigger）。
- ❑ 该练习中还有一个隐藏的难题，想要完成这个练习需要攻克这个难题。

祝你好运！

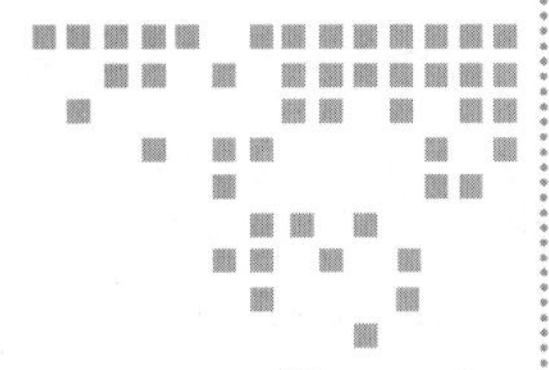

第 10 章 Chapter 10

游戏案例 2：Chaos Ball

现在，是时候让我们使用已经学到的知识再制作一款游戏了。在本章中，我们制作的游戏名为 Chaos Ball，它是一款快节奏的街机风格的游戏。首先我们会学习游戏的基本设计元素。然后，我们会构建竞技场和游戏对象。创建的每个对象都将是独一无二的，并会为每个对象提供特殊的碰撞属性。之后，我们会添加交互功能，令玩家可以体验游戏。在本章的最后，我们将体验游戏，根据反馈结果进行一些小修改，以改进游戏体验。

> 提示：完整的项目
>
> 请一定要按照本章中的介绍，构建完整的游戏项目。万一你遇到困难，可以在随书资源的第 11 章找到该游戏的完整版本的副本。参考一下这个已经完成的项目，或许能给你一些帮助和灵感。

10.1 设计

在第 6 章中，我们已经学习了大量游戏设计元素相关的知识。这一次，我们直奔主题。

10.1.1 理念

这款游戏稍微有点像 Pinball 或 Breakout。玩家将置身于一个竞技场。竞技场有四个角落，每个角落都有一种颜色，同时还有四个带有对应颜色的球在四处浮动。在四只彩球中间还有很多黄色的球，我们将它们称为混乱球（Chaos Ball)。这些球只是为了挡住你的路，让游戏具有挑战性。它们比四只彩球要小一些，但是它们的移动速度很快。玩家会有一个平板，使用它们将把彩球打到对应颜色的角落。

10.1.2 规则

游戏规则将说明如何玩游戏，同时还将间接提及对象的一些属性。Chaos Ball 游戏的规则如下。

- 当四只球都位于正确的角落时，玩家将获胜。不存在输掉游戏的情况。
- 当球击中正确的角落会消失，同时那个角落的颜色会变暗。
- 游戏中的所有对象都有弹性，它们不会因为碰撞而损失动量。
- 任何球（或玩家）都不能离开竞技场。

10.1.3 需求

这款游戏的需求很简单。它不需要大量的图形资源，主要依靠脚本和交互来实现娱乐效果。Chaos Ball 游戏的需求如下。

- 带有墙的竞技场，用于游戏。
- 用于竞技场和游戏对象的纹理，Unity 标准资源中已经有这些资源。
- 多个彩球和混乱球，我们使用 Unity 生成它们。
- 一个角色控制器，它是由 Unity 标准资源提供的。
- 一个游戏控制器，我们使用 Unity 创建。
- 一种具有弹性的物理材质，我们使用 Unity 创建它。
- 彩色的角落指示器，我们在 Unity 中生成它们。
- 交互式脚本，使用 Visual Studio 编写它们。

10.2 竞技场

首先，我们要创建游戏发生的区域。使用竞技场（arena）这个术语是因为：这个关卡特别小，而且周围都是墙。玩家和球都应该不能离开竞技场。除此之外，竞技场也十分简单，如图 10-1 所示。

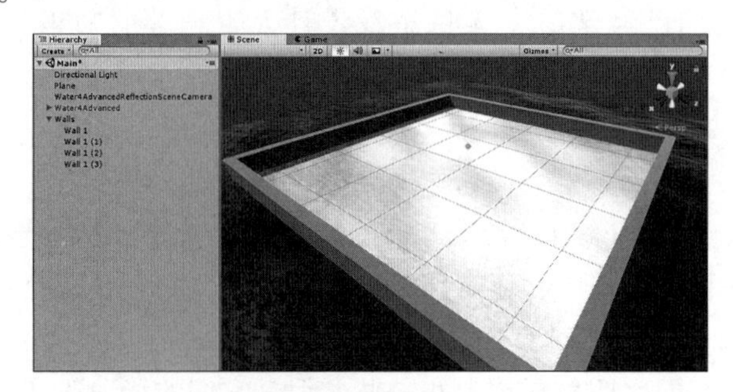

图 10-1 竞技场

10.2.1　创建竞技场

正如前面所述，因为竞技场的地图很简单，所以竞技场的制作也很简单。想要创建竞技场，请按照下面的步骤操作：

1. 创建一个名为 Chaos Ball 的新项目。
2. 点击 Assets > Import Package，然后选择 Characters 和 Environment 包。
3. 将一个平板添加到场景中（GameObject > 3D > Plane），将这块平板放在（0，0，0）的位置，然后将缩放比例设置为（5，1，5）。
4. 删除 Main Camera。
5. 在场景中添加一个立方体，将立方体放在（–25，15，0）的位置，然后将它的缩放比例设置为（1.5，3，51）。注意它会成为竞技场的围墙。将这个立方体命名为 Wall 1。
6. 将这个场景保存为 Scene 文件夹的 Main 场景。

> 提示：合并对象
>
> 你可能想知道竞技场明明需要四面墙，为什么我们只创建了一面墙。这是因为我们要尽可能少地做冗余、乏味的工作。通常，如果需要多个非常相似的游戏对象，那么可以先创建一个，然后把它复制多次。在现在这个游戏案例中，可以利用合适的材质和属性创建一面墙，然后简单地把它复制三次。角落节点、混乱球和彩球都可以按照类似的方法重复创建。顺利的话，可以看到只需进行一点规划就可以节省很多时间。当然，如果我们使用预设进行制作的话还会更简单。因为下一章才讲预设相关的知识，所以现在我们先按照刚才说的方法制作。

10.2.2　纹理化

目前，竞技场看起来非常简陋。一切都是白色的，场景中只有一面墙。下一步是添加一些纹理，让竞技场充满生机。你需要纹理化两个对象：墙和地面。在这个步骤中，你可以自由地尝试纹理化。你可以按照自己的喜好选择墙和地面的纹理，不过首先，我们要按照下面的步骤操作：

1. 在 Project 视图中的 Assets 下面创建一个名为 Materials 的新文件夹。向该文件夹中添加一种材质（右键点击文件夹，然后选择 Create > Material 命令），把该材质命名为 Wall。
2. 在 Inspector 视图中，为 Wall 材质应用 Sand Albedo 纹理，我们可以将材质拖动到 Albedo 属性上，也可以点击 Inspector 视图中单词 Albedo 旁边的圆形选择器。
3. 拖动 Smoothness 滑动器将它的值设置为 0。
4. 将 x 轴的 Tilting 属性设置为 0。
5. 在 Scene 视图中，点击并拖动墙材质到墙对象上。

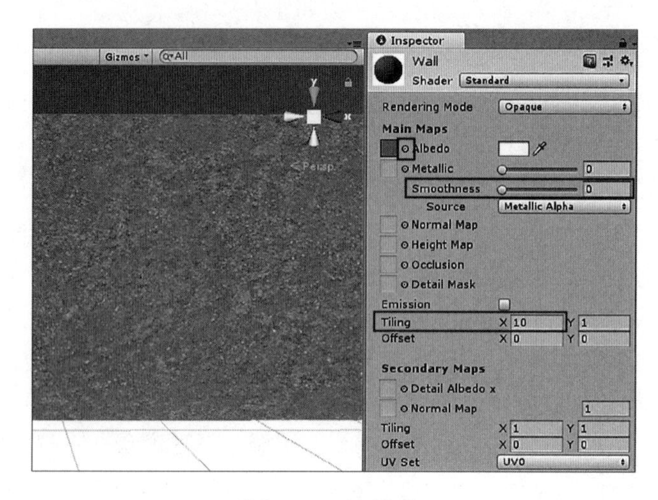

图 10-2　墙材质

下一步，我们来美化一下地板。Unity 自带的水着色器效果非常好，我们可以应用在这里。

1. 在 Project 视图中，找到 Standard Assets\Environment\Water\Water4\Prefabs 这个文件夹，将 Water4Advanced 这个资源拖动到场景中。

2. 将水材质放在中心（0, 0.5, 0）的位置。

10.2.3　创建超级弹性材质

你希望对象从墙壁反弹时不会损失任何能量，为了做到这一点，你需要一种超级弹性材质。让我们回想一下，Unity 有一组物理材质可用。不过，它们提供的弹性材质并不能满足我们的需要。因此，你需要创建一种新材质，请按如下步骤操作。

1. 右键单击 Materials 文件夹，然后使用 Create > Physic Material 命令。把新材质命名为 SuperBouncy。

2. 按照图 10-3 所示，设置超级弹性材质的属性。一般来说，你想要球体有 100% 的弹性，所以它们的移动速度应该保持一致。

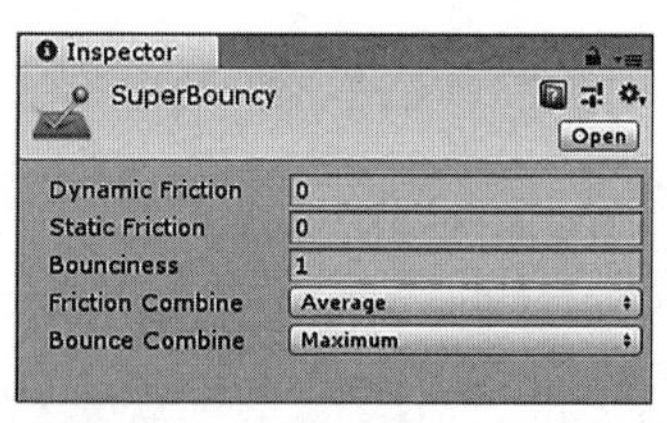

图 10-3　SuperBouncy 材质

此时，我们原本应该将 SuperBouncy 材质直接应用于墙壁的碰撞体上面。但是有一个问题，我们需要将这个材质应用于所有的墙壁、所有的球体以及玩家。所以，我们可以使用 Physics Settings 菜单将这个材质应用于所有的碰撞体。请按照以下步骤操作。

1. 选择 Edit > Project Settings > Physics 命令，会在 Inspector 视图中打开 Physics Manager 菜单（见图 10-4）。

2. 将 Default Material 属性设置为 SuperBouncy 材质。

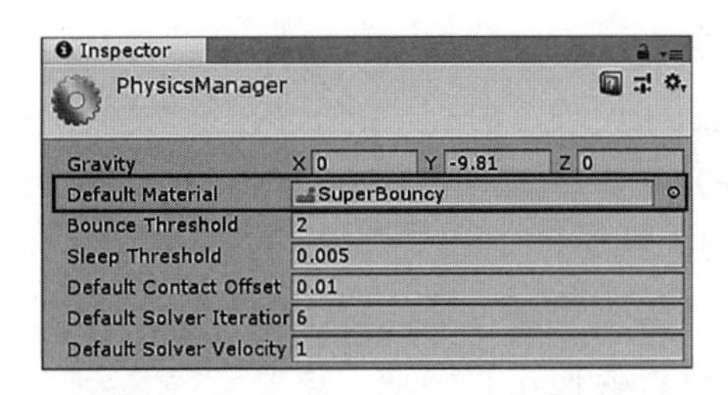

图 10-4　Physics Manager 菜单

从这个菜单中我们还可以看到，我们也可以修改基本的物理行为（碰撞、重力等）。现在你可能充满了能量，什么都想改一下，但是不要这样做，保持原样即可。

10.2.4　完成竞技场制作

现在围墙和地面都已经准备好了，让我们来制作竞技场。最困难的工作已经完成，现在我们复制围墙（在 Hierarchy 视图中选择围墙，然后右键选择 Duplicate 命令）。完整步骤如下所示：

1. 复制围墙一次，将新实例的坐标设置为（25, 1.5, 0）。
2. 再复制一次，将它放在（0, 1.5, 25）的位置，旋转角度设置为（0, 90, 0）。
3. 复制第二步创建的新实例（因为它已经旋转过了），将它放在（0, 1.5, -25）的位置。
4. 创建一个名为 Walls 的空游戏对象，位置设置为（0, 0, 0）。将上面的四面围墙都放在这个游戏对象下面。

现在竞技场有了四面围墙，围墙之间没有任何间隙（参见图 10-1）。

10.3　游戏实体

本节中，你将创建游戏中需要的多个游戏对象。就像竞技场中的围墙一样，为每种类型的实体都创建一个实例，然后再复制它们。

10.3.1　玩家

这款游戏中的玩家将是一个改进的 First Person 角色控制器。在创建这个项目时，应该选择导入角色控制器的资源包。我们还需要抬高控制器的镜头，这样玩家在游戏的过程中才能获得更好的视野。让我们按照下面的步骤操作：

1. 将 FPSController 角色控制器拖到场景中，这个资源的目录是：Assets\ Characters\FirstPersonCharacter\Prefabs。
2. 将控制器放在（0, 1, 0）的位置。
3. 在 Hierarchy 视图中展开 FPSController 对象，然后找到 FirstPersonCharacter 子对象

（这个对象上面带有一个摄像机）。

4. 将 FirstPersonCharacter 放在（0, 5, –3.5）的位置，旋转角度设置为（43, 0, 0）。现在摄像机应该在角色的肩后，有一点俯视的感觉。

下一步是在控制器上添加一个缓冲器，这个缓冲器应该是一个平面，角色将要使用它弹球。想要做到这一点，请按照下面的步骤操作：

1. 在场景中添加一个立方体，将这个立方体重命名为 Bumper，将缓冲器的缩放大小设置为（3.5, 3, 1）。

2. 在 Hierarchy 视图中，单击缓冲器，然后把它拖到 FPSController 对象，将缓冲器嵌套在控制器上。

3. 然后，将缓冲器的位置设置为 (0，0，1)，旋转角度设置为 (0，0，0)。缓冲器现在将稍稍位于控制器的前面。

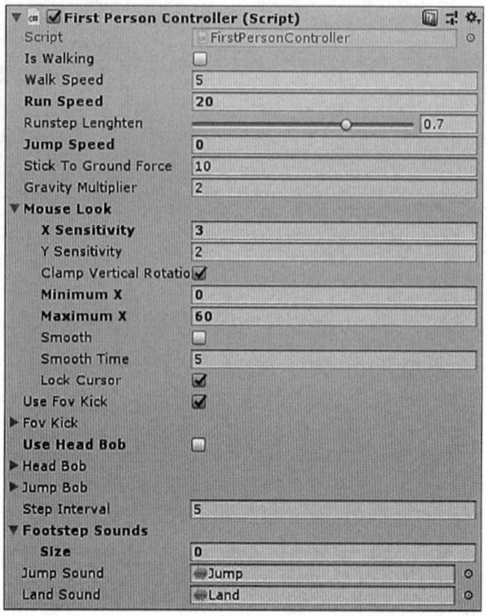

图 10-5　FPSController 脚本的设置

4. 我们创建一种新材质（非物理材质）BumperColor，给缓冲器添加一点颜色。将材质的 Albedo color 设置为你喜欢的颜色，然后将它拖动到缓冲器上。

最后，我们要修改 FPSController 的默认设置，让它更符合我们的游戏。按照图 10-5 小心地设置各种属性，注意，与默认设置不同的设置都用加粗的黑体显示。

10.3.2　混乱球

混乱球是快速、四处滚动的球，它们会在竞技场中自由活动，干扰玩家。在很多方面，它们都类似于彩球，所以我们给它们提供普遍适用的资源。要创建第一只混乱球，可以按照下面的步骤操作：

1. 在场景中添加一个球体，将球体命名为 Chaos，然后将它放置在（12, 2, 12）的位置，缩放比例设置为（0.5, 0.5, 0.5）。

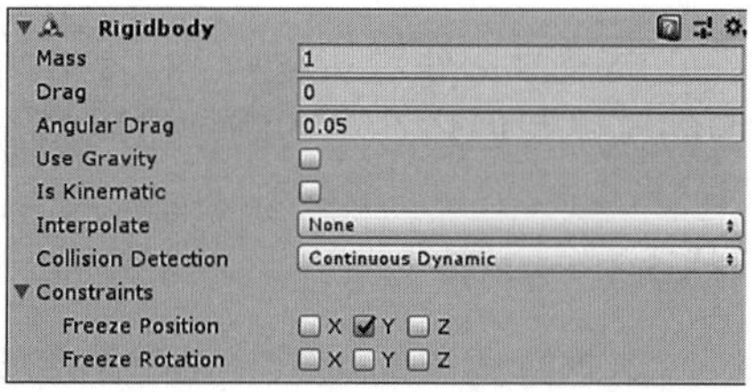

图 10-6　混乱球的刚体组件

2. 为混乱球创建一种新材质（非物理材质），把它命名为 ChaosBall。然后将颜色设置为亮黄色，单击并把材质拖到球体上。

3. 为球体添加一个刚体，如图 10-6 所示，不要勾选 Use Gravity。将 Collision Detection 属性设置为 Continuous Dynamic。在 Constraints 属性下面，冻结 y 轴，因为我们不想让球体上下浮动。

4. 打开 Tag Manager（使用 Edit > Project Settings > Tags&Layers 命令），然后单击 Tags

旁边的箭头展开 Tags 区域，然后添加一个新 Tag：Chaos。然后再添加四个新 Tag：Green、Orange、Red 和 Blue，后面我们会用到它们。

5. 选中 Chaos 球体，然后在 Inspector 视图中把它的 Tag 设置为 Chaos，如图 10-7 所示。

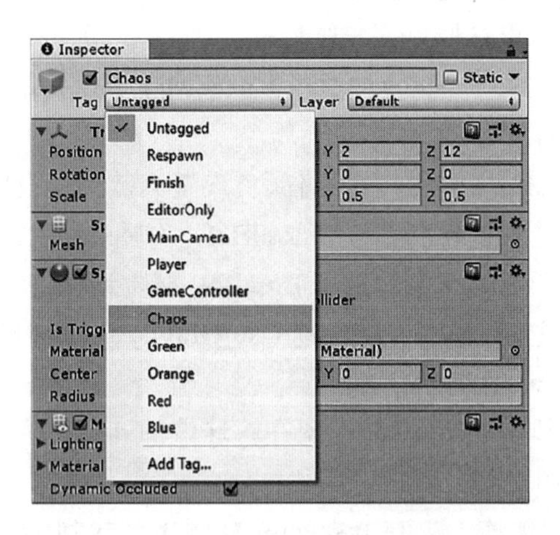

图 10-7　选择 Chaos Tag

现在球体已经制作完成，但它还不会动。你需要创建一个脚本，让球体在竞技场中四处移动。在这个例子中，你需要创建一个名为 VelocityScript 的脚本，然后将它添加到混乱球上。代码清单 10-1 列出了 VelocityScript 的完整代码。

代码清单 10-1　VelocityScript.cs

```
using UnityEngine;
public class VelocityScript : MonoBehaviour
{
    public float startSpeed = 50f;
    void Start ()
    {
        Rigidbody rigidBody = GetComponent<Rigidbody> ();
        rigidBody.velocity = new Vector3 (startSpeed, 0, startSpeed);
    }
}
```

运行场景，你会看到球体在场景中飞来飞去。现在一个混乱球已经制作完成，在 Hierarchy 视图中，新复制出三个混乱球，将混乱球分散在竞技场中，确保只更改混乱球的 x 轴和 y 轴的位置，然后给 y 轴一个随机旋转值。记住 y 轴是锁定的，所以，y 轴的坐标都设置为 2。最后，创建一个名为 Chaos Ball 的空对象，将它放在（0, 0, 0）处，然后将所有的混乱球都放在它下面，保持 Hierarchy 视图的结构整洁。

10.3.3 彩球

虽然混乱球也有颜色（黄色），但在这个游戏中，我们不能将它们划分为彩球。在这个游戏中，彩球是分别带有红色、橙色、蓝色和绿色的球体。与混乱球一样，可以先制作一个球，然后复制它，从而使创建过程变得更容易。

要创建第一只彩球，可以按照以下步骤操作：

1. 在场景中添加一个球体，然后将它重命名为 Blue Ball。将这个球体放在竞技场靠近中心的某个位置，然后确保 y 值为 2。

2. 创建一个名为 BlueBall 的新材质，将颜色设置为蓝色，设置方法与将混乱球设置为黄色是一样的。完成这步之后，再制作一个 RedBall、GreenBall、OrangeBall 材质，然后将每种材质都设置上对应的颜色。点击并拖曳 BlueBall 材质到对应的球体上。

3. 在球体上添加一个刚体，不要勾选 Use Gravity，将碰撞检测设置为 Continuous Dynamic，然后在 Constraints 下冻结 y 轴。

4. 之前，我们已经创建了 Blue Tag，现在将球体的 tag 设置为 Blue，设置方式请参考混乱球的设置方式（参见图 10-7）。

5. 将速度脚本添加到球体上，在 Inspector 视图中，找到 Velocity Script(Script) 组件，同时将 Start Speed 属性设置为 25（见图 10-8）。这样在开始的时候，彩球的运动速度要小于 Chaos Ball 的运动速度。

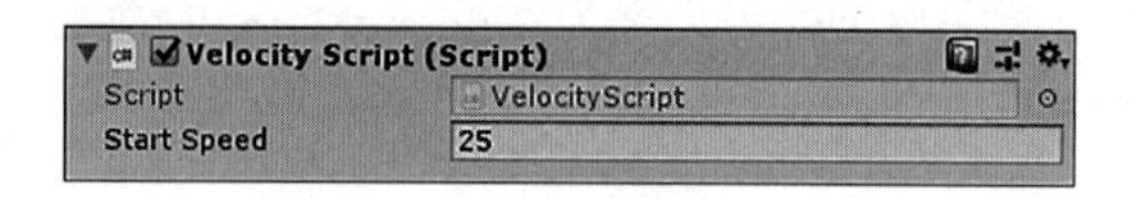

图 10-8 更改 Start Speed 属性

如果你现在运行场景，会发现蓝色的球在竞技场中快速移动。

现在需要创建另外三个彩球，每个彩球都从蓝色复制，想要创建其他颜色的球，让我们按照下面的步骤操作：

1. 复制蓝色球对应的游戏对象，然后将它们重命名为 Red Ball、Orange Ball 或者 Green Ball。

2. 为每个新球体添加一个对应名字的球。重要的是球体的名字和 tag 要对应。

3. 将合适颜色的材质拖到对应的球体上，球的颜色要与球的名字对应。

4. 在竞技场中，为球体设置一个随机位置和初始角度，但是请保证 y 轴的值为 2。

现在，游戏实体已经制作完毕。如果运行游戏，你会发现球在场景中弹来弹去。

10.4 控制对象

既然一切都已经准备就绪，现在我们开始进行游戏化的工作。也就是说，现在应该把它们转变成可以玩的游戏。为此，需要创建四个角对应的球门、球门对应的脚本和游戏控制器。一旦完成这个步骤，我们就完成了一款游戏。

10.4.1　球门

竞技场每个角落都有一个特定颜色的球门，对应特定颜色的球体。当球进入球门的时候，球门就会检查球体的标签。如果球体的标签与球门的颜色相同，那么就说明它们之间是相互匹配的。当出现匹配时，球体就会被销毁，球门也会被设置为关闭。就像前面制作球体一样，我们现在也可以先制作一个球门，然后复制多个。

为了完成第一个球门的制作，我们要按照下面的步骤操作：

1. 创建一个空游戏对象（使用 GameObject > Create Empty 命令）。将这个游戏对象重命名为 Blue Goal，然后将它的标签设置为 Blue 。最后把游戏对象的位置设定在（–22, 2, –22）。

2. 给球门添加一个盒子碰撞体，勾选 Is Trigger 属性。将盒子碰撞体的大小设置为 (3，2，3)。

3. 把一束灯光添加到球门上（使用 Component > Rendering > Light 命令）。把灯光设置为点光源，让它的颜色与球门相同（见图 10-9）。然后将灯光的强度改为 3，Indirect Multiplier 设置为 0。

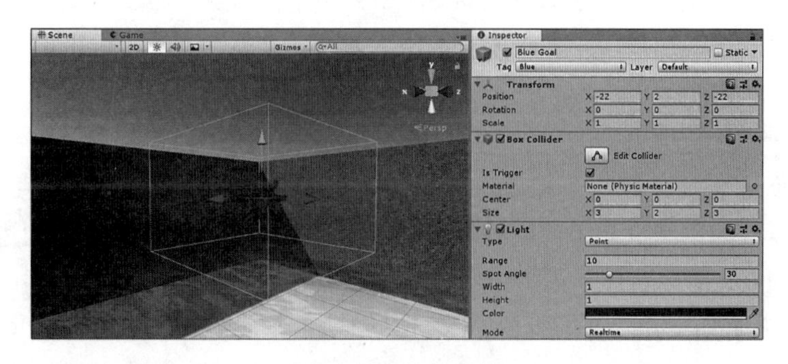

图 10-9　蓝色球门

接下来创建一个名为 GoalScript 的脚本，然后将它添加到蓝色球门上。代码清单 10-2 列出了脚本的内容。

代码清单 10-2　GoalScript.cs

```
using UnityEngine;
public class GoalScript : MonoBehaviour
{
    public bool isSolved = false;
    void OnTriggerEnter (Collider collider)
    {
        GameObject collidedWith = collider.gameObject;
        if (collidedWith.tag == gameObject.tag)
```

```
            {
                isSolved = true;
                GetComponent<Light>().enabled = false;
                Destroy (collidedWith);
            }
        }
    }
```

从脚本中我们可以看到，OnTriggerEnter( ) 方法会检查与它接触的每个对象的标签。如果它们匹配，就销毁对象，把对应的球门关闭，同时熄灭灯光。

当脚本编写完成并添加到球门上之后，我们开始复制操作。要创建其他的球门，可以按照下面这些步骤操作。

1. 复制 Blue Goal，然后给新球门提供一个与颜色对应的名称：RedGoal、GreenGoal 或 OrangeGoal。
2. 把球门的标签改为与颜色同名的标签。
3. 把点光源的颜色改为与球门一样的颜色。
4. 设置球门的位置。彩球可以进入任何一个角落的球门，只要每个球门都有它自己的角即可。另外三个角的位置是 (22, 2, –22)、(22, 2, 22) 和 (–22, 2, 22)。
5. 将所有的球门都放在一个名为 Goals 的空对象下。

现在已经设立了全部球门，并且所有的球门都可以正常工作。

10.4.2 Game Manager

完成游戏所需要的最后一个元素是游戏管理器。游戏管理器负责在每一帧检查每个球门，确定何时所有的球都进入了对应的球门。对于这款游戏，游戏管理器的逻辑非常简单。要创建游戏管理器，可以按照下面的步骤操作：

1. 向场景中添加一个空的游戏对象，把它移到某个不碍事的位置，重命名为 Game Manager。
2. 创建一个名为 GameManager 的脚本，然后把代码清单 10-3 中的代码添加到脚本中。然后把这个脚本添加到游戏控制器上。
3. 选中游戏控制器，把每个球门都拖到 Game Manager 脚本组件中与它们对应的属性上（见图 10-10）。

代码清单 10-3　Game Control 脚本

```
using UnityEngine;
public class GameManager : MonoBehaviour
{
    public GoalScript blue, green, red, orange;
    private bool isGameOver = true;
    void Update ()
```

```
    {
        // If all four goals are solved then the game is over
        isGameOver = blue.isSolved && green.isSolved && red.isSolved &&
        orange.isSolved;
    }
void OnGUI()
    {
        if(isGameOver)
        {
            Rect rect = new Rect (Screen.width / 2 - 100, Screen.height / 2 - 50, 200, 75);
            GUI.Box (rect, "Game Over");
            Rect rect2 = new Rect (Screen.width / 2 - 30, Screen.height / 2 - 25, 60, 50);
            GUI.Label (rect2, "Good Job!");
        }
    }
}
```

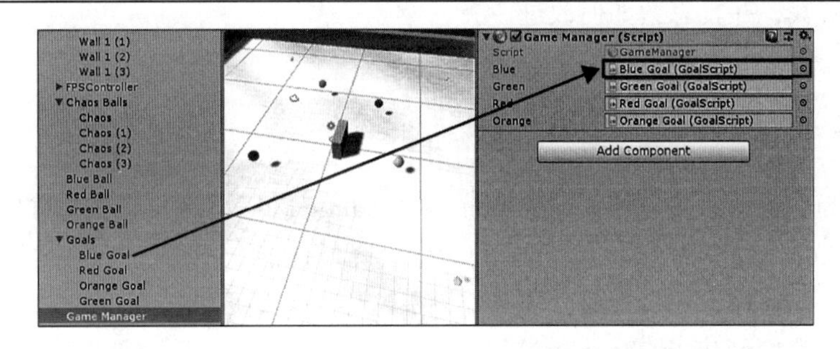

图 10-10　将球门添加到游戏管理器中

正如在代码清单 10-3 中可以看到的代码那样，游戏管理器包含分别指向每个球门的引用。每一帧游戏管理器都会检查球门，看看是否所有的球都进入了对应的球门。如果是，管理器就会把变量 isGameOver 设为 true，并且在屏幕上显示游戏结束的消息。

祝贺你，Chaos Ball 现在已经制作完毕！

10.5　优化游戏

即便现在 Chaos Ball 已经是一个完整的游戏，但它还远远达不到一个好游戏的标准。这一章我们省略了好几个可以让游戏更有趣的特性。之所以省略了它们，是为了让你可以在体验游戏之后优化游戏，使之变得更好。现在，我们可以说制作完成了 Chaos Ball 的原型。它是一个可以玩的游戏示例，但它还要进行完善。我们鼓励你再从头开始阅读一遍本章的内容，寻找一些可以使游戏变得更好的修改方法。在你玩游戏时，可以自己思考一下以下问题。

- 游戏太容易还是太难？

- 如何修改可以让它更容易或者更难？
- 什么可以给游戏提供令人兴奋的因素？
- 游戏的哪一部分很有趣，哪些部分又比较乏味？

在下面的练习中，你将有机会优化游戏，向其中添加一些特性。注意，如果遇到错误，就意味着你遗漏了一个步骤。一定要回头仔细检查，解决出现的任何错误。

10.6 本章小结

在本章中，你制作了一款名为 Chaos Ball 的游戏。首先我们进行了游戏设计、规则制定和需求整理。然后，我们制作了竞技场地图，并且知道了有时可以通过制作单个对象再复制的方式来节省时间。之后，你创建了玩家、混乱球、彩球、球门和游戏控制器。最后，我们开始体验游戏，并且思索如何改进。

10.7 问答

问：我们为什么对混乱球使用 Continuous Dynamic 碰撞检测？我认为这样会降低性能。

答：Continous Dynamic 这种碰撞检测的确会降低性能。不过，在这个游戏案例中，我们需要这样做。混乱球比较小且速度快，如果不这样做它们可能会穿过墙壁。

问：为什么我们创建了 Chaos 标签却一直都没有使用？

答：在下面的练习中，我们会使用这个标签对游戏进行优化。

10.8 测验

花些时间完成下面的练习，确保掌握了本章的内容。

问题

1. 玩家如何做才能输掉游戏？
2. 所有球体对象都会被冻结在哪条位置轴上？
3. 判断题：球门使用 OnTriggerEnter( ) 方法确定一个对象是否是正确的球。
4. 为什么 Chaos Ball 中省略了一些基本的特性？

答案

1. 这是一个诱导问题，玩家无法输掉游戏。
2. y 轴。
3. 正确。
4. 给读者提供添加它们的机会。

10.9　练习

制作游戏过程中很兴奋的一个部分是：按照自己的喜好制作自己的游戏。按照指导操作可能是一个良好的学习经历，但是这样做无法获得制作自定义游戏的满足感。在这个练习中，你将有机会微调游戏，让它在某些方面更具特色。事实上，要怎样修改游戏完全取决于你自己。下面给出了一些建议。

1. 尝试添加一个按钮，当游戏完成之后，允许玩家再玩一遍（虽然我们还没有学习用户界面相关的知识，但是在第 6 章中有相关的内容，看看你是否可以弄明白）。

2. 尝试添加一个计时器，让玩家知道赢得游戏花了多长的时间。

3. 尝试添加各种不同的混乱球。

4. 尝试添加一个混乱球对应的球门，所有的混乱球都进入这个球门才算胜利。

5. 尝试修改玩家的缓冲器的大小或形状。

6. 尝试制作一个复杂的缓冲器。

7. 尝试在竞技场边界的水中添加地形、平台等其他游戏对象。

Chapter 11 第11章

预 设

预设（prefab）是一个复杂的对象，它已经被打包起来，用户只需要一点点额外的工作就可以轻松地反复使用它。在本章中，我们将学习关于预设的知识。首先将了解什么是预设以及预设可以做什么。接着，我们将学习如何在Unity中创建预设。你将学习继承（inheritance）的概念。最后将学习怎样通过编辑器和代码将预设添加到场景中。

11.1 预设的基础知识

正如前面所说，预设是打包了游戏对象的一种特殊资源。与作为场景的一部分的常规游戏对象不同，预设是一种资源，所以我们可以在Project视图中看到预设，而且预设可以跨场景反复重用。比如说，你可以构建一个复杂的游戏对象，例如敌人，然后将它转化为预设，再用它构建一支军队。也可以使用代码复制预设，这允许在运行时生成几乎无限的对象。更厉害的是可以把任何游戏对象或者游戏对象集合放入预设中。它能创造无限可能！

注意：思考练习

如果你在理解预设的重要性方面遇到困难，可以考虑下面的情况：在上一章中，我们制作了一款名为Chaos Ball的游戏。在游戏制作过程中不得不制作单个混乱球，然后把它复制4次。但是如果你想要同时对所有混乱球进行更改，无论这些混乱球在项目或者场景的哪里，我们该怎么做？这个修改很难操作，有的时候甚至无法操作。但是如果使用预设，一切都变得很简单。

考虑如果制作一款使用魔兽类型的敌人进行的游戏，该如何操作？当然，可以先制作一只魔兽，然后把它复制许多次。但是如果我们希望在另一个场景中再次使用这个魔兽，该如何操作？你不得不在新场景中重新制作一只魔兽。但是，如果将魔兽作为一个预设，那么它将是项目的一部分，可以在所有的场景中重复使用。预设的知识是Unity游戏开发的一个重要方面。

11.1.1 预设相关的术语

使用预设时，我们需要了解一些特定的术语。如果你熟悉面向对象程序设计的概念，可能会发现这些概念似曾相识：

预设（prefab）：预设是基本对象，它只存在于Project视图中，可以把它视作蓝图。

实例（instance）：实例是预设在场景中的实际对象。如果预设是汽车的蓝图，那么实例就是实际的汽车。如果在Scene视图中将一个对象称为预设，那么实际上它是一个预设的实例。短语instance of a prefab（预设的实例）是object of a prefab（预设对象）或者clone of a prefab（预设的复制体）的同义词。

实例化（instantiate）：实例化是创建预设实例的过程。它是一个动词，用法如下："我需要实例化这个预设的实例。"

继承（inheritance）：在预设相关的范畴内，它与标准程序设计中的继承不是一回事。在这里，术语"继承"指的是预设的所有实例都链接到预设本身的特性。在本章后面会更详细地介绍。

11.1.2 预设的结构

无论是否意识到，你都已经与预设打过交道。Unity的角色控制器就是一个预设。想要实例化一个预设的对象到场景中，只需将其选中并拖到Scene视图或Hierarchy视图中的某个位置即可（见图11-1）。

在查看Hierarchy视图时，我们总是可以分辨出哪些对象是预设的实例，因为它们的名字是蓝色的。但是因为颜色的差别不是很大，所以你也可以在Inspector视图的顶部分辨一个对象是否是预设的实例（见图11-2）。

与非预设制作的复杂对象一样，复杂的预设的实例名字旁边也有一个箭头，展开就可以修改它们内部的对象。

因为预设是一种属于项目而不是属于特定场景的资源，因此可以在Project视图或者Scene视图中编辑预设。如果在场景视图中编辑了预设，要想将更改同步应用到预设上，需要点击Inspector视图右上角的Apply按钮。

与游戏对象一样，预设也可能很复杂。点击预设右边的箭头，可以编辑预设的子元素（见图11-3）。单击这个箭头就可以展开对象进行编辑，再次点击该箭头就会把子元素收起。

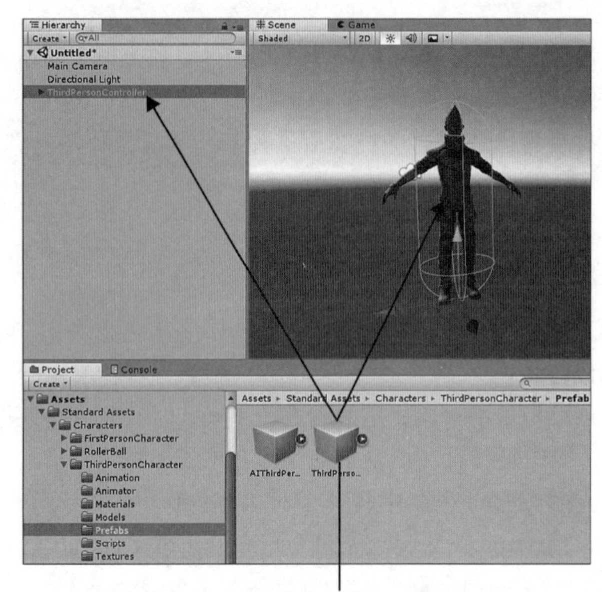

图 11-1　向场景中添加对象的实例

图 11-2　Inspector 中预设的实例的外观

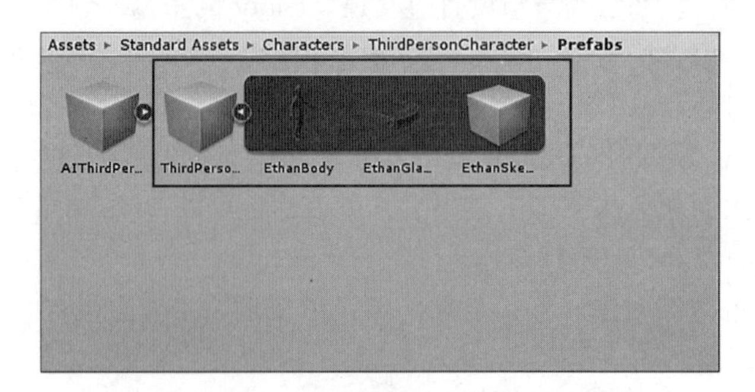

图 11-3　在 Project 视图中展开预设的内容

11.2　使用预设

使用 Unity 内置的预设固然不错，但是通常你希望创建自己的预设。创建预设需要两步：第一步是创建预设资源；第二步是使用一些内容填充资源。

创建一个预设非常简单。只需在 Project 视图中右键单击，然后选择 Create > Prefab 命令即可（见图 11-4）。创建了新预设后，可以将它命名为你想要的名称。因为新创建的预设是空的，所以显示为一个空的白框。

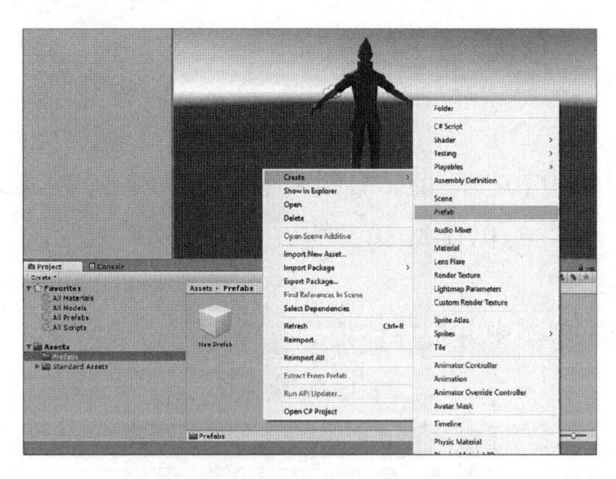

图 11-4　创建一个新的预设

与其他资源一样，最好在 Project 视图的 Assets 文件夹下创建一个专门放预设的文件夹。我们不必一定这样做，但是这样做便于组织项目资源，可以让你将预设与其他资源（比如网格、精灵等）区分开，以防混淆。

下一步是在预设中填充一些内容。可以把任何游戏对象放入预设中。只需在 Scene 视图中创建对象，然后选中把它拖到预设资源上。

当然，你也可以将这个步骤缩减为一步，在 Hierarchy 视图中将任何对象拖动到 Project 视图中，这样就创建了一个预设，然后给它命名——这一切都只需一步完成（见图 11-5）。

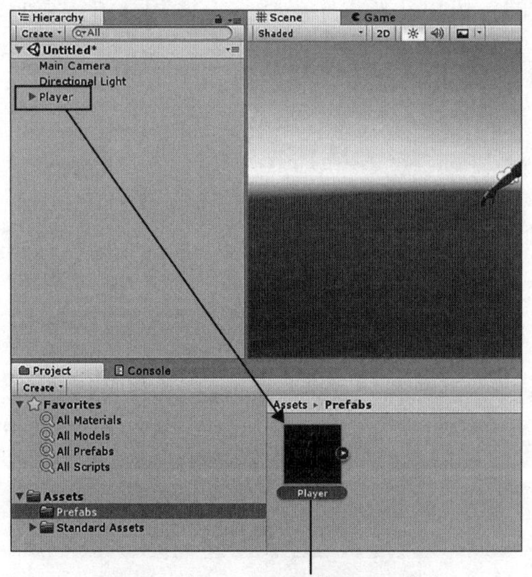

图 11-5　创建预设的快速方法

动手做▼

创建预设

按照下面的步骤，创建一个带有复杂游戏对象的预设，我们会在本章的后面用到这个预设（所以不要删除它）。

1. 创建一个新项目或场景，然后向场景中添加一个立方体和一个球体，将立方体命名为 Lamp。

2. 立方体的位置设置为 (0，1，0)，缩放大小设置为 (0.5，2，0.5)。然后给立方体添加一个刚体。球体的位置设置为 (0，1.2，0)，然后把它的缩放大小设置为 (0.5，0.5，0.5)。在球体上添加一个点光源组件。

3. 在 Hierarchy 视图中选中并把球体拖到立方体上，这样会将球体嵌套在立方体下面（见图 11-6）。

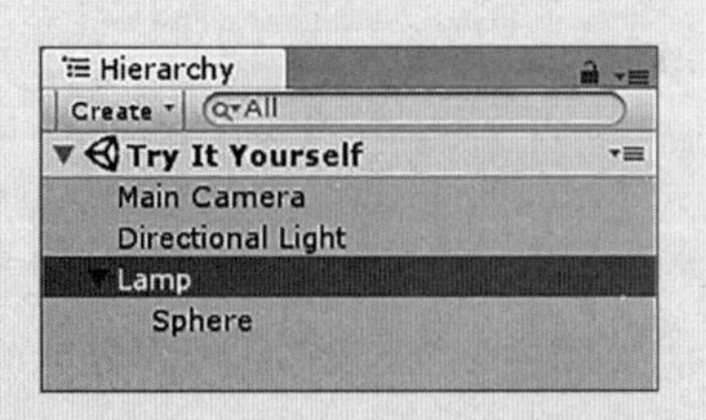

图 11-6 嵌套在立方体下面的球体

4. 在 Project 视图的 Assets 文件夹中创建一个新文件夹，命名为 Prefabs。

5. 在 Hierarchy 视图中，选中并拖动 Lamp 游戏对象（包含球体）到 Project 视图中（见图 11-7）。注意，现在创建的预设看起来像一盏灯，同时我们还会发现 Hierarchy 视图中的立方体和球体都变为了蓝色。此时，可以从场景中删除立方体和球体，它们现在已经包含在预设中。

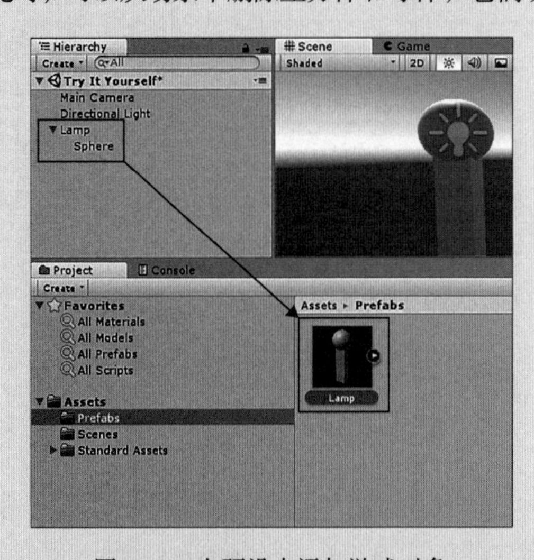

图 11-7 在预设中添加游戏对象

11.2.1　向场景中添加预设实例

一旦创建了预设资源，就可以根据需要把它添加到项目中的一个或者多个场景，可以添加一次也可以添加多次。要把预设实例添加到场景中，只需从 Project 视图中选中预设并把它拖到 Scene 视图或者 Hierarchy 视图中的合适位置即可。

如果将预设拖动到 Scene 视图中，预设就会在你拖动的地方实例化。如果将预设拖动到 Hierarchy 视图的空白处，那么预设的初始位置就会在你创建预设的位置。如果将预设拖动到 Hierarchy 视图中的另一个对象上，那么这个预设就会成为这个对象的子对象。

动手做 ▼

创建多个预设实例

在上一个练习中，你创建了一个 Lamp 预设。这一次，你将使用该预设在场景中创建许多盏灯。一定要保存这里创建的场景，在本章后面将使用它。

1. 在用于上一个练习的相同项目中创建一个新场景，命名为 Lamps。
2. 创建一个平板，然后将它的位置设置于（0, 0, 0）。将这个平板命名为 Floor。我们可以为平板添加一个灰色的材质，这样影子会显示得更清晰。
3. 将 Lamp 预设拖动到 Scene 视图中，注意灯是如何碰到地板的碰撞体的。
4. 再拖动三个 Lamp 预设到地板上，然后将它们放到各个角落（见图 11-8）。

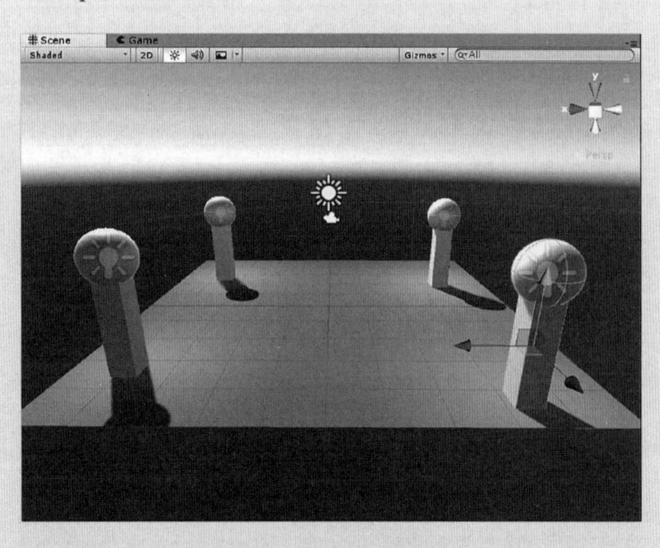

图 11-8　将灯放到场景中

11.2.2　继承

当把术语继承（inheritance）与预设一起使用时，它指的是预设实例与实际预设资源之间的联系。也就是说，如果更改预设资源，那么从这个预设实例化出来的对象也会自动更改。这个特性极其有用。你可能会像其他程序员一样，在场景中实例化了大量游戏对象时忽然发现要对这些对象进行一些修改。如果没有继承，你将不得不挨个更改每个对象。

有两种方法可以更改预设资源。第一种是在 Project 视图中进行更改。只需在 Project 视图中选中预设资源，即可在 Inspector 视图中看到对应的组件和属性。如果需要修改子元素，可以展开预设（如前所述），然后按照类似的方式更改那些对象。

修改预设资源的另一种方式是把实例拖到场景中。在这里，可以执行任何想要的重大修改。完成后，只需要点击 Inspector 视图右上角的 Apply 按钮。

动手做▼

更新预设

到目前为止，你创建了一个预设，并向场景中添加了几个预设的实例。现在你要修改预设，并查看这些修改如何影响场景中已经存在的预设的实例。这个练习中你会使用在上一个练习中创建的场景。如果你还没有完成那个练习，那么需要先完成该练习，然后再开始下面的操作。

1. 打开上个练习中的 Lamps 场景。

2. 在 Project 视图中选择 Lamp 预设并展开它（单击右边的箭头），选中 Sphere 子游戏对象。在 Inspector 视图中，把灯光的颜色改为红色，注意场景中已经存在的预设实例是怎样自动改变的（参见图 11-9）。

3. 在场景中选取其中一个 lamp 实例。在 Hierarchy 视图中单击其名称左边的箭头展开它，然后选中 Sphere 子对象。把球体的灯光改回白色。注意场景中其他预设的实例对象没有改变。

4. 保持 lamp 的选中状态，点击 Apply 按钮，将 lamp 预设实例的更改应用到 lamp 预设上。注意所有的实例都变回了白色的灯光。

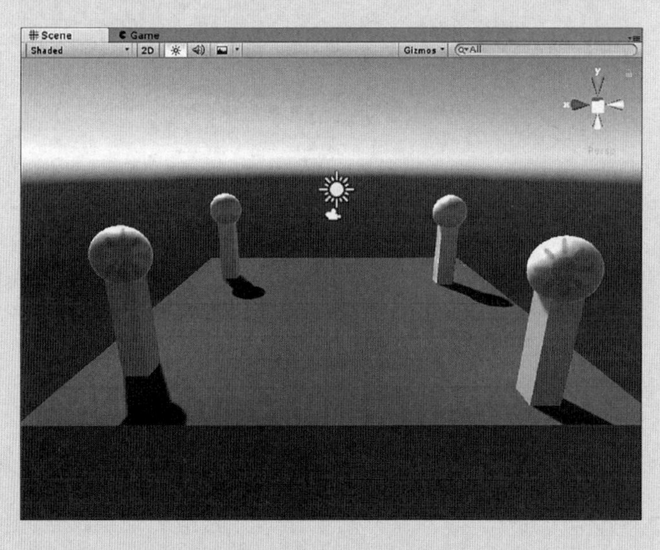

图 11-9　修改后的 lamp 实例

11.2.3 中断预设之间的关联

有的时候需要中断预设实例与预设资源之间的关联。如果需要一个通过预设实例化的对象，但是在预设改变时又不希望对象也改变，可能你就需要中断它们之间的关联。中断实例与预设之间的关联不会改变实例，它仍然包含所有的对象、组件和属性。唯一的区别是：它将不再是预设的实例，因此不再会受到继承的影响。

要中断对象与预设资源之间的关联，可以在 Hierarchy 视图选中对象。选中之后，使用 GameObject > Break Prefab Instance 命令。操作完成后，会发现对象没有改变，但是它的名称从蓝色变为黑色。关联中断后，可以通过 Inspector 视图的 Revert 按钮恢复它们之间的关联。

11.2.4 通过代码实例化预设

把预设对象直接添加到场景中是构建提前设计好的关卡的好方法。不过，有时你希望在运行时创建实例。你可能希望敌人会复活，或者希望随机设置它们的位置。也有可能是你需要的实例过多，以至于无法手工摆放它们。无论出于什么原因，通过代码实例化预设都是一种良好的解决方案。

有两种方式实例化场景中的预设对象，它们都使用 Instantiate() 方法。使用 Instantiate( ) 的第一种方式如下：

```
Instantiate(GameObject prefab);
```

从上面的代码中我们可以看到，这个方法需要读取一个 GameObject 变量，然后从这个变量中复制一份。新对象的位置、旋转角度、缩放大小都与被复制的对象一样。使用 Instantiate() 的第二种方法如下所示：

```
Instantiate(GameObject prefab, Vector3 position, Quaternion rotation);
```

这个方法需要 3 个参数。第一个参数仍然是要复制的对象，第二个和第三个参数用于指定新对象的位置和旋转角度。你可能已经注意到旋转角度存储在一个名为 quaternion 的类型中，现在我们只需要知道 Unity 使用这个类型存储旋转信息即可。（quaternion 的详细内容超出了本章的范围。）

在本章末尾的练习中可以找到在代码中实例化对象的两种方法的示例。

11.3 本章小结

在本章中，我们学习了 Unity 中关于预设的知识。我们首先学习了预设的基础知识：概念、术语和结构。然后，学习了创建自己的预设：如何创建预设，如何把它们添加到场景中，如何修改预设以及如何中断预设实例与预设之间的关联。最后，我们学习了使用代码实例化预设对象。

11.4 问答

问：预设似乎很像面向对象程序设计（Object Oriented Programming，OOP）中的类，这种说法准确吗？

答：对，类与预设之间有许多相似之处。它们的作用都像是蓝图，它们的对象都是通过实例化创建的，实例化的对象都与原始对象有关联。

问：一个场景中可以有多少个预设的实例化对象？

答：只要愿意，可以创建无数多个。不过我们需要了解：当实例化的对象超过某个阈值之后，游戏的性能将会受到影响。每当创建了一个实例，它都会一直存在，直到销毁为止。因此，如果创建了 10000 个实例化的对象，那么场景中将有 10000 个实例化的对象存在。

11.5 测验

花些时间完成下面的练习，确保掌握了本章的内容。

问题

1. 哪个术语用于描述创建预设资源的实例？
2. 修改预设资源的两种方式是什么？
3. 什么是继承？
4. Instantiate( ) 有多少种使用方式？

答案

1. 实例化（instantiation）。
2. 我们可以通过 Project 视图修改预设资源，也可以在 Scene 视图中修改实例，然后点击 Inspector 上面的 Apply 按钮将修改应用于预设。
3. 继承是将预设资源与实例关联在一起。它的本质是：当预设资源发生改变时，使用它实例化的对象也会随之改变。
4. 两种。可以只指定预设对象，也可以同时再指定位置和旋转角度。

11.6 练习

在这个练习中，你将再次处理在本章前面创建的预设。这一次，我们将使用代码实例化预设的对象，希望在这个过程中能获得一些乐趣。

1. 在创建 Lamp 预设的项目中创建一个新场景。在 Project 视图中选中 Lamp 预设，然后将它的位置设置为 (–1，0，–5)。
2. 删除场景中的 Directional Light 对象。

3. 在场景中添加一个空游戏对象，将它重命名为Spawn Point，然后将它的位置设置为(1，1，–5)。在场景中添加一个平面，将它的位置设置为(0，0，–4)，旋转角度设置为(270，0，0)。

4. 在项目中添加一个脚本，将脚本命名为PrefabGenerator，然后将它添加到复活点对象上。代码清单11-1展示了PrefabGenerator脚本的完整代码。

代码清单11-1 PrefabGenerator.cs

```
using UnityEngine;

public class PrefabGenerator : MonoBehaviour
{
    public GameObject prefab;

    void Update()
    {
        // Whenever we hit the B key we will generate a prefab at the
        // position of the original prefab
        // Whenever we hit the space key, we will generate a prefab at the
        // position of the spawn object that this script is attached to
        if (Input.GetKeyDown(KeyCode.B))
        {
            Instantiate(prefab);
        }

        if (Input.GetKeyDown(KeyCode.Space))
        {
            Instantiate(prefab, transform.position, transform.rotation);
        }
    }
}
```

5. 选中复活点，然后把Lamp预设拖到Prefab Generator组件的Prefab属性上。现在运行场景。注意观察：当我们按下B键时，将在默认的预设位置创建一个lamp实例；当按下空格键则会在复活点创建一个lamp实例。

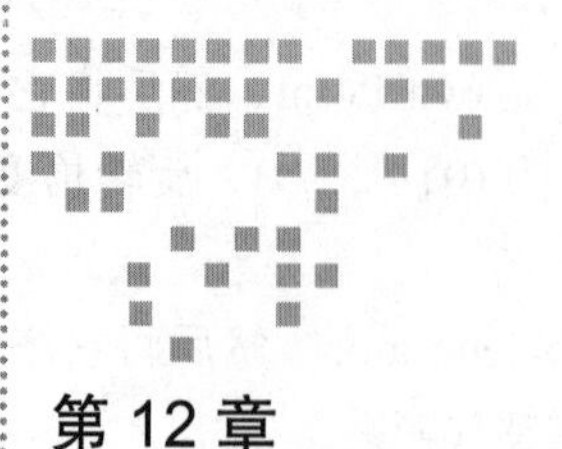

Chapter 12 第 12 章

2D 游戏工具

Unity 既擅长制作 3D 游戏，也擅长制作 2D 游戏。一个纯 2D 游戏指的是所有的游戏资源都是简单的平面图形的游戏，我们称之为精灵（sprites）。在 3D 游戏中，我们使用 3D 模型，模型上我们使用 2D 纹理。通常，在 2D 游戏中，玩家只能在两个维度移动（比如说：上、下、左、右）。在本章中，我们将帮助你了解使用 Unity 制作 2D 游戏的基础知识。

12.1 2D 游戏的基础知识

2D 游戏的设计准则与 3D 游戏类似。你仍然需要考虑游戏理念、规则和必备的资源需求。制作 2D 游戏既有优势，也有劣势。一方面，2D 游戏比较简单，制作容易。另一方面，由于 2D 游戏本身的限制，无法制作某些类型的游戏。2D 游戏基于称为精灵的图片构成。它们有点像儿童舞台表演中的硬纸板剪贴画。你移动它们，按照喜好排布它们的位置和遮挡关系，由此创建一个丰富的舞台环境。

当你创建一个新 Unity 项目的时候，可以选择创建 2D 游戏还是 3D 游戏（见图 12-1）。如果选择 2D 游戏，那么 Scene 视图默认是 2D 模式，摄像机为正交投影摄像机(本章后面会详细介绍)。你还会注意到一件事：2D 项目的场景中没有定向光或者天空盒。事实上，2D 游戏通常没有受到光照影响，因为精灵都是通过一个简单的渲染器渲染出来的，这个渲染器的名字为“sprite renderer”。与纹理不同，光照一般不会影响精灵的绘制。

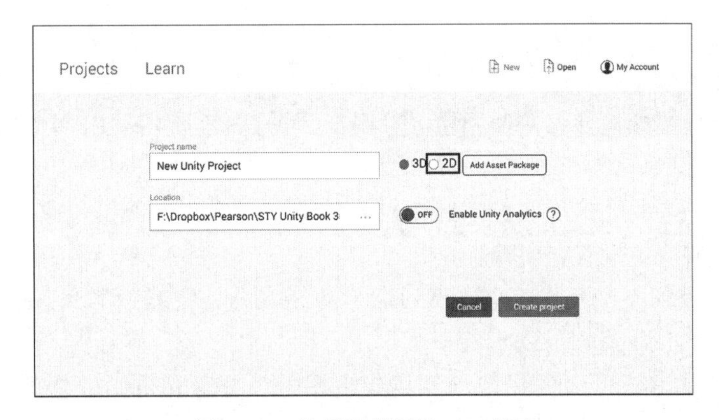

图 12-1 将项目设置为 2D 项目

> **提示：2D 游戏的挑战**
>
> 2D 游戏中有独特的设计挑战。例如：
>
> - 因为缺乏深度这个维度，所以会很难做出沉浸感。
> - 很多游戏类型无法用 2D 形式完美表达。
> - 因为 2D 游戏通常没有光照，所以对精灵的绘制和排布要求较高。

2D Scene 视图

2D 项目默认处于 2D Scene 视图中。想要在 2D 视图和 3D 视图之间切换，请点击 Scene 视图顶部的 2D 按钮（见图 12-2）。当进入 2D 模式的时候，会显示 3D 小工具。

2D 模式下，你可以在场景中按下鼠标右键（或者中键）并拖动，从而在场景中移动。你可以使用鼠标滚轮缩放，也可以使用触摸板中的滚动手势。你可以使用背景网格来定位。不再有场景小工具，但是在 2D 模式下你也用不到这个工具。在 2D 模式下场景的方向不会改变。

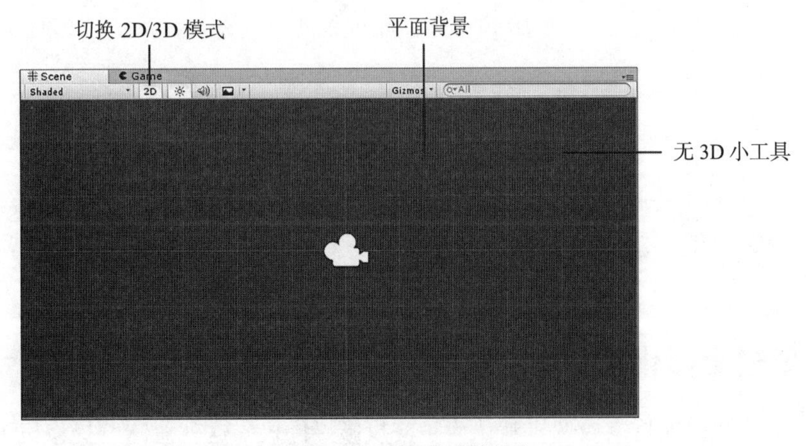

图 12-2 2D 场景视图

动手做 ▼

创建并摆放精灵

后面我们会介绍如何导入并使用精灵。现在，我们来创建一个简单的精灵并添加到场景中。

1. 创建一个新项目，这次我们选择 2D 模式（见图 12-1）。项目现在都是 2D 模式的默认值。（注意 2D 游戏中没有定向光。）

2. 在项目中添加一个新文件夹，然后命名为 Sprites。右键单击 Project 视图，然后使用 Create>Sprites>Hexagon 命令。

3. 将新创建的 Hexagon 精灵拖动到场景视图中，注意 Inspector 中的 Sprite Renderer 组件。

4. 现在精灵资源是白色的，我们可以使用 Sprite Renderer 组件更改颜色，所以为精灵添加一个不同的颜色（见图 12-3）。

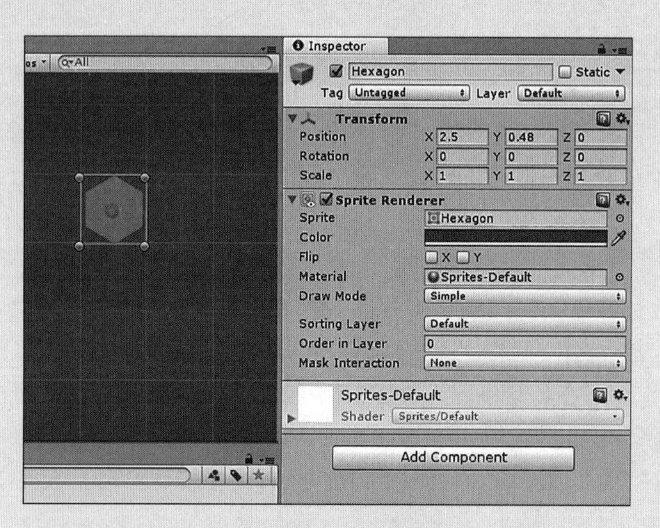

图 12-3　Hexagon 精灵

提示：Rect 工具

在第 2 章中，Rect 变换工具是操纵矩形精灵的有力工具。在 Unity 编辑器的左上角或者按下快捷键 T 可以看到这个工具。当屏幕上已经存在一个精灵的时候，请尝试使用这个工具对精灵进行一些变换操作。

12.2　正交投影摄像机

因为创建的是 2D 项目，摄像机默认为正交投影摄像机。这就意味着摄像机不会体现透视扭曲的效果，也就是说，无论怎么摆放，所有的对象的大小和形状都不会改变[⊖]。这种摄像机非常适合 2D 游戏，你可以通过调整精灵的大小和叠层来控制景深。

sorting layer 允许你决定各个精灵或者各组精灵之间的绘制顺序。想象下要搭建一个舞台，你可能想让背景资源显示在前景资源的后面。如果将精灵按照从前到后排列并选择合适的大小，那么就能体现出景深的效果。

点击 Main Camera，在 Inspector 视图（见图 12-4）中可以查看摄像机的类型，图中可以看到摄像机的 Projection 属性被设置为 Orthographic（摄像机的其他属性已经在第 5 章中介绍过了）。

> 提示：正交摄像机的大小
>
> 通常你想一次性调整场景中所有精灵的相对大小，而不是挨个手动调整。你可能想知道，如果摄像机没有深度属性，那么如何才能达成这种效果呢，毕竟无法拉近摄像头，让摄像头离精灵更近一些。
>
> 在这种情况下，你需要使用摄像机的 Size 属性，这个属性只会出现在正交投影摄像机的 Inspector 视图（见图 12-4）中。这个属性的值是从摄像机视图中心到顶部的距离[⊜]。这可能看起来很奇怪，但这样做是为了计算方便，比如说计算高宽比。一般来说，这个值调大就是“放大”，这个值调小就是“缩小”。

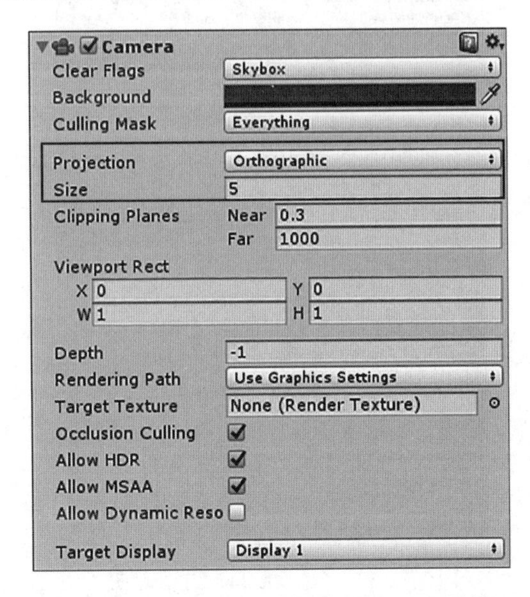

图 12-4　设置正交投影摄像机的 Size 属性

⊖ 简单地说，就是同样的对象在场景中没有近大远小的效果。——译者注

⊜ 也就是说，如果这个值是 10，那么摄像机纵向能看到的范围就是 20。——译者注

12.3 添加精灵

在场景中添加精灵非常简单。一旦将精灵图片导入项目（这个过程也特别简单），只需要将它拖动到场景中即可完成添加操作。

12.3.1 导入精灵

如果想要使用自己的图片作为精灵，那么需要将对应的图片转化为 Unity 可以识别的精灵。下面是导入精灵的步骤：

1. 找到随书资源中的 ranger.png（或者使用自己的图片）。

2. 将图片拖动到 Unity 的 Project 视图。如果创建的是一个 2D 项目，这张图片就会自动转化为精灵。如果创建的是一个 3D 项目，那么需要让 Unity 知道我们将这张图片按照精灵来处理：将这张图片资源的 Texture Type 属性设置为 Sprite（见图 12-5）。

3. 将这个精灵拖动到 Scene 视图中。注意，如果 Scene 视图不是 2D 模式，我们也不需要将创建的精灵的 z 轴设置为 0（就像其他精灵一样）。

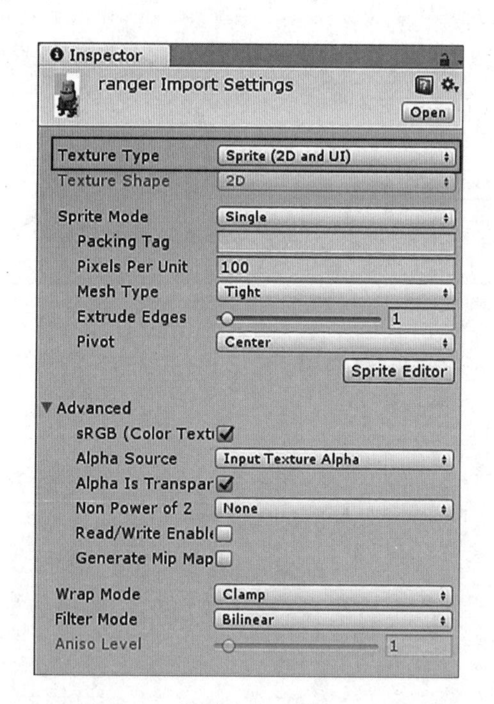

图 12-5 将图片纹理转化为精灵

12.3.2 精灵模式

单个精灵固然好，但是让精灵动起来，才能真正开始体验到乐趣。Unity 提供了很多强大的工具来制作精灵表单。精灵表单（Sprite Sheet）是对齐到网格的带有多帧动画的图片。

Sprite Editor（之后会详细介绍）能帮助你从一张图片中解压出成百上千个动画帧。

动手做 ▼

探索 Sprite Modes

请按照下面的步骤操作来探索 Single 和 Multiple 精灵模式的区别：

1. 创建一个新的 2D 项目或者在已经存在的 2D 项目中创建一个新的场景。

2. 在随书资源中导入 rangeTalking.png，也可以导入自己的资源。

3. 确保将 Sprite Mode 设置为 Single，然后在 Project 视图中展开精灵托盘，确保 Unity 将这张图片视为一个单一的精灵（见图 12-6）。

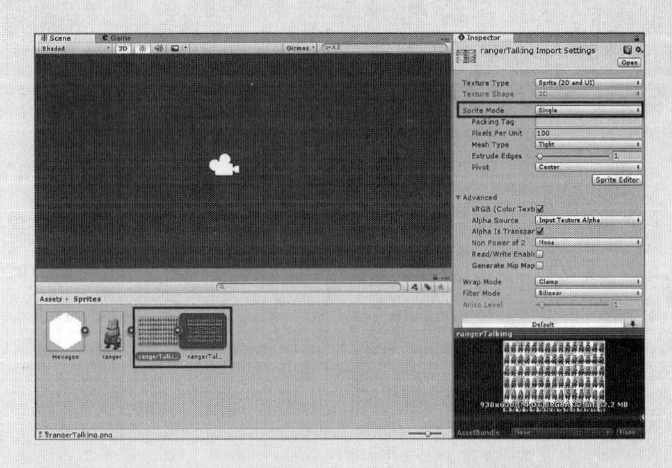

图 12-6 在 Single 模式下导入一个精灵

4. 现在将精灵的 Sprite Mode 设置为 Multiple，然后点击 Inspector 底部的 Apply 按钮。注意，现在没有东西可以展开。

5. 在 Inspector 视图中点击 Sprite Editor 按钮，就会弹出一个窗口。点击 Slice 下拉菜单，将类型设置为 Automatic，然后点击 Slice（见图 12-7）。注意轮廓是如何自动检测的，每一帧的轮廓都有些不同。

6. 将 Type 设置为 Grid by Cell Size，然后调整网格以适应你的精灵。对于随书资源中的这张图片，网格的值是 x=62,y=105。保持其他设置不变，然后点击 Slice。注意现在边框已经很明显了。

7. 点击 Apply 保存更改然后关闭 Sprite Editor。

8. 在 Project 视图中查看精灵，你会发现托盘中已经包含每一帧的图片，现在已经可以准备做动画了。

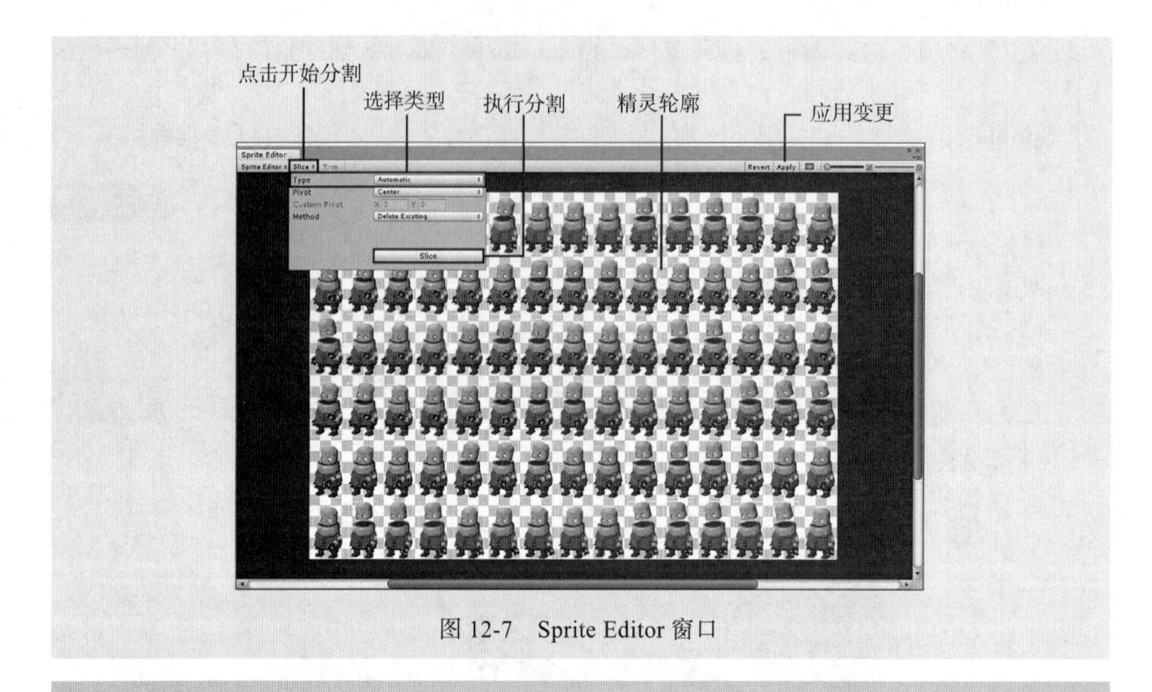

图 12-7　Sprite Editor 窗口

注意：精灵清单动画

上一个“动手做”部分介绍了如何导入和配置一个精灵表单。正如前面所述，精灵表单通常用于 2D 动画。第 17 章会学习更多基于精灵的动画。

12.3.3　导入精灵大小

如果你需要缩放精灵图片，让它们的尺寸相匹配，那么你有很多种选择。修正精灵图片大小问题的最好方法是打开一个图片编辑软件，然后编辑图片。比如打开 Photoshop，然后修正图片大小。但是，你可能不会使用图片编辑软件或者没有时间。还有一种选择是使用场景中的缩放工具。不过这样做效率低下，而且之后还可能出现奇怪的缩放问题。

如果你想让一个精灵的大小保持不变，比如说，SpriteA 总是比原图小一半，那么导入图片的时候可以考虑使用 Pixel per Unit 选项。这个设置决定了在给定的分辨率下，一个精灵应该占用多少世界单位（World Unit）大小。比如说，原图为 640 × 480 的图片，如果 Pixel per Unit 设置为 100，那么这张图将会占据 6.4 × 4.8 个世界单位。

12.4　绘制顺序

为了确定哪些精灵在前面绘制，Unity 提供了一个排序图层（sorting layer）系统。它由 Sprite Renderer 组件中的两个设置控制：Sorting Layer 和 Order in Layer（见图 12-8）。

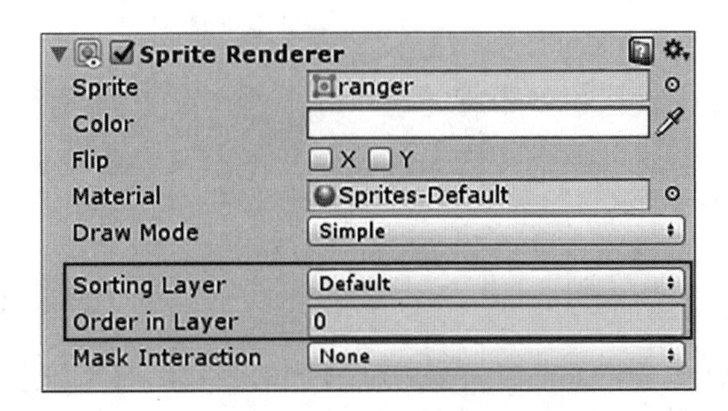

图 12-8　默认的精灵图层属性

12.4.1　排序图层

我们可以使用排序图层按照深度关系来划分精灵的主要分类。在创建一个新项目后，只有一个排序图层，名字为 Default（见图 12-8）。假设你要制作一款 2D 横版游戏，它的背景中有山、树还有云彩。在这种情况下，最好创建一个名为 Background 的排序层。

动手做

创建排序层

按照下面的步骤创建一个排序图层，然后将它赋给一个精灵：

1. 创建一个新项目并导入一个完整的 2D 资源包（使用 Assets > Import Package > 2D 命令）。

2. 在 Standard Assets\2D\Sprite 中找到 BackgroundGreyGridSprite，然后将它拖到场景中。将它的位置设置于（–2.5, –2.5, 0），缩放大小设置为（2, 2, 1）。

3. 点击 Sprite Renderer 组件的 Sorting Layer 下拉菜单，选择 Add Sorting Layer 选项添加一个新的排序层（见图 12-9）。

4. 在 Sorting Layer 下点击 + 按钮添加两个新图层，分别命名为 Background 和 Player(见图 12-10）。注意列表中最下面的图层，当前是 Player ⊖，在游戏中将会最后绘制，所以会显示在其他图层之前。最好将默认图层放在最下面，这样新的精灵就会在其他图层之前显示。

图 12-9　添加新的排序图层

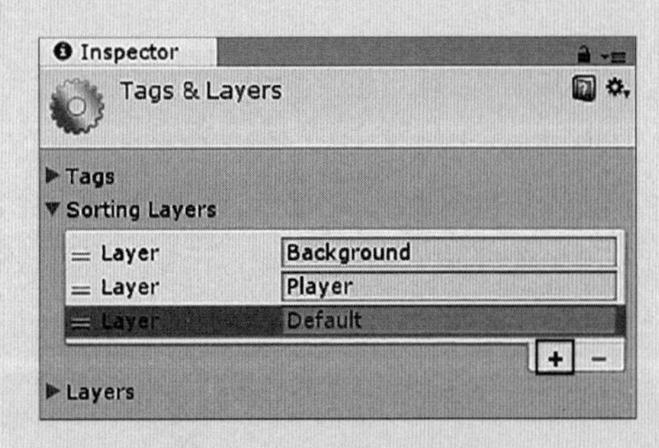

图 12-10　管理排序图层

⊖ 图中是 Default。——译者注

5. 重新选中 BackgroundGrayGridSprite 游戏对象，然后将它的图层设置为新创建的 Background。

6. 在 Project 视图中，搜索精灵 RobotBoyCrouch00，然后将它拖动到场景中，将它的坐标设置为（0, 0, 0）。

7. 将这个精灵的图层设置为 Player（见图 12-11）。注意玩家绘制在背景前面。现在回到 Tags&Layer Manager（使用 Edit > Project Settings > Tags and Layers），然后重新调整图层的顺序，让背景显示在玩家之前。

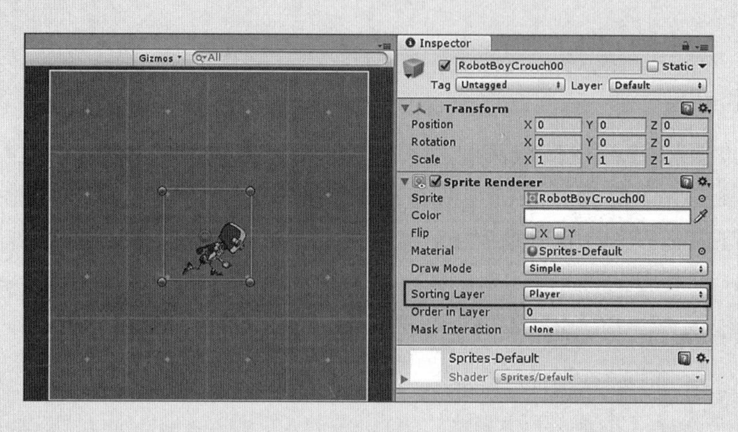

图 12-11　设置精灵的排序图层

可能你还需要一层用来显示子弹这类需要生成的对象。地面或者平台可能在另外一层。最后，如果你想要添加更多的前景精灵，那么它们需要放到 Foreground 层。

12.4.2 层级的顺序

一旦创建了主要的层级，并将精灵分门别类地设置为不同的层级，就可以使用 Order in Layer 设置来调整层级的顺序。这是一个简单的优先级系统，数值越高，绘制得越靠前。

> **警告：精灵消失不见**
>
> 当你制作游戏的时候，有的时候会发现某些精灵集体消失了。这通常是因为精灵在大型元素后面或者在摄像机后面。
>
> 你可能还会发现，如果忘记设置 Sorting Layer 和 Order in Layer 属性，那么 z 轴可能会影响绘制层级。这就是为什么我们必须要为每个精灵都设置层级。

12.5　2D 物理

现在你已经知道静态的精灵如何在游戏中工作，那么让我们进一步学习让精灵动起来。Unity 中有一些很有趣的工具可以帮你完成这个功能。在 Unity 中，让精灵动起来主要有两种方法，下面我们会详细介绍并一起探索学习。Unity 有一个强大的 2D 物理系统，名字叫 Box2D。与 3D 游戏一样，你可以使用带有重力的刚体、各种碰撞体以及适用于平台游戏和赛车游戏的各种物理属性。

12.5.1　2D 刚体

Unity 专门为 2D 游戏定义了一种不同的刚体。这个物理组件与 3D 刚体组件的很多属性都相同，我们已经见过。一个很常见的错误就是为一款游戏选择了错误的刚体类型或者碰撞体类型，所以当我们添加 2D 物理组件的时候记得使用 Add Component > Physics 2D 命令。

> 提示：混淆物理类型
>
> 2D 和 3D 物理可以同时存在于一个场景中，但是它们之间不会有任何交互。同样，你也可以将 2D 物理添加到 3D 对象上，反之亦然。

12.5.2　2D 碰撞体

与 3D 碰撞体一样，2D 碰撞体允许游戏对象在相互接触的时候产生交互。Unity 自带一些 2D 碰撞体（见表 12-1）。

表 12-1　2D 碰撞体

碰撞体	描　述
Circle Collider 2D	半径固定的圆形，还带有一个偏移量
Box Collider 2D	可调整宽、高的矩形碰撞体，还带有一个偏移量
Edge Collider 2D	不需要闭合的线段
Capsule Collider 2D	带有偏移量、大小和方向的胶囊形
Composite Collider 2D	它是一个特殊的碰撞体，将很多碰撞体集合在一起
Polygon Collider 2D	带有三条边或者更多边的多边形

动手做▼

两个精灵的碰撞

让我们按照下面的步骤，使用多个 2D 正方形观察 2D 碰撞体的碰撞效果。

1. 创建一个 2D 场景，然后导入 2D 资源包。

2. 在 Assets\Standard Assets\2D\Sprites 文件夹中找到名为 RobotBoyCrouch00 的精灵，将它拖到 Hierarchy 视图中。确保精灵的位置为（0, 0, 0）。

3. 添加一个多边形碰撞体（使用 Add Component > Phyiscs 2D > Polygon Collider 2D 命令）。注意这个碰撞体大致刚好覆盖精灵的轮廓。

4. 复制这个精灵，然后将它移动到右下（0.3, –1, 0）的位置，这样就可以让上面的精灵掉落。

5. 为了让上面的精灵有重力效果，我们需要选中它，然后给它添加一个 2D 刚体（使用 Add Component > Physics 2D > Rigidbody 2D 命令）。最后的步骤参见图 12-12。

6. 运行场景，注意这两个精灵的行为。看到了吗？与 3D 物理的效果几乎是一样的。

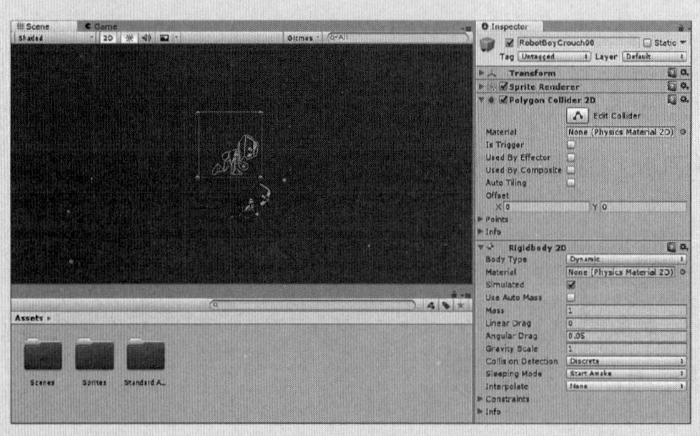

图 12-12　最后一步需要选中顶部的机器人

提示：2D 碰撞体和深度

你可能会发现 2D 碰撞体有一个行为比较奇怪：在 3D Scene 视图下，观察 2D 碰撞体，你会发现 2D 碰撞体产生碰撞的时候并不需要它们都有相同的 z 轴深度。2D 碰撞体的碰撞检查只与 x 轴和 y 轴的值有关。

12.6 本章小结

在本章中，我们学习了使用 Unity 制作 2D 游戏的基本知识。首先我们了解了正交投影摄像机以及 2D 游戏的景深效果如何实现。然后我们创建了一个项目，让 2D 对象移动并产生碰撞，这个行为在 2D 游戏中经常见到。

12.7 问答

问：用 Unity 制作 2D 游戏是一个好的选择吗？

答：是的。Unity 拥有大量创建 2D 游戏的实用工具。

问：可以将 Unity 制作的 2D 游戏部署到移动平台或者其他平台上吗？

答：当然可以。Unity 的核心优势之一就是可以方便地将一款游戏部署到多个平台上，而且很多成功的 2D 游戏项目也是用 Unity 制作的。

12.8　测验

花些时间完成下面的练习，确保掌握了本章的内容。

问题

1. 什么摄像机投影渲染所有的对象，而不会产生透视扭曲？
2. 正交投影摄像机中 size 属性的作用是什么？
3. 请问 2D 精灵碰撞时需要有相同的 z 轴深度吗？
4. 如果精灵在摄像机后面，那么还会渲染吗？

答案

1. 正交投影摄像机。
2. size 属性指定了摄像机垂直方向能够覆盖的范围的一半大小，单位是世界单位。
3. 不需要。2D 精灵碰撞的时候只检测 x 轴和 y 轴的位置。
4. 不会。这也就是在制作 2D 游戏的过程中精灵丢失的常见原因。

12.9　练习

在这个练习中，我们将使用 Unity 的标准资源，观察使用了一些动画、角色控制脚本以及碰撞体的精灵的表现。

1. 创建一个 2D 项目或者在已有的项目中创建一个新场景。

2. 导入 2D 资源包（使用 Assets > Import Package > 2D 命令）。默认选中所有选项。

3. 在 Assets\Standard Assets\2D\Prefabs 文件夹中找到 CharacterRobotBoy，然后将它拖动到 Hierarchy 视图中，将它的位置设置在（3, 1.8, 0）。注意，如果查看 Inspector 视图，会发现这个 prefab 带有很多组件。

4. 在 Assets\Standard Assets\2D\Sprites 文件夹中找到 PlatformWhiteSprite，然后将它拖动到 Hierarchy 视图中，将它的位置设置在（0, 0, 0），缩放大小设置为（3, 1, 1）。给这个精灵添加一个 Box Collider 2D 组件，这样玩家就不会掉到地板下面。

5. 复制平台游戏对象。将它的位置设置在（7.5, 0, 0），将它的旋转角度设置为（0, 0, 30），制作出斜坡的效果，然后将缩放大小设置为（3, 1, 1）。

6. 将 Main Camera 移动到（11, 4, –10）的位置，然后调整 size 属性，设置为 7。最后一步的设置见图 12-13。

7. 点击 Play 按钮。使用方向键移动，使用空格键跳跃。

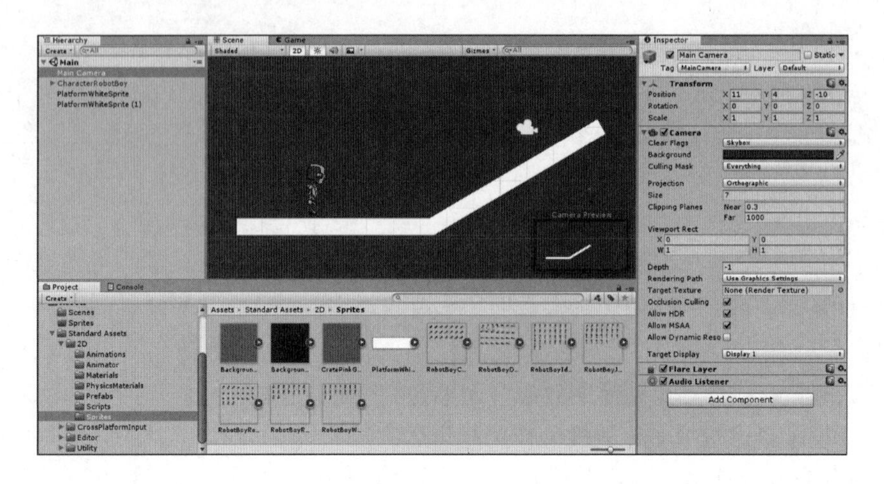

图 12-13　这个练习最后一步的设置

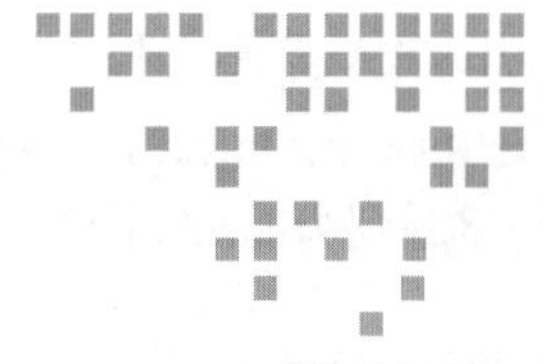

第 13 章 Chapter 13

2D 瓦片地图

在第 4 章中，我们已经学习了如何使用 Unity 的地形系统创建 3D 世界。现在我们将知识扩展到 2D 游戏，开始学习 Unity 的 2D Tilemap 系统。使用这个系统，我们可以轻松、便捷地制作出带有很多有趣的游戏体验的世界。本章的开始，我们先学习瓦片地图（tilemap）的基础知识，然后学习调色板（palette），我们使用它来保存瓦片（tile）。接下来我们会学习创建瓦片，然后将它们绘制到瓦片地图上，最后再给瓦片地图添加一些碰撞，让它们具备交互性。

13.1 瓦片地图的基础知识

从名字中我们就可以看出，瓦片地图是一张由瓦片组成的“地图”（跟位图一样，老式的位图是由位组成的）。瓦片地图附着在一个网格对象上，它定义了所使用的瓦片的尺寸和空间。瓦片是一个个独立的精灵元素，用于绘制整个世界。所有瓦片都放在一个调色板中，使用它可以将瓦片绘制在瓦片地图上。看起来我们啰啰唆唆地说了一大堆概念，实际上原理却很简单，只不过是“绘制、调色板、画刷、画布”这几个概念，一旦开始使用，你会发现整个过程特别流畅自然。

显而易见，瓦片地图适用于 2D 游戏。虽然理论上说也可以用于 3D 游戏，但是效率却不是很高。连接瓦片地图的时候使用精灵表单（sprite sheet）是一个好想法。你可以创建一个表单，里面都是各种环境精灵，然后可以轻松地将它们都转化为瓦片。

13.1.1 创建一张瓦片地图

一个场景中可以创建多个瓦片地图，通常创建多张瓦片地图，然后将它们铺在一起。

使用这个方式可以建立背景、中景和前景，由此制作出视差效果。要在场景中创建一张瓦片地图，需要使用 GameObject > 2D Object >Tilemap 命令，然后 Unity 会在场景中添加两个游戏对象，名字分别为 Grid 和瓦片地图（见图 13-1）。

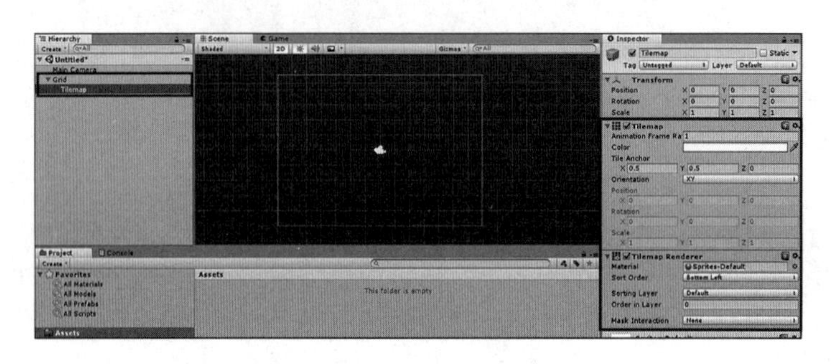

图 13-1　添加一张瓦片地图

瓦片地图对象有两个组件需要注意：瓦片地图和瓦片地图 Renderer。瓦片地图组件用于确定瓦片地图的位置、锚点位置以及整体的颜色。瓦片地图 Renderer 用于指定排序图层，由此保证瓦片地图可以按照正确的顺序绘制。

动手做 ▼

在场景中添加一张瓦片地图

在这个练习中，我们将在场景中添加一张瓦片地图。制作完成后记得保存场景，因为我们在本章的后面还会继续使用这个场景。按照下面的步骤操作：

1. 创建一个新的 2D 项目，然后再创建一个名为 Scenes 的文件夹，将场景保存在这个文件夹中。

2. 使用 GameObject > 2D Object > Tilemap 命令在场景中创建一张瓦片地图。

3. 这张瓦片地图最终会作为场景中的背景，所以，我们将这个瓦片地图游戏对象命名为 Background。

4. 创建另外一张瓦片地图，但是这次不用创建网格游戏对象，所以我们在 Hierarchy 窗口中右键单击 Grid 游戏对象，然后选择 2D Object > Tilemap（见图 13-2），然后将它命名为 Platforms。

5. 在项目中添加两个排序图层，分别命名为 Background 和 Foreground（如果你不记得如何在项目中添加排序图层，那么请参考第 12 章中的介绍）。

6. 选中 Background，然后将 Tilemap Renderer 组件的 Sorting Layer 属性设置为 Background。选中 Platforms 瓦片地图，然后将 Tilemap Renderer 组件的 Sorting Layer 属性设置为 Foreground。

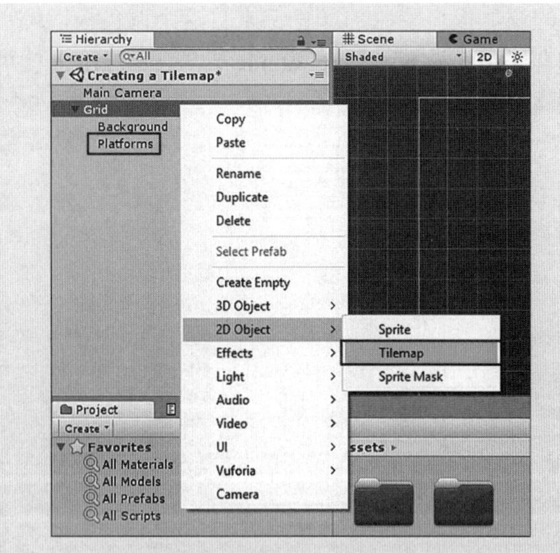

图 13-2 在 Hierarchy 视图中添加一个新的瓦片地图

13.1.2 网格

正如前面所见，当在场景中添加一张瓦片地图的时候，你会发现场景中还多了一个 Grid 游戏对象（见图 13-3）。这个网格对象用于管理适用于所有瓦片地图的共同属性，尤其是瓦片地图中各个格子的大小和间隔。因此，如果所有的瓦片地图都使用相同的尺寸，那么只需要将这些瓦片地图都放在这个网格对象下即可。否则，需要为多张瓦片地图创建多个网格。注意，默认的格子大小为 1，在本章的后面，你会发现这个属性非常重要，现在我们要记住这个属性。

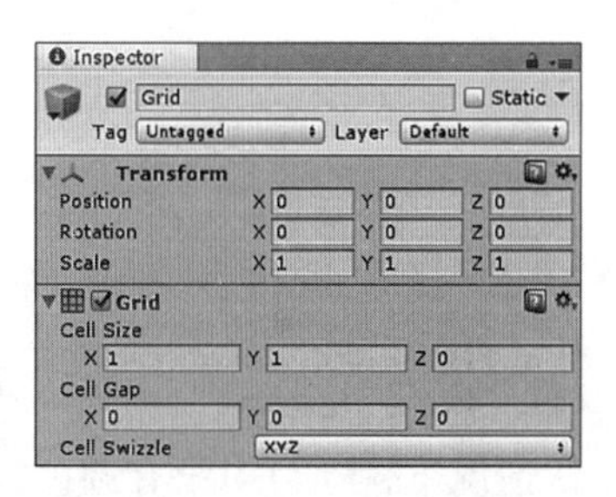

图 13-3 Grid 对象

> 提示：有角度的瓦片地图
>
> 一般情况下，瓦片地图都是紧密排列的。但也不都是这样。如果你想要某个背景瓦片地图具有一定的角度，那么可以在 Scene 视图中将它旋转一定的角度。对于交错的瓦片来说还可以移动瓦片地图的位置，或者将它们的 z 轴设置得靠后一些，从而达成内置的景深效果。

13.2 调色板

为了将瓦片绘制到瓦片地图上，首先需要将瓦片集中到一个调色板（palette）上。我们可以将它想象成画家的调色板，绘制的颜色都来自这个调色板。调色板中包含很多工具，它能帮助你按照自己的喜好制作游戏。通过 Window > Tile Palette 就可以访问瓦片调色板。Tile Palette 窗口如图 13-4 所示。

图 13-4　Tile Palette 窗口

Tile Palette 窗口

Tile Palette 窗口中拥有很多用于绘制的工具，它的中间有很大一块用于摆放瓦片。默认情况下，项目中没有调色板，所以我们需要使用 Create New Palette 下拉菜单创建一个新的调色板。

动手做▼

创建调色板

现在需要在项目中添加一些调色板。我们可以使用在上一个练习中创建的项目，如果你还没有完成上面的练习，那么先去完成那个练习。确保完成练习后保存场景，因为本章的后面还会用到这个练习的成果。准备好之后，按照下面的步骤操作：

1. 打开在上一个“动手做”中创建的场景，然后打开 Tile Palette 窗口（使用 Window > Tile Palette 命令），然后将它放置在 Inspector 视图旁边（见图 13-5）。

2. 点击 Create New Palette 创建一个新的调色板，然后将这个调色板命名为 Jungle Tiles。保持默认设置不变（如图 13-6 所示），然后点击 Create。

3. 当 Create Palette into Folder 对话框出现的时候，创建一个新的文件夹，命名为 Palettes，然后点击 Select Folder。

4. 重复第 2 步和第 3 步，创建另外一个调色板，命名为 Grass Tiles。完成这个操作后，调色板下拉菜单中应该有两个调色板，在 Active Tilemap 下拉菜单中有两个瓦片地图。

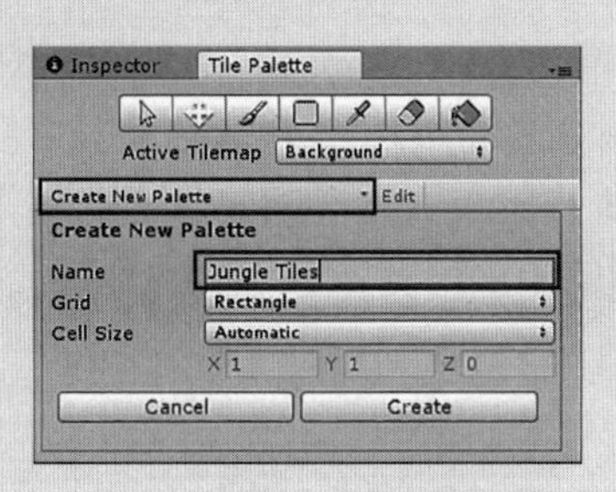

图 13-5　创建一个新调色板

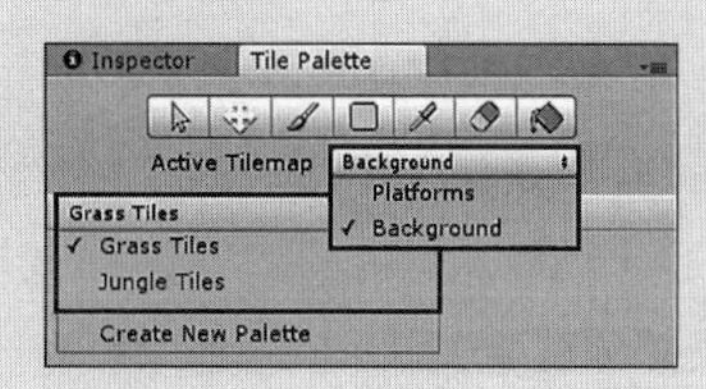

图 13-6　正确的调色板和瓦片地图

13.3　瓦片

到现在为止，我们已经做了很多准备工作，接下来可以开始使用瓦片。现在我们学习下瓦片，然后将它们绘制到瓦片地图上。一般来说，瓦片是专门给瓦片地图使用的精灵。如果实际需要，那么用于制作瓦片的精灵仍然可以用于常规精灵。只要导入精灵并进行相应的配置，它们就可以转化为瓦片，添加到调色板中，然后再绘制到瓦片地图上。

注意：疯狂的自定义瓦片

在本章中，我们将学习基本的瓦片。不过，尽管内置的瓦片选项中有丰富的功能，我们仍可以使用全新的 2D Tilemap 特性自定义瓦片的属性。如果你想要更进一步尝试——比如创建动画瓦片，甚至是使用构建在瓦片内部的游戏对象逻辑来自定义画刷——那么应该尝试使用 Unity 2D Extras 包。在本书出版的时候，这个资源包在 https://github.com/Unity-Technologies/2d-extras。这个资源包最终会导入 Unity 引擎的包管理器中，可以像其他资源一样使用。要做的事很多，要看的内容很多！

13.3.1　配置精灵

用作瓦片的精灵不需要太多设置，只需要两大步：

1. 确保精灵的 Pixel per Unit 属性与网格的 Cell Size 属性（后面你会详细学习）具有相同的大小。

2. 将精灵切片（假设精灵都在精灵清单中），你会发现精灵周围会出现一些额外的空间。可能的话，瓦片周围没有多余的空间更好。

准备瓦片可以使用的精灵的第一步看上去有些复杂，但是实际上却十分简单。比如说，在本章中，我们将会使用包含多个瓦片的精灵清单。这些瓦片的大小都是 64 × 64 像素（因为美术成品就是这么大）。因为网格的 Cell Size 属性是 1 × 1 单位，所以，我们需要将 Pixel per Unit 属性设置为 64，精灵中的每 64 像素等于格子大小的 1 个单位。

13.3.2 创建瓦片

一旦精灵准备好，我们就可以开始制作瓦片。制作瓦片非常简单，只需要将精灵拖动到 Tile Palette 窗口中正确的调色板上，然后选择保存瓦片的位置。原始的精灵还在它们之前所在的位置，不会更改。新的瓦片资源会引用原始的精灵资源。

动手做 ▼

配置精灵并创建瓦片

这个练习显示了如何配置精灵并用它们制作瓦片。我们使用本章前面创建的项目，如果你还没有完成前面的“动手做”练习，那么请回去完成这个练习。如果已经忘记了完成的步骤，可以回头看看第 12 章。当完成这个练习后，请确保将场景保存，因为本章后面还会使用这个场景。制作步骤如下：

1. 打开在上一个练习中创建的场景。创建一个新文件夹并命名为 Sprites。在随书资源中找到 GrassPlatform_Tileset 和 Jungle_Tileset 这两个精灵。将它们拖动到新创建的 Sprites 文件夹中。

2. 在项目视图中选中 GrassPlatform_Tilset 精灵，然后在 Inspector 视图中查看它的属性。将 Sprite Mode 设置为 Multiple，然后将 Pixels per Unit 设置为 64。点击 Apply。

3. 打开 Sprite Editor，然后点击左上角的 Slice 按钮，将 Type 设置为 Grid By Cell Size，然后将 X 和 Y 的 Pixel Size 属性设置为 64（见图 13-7）。

4. 点击 Slice，然后应用 Apply，最后关闭 Sprite Editor 窗口。

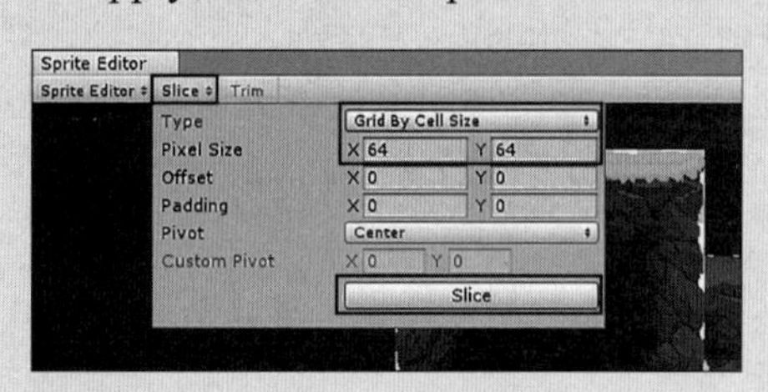

图 13-7　切分精灵清单

5. 在 Jungle_Tileset 上重复第 2 ~ 4 步。这个精灵比青草瓦片大一点，所以将 Pixels per Unit 以及 X 和 Y 的 Pixel Size 属性设置为 128。

6. 确保 Tile Palette 窗口处于打开状态，然后将它停靠在 Inspector 视图旁边。同时还要确保 Grass Tiles 调色板处于激活状态。将 GrassPlatform_Tileset 精灵拖动到 Tile Palette 窗口的中心（见图 13-8）。

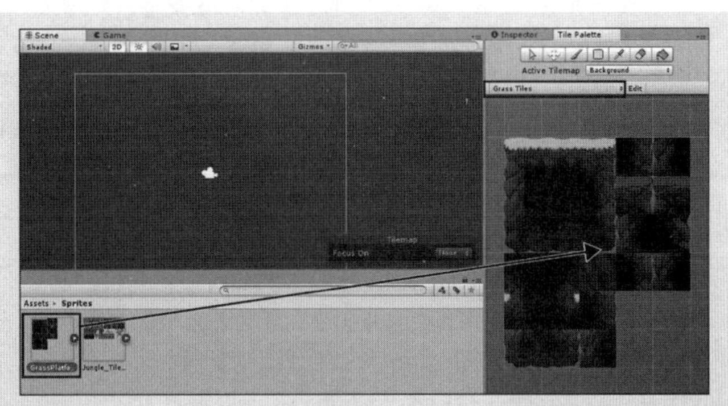

图 13-8 将精灵转化为瓦片

7. 当出现 Generate Tiles into Folder 对话框的时候，创建一个新的文件夹，命名为 Tiles，然后点击 Select Folder 按钮。

8. 在 Tile Palette 窗口中，将激活的调色板更改为 Jungle Tiles，然后对 Jungle_Tileset 重复执行第 6 步和第 7 步。

现在已经将精灵配置好，并且也创建了瓦片，下面我们开始制作瓦片地图。

13.3.3 绘制瓦片

如果想要将瓦片绘制到瓦片地图上，需要注意三件事：选中的瓦片、激活的瓦片地图以及所选的工具（见图 13-9）。如果想要选取绘制的瓦片，可以点击单个瓦片，也可以通过拖动选中多个瓦片。当你想要将多个瓦片绘制在一起（比如说复杂的屋顶）时，通过拖动选取瓦片的方式十分实用。

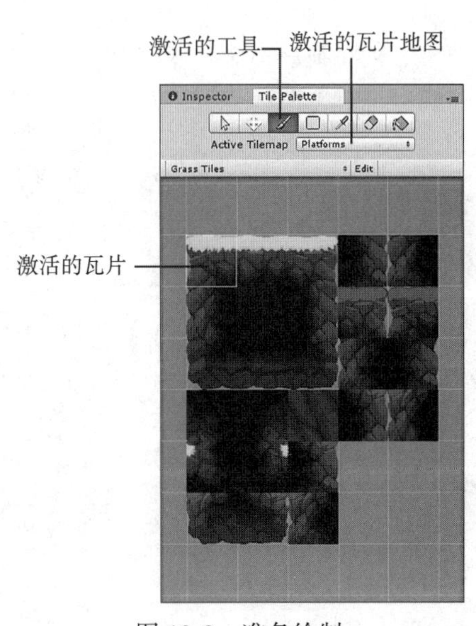

图 13-9 准备绘制

当一切准备就绪，点击 Scene 视图，准备开始在瓦片地图上绘制。表 13-1 列出了显示在 Tile Palette 窗口（从左到右）中的工具。

表 13-1　Tile Palette 窗口中的工具

工具	描　述
Select	用于在瓦片地图上选取一个瓦片或者一组瓦片
Move	用于在瓦片地图上将选取范围从一个位置移动到另外一个位置
Paint	用于将当前高亮的瓦片（调色板中）绘制到激活的瓦片地图上。点击并拖动就会一次性绘制多个。绘制的过程中按住 Shift 键会将这个工具切换为 Erase。绘制的过程中按住 Ctrl 键（Mac 上是 Command 键），就会转化为 Picker
Rectangle	用于在瓦片地图上绘制一个矩形，然后使用当前高亮的瓦片填充它
Picker	用于在瓦片地图上选取一个瓦片进行绘制（而不会在调色板中让它高亮显示）。这个工具让绘制重复的复杂瓦片组更便捷
Erase	用于擦除当前激活的瓦片地图中的一个瓦片或者一组瓦片
Fill	使用当前高亮的瓦片填充一个区域

动手做 ▼

绘制瓦片

现在开始绘制瓦片。我们将会使用本章前面创建的项目，所以如果你还没有完成那个练习，那么需要回头去完成。请确保保存这个场景，因为本章后面我们还会用到这个场景。请按照下面的步骤操作：

1. 打开在上一个“动手做”练习中创建的场景。

2. 在 Tile Palette 窗口打开的情况下，选中 Jungle Tiles 这个调色板，然后确保 Active 瓦片地图被设置为 Background。

3. 开始选择瓦片，然后将它们绘制到 Scene 视图中（见图 13-10），切换瓦片再绘制，直到你创建了一幅喜欢的丛林背景图。

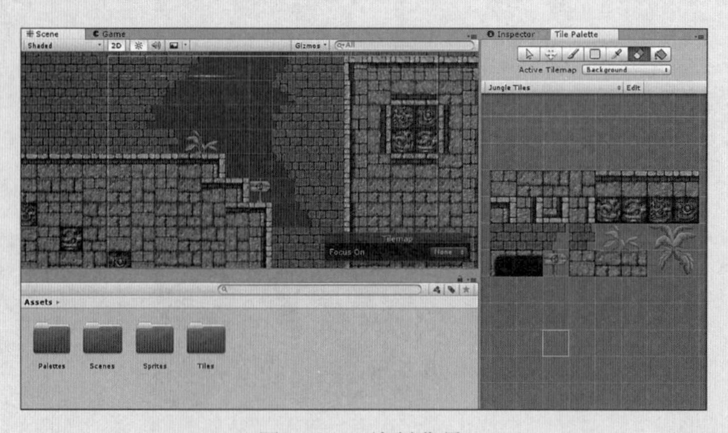

图 13-10　绘制背景

4. 切换到 Grass Tiles 调色板，然后将 Active 瓦片地图切换为 Platforms。

5. 为关卡设置一些带有草坪的平台。后面我们会使用一个角色控制器在这个平台上奔跑，所以请确保制作一些玩家可以跳上跳下的物件（见图 13-11）。

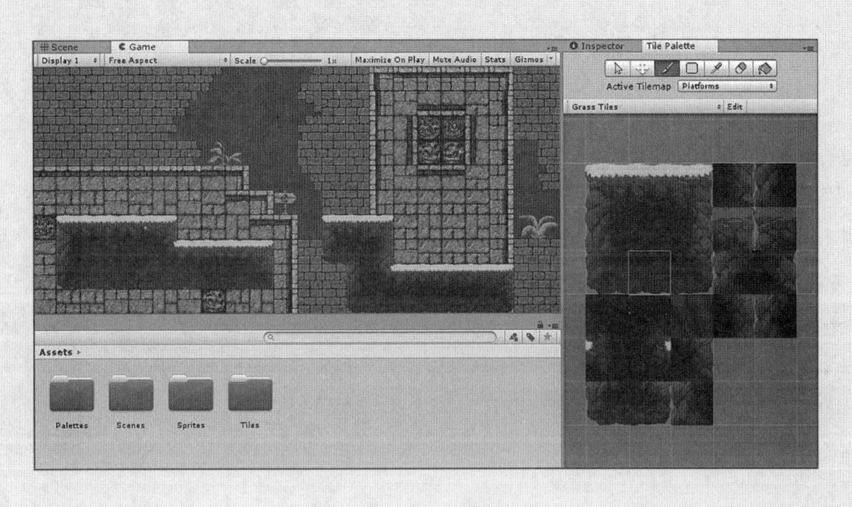

图 13-11　完成的关卡

提示：强化控制

有很多快捷键可以帮助你查找和绘制正确的瓦片。首先 Tile Palette 窗口使用与 2D Scene 视图相同的导航快捷键。也就是说，你可以使用滚轮缩放，还可以使用右键单击并拖动的方式来移动画布。当绘制瓦片的时候，你可以翻转瓦片，产生新奇有趣的设计。在绘制之前，使用“,”(逗号)“.”(点号)键旋转瓦片。同样，使用“Shift+,”可以水平翻转，使用“Shift+.”可以垂直翻转。

13.3.4　自定义调色板

可能你已经发现调色板并不是按照最方便的方式排列。当你使用将精灵拖动到调色板的方式创建瓦片的时候，Unity 会将它直接放到调色板中，而不是按照直观易用的方式排布。幸好，你可以自定义调色板来满足自己的需求。点击 Tile Palette 窗口（见图 13-12）的 Edit 按钮，然后使用调色板工具绘制、移动或者修改瓦片。你甚至可创建多个相同瓦片的副本，然后翻转它们以方便使用。

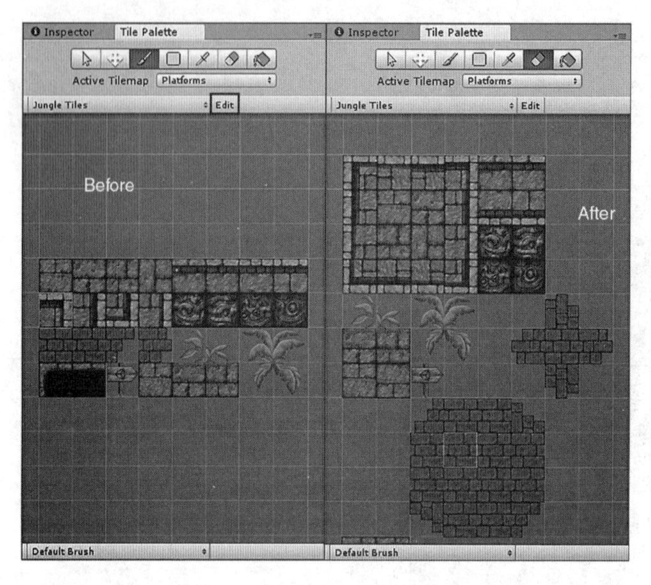

图 13-12 编辑瓦片调色板

13.4 瓦片地图和物理

你已经学会了制作瓦片地图来创建一个崭新的 2D 关卡。如果现在开始尝试体验这个关卡，你会发现角色会从地板上掉下去。我们学习为瓦片地图添加碰撞体。

13.4.1 瓦片地图碰撞体

按照之前的经验，你可能想在瓦片周围手动添加盒子碰撞体，从而为这个关卡添加碰撞效果。为什么要这么麻烦呢？完全不需要！你可以使用 Tilemap Collider 2D 组件来自动处理碰撞。这个碰撞体除了应用于瓦片地图，还能像你之前接触的那些碰撞体一样使用。你要做的就是选中想要添加碰撞的瓦片地图，然后使用 Component > Tilemap >Tilemap Collider 2D 添加这个碰撞体。

动手做▼

添加 Tilemap Collider 2D 组件

在这个练习中，我们将会通过为场景中的平台添加碰撞体完成贯穿本章的场景。我们将会使用本章前面创建的项目，所以如果你还没有完成前面的“动手做”练习，需要先完成那些练习，然后再回来做这个练习。操作步骤如下所示：

1. 打开“绘制瓦片”练习中创建的场景，导入 2D 标准资源（使用 Assets > Import Package > 2D 命令）。

2. 找到名为 CharacterRobotBoy 的预设（在 Assets\Standard Assets\2D\Prefabs 文件夹中），然后将它拖动到场景中的某个平台上。你可能想要更改预设的缩放大小为（1, 1, 1）。

3. 进入游戏模式，我们发现机器人会从平台上掉下去。先退出游戏模式。

4. 选中 Platforms 游戏对象，然后在上面添加一个 Tilemap Collider 2D 组件（选中 Add Component > Tilemap > Tilemap Collider 2D）。注意碰撞体在每块独立的瓦片周围（见图 13-13）。

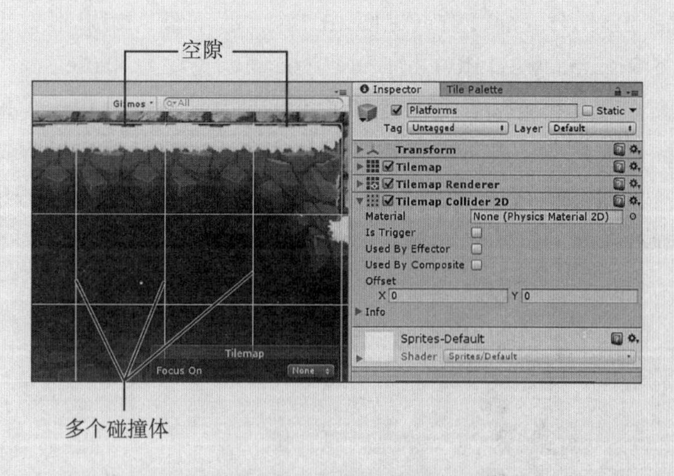

图 13-13　Tilemap Collider 2D 组件

5. 再次启动场景进入游戏模式，我们发现现在机器人会站在平台上面。如果放大场景，就会发现碰撞体刚好贴合在瓦片周围，在草地平台和它的碰撞体之间有一些空隙（参见图 13-13）。

6. 在 Tilemap Collider 2D 组件上，将 Y 的偏移量设置为 -0.1，让碰撞体降低一点。然后再次进入游戏模式，你会发现现在机器人已经站在草地上了。

瓦片上的碰撞体让这个关卡变得完整可玩。其中有一个问题值得注意：为每个瓦片都添加一个碰撞体的行为非常低效，而且还会产生性能问题。可以使用名为 Composite Collider 2D 的组件来解决这个问题。

提示：碰撞精度

当你在瓦片地图上使用碰撞体的时候，可能需要针对正在移动的对象的刚体组件做一些更改。因为 Tilemap Collider 2D 组件以及 Composite Collider 2D 组件的边缘都特别薄，所以有的时候发现碰撞体很小的对象或者移动速度很快的对象会卡住。如果出现这种情况，需要将有问题的刚体的 Collision Detection 属性设置为 Continuous。这样做就可以防止瓦片地图中绝大多数的碰撞体问题。

13.4.2 使用 Composite Collider 2D 组件

复合（composite）碰撞体就是一个包含了很多其他碰撞体的碰撞体。从某种程度上说，它允许你将所有独立的瓦片碰撞体集中在一个大的碰撞体中。这样做的一个好处就是，每当你添加或者更改一个瓦片的时候，碰撞体就会自动适配。使用 Add Component > Physics 2D > Composite Collider 2D 命令就可以添加一个 Composite Collider 2D 组件。当添加了一个 Composite Collider 2D 组件之后，同时也会添加一个 Rigidbody 2D 组件，它的功能是让 Composite Collider 2D 组件正常工作（见图 13-14）。很明显，如果不想让瓦片因为重力而坠落，那么需要将 Rigidbody 2D 组件的 Body Type 属性更改为 Static。

添加了一个复合碰撞体之后，瓦片地图看不出来有什么大的变化。每个瓦片仍然有一个自己的碰撞体。这是因为，你需要告诉碰撞体它应该被复合使用。要做到这一点，需要勾选 Used By Composite 复选框。完成这个操作之后，所有的碰撞体都会被集中到一个更大（也更高效）的碰撞体之中。

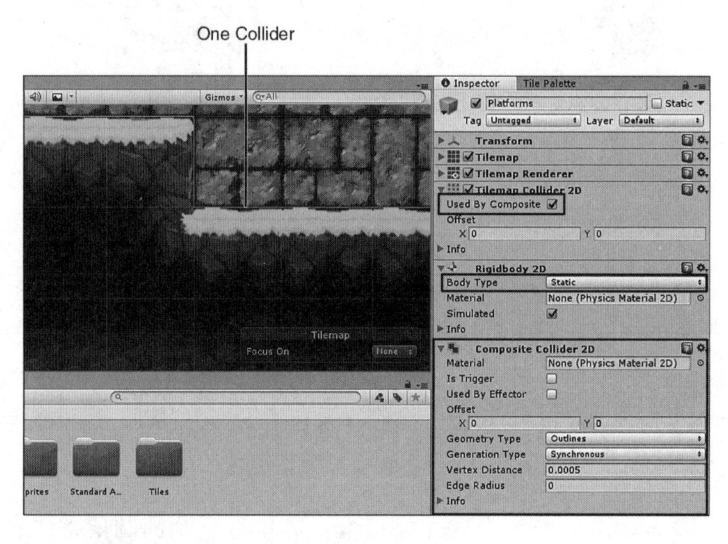

图 13-14 Composite Collider 2D 组件

13.5 本章小结

我们学习了使用 Unity 的瓦片地图系统创建 2D 世界。本章首先介绍了瓦片地图，然后创建了调色板并配置精灵，让它作为瓦片添加。一旦准备好瓦片，就可以绘制构建关卡的一系列瓦片地图。最后我们学习了如何为瓦片地图添加碰撞体。

13.6　问答

问：构建 2D 世界的时候，瓦片地图可以和常规的精灵一起混合使用吗？

答：当然可以。瓦片仅仅是一种特殊的精灵。

问：有没有不适合用瓦片地图制作的关卡类型？

答：瓦片地图适合制作重复且模块化的关卡。由大量不规则形状组成的关卡或者全部由独立的、非重复的精灵构成的关卡不适合使用瓦片地图制作。

13.7　测验

花些时间完成下面的练习，确保掌握了本章的内容。

问题

1. 什么组件定义了瓦片地图的共享属性（例如 Cell Size）？
2. 在将瓦片绘制到瓦片地图上之前，它们被放在哪里？
3. 什么碰撞体允许将多个碰撞体混合在一起使用？

答案

1. Grid 组件。
2. 调色板。
3. Composite Collider 2D 组件。

13.8　练习

在这个练习中，我们将会尝试对之前创建的瓦片地图进行一些修改来加强表现力和可使用性。有很多做法可以尝试：

1. 尝试涂满整个瓦片地图并对它们进行修改直到满意为止。

2. 尝试在场景中添加一个 Foreground 瓦片地图，在上面增加一些植物和岩石的元素。

3. 尝试添加一个 2D 角色和一个跟随角色的摄像机，用于测试完整的关卡。随书资源中包含了一个名为 CameraFollow.cs 的脚本，可以帮助摄像机跟随角色移动。

4. 尝试修改背景瓦片地图的 z 轴，让它远离摄像机。用这种方式，可以创建一种自然的景深效果。记住：只有在正交摄像机的情况下才能看到这种效果。

5. 尝试修改背景瓦片地图组件的颜色属性，让背景图片看起来更朦胧、更有距离感。

Chapter 14 第 14 章

用户界面

用户界面（User Interface，UI）是一组特殊的组件，它们负责给用户发送信息以及读取来自用户的信息。在本章中，你将学习使用 Unity 的内置 UI 系统。首先学习 UI 的基础知识。然后尝试不同的 UI 元素，比如文本、图片、按钮等。在本章的最后，我们会为游戏创建一个简单但完整的菜单系统。

14.1 UI 的基本原则

用户界面是一个特殊的层，它用于给用户展示信息，也可从用户那里获得一些简单的输入信息。展示的信息和输入的信息使用 HUD（Heads Up Display，平视显示）的形式绘制在游戏的顶层，或者显示在 3D 世界中的对象上。

在 Unity 中，UI 基于画布（canvas）构建，所有的 UI 元素都在画布上绘制。为了让 UI 可以正常工作，画布需要是其他 UI 元素的父节点，同时画布也是驱动整个 UI 系统的主要对象。

> 提示：UI 设计
>
> 一般说来，你应该提前进行 UI 规划。考虑在屏幕上将显示哪些信息，在什么地方显示，以及如何显示这些信息。信息太多会让屏幕看起来混乱不堪，信息太少又会让玩家感到困惑拿不定主意。所以，尽量寻找一些方式来压缩信息，尽量让展示给玩家的信息简洁明了，这样做玩家将会感谢你。

提示：新的UI系统

在4.6版本之后，Unity添加了一个全新的UI系统。在之前的版本中，我们不得不使用很多冗长的代码来创建UI，但是现在制作UI已经容易多了。Unity中还存在旧UI系统。如果你熟悉之前的那一套UI系统，可能还会使用它们。但是最好不要这样做。旧UI系统之所以存在，是为了给调试、向后兼容以及编辑器扩展使用的。旧UI系统完全不如新系统高效强大。

14.2 画布

画布是构建UI的基石，所有的UI元素都在画布中。场景中所有的UI元素在Hierarchy视图中看都是画布的子对象，而且它们也必须得是画布的子对象，否则就会在屏幕上消失。

在场景中添加一个画布非常简单。只需要使用GameObject > UI > Canvas命令。一旦将画布添加到场景中，就可以开始制作剩下的UI。

动手做▼

添加画布

让我们按照下面的步骤在场景中添加一个画布，然后研究画布的特性：

1. 创建一个新项目（2D或者3D都可以）。
2. 在场景中添加一个UI画布（使用GameObject > Ui > Canvas命令）。
3. 缩小画布（双击Hierarchy视图中的画布），观察画布的全貌。注意它的大小。
4. 注意Inspector中画布奇怪的变换组件（Transform Component）。它是一个Rect交换，后面我们会简单介绍。

注意：事件系统

可能你已经注意到了，当你在场景中添加一个画布的时候，还会添加一个EventSystem游戏对象。这个对象总是随着画布一起添加到游戏场景中。事件系统允许用户通过按下按钮或者拖动元素来与UI进行交互。除了事件系统，没有其他对象知道UI是否被调用，所以不要删除这个对象。

警告：性能问题

画布的效率非常高，这是因为它将所包含的UI元素转化为了场景中的单个静态对象。这样处理速度就非常快。缺点就是当UI的任何一部分发生变化的时候都要重新构建。这是一个缓慢而又低效的过程，可能导致游戏中明显的卡顿。因此，最好使用画布组件来将对象分开，将总是变化的UI对象放到单独的画布中，这样当它们发生变化的时候，只会让部分UI重新绘制，就可以大大提高效率。

14.2.1 Rect Transform

你可能已经注意到画布（还有其他 UI 元素）都有一个 Rect Transform 组件而不是你所熟悉的常规 3Dy 变换组件。Rect 是 rectangle 的简写，这种变换方式可以非常灵活地控制 UI 元素的位置以及缩放大小。它可以保证你创建的 UI 能在各种设备上使用。

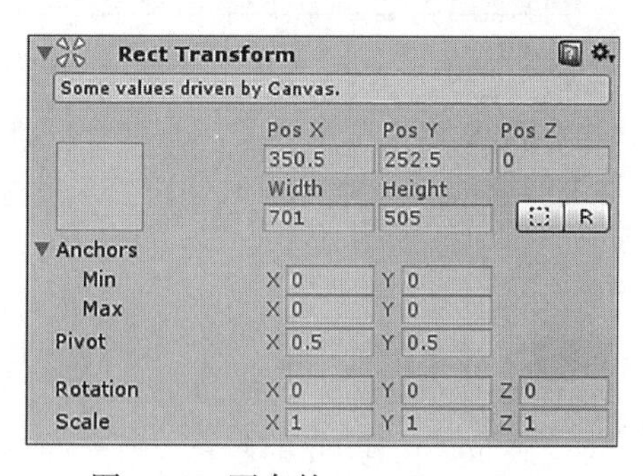

图 14-1 画布的 Rect Transform

让我们看一下本章前面创建的画布，它的 Rect Transform 是灰色的（见图 14-1）。这是因为，在当前的状态下，画布继承了 Game 视图的数值（也就是游戏所运行的设备的分辨率和长宽比），这也就意味着画布总是占据了整个界面。制作 UI 时，一个好的工作流程就是首先选择 UI 将会运行的目标设备的分辨率和长宽比。在 Game 视图（见图 14-2）的 Aspect Radio 下拉菜单中可以进行相应的修改（见图 14-2）。

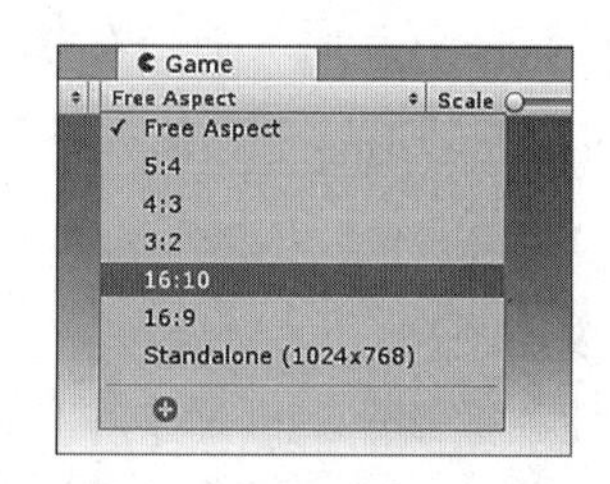

图 14-2 设置游戏的长宽比

Rect Transform 的工作方式与传统的变换的工作方式有些区别。对于一般的 2D 和 3D 对象来说，变换的主要功能是确定一个对象距离世界原点多远（或者与什么对齐）。但是 UI 并不关心它与世界原点之间的关系，它更关心与锚点（后面我们将会学习关于 Rect Transform 和锚点的知识，当创建了 UI 元素之后就可以使用它们）之间的关系。

14.2.2 锚点

制作 UI 元素的核心概念之一就是锚点（Anchor）。每个 UI 元素都有一个锚点，使用锚点可以找到 UI 元素相对于父 Rect Transform 的世界坐标。锚点决定了当 Game 窗口发生大小或者形状改变的时候，UI 元素的位置及大小。除此之外，锚点还有两个“模式”：together 和 split。当锚点处于 together 模式的时候，游戏对象通过距离锚点的距离（以像素为单位）来确定自身位置。当锚点处于 split 模式的时候，UI 的大小基于它的边框的每个角到 split 锚点每个角的距离（以像素为单位）。是不是一头雾水？让我们动手做一做，看看效果！

动手做 ▼

Rect Transform 的使用

Rect Transform 和锚点的概念很容易让人感到困惑，所以按照下面的步骤操作一遍，让我们加深了解：

1. 创建一个新场景或者项目。
2. 添加一张 UI 图片（使用 GameObject > UI > Image 命令）。注意，如果向没有画布的场景中添加一张图片，Unity 会在场景中自动添加一个画布，然后将图片放在上面。

3. 执行放大操作，直到可以看清整张图片和画布。注意，场景在 2D 模式（点击 Scene 视图顶部的 2D 按钮）下更容易处理 UI 相关的操作，也更便于使用 Rect 工具（快捷键：T）。

4. 在画布上拖动图片，也尝试一下在画布上拖动锚点。注意观察图片的轴心距离锚点有多远。同时还要注意观察，当你在画布上拖动图片或者锚点的时候，Inspector 视图中 Rect transform 的属性变化。

5. 现在，让我们更改锚点的模式。拖动锚点的任意一角，让它与其他角分开，当锚点处于 split 模式的时候，再次移动图片。注意观察 Rect Transform 的属性更改（见图 14-4）。（注意：Pos X，Pos Y ,Width, Height 这些属性都去哪里了？）

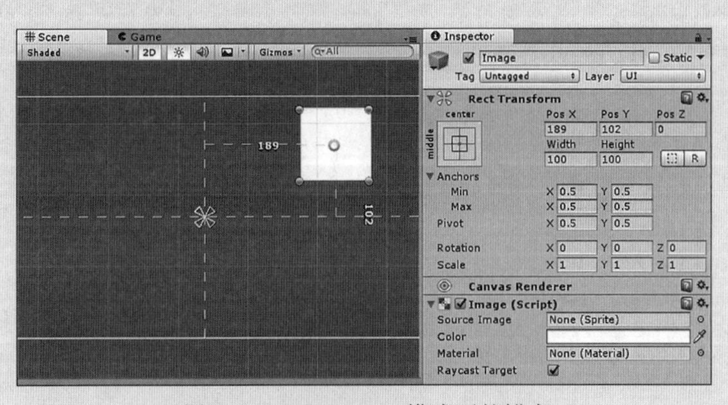

图 14-3　single point 模式下的锚点

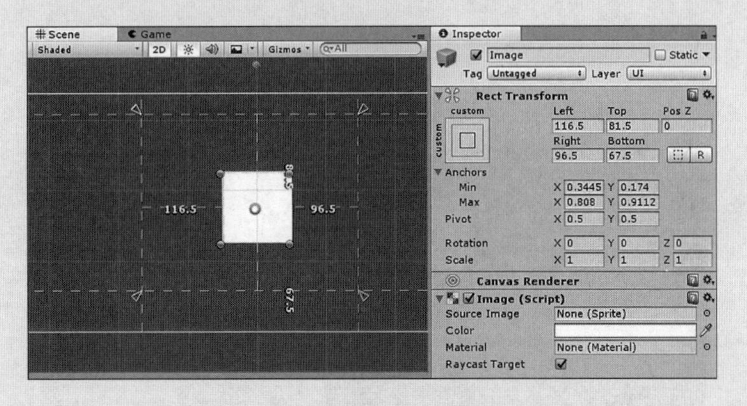

图 14-4　split 模式下的锚点

所以，锚点分开（或者在一起）的作用是什么呢？简单地说，单个的锚点就是一个用于固定 UI 元素相对于某个点的距离的点。所以，当更改画布大小的时候，UI 元素的大小不会改变。分开的锚点用来确定 UI 元素的各个角落相对于锚点各个角的距离。当画布大小发生变化的时候，UI 元素的大小也会发生变化。在 Unity 编辑器中很容易观察这个效果。使用前面的例子，如果选中一张图片，然后单击并拖动画布（如果图片还有其他父节点，那么也可以选中图片的其他父节点）边缘，就会显示出单词 preview，当你使用不同分辨率的时候，就可以观察发生了什么现象（见图 14-5）。尝试使用单个锚点和分开锚点的情况，观察它们的不同行为。

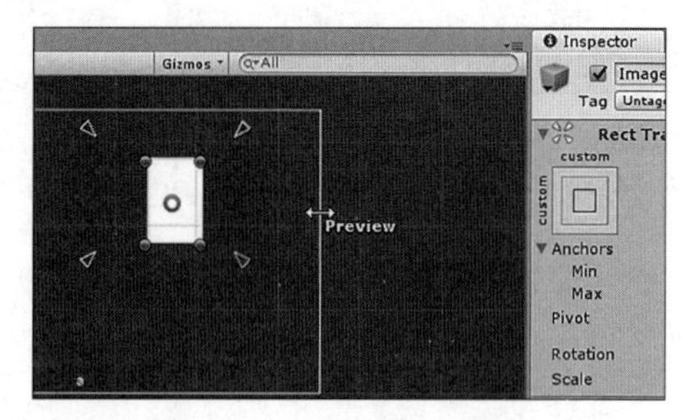

图 14-5　预览画布的更改

> **提示：正确使用锚点**
>
> 刚开始接触锚点可能会感觉有些奇怪，但是理解锚点的作用是理解 UI 的关键。获取了锚点，就可以获取 UI 元素的位置。设置 UI 坐标的时候，一个良好的习惯是：先设置锚点的坐标，再设置对象的坐标，这是因为对象会对齐到锚点，反之则不行。
>
> 当你养成这个习惯（先确定锚点的位置，再设置对象的位置）之后，一切都变得相当简单。花一些时间好好学习锚点，直到你完全理解了它。

> **提示：锚点按钮**
>
> 我们并不需要每次都通过拖曳锚点来设置它们在场景中的位置。我们也可以在 Inspector（1 代表 100%，0.5 代表 50%，以此类推）的 Anchors 属性中设置锚点的值。如果工作实在太多，感觉手动设置的方法也不够方便的话，可以使用锚点按钮来帮你设置锚点（还有轴心和位置），Unity 预设置了 24 个位置（见图 14-6）。有的时候使用它们也很方便。

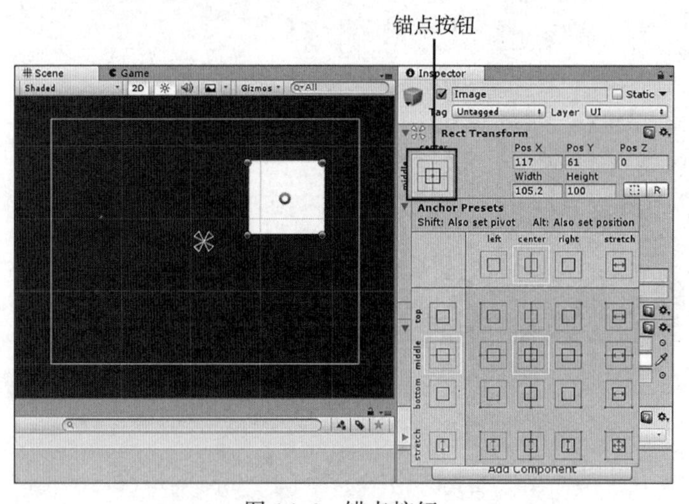

图 14-6　锚点按钮

14.2.3　其他 Canvas 组件

到现在为止，我们一直都在讨论画布，还没有介绍实际的 Canvas 组件。说实话，这个组件本身没有太多要关注的。你不需要了解渲染模式，本章后面我们会详细介绍。

因为使用的 Unity 版本不同，所以画布上可能带有额外的组件。这些组件都非常简单，本章不会详细介绍（因为有太多其他更值得介绍的内容）。Canvas Scaler 组件允许你指定 UI 元素的大小在不同目标设备上的变化方式（比如网页上的 UI 元素如何在高分辨率的 Retina iPad 屏幕上显示）。Graphical Raycaster 组件与 EventSystem 对象搭配使用，能让 UI 获得按钮点击和屏幕触摸效果。它可以在不将整个物理引擎都引入的情况下让你使用射线功能。

14.3　UI 元素

介绍了那么多画布相关的知识后，你可能已经有些疲倦，所以，让我们学习一些 UI 元素（也称为 UI 控件）。Unity 包含很多内置的控件可以直接使用。如果没找到你想要使用的控件也不要慌。Unity 开源了它的 UI 库代码，Unity 社区成员开发了大量的自定义控件。事实上，如果你想接受一些挑战，还可以创建自定义的控件，然后分享给大家。

Unity 中有很多可以添加到场景中的控件。大多数控件都是由两种基本的元素组成：图片和文字。仔细想想就会明白为什么会这样：面板（Panel）只是一张全尺寸的图片，按钮不过是带有文字的图片，滑块不过是将三张图片叠在一起。事实上，整个 UI 就是由基础模块构成的系统，你可以根据自己的喜好将基础功能组合在一起，构建期望的功能。

14.3.1　图片

图片是 UI 系统中的基本组成元素。它可以用于制作背景图片、按钮、徽标（logo）、血条等类似的功能。如果你完成了本章前面的练习，那么对图片应该有了一些了解，现在我们要深入了解一下。正如前面所示，我们使用 GameObject > UI > Image 命令向画布中添加一张图片。表 14-1 列出了图片的属性，它不过是一个带有 Image 组件的游戏对象。

表 14-1　Image Component 的属性

属性	描　述
Source Image	指定用于显示的图片。这张图片必须是一个精灵（关于精灵的知识，请参考第 12 章中的内容）
Color	当颜色和不透明度发生变化的时候应用于图片
Material	指定将要应用于图片的材质（如果有的话）
Raycast Target	用于确定图片是否可点击
Image Type	指定用于图片的精灵类型。这个属性影响图片的缩放和铺放方式
Preserve Aspect	确定图片是否忽略缩放，保持原有的高宽比
Set Native Size	将图像对象的大小设置为图像本身的大小

除了图片的这些基础属性，不需要额外了解其他属性。让我们做一个练习看看使用图

片有多么简单。

动手做▼

使用图片

让我们创建一张背景图片。这个练习使用了随书资源中的 BackgroundSpace.png 文件。让我们按照下面的步骤操作：

1. 创建一个新场景或项目。
2. 将 BackgroundSpace.png 导入项目，确保是按照精灵的方式导入（如果不记得怎么操作，请参考第 12 章的内容）。
3. 在场景中添加一张图片（使用 GameObject > UI > Image 命令）。
4. 将图片 BackgroundSpace 设置到图片对象的 Source Image 属性上。
5. 重新调整图片的大小让它填充整个画布。切换 Game 视图，查看当高宽比发生变化的时候图片会发生什么变化。你会发现图片可能被切断或者超出屏幕范围。
6. 拆分图片的锚点，让四个锚点分别处于画布的四个角落（见图 14-7）。现在切换到 Game 视图，查看当高宽比发生变化的时候，图片会有什么变化。你会发现：图片总是会填充整个屏幕而不会被截断——虽然图片可能会被拉伸。

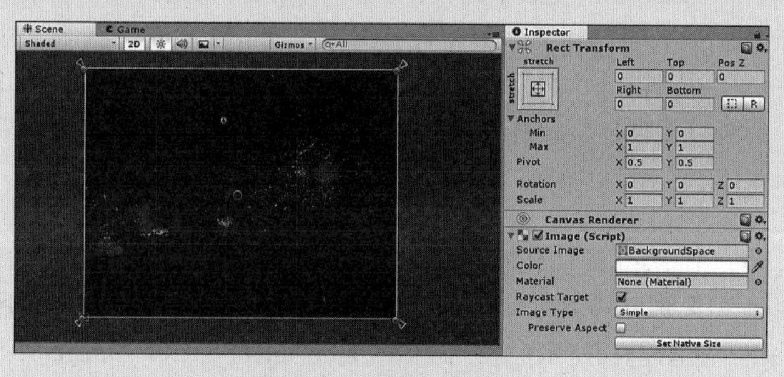

图 14-7　延展图片和锚点

注意：UI 材质

如图 14-7 所示，前一个练习中的图片组件有一个 Material 属性。注意，Material 是一个可选的属性，UI 可以没有这个属性。进一步说，在当前画布的渲染模式（本章后面会详细介绍）下，Material 属性没有起到多少作用。在其他模式下，Material 属性允许你在 UI 元素上使用灯光或者着色器效果。

14.3.2　文本

文本对象（仅有一个文本组件）是向用户展示文字信息的元素。如果之前用过文本格式化相关的软件（比如博客写作工具、Word 或者 WordPad 这种文字处理工具或者其他任何用于处理文字格式的工具），那么就会很熟悉这个Text组件。使用GameObject > UI > Text命令就可以向画布中添加一个Text组件。表14-2列出了Text组件的属性。因为从大多数属性的属性名就能看出这个属性的作用，所以我们只列出了新的或者特殊的属性。

表 14-2 Text 组件的属性

属性	描述
Text	要显示的文本
Rich Text	是否在文本中支持富文本标签
Horizontal Overflow and Vertical Overflow	如何处理文本无法显示在文本区域内的情况。Wrap的意思是文本显示在下一行。Truncate的意思是超出文本区域的文本都会被删除。Overflow的意思是文本可以超出文本区域的大小。如果文本与文本区域的大小不匹配，而且没有设置Overflow属性，那么文本可能会消失
Best Fit	Overflow的替代功能（如果使用了Overflow属性，那么这个功能就不会生效）。重新调整文本字体的大小，使其能够填充在Text对象的边框内。使用Best Fit属性时，你可以选择一个最大值和一个最小值。为了填充整个文本区域，字体大小可以在这两个值之间变化

最好花一些时间体验不同设置的效果，尤其是Overflow和Best Fit这两个属性。如果不明白这些属性的作用，那么当出现文本消失的问题的时候，你可能会觉得莫名其妙（因为文本可能被截断），导致浪费时间去寻找原因。

14.3.3 按钮

按钮是可以接收用户点击输入的元素。第一眼看上去好像有些复杂，但是请记住，我们前面已经提到过，按钮不过是一张带有文本对象的图片，又额外添加了一些功能罢了。使用GameObject > UI > Button命令可以在场景中添加一个按钮。

按钮与之前介绍的控件不同的一点是它具备交互性。正因如此，它有一些有趣的属性和特性。比如说，按钮可以有过渡效果，可以被导航到，它们还有OnClick事件处理。表14-3列出了Button组件的属性。

表 14-3 Button 组件的属性

属性	描述
Interactable	指定用户是否可以点击按钮
Transition	指定按钮如何响应用户交互（见图14-8）。可用的事件有Normal（不交互）、Highlighted（鼠标划过）、Pressed以及Disabled。默认情况下，按钮仅会简单地更改颜色（Color Tint）。你也可以移除所有的过渡效果（None），或者让按钮更改图片的效果（Sprite Swap）。最后，选择Animation来使用动画效果，它可以让按钮看起来更有吸引力
Navigation	指定当用户使用控制器或者摇杆的时候（也就是说没有鼠标或者触摸屏），如何在按钮之间切换。点击Visualize可以让你看到如何在按钮之间切换。这个属性生效的前提是画布上有多个按钮
On Click()	指定当点击按钮的时候，会触发什么事件（本章后面会详细介绍这个属性）

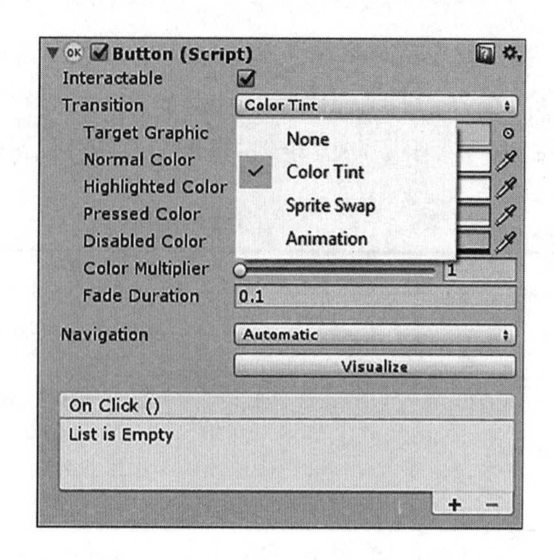

图 14-8 Transition 类型选择器

On Click()

当用户惊讶于各种各样的按钮效果的时候，他们就会尝试点击这些按钮。你可以使用按钮的 On Click() 属性调用脚本中的函数来访问其他组件，打开 Inspector 视图，可以在底部看到这个属性。你可以向要调用的函数中添加任何想要的参数，这样设计人员就可以在不写代码的情况下控制按钮的行为。这个功能高级一点的用法是调用对象上的一个方法或者让摄像机直接观察某个目标。

动手做▼

使用按钮

按照下面的步骤练习所学的知识，创建一个按钮，设置不同的颜色变换方式，当点击按钮的时候更改按钮文本的内容。

1. 创建一个新项目或者新场景。

2. 在场景中添加一个按钮（使用 GameObject > UI > Button 命令）。

3. 在 Inspector 的 Button（Script）组件下，将 Highlighted Color 设置为红色，然后将 Pressed Color 设置为绿色（最后的设置见图 14-9）。

4. 在 Inspector 视图中，点击底部的 + 号添加一个新的 On Click() 事件（见图 14-9）。现在这个事件处理器开始查找要操作的对象，默认值是 None。

5. 在 Hierarchy 视图中展开按钮对应的游戏对象，查看 Text 子对象。将 Text 对象拖动到事件处理器的 Object 属性上。

6. 在下拉菜单中（默认值是 No Function），指定要对选定的对象执行的函数。点击下拉框（见图 14-10 #1），然后选择 Text（#2）>string text（#3）。

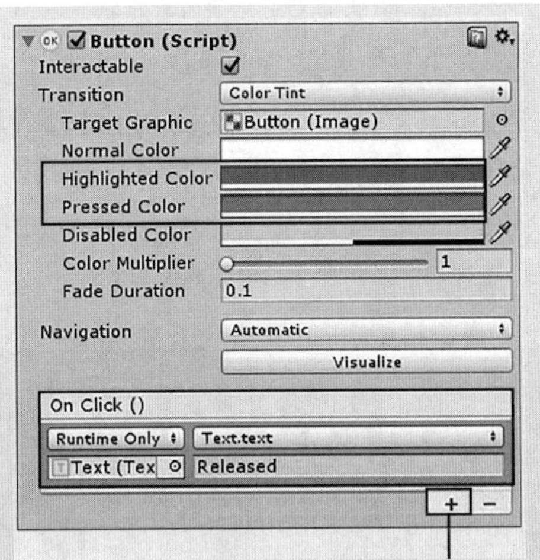

图 14-9　按钮最终的设置

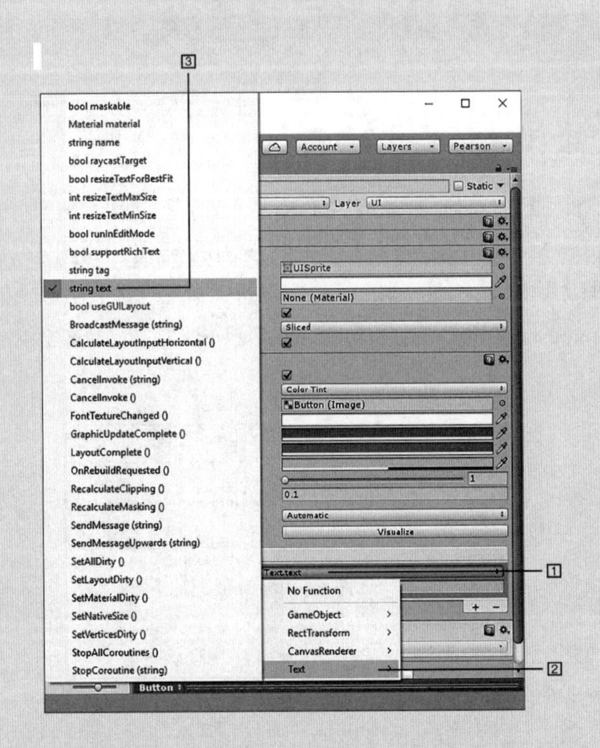

图 14-10　设置点击事件来更改按钮的文本

7. 在输入框中输入 Released。

8. 运行游戏，用鼠标划过按钮，按下按钮不动，然后再释放按钮。注意在这个过程中的颜色和文本的变化。

提示：元素排序

现在你已熟悉了各种 UI 元素，是时候开始讲解如何绘制它们了。可能你已经注意到，本章前面介绍的 Canvas 组件有一个 Sorting Layer 属性（就像在其他章看到的 2D 图片一样）。这个属性用于相同场景中的多个画布的排序。对同一个画布中的 UI 元素，我们按照它们在 Hierarchy 视图中的顺序排序。因此，如果想让一个对象在另外一个对象上面绘制，可以将它放在下面，这样它就会后绘制。

提示：Presets

在 Unity 2018.1 中增加了一个组件 preset(也称为预设，但是与 prefab 不同）的概念。preset 保存了组件的属性（比如说 UI Text 组件），它可以应用于快速创建新组件。presets 菜单在组件的右上角，在 Inspector 视图中的设置按钮旁边。虽然所有组件都可以使用 preset，之所以在这里着重提到它，是因为它特别适合保存 UI 组件的属性。一个常见的应用场景就是，想要游戏中所有的文字都有相同的设置，可能你不想将所有的文本都制作成 prefab，所以现在只需要在文本上应用 preset 就能快速地保持文本属性的统一。

14.4 画布的渲染模式

Unity 提供了三种强大的选项控制 UI 显示在屏幕上的方式。在 Inspector 中选中 Canvas，然后在 Render Mode 中就可以选择想要使用的模式，如图 14-11。每种画布模式的使用都非常复杂，所以不必急着现在就要掌握它们。现在我们的目标是从整体上介绍一下各个模式（Screen Space-Overlay、Screen Space-Camera 以及 World Space)，然后你选择适合自己的模式即可。

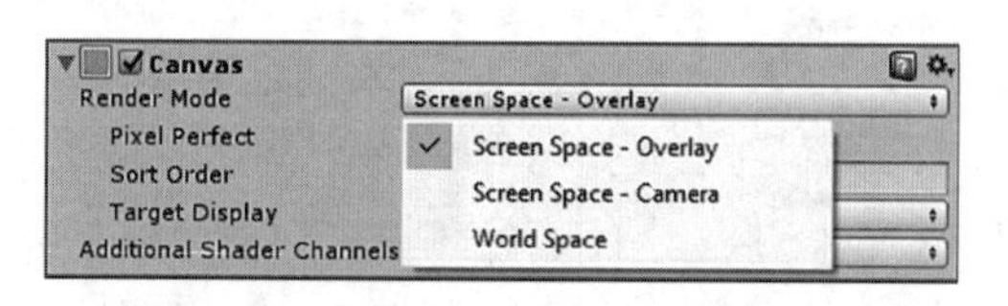

图 14-11　三种不同的画布渲染模式

14.4.1 Screen Space-Overlay

Screen Space-Overlay 是默认的渲染模式，它是最易于使用且最强大的画布渲染模式。处于 Screen Space-Overlay 模式的 UI 将会绘制在屏幕的最顶层，而不管游戏世界中摄像机的设置或者摄像机的位置。事实上，Scene 视图中 UI 显示在哪里与 UI 对象在游戏世界的位置没有关系，因为它们并不通过摄像机渲染。

显示在 Scene 视图中的 UI 会处于一个固定的位置，它在游戏世界的左下角，坐标是

（0, 0, 0）。UI 的缩放大小与游戏世界的缩放大小不同，你在画布上看到的内容与在 Game 视图看到的内容有一个对应关系。如果你正在游戏中使用这种 UI 元素，发现它妨碍了你的工作，那么可以隐藏它。点击编辑器中的 Layers 下拉框，然后点击 UI 层旁边的眼镜图标（见图 14-12）。UI 会在场景编辑器中隐藏（运行游戏的时候它仍然会显示）。之后不要忘记打开这个开关，否则后面可能会出现找不到 UI 的问题。

图 14-12　隐藏 UI

14.4.2　Screen Space-Camera

Screen Space-Camera 模式与 Screen Space-Overlay 模式类似，但是这个模式下 UI 渲染使用你选择的摄像机。你可以旋转或者缩放 UI 元素来获取丰富的动态 3D 界面。

与 Screen Space-Overlay 模式不同，这种模式使用摄像机渲染 UI。这就意味着一些效果会影响 UI 的表现，比如灯光效果。游戏对象也可以在摄像机和 UI 之间传递。这样做可能会带来一些额外的工作，但回报是让 UI 看起来与游戏世界结合得更融洽。

注意在这种模式下，UI 与渲染它的摄像机的距离是固定的。移动摄像机就会移动画布。所以最好再添加一个摄像机专门用来渲染画布（这样场景就不会影响到 UI 绘制）。

14.4.3　World Space

最后我们要介绍的是 World Space 模式。想象一个虚拟博物馆，你参观的每个展品旁边都有一个详细介绍的面板，上面有一个按钮，点击后可以查看更多信息或者跳转到其他展品。如果能想像出这个场景，就能大概理解 World Space 模式的使用。

World Space 模式下画布的 Rect Transform 组件不再是灰色不可用的状态。Canvas 组件本身可以被编辑也可以调整大小（见图 14-13）。因为在这种模式下，画布实际上是游戏世界中的一个对象，它不再绘制在游戏内容如 HUD 之上。而是固定显示在游戏世界里，作为场景的一部分或者与其他游戏对象混合在一起。

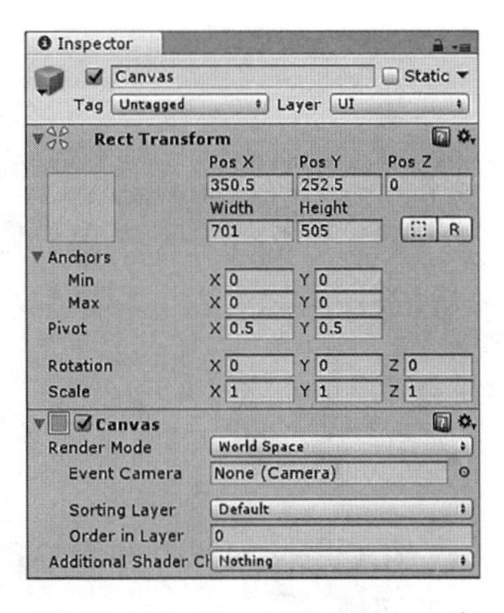

图 14-13　Rect Transform，在 World Space 模式下可用

动手做 ▼

探索渲染模式

让我们按照下面的步骤操作，体验一下三种不同的 UI 渲染模式。

1. 创建一个新的 3D 场景或者项目。
2. 在场景中添加一个 UI 画布（使用 GameObject > UI > Canvas 命令）。

3. 注意 Rect Transform 没有激活，在 Scene 试图中尝试放大操作，查看画布的位置。

4. 将渲染模式切换到 Screen Space-Camera。Render Camera 选择 Main Camera。注意当你执行这个操作的时候，画布的大小和位置都会发生变化。

5. 注意当你移动摄像机的时候会发生什么变化。同时，也要注意当你将摄像机的 Projection 属性从 Perspective 更改为 Orthographic，然后再更改回来会有什么变化。

6. 切换到 World Space 模式，注意现在可以更改画布的 Rect Transform 以移动、旋转或者缩放画布。

14.5 本章小结

本章开始介绍了构建 UI 的基础：画布和事件系统。然后学习了 Rect Transform 以及锚点如何帮助我们制作适配各种不同设备的 UI。之后，学习了各种可使用的 UI 元素。然后我们简要地介绍了几种 UI 模式的不同之处：Screen Space-Overlay、Screen Space-Camera 以及 World Space。

14.6 问答

问：每个游戏都需要用户界面吗？

答：通常经过精心设计的 UI 会给游戏带来很好的体验。几乎所有的游戏都有游戏界面。也就是说，最好给用户一个简洁的 UI，当用户需要的时候提供合适的信息。

问：可以在场景中混合使用画布渲染模式吗？

答：当然可以。场景中可能有多个画布，它们可以使用不同的渲染模式。

14.7 测验

花些时间完成下面的练习，确保掌握了本章的内容。

问题

1. UI 是什么单词的缩写？
2. Unity 的 UI 通常带有哪两个游戏对象？
3. 如果 3D 游戏中想在玩家头顶显示一个问号，应该使用什么 UI 渲染模式？
4. 对于简单的 HUD，最适合使用什么样的渲染模式？

答案

1. User Interface（这是一道送分题）。
2. Canvas 和 EventSystem 组件。

3. 应该使用 World Space 模式，因为 UI 元素的位置是按照世界坐标系为参照，而不是玩家的眼睛。

4. Screen Space-Overlay。

14.8　练习

在这个练习中，我们将创建一个简单但是却很完整的菜单系统，稍加修改就可以用在你的游戏中。在这个练习中，我们还将学习使用启动画面、淡入效果、背景音乐等。

1. 创建一个新的 2D 项目，添加一个 UI 面板（使用 GameObject > UI > Panel 命令）。注意，执行这个操作的时候，Unity 会自动在 Hierarchy 视图中添加 Canvas 和 EventSystem 组件。

2. 导入随书资源中的 Hour14Package.unitypackage 文件。在 Assets 文件夹中点击 cloud.jpg 文件，确保 Texture Type 设置为 Sprite（2D 和 UI）。

3. 在 Panel 的 Inspector 中将这个图片设置为源图片。注意这张图片默认有点透明效果，为的是能让 Main Camera 的背景颜色穿透。可以随意打开颜色对话框调整透明度和 Alpha 的值。

4. 添加一个标题和子标题（使用 GameObject > UI > Text 命令），调整到合适的位置（见图 14-14）。

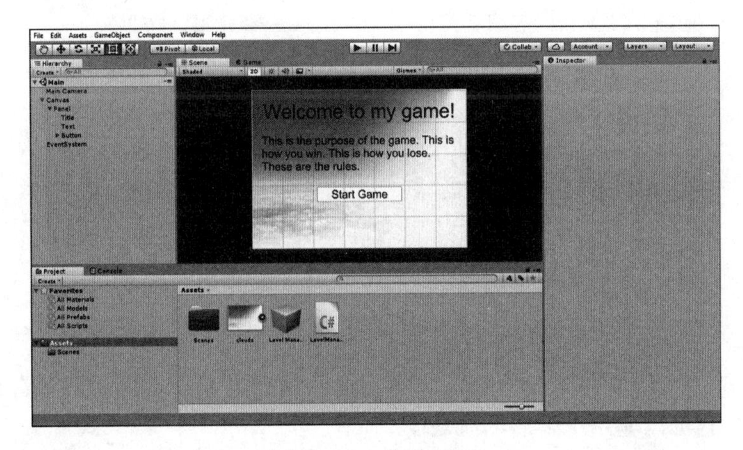

图 14-14　完整的 UI

5. 添加一个按钮（使用 GameObject > UI > Button 命令）。将按钮命名为 Start，然后将子对象 Text 的文本描述改为 Start Game。将按钮放到合适的位置，记得在拖动前要先选中按钮（而不是 Text 子对象）。

6. 将场景保存为 Menu（使用 File > Save Scene 命令 ）。现在，创建一个新场景作为游戏场景的占位符，命名为 Game。最后，打开构建设置（使用 File > Build Settings 命令），将这两个场景拖动到 Build section 的 Scenes 中，为它们创建好构建顺序，记得要将 Menu 放在上面。

7. 切换回 Menu 场景，然后将从 Assets 文件夹中导入的 LevelManager 预设拖动到 Hierarchy 视图中。

8. 找到 Start 按钮，然后将它的 On Click() 属性设置为关卡管理器的 LoadGame() 方法（见图 14-15）。

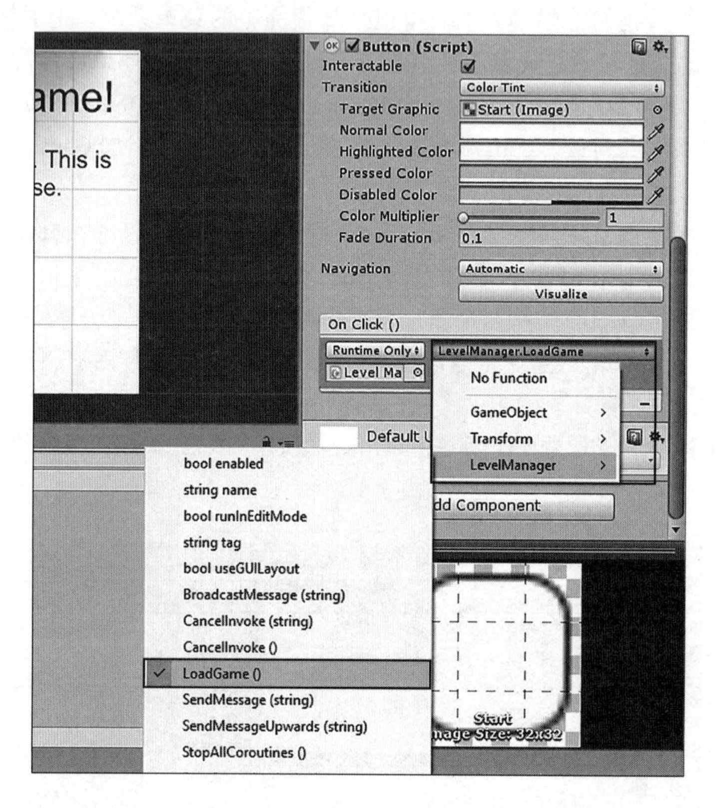

图 14-15　设置 Start Game 按钮的 On Click() 属性

9. 启动场景。点击 Start Game 按钮，游戏就会切换到 Game 场景。恭喜你！完成了菜单系统的制作，它可以应用于之后的游戏中。

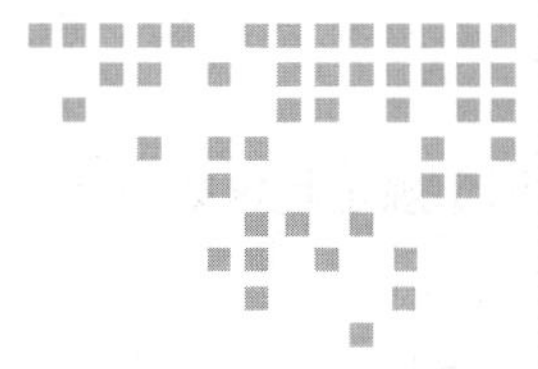

第 15 章 Chapter 15

游戏案例 3：Captain Blaster

让我们来制作一款游戏！在本章，我们将要制作一款 2D 滚屏射击游戏，名字为 Captain Blaster。首先我们设计游戏中使用的各种元素，然后开始构建滚动背景。一旦想好了游戏的核心玩法，就开始构建各种不同的游戏实体。当游戏实体构建完毕之后，就开始构建游戏控制器，然后我们开始游戏的制作。本章的最后，我们会分析整个游戏，然后确定要修改的方法。

> 提示：完整的项目
>
> 请确保按照本章的步骤完成完整的游戏。如果遇到困难，请在随书资源的第 15 章找到完成的游戏。如果需要帮助或者灵感，可以参考一下示例代码。

15.1 设计

在第 6 章中，你已经学习了设计元素的相关的知识。本章我们直接开始设计。

15.1.1 理念

前面已经说过，Captain Blaster 是一款 2D 滚屏射击类游戏。它的核心玩法是玩家在关卡前飞来飞去，摧毁流星，并设法存活下来。2D 滚屏射击游戏省事的地方在于玩家实际上不必移动。我们使用滚动的背景来模拟玩家前进的状态，这样就减少了玩家必需的技能，你可以集中精力制作各种形态的敌人。

15.1.2 规则

游戏规则用于规定玩家如何玩游戏，而且还暗示了对象的一些属性。Captain Blaster 的游戏规则如下：

1. 玩家将一直玩游戏，直到它们被流星击中为止。没有获胜条件。
2. 玩家可以发射子弹来摧毁流星。每摧毁一颗流星，玩家将赢得 1 点。
3. 玩家每秒可以发射两颗子弹。
4. 玩家被限制在屏幕边界内。
5. 流星将持续不断地出现，直到玩家输掉游戏为止。

15.1.3 需求

这款游戏的需求比较简单，如下所示。

1. 用作外太空的背景纹理。
2. 宇宙飞船模型和纹理。
3. 流星精灵。
4. 游戏控制器，将在 Unity 中创建。
5. 交互式脚本，将在 MonoDevelop 或者 Visual Studio 中编写。

15.2 游戏世界

因为这款游戏的场景是太空，所以游戏世界实现起来相对比较简单。这是一个 2D 游戏，背景会在玩家背后垂直移动，看上去就好像玩家在前进一样。实际上，玩家是静止的。不过，在实现这种效果之前，首先要建立项目，按照下面的步骤开始。

1. 创建一个 2D 项目，命名为 Captain Blaster。
2. 创建一个名为 Scenes 的文件夹，然后把场景保存为 Main。
3. 在 Game 视图中，把屏幕高宽比改为 5:4（见图 15-1）。

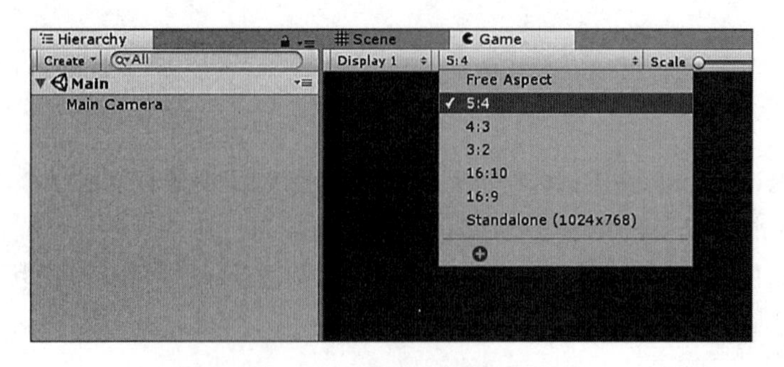

图 15-1 设置游戏的高宽比

15.2.1　摄像机

现在已经创建并正确设置了场景，下一步开始处理摄像机。因为这是一个 2D 游戏，所以我们会使用正交摄像机，它缺少深度透视，非常适合制作 2D 游戏。Main Camera 的设置很简单，Size 属性被设置为 6（图 15-2 列出了摄像机的属性列表）。

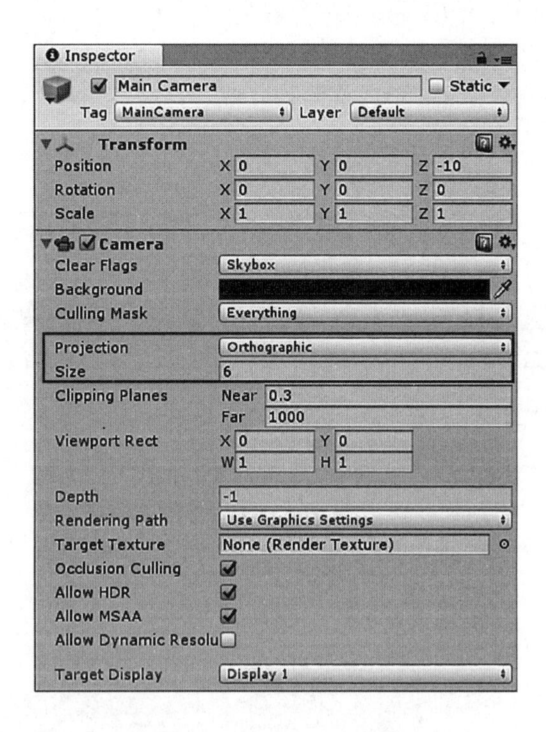

图 15-2　Main Camera 的属性

15.2.2　背景

正确设置滚动背景有些棘手。一般来说，会有两个背景对象在屏幕上向下滚动。一旦底部的对象离开屏幕，就把它放在屏幕上方。让两个背景对象来回交替显示，玩家不会察觉实际上发生了什么。要创建滚动背景，请按照下面的步骤操作。

1. 创建一个新文件夹命名为 Background。在随书资源中找到 Star_Sky.png 这张图片，然后把它拖动到刚才创建的 Background 文件夹，这样就完成了导入操作。注意，因为我们创建的是一个 2D 项目，所以导入的图片会自动转化为精灵。

2. 在 Project 视图中选中新导入的精灵，然后将 Inspector 视图中的 Pixels per Unit 属性更改为 50. 将 Star_Sky 精灵拖动到场景中，确保它的位置为（0, 0, 0）。

3. 在 Background 文件夹中创建一个新脚本，将它命名为 ScrollBackground，然后将它拖曳到场景中的背景精灵上。在脚本中写上如下代码：

```
public float speed = -2f;
public float lowerYValue = -20f;
public float upperYValue = 40;

void Update()
{
    transform.Translate(0f, speed * Time.deltaTime, 0f);
    if (transform.position.y <= lowerYValue)
    {
        transform.Translate(0f, upperYValue, 0f);
    }
}
```

4. 复制背景精灵，然后将它的位置设置在（0, 20, 0）。运行场景，你会发现背景将会无缝地连续滚动。

> 注意：替代组织结构
>
> 直到现在，你都在使用一种非常简单直接的系统组织项目。资源放到对应的文件夹——精灵放到精灵文件夹，脚本放到脚本文件夹等。在本章中，我们将尝试一种新的项目组织方式。这次，我们将按照“实体”将资源分组——所有的背景文件放在一起，所有的飞船文件放在一起，等等。这种系统可以让我们迅速找到相关的资源。当然，如果你喜欢其他的项目组织方式也可以。你仍旧可以使用搜索栏来按照资源名称和类型搜索资源，也可以使用 Project 视图顶部的属性过滤器。Ben Tristem(Howdy，Ben) 最近告诉我：“组织项目有很多种方式”。

> 注意：无缝滚动
>
> 你可能会发现刚刚创建的滚动背景中有一条线。这是因为用于背景的图像并没有专门为拼贴做处理。一般来说，这条短线不是非常明显，而且游戏中的行为几乎会掩盖这个问题。不过，如果你之后想要制作无缝的背景，你应该专门对图片的首尾拼接做一些处理。

15.2.3 游戏实体

在这款游戏中，我们需要创建 3 个主要的实体：玩家、陨石和子弹。这些实体之间的交互也非常简单。玩家发射子弹，子弹摧毁陨石，陨石摧毁玩家。因为玩家可以发射大量的子弹，陨石也可以不断地生成，所以我们需要一种方式清理它们。因此，还需要创建触发器摧毁进入触发器的子弹和陨石。

15.2.4 玩家

玩家将会控制一艘宇宙飞船。用于宇宙飞船和流星的精灵可以在随书资源的 Hours 15

中找到（感谢 Krasi Wasileve ,http://freegameassets.blogspot.com）。要创建玩家，请按照下面的步骤操作：

1. 在 Project 视图中创建一个名为 Spaceship 的文件夹，然后导入随书资源中的 spaceship.png。注意，现在飞船的精灵是朝下的，这样也没关系。

2. 选中飞船精灵，在 Inspector 视图中将 Sprite Mode 设置为 Multiple，然后点击 Apply。之后点击 Sprite Editor 开始切分精灵清单（如果忘记了切分操作，请回顾第 12 章的内容）。

3. 点击 Sprite Editor 窗口左上角的 Slice，然后将 Type 设置为 Grid By Cell Size。将 x 设置为 116，然后将 y 设置为 140（见图 15-3）。点击 Slice，同时注意飞船的外框。之后再点击 Apply，同时关闭 Sprite Editor 窗口。

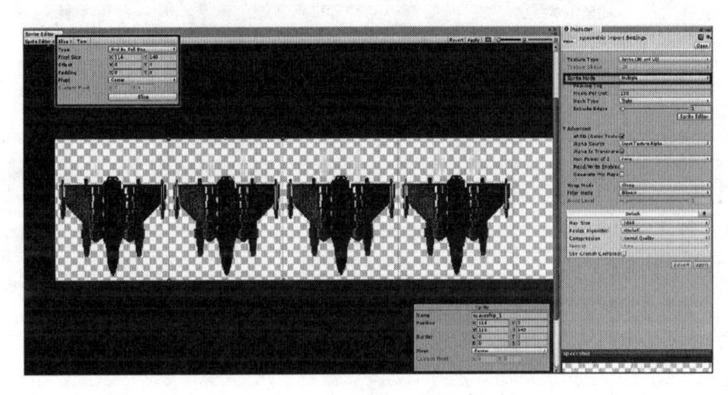

图 15-3　切分飞船精灵清单

4. 打开飞船托盘，然后选中所有帧。全选的操作可以这样进行：点击第一帧，然后按照 Shift 键，再选中最后一帧。

5. 将精灵帧拖动到 Hierarchy 视图或者 Scene 视图，然后会出现一个 Create New Animation 对话框，它将会把新的动画保存为一个 .anim 文件。将这个动画命名为 Ship。当你完成这个操作的时候，一个动画精灵就会添加到场景中，同时一个动画控制器和动画剪辑资源就会被添加到 Project 视图中，如图 15-4 所示。（在第 17 章和第 18 章中，你将会学到更多与动画相关的知识。）

6. 将飞船的坐标设置为（0, –5, 0），缩放大小设置为（1, –1, 1）。注意 y 轴的 -1 将会使飞船的朝向改为朝上。

7. 在飞船的 Sprite Renderer 组件中，将 Order in Layer 属性设置为 1。这样可以保证飞船总是显示在背景前面。

8. 在飞船上添加 Polygon Collider 组件（使用 Add Component > Physics2D > Polygon Collider 命令）。这个碰撞体将会自动环绕在飞船周围，有着相当好的碰撞精度。请确保在 Inspector 中勾选了 Is Trigger 属性，保证它是一个触发器碰撞体。

9. 运行游戏并注意飞船引擎的动画。

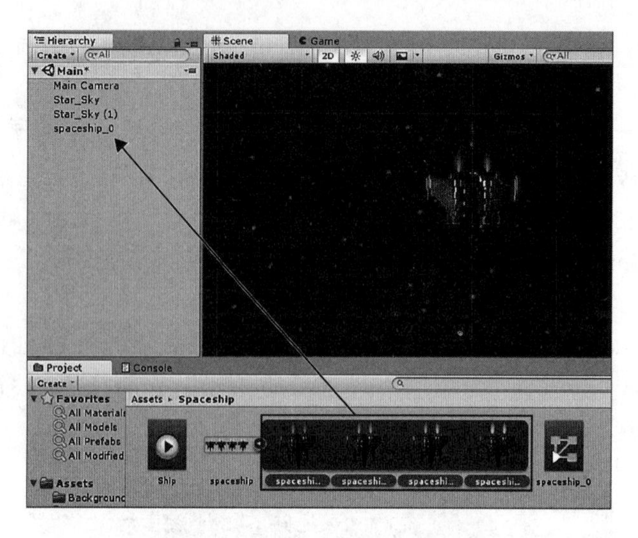

图 15-4　已完成的太空飞船精灵

现在你已经拥有了一艘好看且朝向上方的飞船，准备好开始消灭陨石。

15.2.5　陨石

创建陨石的步骤与创建飞船的步骤非常类似。唯一的区别就是陨石会制作成一个预设，请按照下面的步骤操作：

1. 创建一个名为 Meteor 的文件夹，然后导入 meteor.png。这是一个包含 19 帧动画的精灵清单。

2. 将精灵模式设置为 Multiple，然后打开 Sprite Editor。

3. 将 Slice Type 设置为 Automatic，然后将其他设置保持默认。点击 Apply，让更改生效，然后关闭 Sprite Editor 窗口。

4. 展开陨石精灵的托盘，然后选中这 19 帧动画。将这些帧拖到 Hierarchy 视图中，然后将动画命名为 Meteor。Unity 将会为你创建另外一个带有动画组件的动画精灵，十分方便。

5. 在 Hierarchy 视图中选中 meteor_0 游戏对象，然后给它添加一个 Circle Collider 2D 组件（使用 Add Component > Physics2D > Circle Collider 2D）。注意绿色的外框会大概与精灵的轮廓相匹配。这种匹配度已经完全满足 Captain Blaster 游戏的需求了。多边形碰撞体效率太低，而且它带来的碰撞精度并不会提升太多游戏体验。

6. 在陨石的 Sprite Renderer 组件上，将 Order in Layer 属性设置为 1，确保陨石总是显示在背景图片前面。

7. 在陨石上增加一个 Rigidbody2D 组件（使用 Add Component > Physics2D > Rigidbody2D）。然后将 Gravity Scale 属性设置为 0。

8. 将 meteor_0 游戏对象重命名为 Meteor，然后从 Hierarchy 视图中拖动到 Project 视图

的 Meteor 文件夹（见图 15-5）。Unity 会为你创建一个陨石的预设，后面我们将会使用这个预设。

9. 现在已经创建了一个陨石的预设，在 Hierarchy 视图中删除陨石实例。可以重复使用的陨石已经准备就绪，随时准备造成破坏。

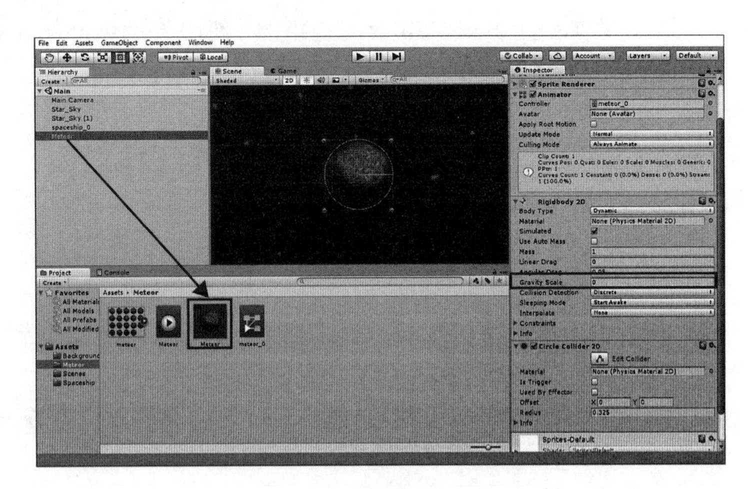

图 15-5　创建陨石预设

15.2.6　子弹

这款游戏的子弹的制作特别简单。因为它们的移动速度非常快，所以不需要任何细节。要创建子弹，请按照下面的步骤操作：

1. 创建一个名为 Bullet 的文件夹，然后将 bullet.png 导入文件夹。在 Project 视图中导入子弹精灵，在 Inspector 中将 Pixels per Unity 属性设置为 400。

2. 将子弹精灵拖到场景中。使用 Sprite Renderer 组件的 Color 属性，将子弹设置为深绿色。

3. 在子弹的 Sprite Renderer 组件上，将 Order in Layer 属性设置为 1，确保子弹总是会显示在背景的前面。

4. 为子弹添加一个 Circle Collider 2D 组件，也给子弹添加一个 Rigidbody2D 组件（使用 Add Component > Physics2D > Rigidbody2D 命令），然后将 Gravity Scale 属性设置为 0。

5. 为了方便起见，将子弹游戏对象命名为 Bullet。从 Hierarchy 视图中将子弹拖动到 Bullet 文件夹中，创建子弹预设。在场景中删除 Bullet 对象。

这是最后一个主要的实体。剩下要做的工作就是制作防止子弹和陨石飞过界的触发器。

15.2.7　触发器

触发器（游戏中称为“ shredders”）只是两个简单的碰撞体，一个在屏幕的上方，一个在屏幕的下方。它们的作用就是捕获那些将要超出屏幕边界的子弹或者陨石，并“撕碎”它们。创建 shredders 请按照下面的步骤操作：

1. 在场景中添加一个空的游戏对象（使用 GameObject > Create Empty 命令），然后将它命名为 Shredder，位置设置为（0, –10, 0）。

2. 在 shredder 对象上添加一个 Box Collider 2D 组件（使用 Add Component> Physics2D > Box Collider 2D 命令）。在 Inspector 视图中，确保勾选了 Box Collider 2D 组件的 Is Trigger 属性，然后将它的大小设置为（16, 1）。

3. 复制 shredder，然后将新的 shredder 放在（0, 10, 0）的位置。

之后这些触发器将用于摧毁击中它们的任何对象，比如陨石或者子弹。

15.2.8 UI

最后，你需要添加一个简单的用户界面，用来展示玩家当前的分数，当玩家控制的飞船被摧毁的时候，打印“Game Over”字样。请按照下面的步骤操作：

1. 在场景中添加一个 UI Text 元素（使用 GameObject > UI > Text 命令），然后将它命名为 Score。

2. 将分数文本的锚点设置在画布的左上角，然后将它的位置设置为（100，-30，0）（见图 15-6）。

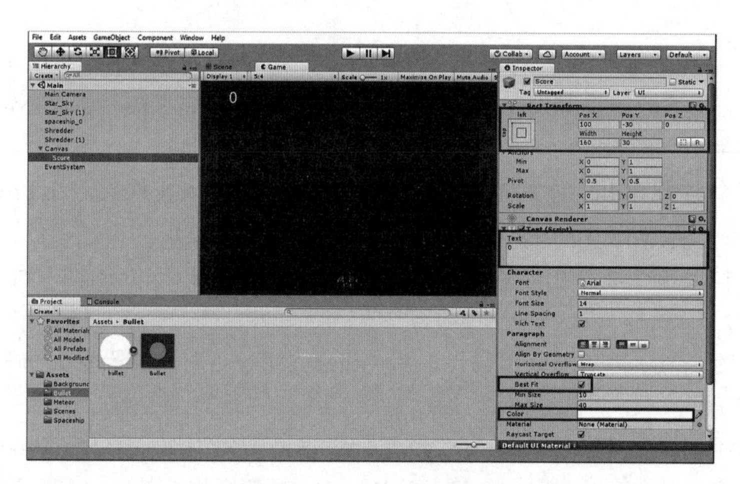

图 15-6 玩家分数设置

将 Score 对象的 Text 属性设置为 0（也就是初始分数），然后勾选 Best Fit，最后将颜色设置为白色。

现在，我们添加当玩家输掉游戏的时候显示的 Game Over 文本。

1. 在场景中另外添加一个 UI Text 元素，然后将它重命名为 Game Over。将锚点设置在中间，然后将它的位置设置为（0, 0, 0）。

2. 将 Game Over 文本对象的宽度设置为 200，高度设置为 100。

3. 将文本设置为“ Game Over ! ”，勾选 Best Fit 属性，将段落对齐设置为居中，然后将颜色更改为红色。

4. 最后，不要勾选 Text(Script) 组件名字旁边的复选框，等到需要的时候再激活（见图 15-7）。注意图 15-7 中文本处于激活状态，这是为了演示给读者看。

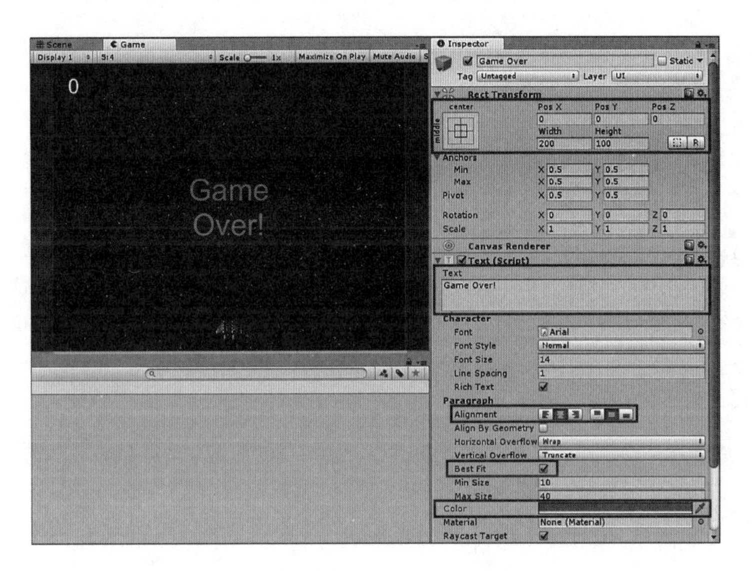

图 15-7　“Game Over! ”文本的设置

后面，GameManager 脚本将要使用分数组件，当分数发生改变的时候，就更新组件上的显示文字。现在，所有的实体都已经准备就绪，让我们开始将场景转化为游戏！

15.3　控制流

为了让这款游戏正常运行，需要将多个脚本组件组合在一起。玩家需要移动飞船和发射子弹。子弹和陨石需要能够自动移动。陨石生成对象需要可以源源不断地生成陨石。shredders 需要可以清理对象，还需要一个管理器来跟踪所有的动作。

15.3.1　游戏管理器

游戏管理器是这款游戏控制流的基础，所以首先要添加它。要创建游戏管理器，请按照下面的步骤操作：

1. 创建一个空游戏对象，然后将它命名为 GameManager。

2. 因为游戏管理器所需要的唯一资源就是一个脚本，所以创建一个名为 Scripts 的文件夹，专门存放我们创建的简单脚本。

3. 在 Scripts 文件夹中创建一个名为 GameManager 的新脚本，然后将它添加到 GameManager 游戏对象上。请根据下面的代码重写脚本的内容：

```
using UnityEngine;
using UnityEngine.UI; // Note this new line is needed for UI

public class GameManager : MonoBehaviour
{
    public Text scoreText;
    public Text gameOverText;

    int playerScore = 0;

    public void AddScore()
    {
        playerScore++;
        // This converts the score (a number) into a string
        scoreText.text = playerScore.ToString();
    }

    public void PlayerDied()
    {
        gameOverText.enabled = true;
        // This freezes the game
        Time.timeScale = 0;
    }
}
```

在这段代码中，你会发现游戏管理器的功能负责在游戏运行时保存、更新分数。管理器有两个公共方法：PlayerDied() 和 AddScore()。当陨石击中玩家的时候就会调用 PlayerDied()。当子弹击毁陨石的时候，就会调用 AddScore()。

记得将 Score 和 Game Over 元素拖到 GameManager 脚本上（见图 15-8）。

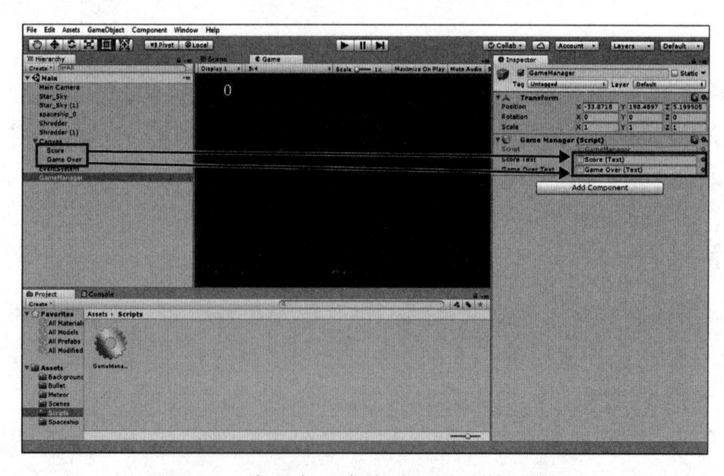

图 15-8　将文本元素拖动到游戏管理器上

15.3.2 陨石脚本

陨石会从屏幕的顶部落下，挡住玩家前进的路。请按照下面的步骤创建陨石的脚本：

1. 在 Meteor 文件夹中创建一个名为 MeteorMover 的新脚本。

2. 选中陨石预设。在 Inspector 视图中，找到 Add Component 按钮（见图 15-9），然后使用 Add Component > Scripts > MeteorMover 命令。

3. 按下面的代码重写 MeteorMover 脚本中的代码。

```
using UnityEngine;

public class MeteorMover : MonoBehaviour
{
    public float speed = -2f;

    Rigidbody2D rigidBody;

    void Start()
    {
        rigidBody = GetComponent<Rigidbody2D>();
        // Give meteor an initial downward velocity
        rigidBody.velocity = new Vector2(0, speed);
    }
}
```

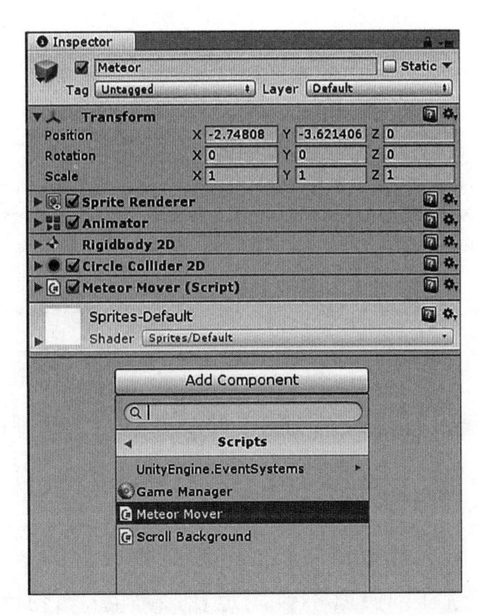

图 15-9 将 Meteor 脚本添加到陨石的预设上

陨石的脚本非常简单，它仅包含一个表示下降速度的公共变量。在 Start() 方法中，可以得到陨石的 Rigidbody 2D 组件。之后你可以使用刚体设置陨石的速度。因为速度是负值，所以陨石会下降。注意陨石本身并没有碰撞。

将陨石预设拖到 Hierarchy 视图中，然后点击 Play 查看刚才编写的代码的效果。陨石应该会旋转下落。运行之后，记得将 Meteor 实例从 Hierarchy 视图中移除。

15.3.3 陨石生成

陨石现在还只是预设，无法进入场景。你需要一个对象，它可以在一定的时间间隔内不断生成陨石。创建一个空游戏对象，重命名为 Meteor Spawn，位置设置于（0，8，0）。然后在 Meteor 文件夹中创建一个名为 MeteorSpawn 的脚本，并把它添加到 Meteor Spawn 对象上。按照下面的代码重写脚本中的代码：

```
using UnityEngine;

public class MeteorSpawn : MonoBehaviour
{
    public GameObject meteorPrefab;
    public float minSpawnDelay = 1f;
    public float maxSpawnDelay = 3f;
    public float spawnXLimit = 6f;

    void Start()
    {
        Spawn();
    }

    void Spawn()
    {
        // Create a meteor at a random x position
        float random = Random.Range(-spawnXLimit, spawnXLimit);
        Vector3 spawnPos = transform.position + new Vector3(random, 0f, 0f);
        Instantiate(meteorPrefab, spawnPos, Quaternion.identity);

        Invoke("Spawn", Random.Range(minSpawnDelay, maxSpawnDelay));
    }
}
```

这段脚本的功能很有趣。首先，它创建了两个变量用于管理陨石的时间。它还声明了一个 GameObject 变量，它将会对应陨石的预设。在 Start() 函数中，你可以调用 Spawn() 函数。这个函数负责创建陨石并设置位置。

我们可以看到，陨石生成位置的 y 和 z 坐标与生成点的 y 和 z 坐标相同，但是 x 坐标的偏移在 –6 到 6 之间。这样陨石就不会固定在屏幕的一个位置上出生，而是有一定的随机性。当新生成的陨石的位置确定后，Spawn() 函数就会在那个位置使用默认旋转角度（Quaternion.identity）实例化（创建）一个新陨石，最后一行会再次调用生成函数。Invoke() 会在一段随机时间后调用指定的函数（这个例子中是 Spawn()）。随机值由两个时间变量控制。

在 Unity 编辑器中，在 Project 视图中点击并拖曳陨石预设到 Meteor Spawn 对象的 Meteor Spawn Script 组件的 Meteor Prefab 属性上（有点绕口）。运行场景，就会看见陨石在屏幕上方生成（攻击吧，陨石！）。

15.3.4 DestroyOnTrigger 脚本

现在，陨石已经可以出现在屏幕的各个位置，我们应该可以开始清理它们了。在 Scripts 文件夹中（它是一个单独的没有关联的资源）创建一个名为 DestroyOnTrigger 脚本，然后将它添加到之前创建的位于屏幕上方和下方的 shredder 对象上。在脚本中添加如下代码，确保这段代码在其他方法外，但是在类里面：

```
void OnTriggerEnter2D(Collider2D other)
{
   Destroy(other.gameObject);
}
```

这段代码的作用是销毁进入 shredder 的任何对象。因为玩家控制的飞船无法垂直移动，所以不用担心飞船被摧毁。只有子弹和陨石可以进入触发器。

15.3.5 ShipControl 脚本

现在，陨石可以从上坠落，玩家却无路可躲。下面，我们需要创建一个脚本用于控制玩家的移动。在 Spaceship 文件夹中创建一个名为 ShipControl 的脚本，然后将这个脚本添加到场景中的飞船对象上。使用下面的代码替换脚本中的代码：

```
using UnityEngine;

public class ShipControl : MonoBehaviour
{
    public GameManager gameManager;
    public GameObject bulletPrefab;
    public float speed = 10f;
    public float xLimit = 7f;
    public float reloadTime = 0.5f;

    float elapsedTime = 0f;

    void Update()
    {
        // Keeping track of time for bullet firing
        elapsedTime += Time.deltaTime;

        // Move the player left and right
        float xInput = Input.GetAxis("Horizontal");
        transform.Translate(xInput * speed * Time.deltaTime, 0f, 0f);

        // Clamp the ship's x position
```

```
        Vector3 position = transform.position;
        position.x = Mathf.Clamp(position.x, -xLimit, xLimit);
        transform.position = position;

        // Spacebar fires. The default InputManager settings call this "Jump"
        // Only happens if enough time has elapsed since last firing.
        if (Input.GetButtonDown("Jump") && elapsedTime > reloadTime)
        {
            // Instantiate the bullet 1.2 units in front of the player
            Vector3 spawnPos = transform.position;
            spawnPos += new Vector3(0, 1.2f, 0);
            Instantiate(bulletPrefab, spawnPos, Quaternion.identity);

            elapsedTime = 0f; // Reset bullet firing timer
        }
    }

    // If a meteor hits the player
    void OnTriggerEnter2D(Collider2D other)
    {
        gameManager.PlayerDied();
    }
}
```

这段脚本做了大量的工作，首先创建了游戏管理器使用的各种变量，包括子弹预设、速度、移动限制以及子弹出现的间隔。

在 Update() 方法中，脚本首先获得已经过去的时间。这个时间用于计算是否满足发射子弹的时间间隔。根据游戏规则，玩家只能每半秒发射一发子弹。飞船根据玩家的输入沿着 x 轴移动。玩家的 x 轴坐标是 clamped（也就是受限制的），所以玩家无法移出屏幕外。然后，脚本会检查玩家是否按下了空格键。在 Unity 中，空格键一般用于跳跃操作。（在输入管理器中可以更改名称，但是为了避免歧义，这里我们就不重命名了）。如果检测到玩家按下空格键，脚本就会将已经过去的时间和 reloadTime（半秒钟）相比较，如果超过了半秒钟，脚本就会创建一个子弹。注意，脚本创建的子弹的位置会比飞船高一点点。这是为了防止子弹与飞船发生碰撞。最后，已经过去的时间会被重置为 0，开始下一轮的检测。

脚本的最后一部分包含一个 OnTriggerEnter2D() 方法。当陨石击中玩家的时候，就会调用这个方法。当陨石击中玩家后，GameManager 脚本就会通知玩家死亡。

回到 Unity 编辑器，选中 bullet prefab，将它拖动到飞船的 Ship Control 组件的 Bullet 属性上。之后，再选中并拖曳 Game Manager 对象到 Ship Control 组件上，让它可以访问 GameManager 脚本（见图 15-10）。运行场景，你会发现现在已经可以开始移动玩家了。玩家应该可以发射子弹（即使不移动也可以发射子弹）。同时还要注意，玩家现在已经可以死亡并结束游戏。

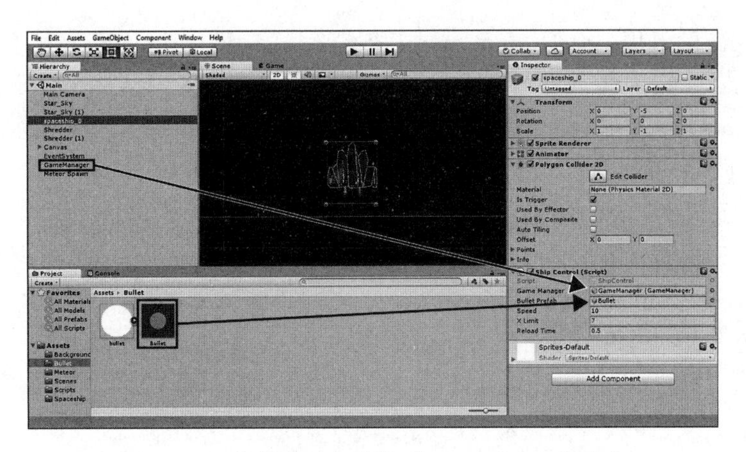

图 15-10　将游戏对象连接到 ShipControl 脚本上

15.3.6　Bullet 脚本

最后一点交互工作是让子弹可以移动并发生碰撞。在 Bullet 文件夹中创建一个名为 Bullet 的脚本，然后将它添加到子弹的预设上。在脚本中添加如下代码：

```
using UnityEngine;

public class Bullet : MonoBehaviour
{
    public float speed = 10f;

    GameManager gameManager; // Note this is private this time

    void Start()
    {
        // Because the bullet doesn't exist until the game is running
        // we must find the Game Manager a different way.
        gameManager = GameObject.FindObjectOfType<GameManager>();

        Rigidbody2D rigidBody = GetComponent<Rigidbody2D>();
        rigidBody.velocity = new Vector2(0f, speed);
    }

    void OnCollisionEnter2D(Collision2D other)
    {
        Destroy(other.gameObject); // Destroy the meteor
        gameManager.AddScore(); // Increment the score
        Destroy(gameObject); // Destroy the bullet
    }
}
```

这个脚本与陨石脚本的主要不同是它需要考虑碰撞和玩家得分。Bullet 脚本用于保存 GameManager 的引用，就像 ShipControl 脚本那样。因为子弹实际上并不在场景中，所以它引用 GameManager 脚本的方式有些不同。在 Start() 方法中，这个脚本按照类型使用 GameObject.FindObjectOfType<Type>() 方法搜索 GameControl 对象。GameManager 脚本的引用会存储在 gameManager 变量中。这里有一点需要注意：Unity 的 Find() 方法（就像这里的使用）非常慢，应当节约使用。

因为子弹和陨石上都没有触发器，所以 OnTriggerEnter2D() 方法不会起作用，这个脚本使用方法 OnCollisionEnter2D()。这个方法并不在 Collider2D 变量中使用，而是在 Collision2D 变量中。这两个方法的不同之处在这个例子中并不相干。它唯一的工作就是销毁这两个对象，然后告诉 GameManager 脚本玩家的分数。

让我们再次运行游戏，你会发现游戏已经可以玩了。虽然你还没有办法赢得游戏（这是当然的）。继续玩游戏，然后看看自己能获得什么分数。

这里有一个有趣的挑战，考虑将 minSpawnDelay 和 maxSpawnDelay 的值调小，让陨石的生成速度加快。

15.4 优化

现在让我们开始优化游戏。像前几章制作的游戏一样，我们故意只完成了 Captain Blaster 的各个部分的基本功能。一定要从头至尾把游戏玩几次，看看你会注意到什么。哪些地方比较有趣？哪些设计毫无趣味？有什么明显的方式可以中断游戏吗？注意：我们在游戏中留下了一个非常容易作弊的方法，可以让玩家获得高分，你能找到它吗？

下面列出了一些你可以考虑优化的地方：

1. 尝试修改子弹速度、子弹的发射间隔或者子弹的飞行路径。
2. 尝试允许玩家在飞船两侧各发射一颗子弹。
3. 让陨石的生成速度越来越快。
4. 尝试添加一种不同类型的陨石。
5. 给玩家额外的生命值，甚至是防护罩。
6. 允许玩家垂直移动以及水平移动。

这是一种常见的游戏题材，有许多种方法可以让我们的游戏更具特色，尝试一下自定义游戏。还有一点值得注意，在第 16 章的学习中，这款游戏是测试粒子系统的首选环境。

15.5 本章小结

本章，我们只做了 Captain Blaster 游戏。首先我们设计了游戏元素。然后，构建了游戏世界，我们创建了垂直滚动的背景。然后，我们构建了各种各样的游戏实体。通过编写脚本和控制器添加了交互性。最后我们检查了游戏，寻找可以优化的空间。

15.6 问答

问：Captain Blaster 游戏真的实现了船长的军衔吗，还是说它只是一个名称？

答：很难讲，因为它基本上是推断。不过有一件事情是确定的，宇宙飞船不会提供给陆军中尉。

问：为什么把子弹发射的间隔设置为半秒钟？

答：这主要是因为平衡的问题。如果玩家的射击速度太快，那么游戏就不会有挑战性。

问：飞船使用的为什么是多边形碰撞体？

答：因为飞船的形状有些奇怪，一个标准的碰撞体不够精确。幸好，我们可以使用多边形碰撞体来映射整个飞船。

15.7 测验

花些时间完成下面的练习，确保掌握了本章的内容。

问题

1. 游戏的获胜条件是什么？
2. 滚动背景是怎样工作的？
3. 哪些对象具有刚体？哪些对象具有碰撞器？
4. 判断题：陨石负责检测与玩家之间的碰撞。

答案

1. 这是一道钓鱼题。玩家无法赢得游戏。不过，最高的分数允许玩家在游戏之外“获胜”。
2. 把两个一样的精灵按照 y 轴上下排列，它们交替出现在镜头前面，看起来就像是在不断滚动。
3. 子弹和陨石具有刚体。子弹、陨石玩家和触发器具有碰撞器。
4. 错误。ShipControl 脚本会检测碰撞。

15.8 练习

与之前的练习相比，这个练习稍微有些奇怪。游戏优化过程中常见的一个部分是让没有参与开发过程的人体验游戏玩法，它允许完全不熟悉游戏的人给出真实的首次体验的反馈，这些反馈极其有用。这个练习就是让其他人玩游戏。设法把各种各样的人组织在一起——寻找一些热心的游戏玩家和一些不玩游戏的人；寻找一些喜欢这种游戏类型的玩家和一些不喜欢这种游戏类型的玩家。把他们的反馈分组为良好的特性、糟糕的特性以及可以改进的方面。此外，要寻找是否有一些常见的游戏特性此游戏目前还没有。最后，还要确定是否可以根据收到的反馈来实现或改进游戏。

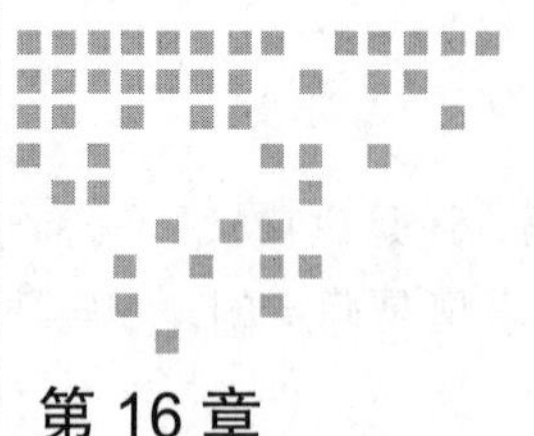

Chapter 16 第16章

粒子系统

在本章中，你将学习如何使用 Unity 的粒子系统，首先，我们从总体上了解粒子系统以及它们的工作方式。然后，我们会尝试许多不同的粒子系统模块。最后，我们将尝试使用 Unity Curves Editor。

16.1 粒子系统的基本知识

粒子系统实际上是一个对象或组件，它可以发射其他对象，被发射的对象通常称为粒子（Particles）。这些粒子的特性各不相同，有快有慢、有大有小、形状各异。这个定义非常通用，因为正确使用粒子系统的设置可以实现非常多的效果。粒子系统可以创建喷射的火焰、滚滚的浓烟、萤火虫、雨、雾或者任何你可以想到的其他效果。这些效果通常称为 Particle Effects（粒子效果）。

16.1.1 粒子

粒子是由粒子系统发射出的单个实体。由于许多粒子的发射速度都很快，所以尽量提高粒子的效率就很重要。这就是为什么大多数粒子都使用 2D billboard。记住，billboard 是一种总是面向摄像机的平面图像，它给我们一种幻觉，使其看上去就像是三维的一样，还能保持很高的效率。

16.1.2 Unity 粒子系统

要在场景中创建一个粒子系统，可以添加一个粒子系统对象，也可以给现有的对象添加一个粒子系统组件。要创建粒子系统对象，可以使用 GameObject > Effects > Particle

System 命令。要给现有的对象添加粒子系统组件，可以选取该对象，然后使用 Add Component > Effects > Particle System 命令。

动手做▼

创建一个粒子系统

请按照下面的步骤，在场景中创建一个粒子系统对象：

1. 创建一个新项目或者新场景。

2. 使用 GameObject > Effects > Particle System 命令创建一个粒子系统。

3. 在 Scene 视图中仔细观察，看看粒子系统如何发射白色的粒子（见图 16-1）。这就是一个基本的粒子系统。尝试旋转并缩放粒子系统，看看会出现什么效果。

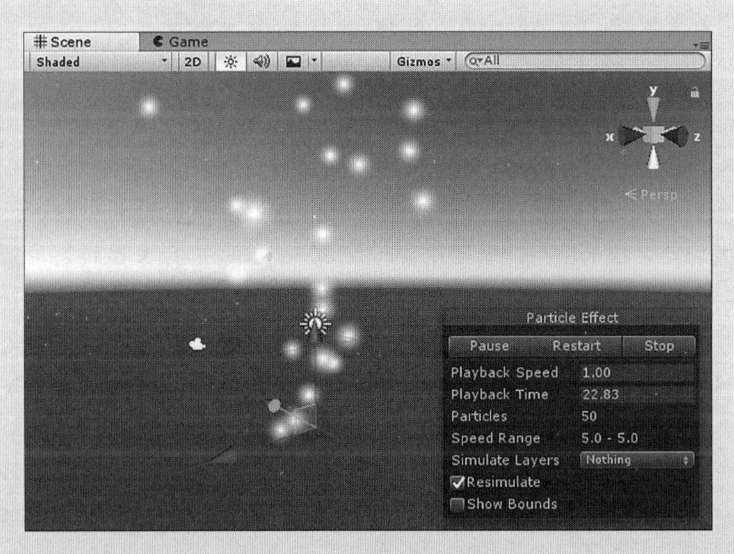

图 16-1　基本的粒子系统

注意：自定义的粒子

默认情况下，Unity 中的粒子是白色的小圆球，它们的颜色会逐渐淡化为透明的，直至最终消失。这是一种非常有用的普通粒子，但它的使用范围有限。有的时候你希望制作一些特殊的效果（例如火焰效果），可以使用任何 2D 图像创建满足自己需求的粒子。

16.1.3　粒子系统控制器

可能你已经注意到，当向场景中添加了粒子系统时，它就开始在 Scene 视图中发射粒子。你可能还会注意到出现了粒子系统控制器（见图 16-2）。控制器中的选项允许在场景中暂停、停止和重新播放粒子动画，当调整粒子系统的行为时，这些控制选项将

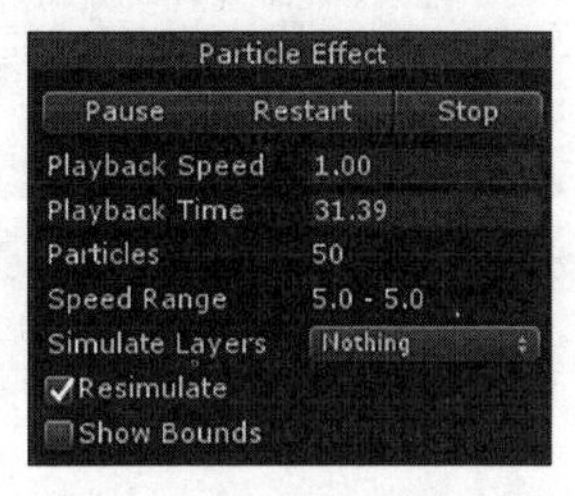

图 16-2　粒子效果控制器

会非常有帮助。

控制选项还允许加快播放速度，会告诉你一个粒子效果播放了多长时间。当测试持续的效果时，这些控制选项会很有帮助。注意，只有当游戏结束的时候，控制器才会显示播放速度和播放时间。

> 注意：粒子效果
>
> 要创建复杂酷炫的效果，我们会让多个粒子系统协同工作（比如烟雾与火焰系统）。当多个粒子系统协同工作时，创建的效果称为粒子效果（Particle Effect）。在 Unity 中，创建粒子效果就是把粒子系统融合在一起。一个粒子系统可以是另一个粒子系统的子节点，或者它们都可以是一个不同对象的子节点。Unity 中的粒子效果最终都会被视作一个系统，粒子效果控制器将把整个效果作为一个单元进行控制。

16.2 粒子系统模块

从根本上看，粒子系统只是空间中的一个点，它可以发射粒子对象。粒子的外观、行为以及它们产生的效果都是由模块确定的。模块（Module）是定义某种行为的多个属性。在 Unity 的粒子系统中，模块是一个集成的基础组件。本节将列出各个模块，并且简要解释它们的作用。

注意，除了默认的模块（最先介绍）外，其他模块都可以打开和关闭。要打开或关闭模块，可以勾选或者取消模块名称前面的对勾。要隐藏或显示模块，可以单击 Particle System 模块旁边的加号（+）（见图 16-3）。也可以点击列表中粒子系统的名称来控制粒子系统的显示和隐藏。默认情况下，所有的模块都是可见的，而且只启用了 Emission、Shape 和 Renderer 这些模块。要展开一个模块，只需单击它的名称。

> 注意：属性概览
>
> 很多模块的属性要么是自解释的（一看属性名就知道什么意思，比如矩形的长度和宽度），要么已经在前面介绍过。为了简单起见（防止本章的篇幅达到 50 页），将省略这些属性。所以如果在屏幕上看到本章中没有介绍的属性，也不要担心。

> 注意：常量、曲线、随机
>
> 曲线值允许你在粒子系统的生存期内更改属性的值。如果某个属性值的旁边有个向下的箭头，那么这个属性值就可以使用曲线值。可用的选项有 Constant、Curve、Random Between Two Constants 和 Random Between Two Curves。在本节中，所有的值都是 Constant。在本章后面，你将有机会深入探索 Curve Editor。

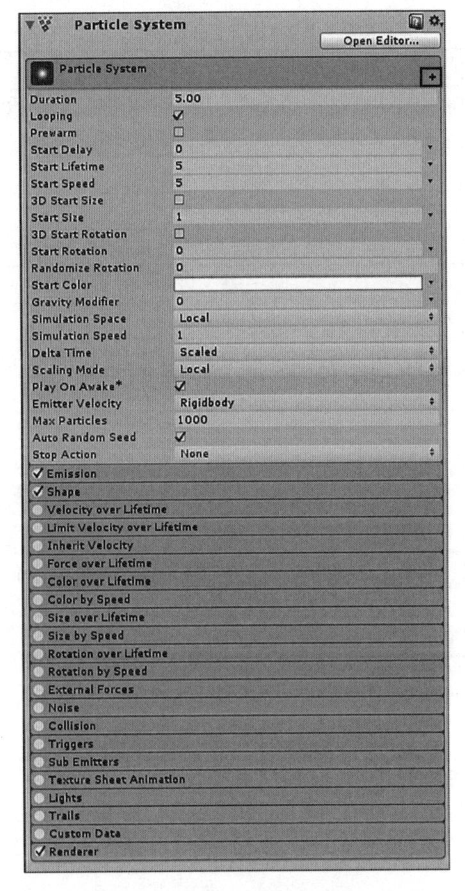

图 16-3　显示所有的模块

16.2.1　默认模块

默认模块的名字是 Particle System。这个模块包含每个粒子系统都需要的信息。表 16-1 描述了默认模块的属性。

表 16-1　默认模块的属性

属性	描　　述
Duration	指定粒子系统的运行时间，单位为秒
Looping	确定当粒子系统的运行时间到达以后，是否要再次开始运行
Prewarm	指定粒子系统是否从上次的循环中开始播放
Start Delay	指定发射粒子之前需要等待的时间，单位为秒
Start Lifetime	指定每个粒子的存活时间，单位为秒
Start Speed	指定粒子的初始速度
Start Size	指定粒子的初始大小。如果勾选了属性 3D Start Size，那么你可以为三个轴提供不同的值，否则只需要指定一个值

（续）

属性	描　述
Start Rotation	指定粒子的初始旋转角度。如果勾选了属性 3D Start Rotation, 那么可以为三个轴提供不同的值，否则只会使用一个值
Randomize Rotation	让一些粒子按照相反的方向旋转
Start Color	指定辐射的粒子的颜色
Gravity Modifier	指定应用于粒子系统的重力
Simulation Space	指定坐标或者轴向是基于世界坐标系统还是基于父对象的本地坐标系统
Simulation Speed	微调整个粒子系统的速度
Delta Time	确定粒子系统的时间是基于缩放时间还是非缩放时间
Scaling Mode	确定缩放是基于游戏对象游戏对象的父对象还是发射器的形状
Play on Wake	确定是否在创建粒子系统的时候就开始辐射粒子
Emitter Velocity	允许你选择速度的计算是基于对象的变换还是它的刚体（如果有刚体）
Max Particles	指定在特定时刻粒子可以存在的最大数量。如果达到了最大数量，那么系统会暂停创建新粒子，直到有老粒子死亡为止
Auto Random Seed	确定粒子系统是否在每次播放的时候效果都不同
Stop Action	允许你指定当粒子系统停止播放的时候要执行什么动作。比如说，你可以禁止或者销毁游戏对象，或者执行一个脚本回调

16.2.2 Emission 模块

Emission 模块用于确定发射粒子的速率。使用这个模块，可以指定粒子是以恒定的速率、脉冲方式还是以介于它们二者之间的某种方式辐射。表 16-2 描述了 Emission 模块的属性。

表 16-2　Emission 模块的属性

属性	描　述
Rate over Time	指定粒子辐射的数量
Rate over Distance	指定粒子辐射的距离
Bursts	指定粒子产生爆发的时间间隔。点击加号（+）创建一次爆发效果，或者点击减号（–）移除一次爆发效果（见图 16-4）

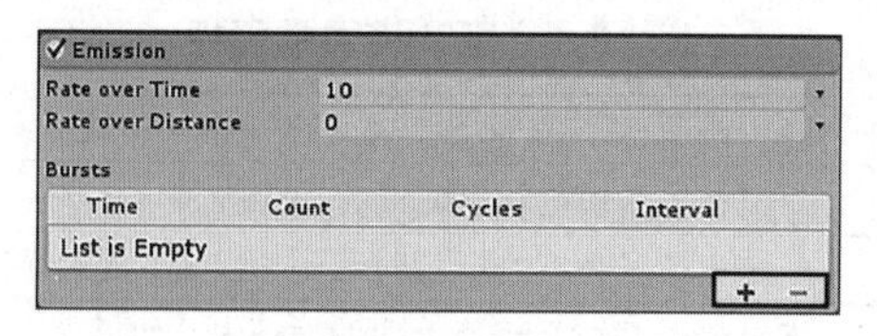

图 16-4　Emission 模块

16.2.3 Shape 模块

顾名思义，Shape 模块确定发射的粒子组成的形状。形状选项有 Sphere、Hemisphere、

Cone、Donut、Box、Mesh、Mesh Renderer、Skinned Mesh Renderer、Circle 以及 Edge（喔，好多啊）。除此之外，每个形状还有一组用于定义它的属性，比如圆锥体和球体的半径。这些属性从名字就能推断出作用，所以这里我们就不详细介绍了。

16.2.4　Velocity over Lifetime 模块

Velocity over Lifetime 模块通过对每个粒子设置 x 轴、y 轴和 z 轴对应的速度，直接创建每个粒子的动画。注意它指的是每个粒子在粒子，而不是粒子系统的生命周期内的速度变化。表 16-3 描述了 Velocity over Lifetime 模块的属性。

表 16-3　Velocity over Lifetime 模块属性

属性	描　述
XYZ	指定应用于每个粒子的速度。它可以是常量，曲线或者介于两者之间的值
Space	指定速度的增加是基于本地还是世界空间
Speed Modifier	允许你一次性缩放所有独立的速度

16.2.5　Limit Velocity over Lifetime 模块

这个名称比较长的模块可用于抑制或固定粒子的速度。一般来说，它会阻止或者降低粒子超过某根轴或所有轴的速度阈值。表 16-4 描述了 Limit Velocity over Lifetime 模块的属性。

表 16-4　Limit Velocity over Lifetime 模块的属性

属性	描　述
Separate Axis	如果不勾选这个选项，那么每个轴都会使用相同的值。如果勾选，那么每个轴都使用独立的速度，这个属性用于本地或者世界空间
Speed	指定每个轴向的速度阈值
Dampen	指定 0-1 之间的一个值，如果粒子的速度超过了阈值，那么速度就会降低到一个值。如果这个值为 0，那么速度就不会降低，如果这个值为 1，那么速度就会降低 100%
Drag	指定应用于粒子的线性阻尼
Multiply by Size	确定是否粒子越大阻尼越大
Multiply by Velocity	确定是否速度越快阻尼越大

16.2.6　Inherit Velocity 模块

Inherit Velocity 模块非常简单，它决定了辐射器应该应用到粒子上的速度。第一个属性 Mode，指定了是否仅有初始速度被应用到辐射器，或者粒子是否持续接收来自辐射器的速度。最后，Multiplier 属性确定了速度应该乘以的值。

16.2.7　Force over Lifetime 模块

Force over Lifetime 模块与 Velocity over Lifetime 模块非常相似，区别是这个模块将给

每个粒子应用一个力而不是速度。这也就意味着粒子将会在指定的方向上持续加速。该模块还允许相对于前面的所有帧为每一帧添加随机的力。

16.2.8 Color over Lifetime 模块

Color over Lifetime 模块允许你随着时间的流逝更改粒子的颜色。当创建像火花这样的效果时，这个模块很有用。火花开始是明亮的橙色，消失前是暗红色。要使用这个模块，必须指定一种颜色渐变。也可以指定两种渐变，让 Unity 在它们之间随机挑选一种颜色。可以使用 Unity 的 Gradient Editor 编辑渐变（见图 16-5）。

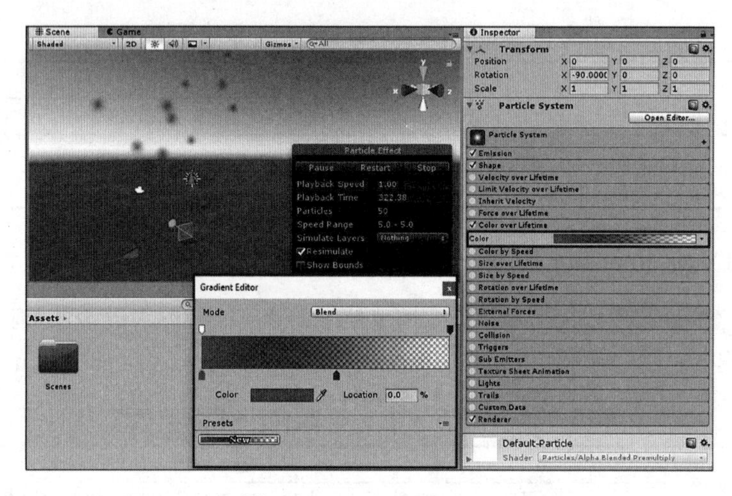

图 16-5 Gradient Editor

注意渐变的颜色会乘上默认模块的 Start Color 属性。因此如果初始颜色是黑色，那么 Color over Lifetime 模块就不会有效果。

16.2.9 Color by Speed 模块

Color by Speed 模块允许你基于粒子的速度更改它的颜色。表 16-5 描述了 Color by Speed 模块的属性。

表 16-5 Color by Speed 模块的属性

属性	描 述
Color	指定粒子渐变的颜色（或者两个随机的渐变颜色）
Speed Range	指定映射到颜色渐变的最大或者最小速度值。粒子的最小速度映射到渐变的最左边，粒子的最大（或者更高的）速度映射到渐变的最右边

16.2.10 Size over Lifetime 模块

Size over Lifetime 模块允许指定粒子大小的变化。大小值必须是一条曲线，并且它指定了随着时间的流逝粒子会增大还是收缩。

16.2.11 Size by Speed 模块

与 Color by Speed 模块非常像，Size by Speed 模块将基于粒子最大速度和最小速度更改它的大小。

16.2.12 Rotation over Lifetime 模块

Rotation over Lifetime 模块可以指定粒子在生命周期内的旋转角度。注意这个旋转是粒子本身的旋转，而不是世界坐标系中的曲线的旋转。这意味着如果粒子是一个平面圆形，将无法看到旋转的效果。不过，如果粒子具有一些细节，可以注意到它在旋转。用于旋转的值可以是一个常量、曲线或者随机数。

16.2.13 Rotation by Speed 模块

Rotation by Speed 模块与 Rotation Over Lifetime 模块相似，只不过它基于粒子的速度更改旋转角度。旋转会根据速度的最大值或者最小值改变。

16.2.14 External Forces 模块

External Forces 模块允许你对存在于粒子外部的任何力应用一个系数，有一个很好的示例：场景中可能存在风力，Multiplier 属性会缩放值来增大或减小风力。

16.2.15 Noise 模块

Noise 模块是 Unity 粒子系统中相对新的模块。这个模块允许你对粒子（比如说闪电球）的移动应用一些随机值。它通过生成一张 Perlin 噪声图像作为查找表来完成这个工作。你可以在这个模块的 Preview 窗口看到这张噪声图。表 16-6 列出了 Noise 模块的属性。

表 16-6 Noise 模块属性

属性	描 述
Separate Axes	指定噪声是否平等应用于所有的轴，还是说用不同的值推断出其他值
Strength	定义一段时间内噪声的强度。更高的值可以让粒子移动得越快越远
Frequency	指定粒子在移动的过程中多久改变一次方向。值越低，创建的噪声会越柔和，值越高，创建的噪声越尖锐
Scroll Speed	使噪声的值域随着时间的流逝不断移动，这样就会导致更加无法预测以及不稳定的移动
Damping	确定力量值是否成比例衰减
Octaves	确定应用多少重叠的噪声层。数值越高，会提供更丰富也更有趣的噪声，但是性能消耗也越高
Octave Multiplier	减少每个附加的噪声层的力量

（续）

属性	描　述
Octave Scale	调整每个附加的噪声层的频率
Quality	允许你调整噪声的质量来提高效率
Remap and Remap Curve	允许你将最终的噪声值重新映射到其他值。你可以使用曲线来指定哪个噪声值应该转化为其他值
Position,Rotation 和 Size Amount	控制噪声可以多大程度上影响粒子位置、旋转与缩放

16.2.16 Collision 模块

Collision 模块允许设置粒子的碰撞。它对于各种碰撞效果非常有效，比如火滚过墙壁或者雨滴落到地面。可以把碰撞设置为与预定的平面协同工作（Plane 是最高效的模式），或者与场景中的对象协同工作（World 是性能最低的模式）。Collision 模块具有一些公共属性和一些独特的属性，这依赖于所选的碰撞类型。表 16-7 描述了 Collision 模块的公共属性，表 16-8 和表 16-9 分别描述了 Planes 模式和 World 模式的属性。

表 16-7　Collision 模块的公共属性

属性	描　述
Planes and World	指定使用的碰撞类型。Planes 模式将会撞开预制的平面。World 模式将会碰撞开场景中的所有对象
Dampen	确定当发生碰撞时降低的速度值。这个属性值的范围是 0 到 1
Bounce	确定速度保持的比例。与 Dampen 属性不同，这个属性只影响粒子在各个轴向的弹跳。属性值的范围是 0 ~ 1
Lifetime Loss	确定在碰撞中粒子减少的生命值。属性值的范围是 0 ~ 1
Min Kill Speed	指定粒子在碰撞销毁前的最低速度
Max Kill Speed	指定粒子在超过多大速度时候发生碰撞就会被系统移出
Radius Scale	调整粒子碰撞球体的半径，这样它就能更加靠近粒子图形的视觉边界
Send Collision Messages	确定当粒子发生碰撞的时候，是否要发出碰撞消息
Visualize Bounds	将每个粒子的碰撞边界渲染为场景视图中的一个线框图形

表 16-8　Planes 模式的属性

属性	描　述
Planes	确定粒子可以碰撞的位置。y 轴上的变换确定了平面的旋转角度
Visualization	确定在 Scene 视图中如何渲染平面。可以是网格形式也可以是实心的
Scale Plane	调整平面的可见性

表 16-9　World 模式的属性

属性	描　述
Collision Mode	指定使用 2D 还是 3D
Collision Quality	指定世界碰撞的质量。值分别为 High、Medium 和 Low。很明显，High 是最消耗 CPU 和最精确的等级。Low 是最低的等级

（续）

属性	描 述
Collides With	确定粒子会碰撞哪个层。默认情况下这个值是 Everything
Max Collision Shapes	指定可以被碰撞的形状的数量。超出的数量将会被忽略，地形的优先级最高
Enabled Dynamic Colliders	确定粒子是否可以与非静态（非运动学上的）的碰撞器发生碰撞
Collider Force and Multiply Options	允许粒子对它们碰撞的对象应用力。它允许粒子推开对象。额外的复选框允许基于碰撞的角度、粒子的速度和粒子的大小来计算更多的力

动手做▼

制作粒子碰撞

在这个练习中，将建立粒子系统之间的碰撞。这个练习同时使用了 Planes 和 World 碰撞模式，请按照下面的步骤操作：

1. 创建一个新项目或场景，在场景中添加一个球体，然后将它摆放在（0, 5, 0）的位置，缩放大小设置为（3, 3, 3），给这个球体一个 Rigidbody 组件。

2. 向场景中添加一个粒子系统，把它放在 (0，0，0) 的位置。在 Inspector 的 Emission 模块中，将 Rate over Time 设置为 100。

3. 单击 Collision 模块名称旁边的圆圈，启用这个模块。将 Type 设置为 World，然后将 Collider Force 设置为 20（见图 16-6）。注意粒子已经将球体弹开了。

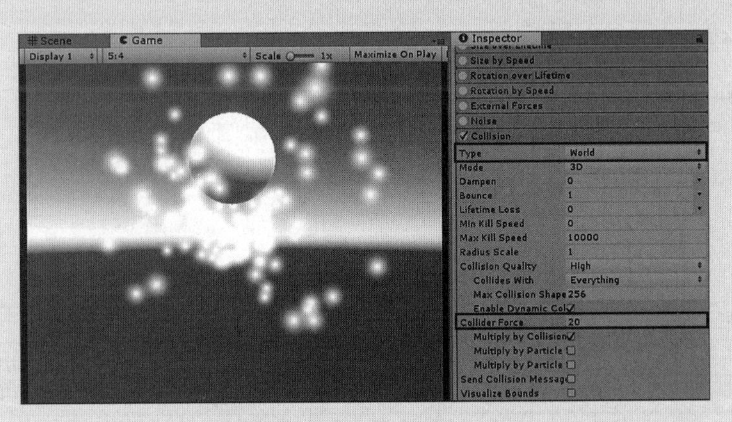

图 16-6 添加一个 plane 转换

4. 进入 Play 模式，注意球体已经在粒子的作用下浮起来了。

5. 体验各种不同的发射效果、形状和碰撞设置。看看你可以让这个球体在空中悬浮多久。

> **提示：Emitter 与 Particle 设置**
>
> 有一些模块用于修改发射器，还有一些模块用于修改粒子。可能你想知道为什么会有一个 Color 属性还会有一个 Color over Lifetime 属性。一个用于控制发射器生命周期内的颜色，另一个用于让粒子在自己的生命周期内变换颜色。

16.2.17 Triggers 模块

当粒子进入碰撞体积的时候，Triggers 模块会“触发”某个反应。当粒子在碰撞体积内、在碰撞体积外、进入碰撞体积、离开碰撞体积的时候，你可以对这些事件做出反应。当发生某些事件的时候，你可以忽略这些事件，销毁粒子，或者调用某些代码并定义自定义的行为。

16.2.18 Sub Emitter 模块

Sub Emitter 模块是一个极其强大的模块，它能让你在出现特定事件时为当前系统的每个粒子再创造一个新的粒子系统。每当粒子创建、死亡或发生碰撞时，都可以创建一个新的粒子系统。它可用于生成复杂、酷炫的效果，比如烟花。这个模块有 3 个属性：Birth、Death 和 Collision，其中每个属性都保存 0 个或多个粒子系统，当触发对应事件的时候，就会创建这些粒子系统。

16.2.19 Texture Sheet 模块

Texture Sheet 模块允许你在粒子的生命周期内更改用于粒子的纹理坐标。实际上，这就意味着可以把用于一个粒子的多种纹理放在单独一幅图像中，然后在粒子的生命周期内来回切换这些图形（就像第 15 章中的精灵动画一样）。表 16-10 描述了 Texture Sheet 模块的属性。

表 16-10 Texture Sheet 模块的属性

属性	描　述
Mode	确定是使用传统的纹理清单方法，还是提供独立的精灵专门用于纹理切换
Tiles	指定纹理在 x（水平）或者 y（垂直）方向上纹理被拆分的数量
Animation	确定整张图都是粒子的纹理还是说只有某一行会用于粒子的纹理
Cycles	指定动画的速度
Flip U and Flip V	确定部分粒子是否会水平或者垂直翻转

16.2.20 Lights 模块

Lights 模块允许部分粒子包含一个点光源。这个模块允许粒子系统向场景中添加照明效果（例如火把的效果）。这个模块的大多数属性从字面上就可以看出作用。不过它有一个非常重要的属性：Ratio 属性。如果它的值为 0，那么就是说没有粒子会带有灯光效果，如果值为 1，那么就意味着所有的粒子都带有灯光效果。值得注意的是：在粒子中添加过多的灯光会让场景的运行速度变慢，所以要谨慎使用这个模块。

16.2.21　Trails 模块

Trails 模块可以让粒子后面带有一缕烟尘。使用这个模块可以创建拖尾效果，比如说烟花或者闪电。这个模块的所有属性在其他模块中都介绍过或者都是从属性名就可以看出这个属性的意思。这里唯一要单独介绍的属性是 Minimum Vertex Distance 属性。这个属性确定了在它的尾巴在获得新的顶点之前，粒子要移动多远。值越小就会让拖尾效果看上去更平滑，但是也更消耗资源。

16.2.22　Custom Data 模块

Custom Data 模块其实已经超出了本书的介绍范围，因为它的工作原理涉及的技术比较高，而且功能异常强大。一般来说，这个模块允许你将数据从粒子系统中传到自定义的着色器中，然后在着色器中使用这些数据。

16.2.23　Renderer 模块

Renderer 模块指定了粒子是如何绘制的。这个模块的设置可以让你指定粒子的纹理和其他绘制属性。表 16-11 描述了 Renderer 模块的部分属性。

表 16-11　Renderer Module 属性

属性	描　述
Render Mode	确定粒子如何绘制。模式有 Billboard、Stretched Billboard、Horizontal Billboard、Vertical Billboard 和 Mesh。所有的公告牌模式都会让粒子要么与镜头对齐，要么与三根轴中的两根对齐。Mesh 模式会让粒子以 3D 的形式渲染
Normal Direction	确定粒子面向摄像机的角度。值如果为 1 表示粒子直接面对摄像机
Material and Trail Material	指定绘制粒子以及粒子拖尾的材质
Sort Mode	指定粒子的绘制顺序。选项有 None、By Distance、Youngest First 与 Oldest First
Sorting Fudge	确定粒子系统绘制的顺序。这个值越低，系统中的粒子就越可能绘制在上面
Min Particle Size and Max Particle Size	指定最大或者最小的粒子尺寸（而不管其他设置），以视窗大小的百分之几来表示。注意这个设置只有当 Rendering Mode 设置为 Billboard 才有效
Render Alignment	确定粒子与哪个对象对齐，如摄像机、它们自己的 transform 或者摄像机的实际位置（在 VR 中很有用）
Pivot	为粒子定义自定义的轴心点
Masking	确定粒子是否可以与 2D 遮罩互动

（续）

属性	描　述
Custom Vertex Stream	与 Custom Data 模块联合在一起，确定哪个粒子系统的属性可以传入自定义的顶点着色器中
Cast Shadows	确定粒子是否会投射阴影
Receive Shadows	确定粒子是否会受到阴影影响
Motion Vectors	确定粒子是否使用运动矢量渲染。当前保持默认的设置
Sorting Layer and Order in Layer	允许粒子使用精灵排序图层系统来排序
Light and Reflection Probes	允许粒子使用灯光和反射探针（如果存在）

16.3 Curves Editor

前面列出的很多模块中，有多个值都可以选择设置为 Constant 或 Curve。Constant 选项的意思相当明了：你提供一个值，它就使用那个值。不过，如果希望那个值在经过一段时间后发生变化该怎么做？这个时候，使用曲线系统就会很方便。这个系统会对一个值的表现方式进行非常精细的控制。在 Inspector 视图底部可以看到 Curves Editor（见图 16-7）。把水平线往上拖一下，给它留出大一点的空间。

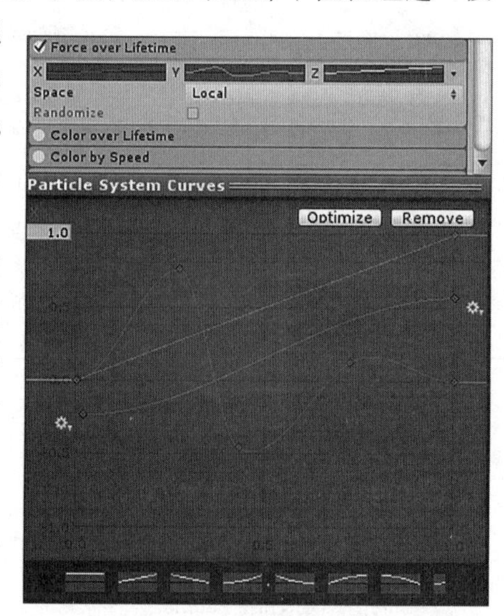

图 16-7　Inspector 中的 Curves Editor

曲线的标题是你正在调整的值。图 16-7 中的值用于在 Force over Lifetime 模块中沿着 x 轴应用的力。范围指定了可用的最小值和最大值，这两个值可以改得更大或者更小。曲线是在给定的一段时间内对应各个时间点的值，预设则是可以提供给曲线的一般形状。

在任何关键点处都可以移动曲线，这些关键点在曲线上显示为可见的点。默认情况下，只有两个关键点：一个位于开头，一个位于结尾。可以右键单击曲线，然后使用 Add Key Point 命令，或者在曲线上双击，就可以在曲线上添加新的关键点。

点击 Particle System 组件右上方的 Open Editor 按钮，或者右键单击 Curves Editor 的标题栏就可以让 Curves Editor 变得更大一些。

动手做▼

使用 Curves Editor

为了熟悉 Curves Editor。在这个练习中，我们将更改在粒子系统的一个周期内发射的粒子的大小。请按照下面的步骤操作：

1. 创建一个新项目或场景，然后添加一个粒子系统，并把它的位置设置在 (0，0，0) 处。

2. 单击 Start Size 属性旁边的下拉箭头并选择 Curve。

3. 更改 Curves Editor 右上方的值，把曲线的范围从 1 改为 2。

4. 在中点附近右键单击曲线，添加一个关键点。然后把起点和终点的值拖动到底部（见图 16-8）。注意在粒子系统的 5 秒周期内发射的粒子是如何被改变大小的。

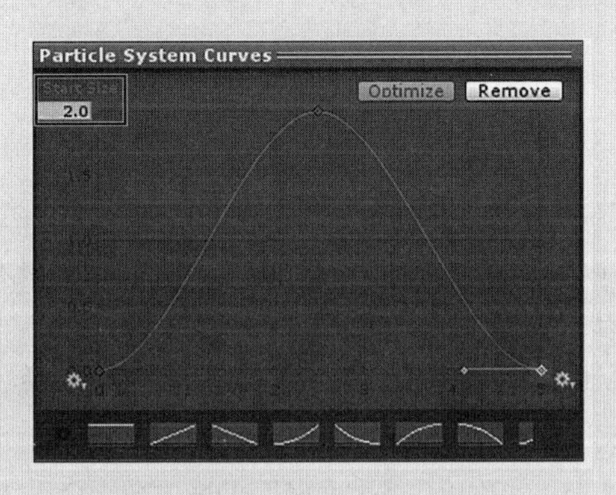

图 16-8　Start Size 曲线设置

16.4　本章小结

本章我们学习了 Unity 中粒子和粒子系统的基础知识。同样，你也学习了很多构成 Unity 粒子系统的模块。最后，我们学习了 Curves Editor 的功能。

16.5　问答

问：粒子系统的效率低下吗？

答：可能是，不过这依赖于你提供给它们的设置。一条很好的经验是：仅当粒子系统对你有实际价值的时候才使用它。粒子系统可能看上去非常炫酷，但是不要滥用。

16.6　测验

花些时间完成下面的练习，确保掌握了本章的内容。

问题

1. 用于描述总是面向摄像机的 2D 图像的术语是什么？

2. 如何让粒子效果编辑器的窗口更大？

3. 哪个模块控制如何绘制粒子？

4. 判断题：Curves Editor 用于创建会随着时间的变化而改变值的曲线。

答案

1. Billboard（广告牌）。

2. 点击 Inspector 中 Particle System 组件顶部的 Open Editor 按钮。

3. Renderer 模块。

4. 正确。

16.7 练习

在这个练习中，我们会测试一些 Unity 自带的粒子效果。在这个练习中我们既可以体验已经存在的效果，也可以尝试创建我们自己的粒子效果。因此没有正确的解决方案可供你查看，只需按照下面的步骤操作并发挥自己的想象力即可。

1. 使用 Assets > Import Package > ParticleSystems 命令导入粒子效果包。请选中所有的资源，然后点击 Import 按钮。

2. 找到 Assets\Standard Assets\ParticleSystems\Prefabs。在 Hierarchy 视图中选中 FireComplex 和 Smoke 的预设，尝试调整它们的各项设置。点击场景的 Play 按钮观察效果。

3. 继续尝试其他粒子效果（至少体验 Explosion 和 Fireworks 的效果）。

4. 现在你已经知道了有哪些效果，知道自己可以创造什么效果。尝试使用各个模块创建自定义的效果吧。

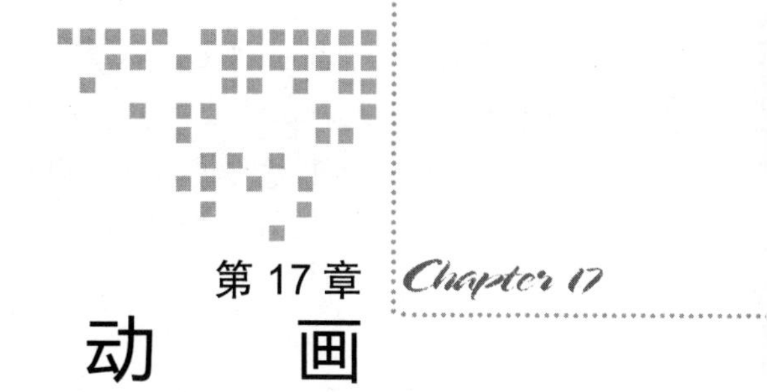

第 17 章 Chapter 17

动　　画

在本章中，你将学习 Unity 的动画。首先学习什么是动画，然后学习为什么需要动画。之后，我们再学习不同类型的动画。最后，我们将学习使用 Unity 的动画工具创建自定义的动画。

17.1　动画的基础知识

动画是提前做好的可视化动作集合。在 2D 游戏中，动画将多幅顺序的图像按顺序迅速切换，看起来就像是对象在移动（这种效果类似于之前的连环画）。3D 世界里的动画与 2D 动画有很大的差别。在 3D 游戏中，我们使用模型来表示游戏实体，所以不能简单地通过切换模型来表现运动。我们将不得不实际移动模型的某些部分，这将需要 rig 和动画。进一步说，动画也被认为是“自动化”（Automation），也就是说，我们可以使用动画来自动完成对象的更改，比如碰撞体的大小、脚本变量的值，甚至是材质的颜色。

17.1.1　绑定

为了实现复杂的动画动作比如行走，不使用 rig 是不可能的（或者说非常困难）。如果没有 rig，计算机无法知道模型的哪一部分需要移动以及它们如何移动。所以 rig 是什么？它很像人类的骨骼（见图 17-1），一个 rig 就表示模型中

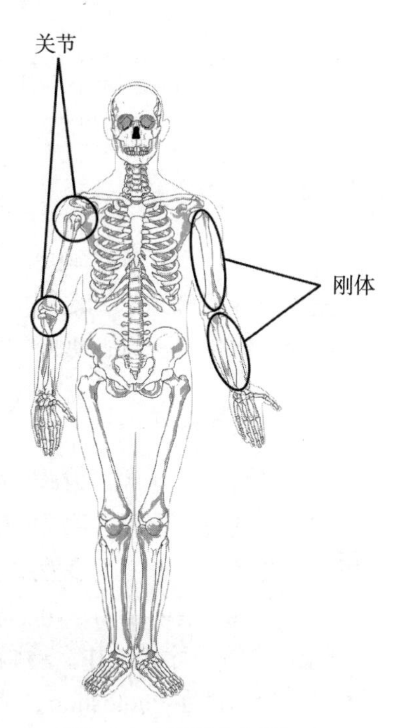

图 17-1　用骨架解释 rig

刚性的部分，通常称为骨骼（bone）。它还指出了哪一部分可以弯曲，这些可以弯曲的部分称为关节（joint）。

骨骼和关节一起定义了一个模型的物理结构。我们就使用这个结构让对象真正动起来。值得注意的是，2D 动画、简单的动画以及简单对象上的动画并不需要特定或者复杂的 rig。

17.1.2 动画

一旦模型有了 rig（如果是简单的对象则不需要 rig），就可以为它制作一个动画。从技术层面上讲，动画只是一系列用于属性或者 rig 的指令。这些指令可以像电影一样播放，甚至可以暂停、单步调试或翻转。此外，使用合适的 rig，更改模型的动作就像更改动画一样简单。最好的一点是：如果两个完全不同的模型具有相同的 rig（或者虽然不同但很相似，第 18 章中我们会看到相关内容），那么就可以用完全相同的方式对它们应用相同的动画。因此，半兽人、人类、巨人和狼人都可以完成相同的舞蹈。

> 注意：3D 艺术家的需求
>
> 关于动画的一个事实是：大部分工作是在像 Unity 这样的程序之外完成的。一般来说，建模、纹理化、rigging 和动画都是由专业人士完成的，这些专业人士称为 3D 艺术家，他们通常使用类似 Blender、Maya、3D Max 之类的程序完成上述工作。因此，在本书中没有介绍相关的制作过程。作为替代，本书将介绍如何在 Unity 中将提前制作好的资源组织在一起构建交互式的体验。记住，制作游戏不仅仅是把各个部分组合起来。你可能是在制作游戏，但是艺术家可以让游戏变得好看！

17.2 动画类型

你已经了解了如动画、rig 以及自动化相关的概念。这些术语现在可能有些难以理解，但是你可能想知道它们之间的关联以及如果想要在游戏中使用动画，需要什么支持。这一节将会介绍各种不同的动画，帮助你理解它们的工作原理，然后就可以开始制作动画。

17.2.1 2D 动画

从某种意义上说，2D 动画是最简单的动画类型。就像本章前面介绍的那样，2D 动画的工作原理很像翻页书（或者动画片，甚至像是基于胶卷的电影）。2D 动画背后的思想就是用一种非常快的速度顺序播放一组图片，从而欺骗眼睛，让我们觉得图像动起来了。

在 Unity 中创建 2D 动画特别简单，但是修改却很困难。原因是 2D 动画需要美术资源（显示的图片）才能工作。动画的任何更改都需要你（或者艺术家）在其他软件中修改图片本身，比如说在 Photoshop 或者 Gimp 中。无法在 Unity 中修改图片本身。

动手做▼

分割制作动画的精灵清单

在这个联系中，你将提前准备一个用于制作动画的精灵清单。这个练习创建的项目在后面还会用到，所以请确认保存它。请按照下面的步骤操作：

1. 创建一个新的 2D 项目。

2. 从 2D 资源包中导入 RobotBoyRunSprite.png 图片（这张图片已经准备好用于制作动画，它是 2D 资源包中的一个动画角色，在这个练习中将会检查它）。使用 Assets> Import Package > 2D 命令，仅导入 RobotBoyRunSprite.png 资源（见图 17-2）。同样，你也可以在随书资源的 Hour 17 中找到这张图片。

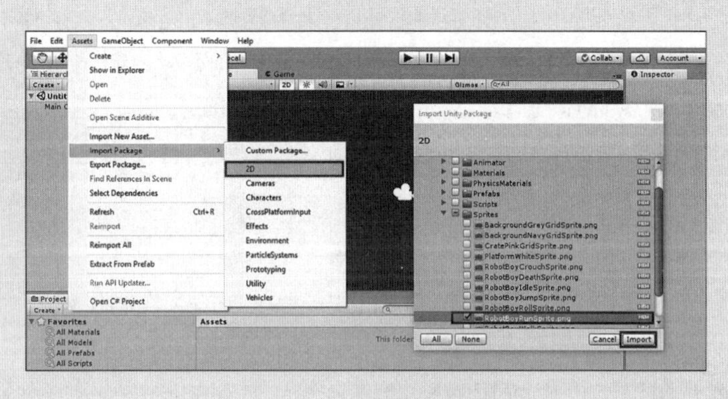

图 17-2　导入精灵清单

3. 在 Project 视图中选中新导入的 RobotBoyRunSprite.png 文件。

4. 在 Inspector 视图中，确保 Sprite Mode 被设置为 Multiple，然后点击 Sprite Editor。在左上角，点击 Slice，然后选择 Grid by Cell Size 作为它的类型。注意观察格子的大小和精灵切割的结果（见图 17-3）。

5. 关闭 Sprite Editor 窗口。

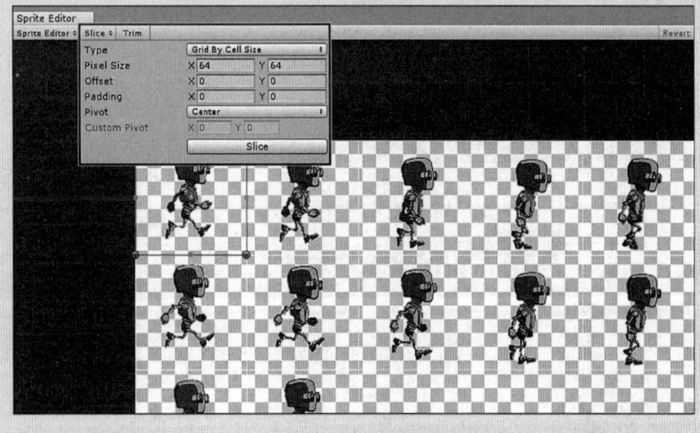

图 17-3　分割精灵清单

现在，你已经拥有了制作动画的精灵，可以开始将这些精灵转化为动画。

注意：重复造轮子

本章使用的资源来自 Unity 的 2D 资源包。可能你已经注意到这些资源已经针对做动画的目的处理过了，也就是说你是在做已经完成的工作。这样做的目的是为了让你从头理解角色动画是如何制作的。你甚至可以探索 2D 资源包中的完整资源是如何组合在一起的，研究那些复杂的例子是如何制作的。

17.2.2 创建动画

现在已经准备好了资源，可以开始将它们转化为动画。完成这个工作有一种简单的方法，也有一种复杂的方法。复杂的方法包括创建一个动画资源，制定精灵渲染属性，添加关键帧，并提供值。因为你还没有学习如何操作（本节后面会学），所以让我们先进行一个简单的操作。Unity 包含一套强大的自动化工作流，之后我们将使用这套流程创建动画。

动手做 ▼

创建动画

使用你在上一个“动手做”中的项目，然后按照下面的操作制作动画：

1. 打开之前创建的项目。

2. 在 Project 视图中找到 RobotBoyRunSprite 这个资源。展开精灵绘制器（点击精灵右侧的小箭头）查看所有的子精灵。

3. 选中精灵清单中的所有精灵：首先选中第一个精灵，然后再按住 Shift 按键选中最后一个精灵。然后将所有的帧都拖到 Scene 视图中（或者 Hierarchy 视图），见图 17-4。

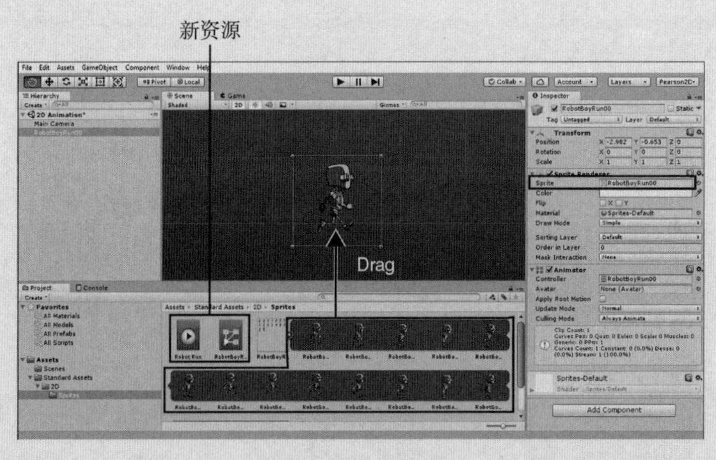

图 17-4　创建动画

4. 此时如果出现 Save As 对话框，那么就为新创建的动画选择一个存放位置和名称。

如果没有弹保存框，那么就会保存在与精灵清单相同的文件夹中。不管怎样，Unity现在已经在场景中完成了自动创建动态精灵角色的过程。这两个资源的创建（动画资源以及被称为animator controller的资源）会在第18章详细介绍。

5. 运行场景，会看到场景中在播放一个机器人男孩奔跑的序列。在Inspector视图中，可以看到Sprite Renderer组件的Sprite属性在不断循环播放动画的各个帧。

就是这样！ 2D动画的创建过程就是这么简单。

注意：更多动画

现在你应该知道了如何制作单个2D动画，但是如果想让一组2D动画（走、跑、闲逛、跳跃等）一起工作要如何操作呢？幸好，刚才学到的概念同样适用于更复杂的场景。想要让动画一起工作，首先要深刻了解Unity的动画系统。在第18章，你将会学习更多的动画系统相关的知识，在那里将会导入3D动画。只需要记住，只要可以使用3D动画，就也可以使用其他类型的动画。因此，在第18章学到的概念同样适用于2D和自定义的动画。

17.3 动画工具

Unity有一系列内置的动画工具，可以在不离开编辑器的情况下创建和修改动画。当你制作2D动画的时候，你已经在不知不觉中使用了这些工具，现在是时候查看这些工具能做什么了。

17.3.1 动画窗口

为了开始使用Unity的动画工具，你需要打开Animation窗口，使用Windows > Animation（不是Animator）命令。它会打开一个新的视图，然后就可以调整大小并像Unity中的其他窗口一样停靠。一般来说，最好将这个窗口停靠在Unity上，这样在使用Unity的时候就不会与其他窗口发生重叠。图17-5中展示了Animation窗口和它的各种元素。

注意这张图的意图，在前一个练习中，我们已经选中了2D动画精灵。看看你是否可以明白Unity如何在你运行场景的时候，将你拖动到场景的精灵制作成动画。表17-1介绍了Animation窗口中的大部分重要的概念。

表17-1　Animation窗口中的重要属性

组件	描　述
属性	动画可以修改的组件属性列表。展开属性可以看到属性的值，这些值基于时间线上scrubber的值
sample	动画在1秒内可以使用的动画帧的数量，它还有一个称呼叫作帧率
时间线	随着时间改变属性值变化的可视化表示。当值更改的时候，可以指定时间线

（续）

组件	描　述
关键帧	时间线上特殊的点。关键帧允许你指定特定时间点的属性值。常规的动画帧（非关键帧）也有值与之对应，但是你却无法控制它们
添加关键帧	按钮允许你在时间线上 scrubber 的位置添加一个关键帧
scrubber	红色的线，它可以让你在时间线上选择想要编辑的点（注意，如果不是 Record 模式，scrubber 是白色的）
当前帧	指示当前 scrubber 对应帧的指示器
Preveiw	允许你预览属性的开关。如果在 Animation 视图中使用播放控制器来播放动画，那么这个开关会自动打开
Record 模式	允许你进入或者退出编辑模式的开关。在 Record 模式中，对选中对象的任何操作都会记录在动画中。所以使用的时候一定要小心
动画片段下拉菜单	这个菜单允许你在选中的对象关联的各种动画与所创建的新的动画片段之间进行切换

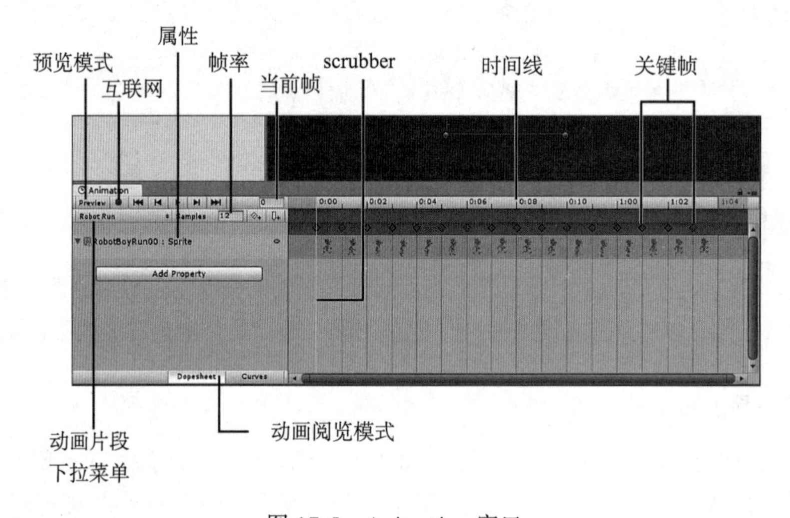

图 17-5　Animation 窗口

我希望这个窗口可以让你更了解 2D 动画的制作。图 17-5 创建了一个名为 Robot Run 的动画。这个动画有 12 帧每秒。每帧动画都包含一个关键帧，这个关键帧将对象的 Sprite Renderer 的 Sprite 属性设置为不同的图片，由此让角色的外观发生更改。这一切都是自动完成的。

17.3.2　创建一个新的动画

现在你已经熟悉了动画工具，让我们开始使用它们。创建动画要定好关键帧，然后给关键帧赋值。所有关键帧之间的值都会自动计算——比如说让一个对象上下移动。要做到这个效果，只需要修改对象 transform 的位置，然后添加三个关键帧。第一帧应该有一个比较“低”的 y 轴的值，第二帧应该高一点，最后一帧应该与第一帧的值一样。最后的效果就是对象上下弹跳。到现在我们一直在纸上谈兵，让我们按照下面的步骤完成练习加强对这个过程的理解。

动手做▼

让对象旋转起来

在这个练习中，我们会让一个对象旋转起来。练习中我们是让一个简单的立方体旋转，但是在做游戏的过程中，可以将这个动画应用于任何对象上，效果都是一样的。请保存这个练习的项目，后面会用到：

1. 创建一个 3D 项目。
2. 在场景中添加一个立方体，请放在（0,0,0）的位置。
3. 打开 Animation 窗口（使用 Window > Animation 命令），然后将它停靠在编辑器中。
4. 选中立方体，然后在 Animation 视图的中间靠右会看到一个 Create 按钮，点击这个按钮，然后会弹出保存动画的提示，保存动画并将它命名为 ObjectSpinAnim。
5. 在 Animation 视图中点击 Add Property 按钮，然后点击 Transform > Rotation 旁边的 + 号（见图 17-6）。

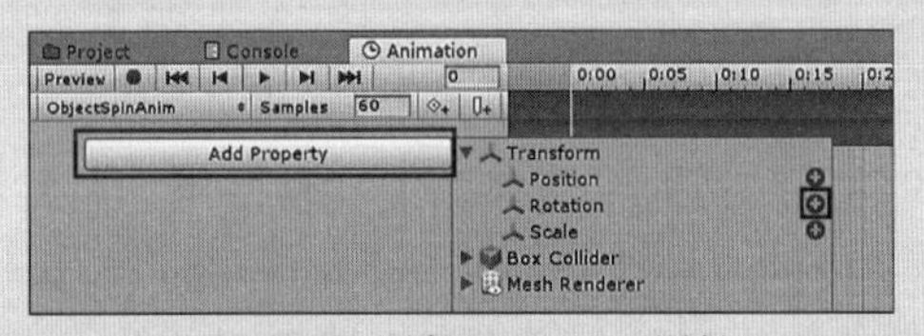

图 17-6 添加 Rotation 属性

现在动画中已经有了两个关键帧：一个是第 0 帧，另外一帧是第 60 帧（或者说“1 秒”，从下面的提示信息中可以看到更多关于时间轴的信息）。如果展开 Rotation 属性，你可以看到各个轴的属性。然后，选中一个关键帧可以调整这个关键帧的值。

6. 将 scrubber 条拖动到最后一个关键帧（或者点击并拖动时间线），然后将属性 Rotation.y 设置为 360（见图 17-7）。虽然开始的值是 0，最后一个值是 360，从技术角度讲它们两个是相同的值，但是实际效果却会让立方体旋转起来。播放场景，就会看到动画。

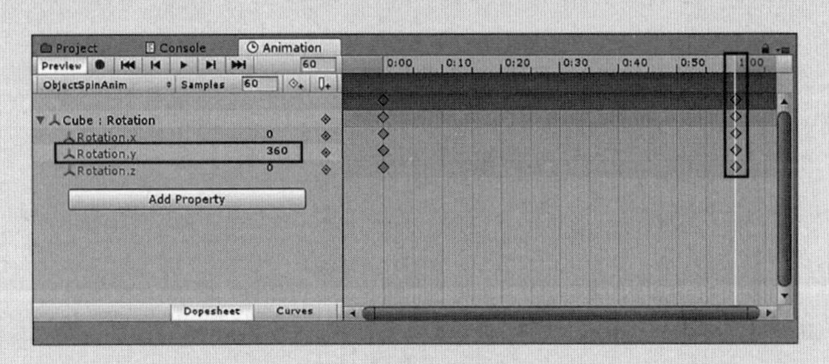

图 17-7 添加 Rotation.y 的值

7. 保存场景，因为后面还会用到这个场景。

提示：动画时间线

第一次看到时间线上的值可能会感觉有些奇怪。事实上，从时间线上可以帮助你了解动画片段的帧率。默认的帧率是每秒 60 帧，时间线的值是从 0 到 59，而不是 1 到 60，它的总长度是 1：00（1 秒）。所以总长度为 1：30 的就表示 1 秒钟加上 30 帧。当动画每秒是 60 帧的时候，我们已经理解了动画的时间长度如何计算。但是如果动画每秒是 12 帧的时候，动画长度是多少呢？那么计数方法应该是“1，2，3，4，5，6，7，8，9，10，11，12，一秒”，在动画中的计数方法是“0:10，0:11，1:00,1:01,1:02…1:11,2:00”。我们需要注意的是：分号前面的数字表示秒，分号后面的数字表示帧数。

提示：移动时间线

如果你想要放大或者缩小时间线，查看更多的帧数或者查看不同的帧，那么操作方法非常简单。这个窗口中的导航方式与在 2D 场景视图中的导航方式一样。也就是说，滚动鼠标的滚轮就可以放大或者缩小时间线，按住 Alt（Mac 上是 Option）键并拖曳就可以旋转。

17.3.3 记录模式

虽然到现在为止，我们接触到的工具都非常容易使用，但是我们还有更简单的动画制作方式。动画工具中一个重要的组成部分就是 Record mode（记录模式，参考图 17-5 中它的位置）。在记录模式中，你对物体的所有更改都会记录到动画中。这种方式非常强大，它可以让你迅速并精确地修改动画。当然，这个工具也很危险。考虑一下，如果你忘记了当前正在处于记录模式中，然后对一个物体进行了大量的修改，那么这些修改都会记录到动画里，当播放的时候，这些更改就会一遍又一遍地循环播放。所以一般建议，如果没有需求，就不要开启记录模式。

尽管在还没使用这个工具之前就听到这么吓人的警告，也不要担心。这个工具没有那么可怕（它的功能也相当强大）。只需要遵守一些基本的规则，就可以使用这个强大的工具。最差的情况，如果 Unity 记录了你不想要的操作，那么也可以手动删除。

动手做 ▼

使用记录模式

按照下面的步骤，让前一个“动手做”中创建的立方体在旋转的时候更改颜色：

1. 打开之前练习中的场景。创建一个新的材质，名为 CubeColor，然后将它应用于立方体（这样就可以更改它的颜色）。

2. 选中这个立方体，然后打开 Animation 窗口，会看到之前创建的旋转动画。如果没有看到，那么请确保选中了立方体。

3. 点击 Animation 窗口中的 Record Mode 按钮进入 Record 模式。Inspector 视图中

的 Rotation 属性会变成红色，它表示旋转角度由动画决定。在时间线上点击并拖曳，将 scrubber 移动到第 0 帧（见图 17-8）。

图 17-8　准备好记录

4. 在 Inspector 视图中，找到立方体的 CubeColor 材质，然后将它的 Albedo 设置为红色。注意此时会在 Animation 窗口中添加一个新的关键帧。如果展开新的属性，你将会看到 r,g,b 三个值，还有关键帧上的颜色值（1, 0, 0, 1）。

5. 将 scrubber 移动到时间线后面，然后再次更改 Inspector 中的颜色。重复这个步骤，直到你觉得足够了为止。如果想要动画播放得更柔顺，那么请让动画的最后一帧（在 1:00 的位置，它与旋转保持同步）与第一帧的颜色保持一致。

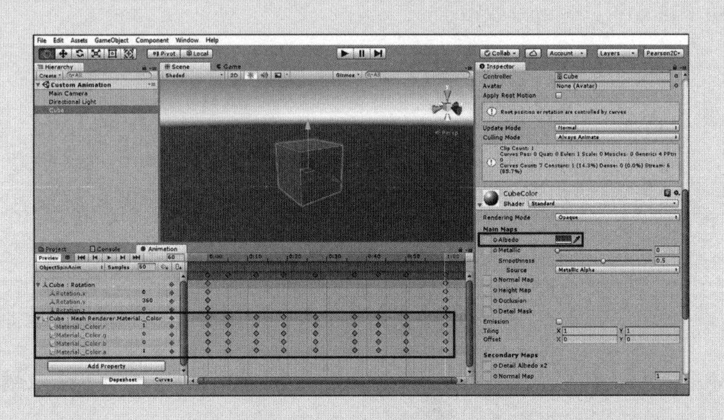

图 17-9　记录颜色值

6. 运行场景，然后在 Game 视图中查看制作好的动画。注意运行场景将会推出 Record 模式（这一点很方便，因为你已经结束了使用）。现在场景中应该有了一个旋转的可变换多种颜色的立方体。

17.3.4 Curves Editor

本章介绍的最后一个工具是 Curves Editor。现在，我们在 Dopesheet 视图中，这个视图列出了所有的关键帧，然后从上到下依次排开。可能你已经注意到，当你修改关键帧的值的时候，你无法控制这些值之间的值。如果你想知道关键帧之间的值是如何确定的，那么现在就可以知道了。Unity 将关键帧之间的值混合在一起（这个过程叫做插值），由此创建了平滑的转换。在 Curves Editor 中，你将会看到这个过程。想要打开 Curves Editor，你只需要点击 Animation 窗口底部的 Curves 按钮（见图 17-10）。

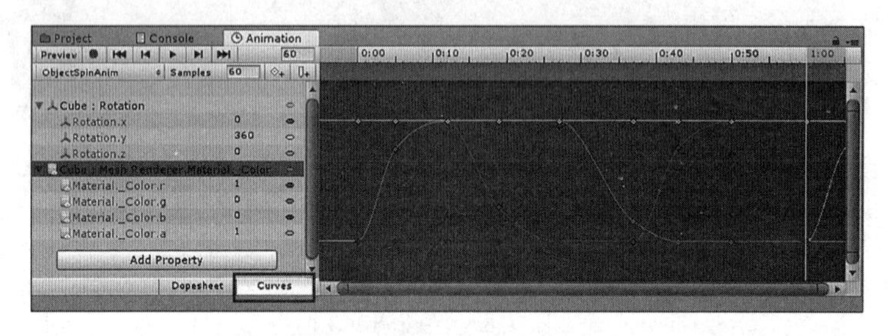

图 17-10 Curves Editor

在这个模式下，你可以点击左边的属性查看切换到对应的值。在 Curves Editor 中，你可以清晰地看到关键帧之间的值是如何计算的。你亦可以拖动一个关键帧来改变它对应的值，也可以在曲线上双击，在双击的地方创建一个新的关键帧。如果你不喜欢 Unity 在关键帧之间生成的数值，那么可以右键单击一个关键帧，然后选择 Free Smooth 选项 ,Unity 就会显示两个手柄，通过这两个手柄可以改变值，让它更平滑。尝试着操作一下，看看你能使用 Curves Editor 编辑出什么样的数值。

动手做 ▼

使用 Curves Editor

可能你已经注意到上一个“动手做”练习中立方体的旋转不够平缓，有一种卡顿的感觉。在这个练习中，你将会修改动画，让立方体平滑地旋转。请按照下面的步骤操作：

1. 打开上一个练习中的场景，在 Animation 视图中，点击 Curves 按钮切换到 Curves Editor（见图 17-10）。

2. 点击 Rotation.y 属性，在时间线中显示它的曲线。如果曲线太小，无法填充整个窗口，那么就将鼠标移动到时间线上，然后按下 F 键。

3. 将旋转曲线扯平，这样立方体就会得到一个平滑的动画（见图 17-11），然后右键单击第一个关键帧（0:00），然后选择 Auto，接着对最后一个关键帧执行相同的操作。

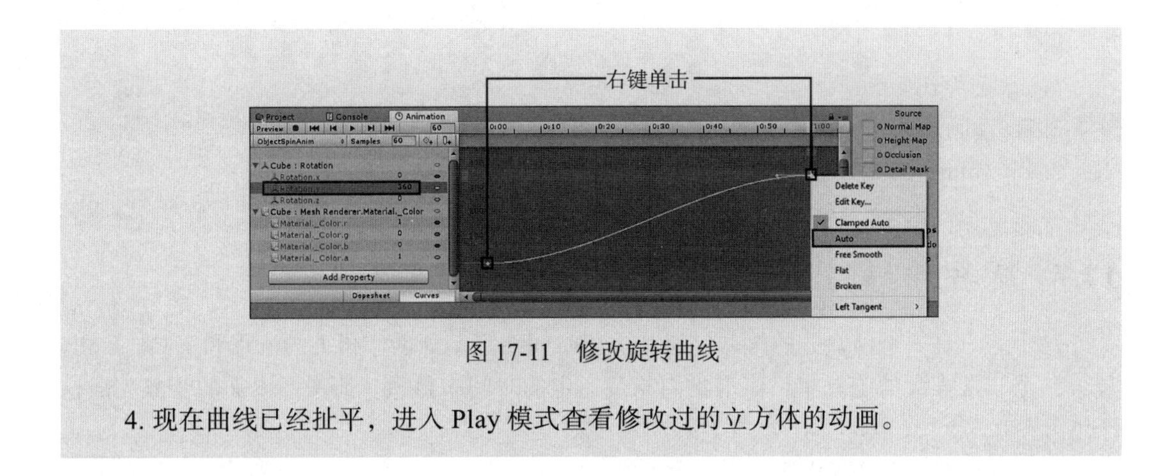

图 17-11　修改旋转曲线

4. 现在曲线已经扯平，进入 Play 模式查看修改过的立方体的动画。

17.4　本章小结

在本章中，我们学习了 Unity 中的动画。首先学习了动画的基础知识，包括 rigging。然后，我们学习了 Unity 中各种类型的动画。之后，我们又从 2D 动画开始学习了如何创建动画。最后，我们使用手动模式和 Record 模式创建了自定义的动画。

17.5　问答

问：动画可以混合在一起吗？

答：是的，可以。在第 18 章，我们将使用 Unity 的 Mecanim 系统混合动画。

问：可以把任何动画应用于任何模型吗？

答：仅当它们的绑定方式完全相同时或者动画很简单不需要 rig 的时候，才可以这样做。否则，动画的行为可能非常怪异或者根本不会正常工作。

问：在 Unity 中，模型可以重新调整骨架吗？

答：是的，在第 18 章中将介绍如何执行该操作。

17.6　测验

花些时间完成下面的练习，确保掌握了本章的内容。

问题

1. 模型的“骨骼”称为什么？

2. 哪种动画类型会迅速切换图片？

3. 具有显式名称的动画帧叫什么名字？

答案

1. rig 或者 rigging。
2. 2D 动画。
3. key frame（关键帧）。

17.7 练习

这个练习是一个沙盒式的练习。请花一些时间熟悉动画创作相关的流程和工具。Unity 包含一个非常强大的工具集，值得我们花费一定的时间来熟悉。请按照下面的步骤完成这个练习：

1. 让一个对象在场景中飞行一个大弧度。
2. 通过开关渲染器让对象闪烁。
3. 更改对象缩放属性和材质的值，让对象变形。

第 18 章 Chapter 18

Animator

在本章中，你将使用以前学过的动画知识，把它用于 Unity 的 Mecanim 动画系统和 animator 中。你首先将学习 animator 以及它们的工作原理。接下来，将探讨如何在 Unity 中制作 rig 或者更改模型的 rigging。之后，将创建一个 animator 并对它进行配置。在本章最后，将会看到如何将动画混合在一起，构造逼真的效果。

> 注意：警告：一定要动手操作！
>
> 本节的内容更像一个大型的“动手做”练习。请保存每一个实际练习的项目，因为每个项目都会使用前一个项目的功能。在阅读本节的时候，最好就提前准备好，学习本节的最好方法就是动手做！

18.1 Animator 的基础知识

Unity 中所有的动画都始于 Animator 组件。在第 17 章中，虽然创建并学习了各种动画知识，但实际上在不知不觉中却使用了 Animator。Unity 的动画系统（Mecanim）主要由三部分组成：动画片段、Animator 控制器以及 Animator 组件。这三部分的存在让角色栩栩如生。

图 18-1 是从 Unity 的官方在线文档中截取的 Animator 组件的一张图片（https://docs.unity3d.com/Manual/class-Animator.html），它显示了上面三个部分如何相互关联。

动画片段（见图 18-1 的 #1）有各种不同的动作，这些动作要么是导入的要么是在 Unity 创建的。Animator 控制器（#2）包含了动画，它还能指定在指定的时刻播放哪个动画片段。模型有的时候称为 avatar（#3），它扮演了 Animator 控制器和模型 rigging 之间的“翻译官”。现在可以先忽略 avatar，因为会自动创建并使用它。最后，Animator 控制器（我们也可以仅仅称呼它为控制器）和 avatar 都使用 Animator 组件（#）放在了模型上。是不是感觉有很多内容要记？不要慌，大部分工作都是自然而然的或者是自动完成的。

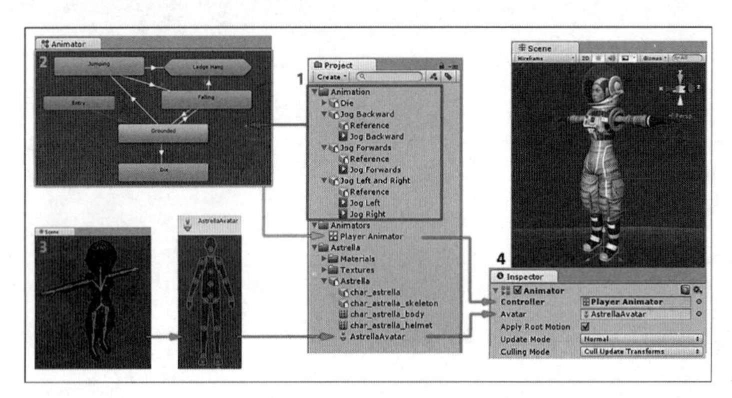

图 18-1　角色动画各个部分之间的关联

Unity 动画系统最强大的一点就是：你可以将一个做好的动画“重新应用到”一个新的游戏对象上。比如说为立方体创建了一个动画器，那么这个动画器也可以应用在球体上。如果为角色创建了一个动画器，那么这个动画器也可以应用到有相同 rigging（也可以是不同 rigging 的对象，后面我们就会看到）的角色上。这就意味着，可以让兽人或者其他对象做出与角色一样的跳舞动作。

> 注意：分析一个特殊的使用案例
>
> 为了充分利用本章的内容，我们将接触一个非常特殊的使用案例：人形模型的 3D 动画（非常常见的用例）。这个案例将会让你学习 3D 动画，导入模型和动画，使用 rig 和 Unity 强大的人形重定位系统。现在我们只需要记住，除了人形的重定位外，本章介绍的其他知识都可以应用到任何类型的动画中。所以，如果你正在构建一个由多部件组成的 2D 动画系统，那么本章学到的知识仍然适用。

18.1.1　回顾 rigging

为了构建复杂的动画系统，首先需要保证已经准备好了模型的 rigging。回忆第 17 章中学到的知识，模型和动画必须使用相同的 rig 方式，这样它们才能正常工作。这就意味着，为一个模型制作的动画很难应用于另外一个不同的模型。因此，动画和模型通常在一起制作。

如果正在处理一个人形的模型（一般有两个胳膊、两条腿、一个脑袋和一个躯干），那么可以使用 Mecanim 的动画重定向工具，使用 Mecanim 系统，人形模型可以在编辑器中让所有的 rigging 重新映射，而不用借助其他 3D 模型工具。这样做的结果就是为某个人形模型制作的动画可以用到任何其他人形模型上。也就是说动画师可以制作大量能应用于各种带有不同 rig 的模型的动画。

18.1.2　导入模型

在这一章，我们将会学习 Ethan，它是 Characters 标准资源包中的一个模型。这个模型有大量各种各样的条目，你需要挨个看看各个条目，然后确保合理配置。要想导入模型，请使用 Assets > Import Pacage > Characters 命令。选中所有选项，然后点击 Import。

现在在 Project 选项卡下找到 Ethan，它应该在路径 Assets/Standard Assets/Characters/ThirdPersonCharacer/Models 下面（见图 18-2）。

如果点击 Ethan 文件右侧的小箭头，就可以展开这个模型查看所有的组成部分（见图 18-2）。这些部分如何构建依赖于制作模型时使用的 3D 软件的导出设置。

这些组件从左到右依次是：Ethan 带有纹理的躯干、纹理化的眼睛、骨骼的定义、EthanBody 的网格、EthanGlasses 的网格、最后是 Ethan's 的 avatar（用于 rigging）。

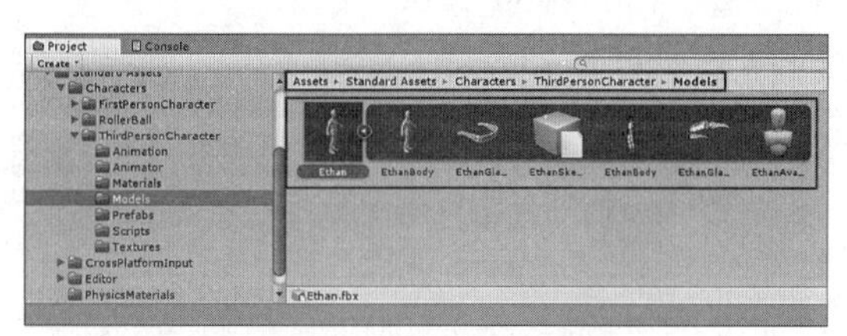

图 18-2　找到 Ethan 模型

> **注意：预览网格**
>
> 如果在托盘中点击 Ethan 或者 Glasses 的模型，你会注意到 Inspector 底部有一个小小的预览窗口（如果这个窗口没有出现，那么就点击并向上拖曳）。在这个预览窗口中，你可以旋转子模型，从各个角度来观察模型（见图 18-3 的底部）。

当观察完组件之后，点击资源右侧的箭头就可以将 Ethan.fbx 托盘折叠。

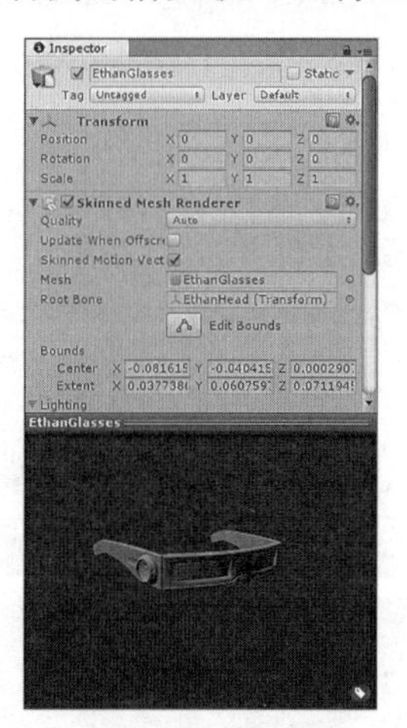

图 18-3　模型的 Inspector 视图

18.2 配置资源

你已经导入了一个模型和相关的动画，现在开始配置操作。动画的配置过程与模型的配置过程基本相同。

选中一个模型，然后在 Inspector 视图中查看列出的导入设置。Model 选项卡中包含所有的设置，这里面配置了模型是如何导入到 Unity 中的。本章中，我们可先忽略这些设置，现在我们关心的是 Rig 选项卡下的配置（Animations 选项卡在本章的后面讨论）。

18.2.1 rig 准备

在导入设置中，我们可配置模型的 rig，这些配置在 Inspector 视图的 Rig 选项卡中。这些属性中，我们最关心的是 Animation Type（见图 18-4）。下拉框中有四种类型可以使用：None、Legacy、Generic 和 Humanoid。将这个属性设置为 None 会让 Unity 忽略模型的 rig。Legacy 用于 Unity 的旧动画系统，现在不要再使用它。Generic 可以用于所有非人形的模型（比如说简单的模型、交通工具、建筑、动物等），所有 Unity 导入的模型默认情况下都是这个类型。最后 Humanoid（我们将会使用的类型）用于所有的人形角色。这个设置允许 Unity 为你重定向动画。

图 18-4　rig 的设置

正如你所见，Ethan 已经按照人形设置好了。当你将一个模型设置为人形的时候，Unity 会自动帮你执行映射 rig 的过程。如果你想查看这个过程多么简单，可以简单地将 Animation Type 更改为 Generic，然后点击 Apply，然后再改回来（这就是 Unity 帮你设置模型的整个过程，没有额外的隐藏步骤）。想要查看 Unity 帮你做的工作，可以点击 Configure 按钮（见图 18-4）进入 rigging 工具。

动手做 ▼

探索 Ethan 是如何被 rig 的

在这个练习中，我们将会探索 Ethan 的 rig 过程。它会帮助你更加了解模型的 rig 实践过程。请按照下面的步骤操作：

1. 如果还没有导入标准资源包中的资源，那么创建一个新项目，然后从 Standard Assets 中导入角色资源。找到 Ethan.fbx 这个资源，然后选中它，像之前介绍的那样在 Inspector 视图中查看导入设置。

2. 在 Rig 选项卡中点击 Configure。这样做会启动一个新场景，所以提示保存的时候注意将旧项目保存一下。

3. 重新排列 Unity 的界面，让 Hierarchy 视图和 Inspector 视图显示在主要的位置（在第 1 章中，我们已经介绍了如何关闭和移动选项卡）。我们也可以保存这个布局，因为后面我们总要回到 Default 的布局。

4. 选中 Mapping 选项卡，点击绿色的圆圈（见图 18-5）。注意 Hierarchy 视图如何高亮显示 EthanSkeleton 对应的子对象，然后将蓝色的圆圈显示在骨骼轮廓的下面。注意 rig 所有额外的点都在 Hierarchy 视图。它们对于人形模型来说并不重要，也不会被重定向。不过也不用担心，它们在模型中还是有一定的作用，比如说在移动的时候让模型看起来更正常。

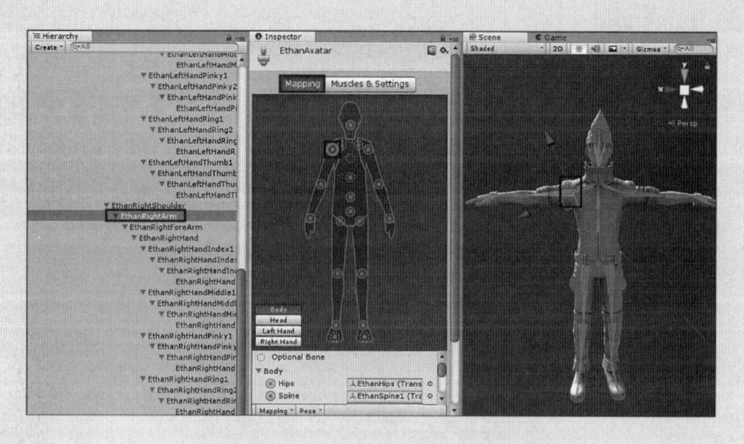

图 18-5　选中右胳膊时的 rigging 视图

5. 选中 Body、Head、Left Hand 等来继续探索身体上的其他部分。这些都是 joints，它们可以被重定向到任何人形模型上。

6. 当你完成后，点击 Done 按钮。注意 Hierarchy 视图中临时的 Ethan（Clone）会消失不见。

此时，你已经提前预览了 Ethan，看到骨骼是如何被重新排列的。现在这个模型已经准备好运动了。

18.2.2　动画准备

在本章，你可以使用 Ethan 自带的动画，但是这样会比较烦琐而且没办法解释 Mecanim 系统的灵活性。所以，我们会使用本书专门为本章准备的动画。每个动画都有一些选项用于控制动画的行为，这些配置需要按照你指定的方式配置。比如说，你想要行走的动画恰当地循环播放，让动画看起来没有明显的间隙。本节将会带你准备每一个动画。

首先将 Animations 文件夹从本书的资源文件夹中拖到 Unity 的编辑器中。然后，我们将要处理四个动画：Idle、WalkForwardStraight、WalkForwardTurnRight 和 WalkForward-

TurnLeft（虽然 Animations 文件夹仅包含三个文件，但马上就会看到更多的文件）。每个动画都需要单独设置。如果查看 Animations 文件夹，你会看到这些动画实际上都是 .fbx 文件。这是因为动画本身都在默认的模型中。不要慌，你可以在 Unity 中修改并导出动画。

Idle 动画

要设置 Idle 动画，可以按照下面的步骤操作（表 18-1 解释了这些设置）：

1. 在 Animations 文件夹中选中 Idles.fbx 文件。在 Inspector 视图中切换到 Rig 选项卡。把动画类型改为 Humanoid，然后点击 Apply 按钮。这个操作会告诉 Unity 这个动画是用于人形模型。

2. 一旦配置了 rig，就可以点击 Inspector 中的 Animations 选项卡。将开始的帧设置为 128，然后勾选 Loop Time 和 Loop Pose。除此之外，还要为所有的 Root Transform 属性勾选 Bake into Pose 选项。确保你的设置与如图 18-6 所示的相同，然后点击 Apply。

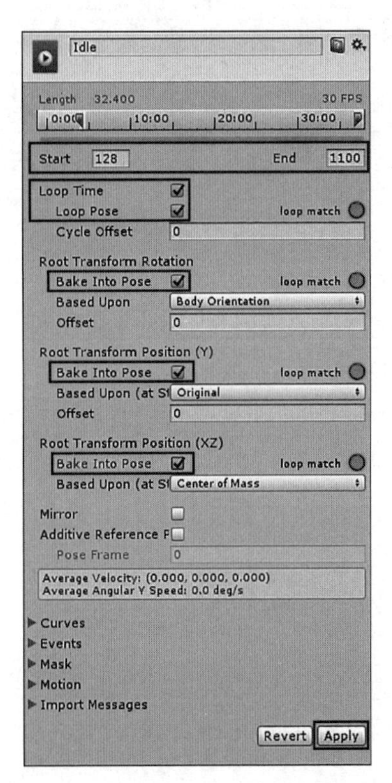

图 18-6　Idle 动画

3. 要想确认动画本身现在是否被合理配置，请展开 Idles.fbx 文件（见图 18-7）。一定要记住如何访问那个动画（模型本身没有关系，重要的是我们想要的动画）。

表 18-1 Animation 的重要设置

设置	描 述
Loop Time	表示动画是否需要循环播放
Root Transform	控制是否允许动画更改对象的旋转、垂直方向的位置（y 轴）和水平方向的位置（x/z 平面）
Bake into Pose	表示是否允许动画移动一个对象。如果勾选了这个选项，动画实际上不会更改对象但是看起来像是移动了对象
Offset	指定偏离动画原始位置的值。比如修改 Root Transform Rotation 的偏移量，可以让模型沿着 y 轴进行一些旋转。它可以很方便地修正动画的动作错误

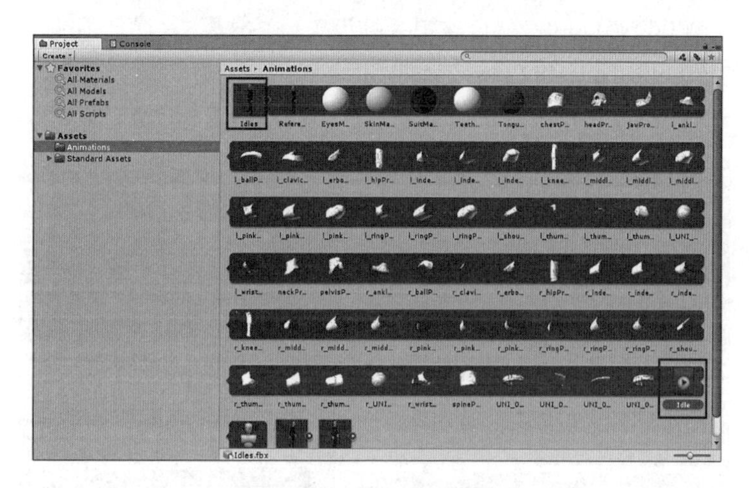

图 18-7 查找动画片段

注意：红灯，绿灯

可能你已经注意到了动画设置中的绿色圆圈（如图 18-6 所示）。它们是非常实用的小工具，用于指定动画是否已经排列好。绿色的圆圈表示动画将无缝循环。黄色的圆圈表示动画接近于无缝地循环，但是有小缺陷导致没有完全实现无缝循环。红色圆圈表示动画的开头和结尾根本没有排列好，缝隙非常明显。如果动画没有排列好，可以更改 Start 和 End 属性，找到可以排列好的动画。

WalkForwardStraight Animation

为了配置 WarkForwardStraight 动画，请按照下面的步骤操作：

1. 在 Animation 文件夹中选中 WalkForward.fbx 文件，然后像 Idle 动画一样完成 rigging 操作。

2. 将动画片段当前的名称改为 WarkForwardStraight，右键点击原始的名字就可以进行改名操作（见图 18-8）。

3. 在 Animations 选项卡下，确保设置与图 18-8 一致。你应该注意两件事：第一，Root

Transform Position (XZ) 旁边具有一个红色圆圈，这很好。它意味着在动画末尾，模型处于不同的 x 轴和 z 轴位置。由于这是一个行走的动画，所以这就是你想要的行为。另一件需要注意的事是 Average Velocity 指示器，应该注意到 x 轴和 y 轴都是非零的速度。其中 z 轴的速度是合理的，因为你希望模型向前移动，但是 x 轴具有非零的速度是错误的，因为它会让模型在行走的时候横向偏移，所以我们需要在第 4 步中调整这个设置。

4. 调整 x 轴的速度，勾选 Root Transform Rotation 和 Root Transform Position(Y) 的 Bake into Pose 选项。还要更改 Root Transform Rotation Offset 的值，将 Average Velocity 的 x 轴的值改为 0。

5. 将最后一帧设置为 244.9，然后将第一帧设置为 215.2，这样动画就只包含行走帧了。

6. 最后，勾选 Loop Time 和 Loop Pose。

7. 确保最终的设置与图 18-9 中的设置一样，然后点击 Apply 按钮。

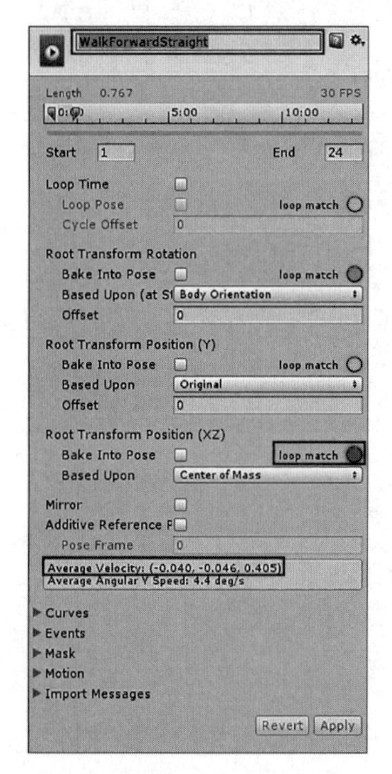

图 18-8 WalkForwardStraight 动画的设置

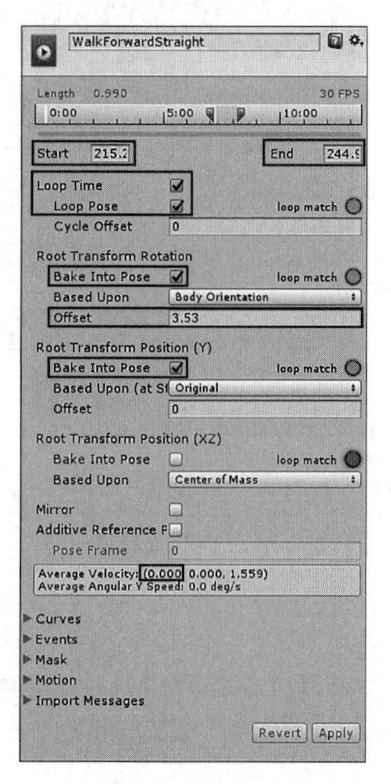

图 18-9 修改后的 WalkForward Straight 动画设置

WalkForwardTurnRight 动画

WalkForwardTurnRight 动画可以让模型在向前移动的过程中平滑地更改方向。这个动画与之前创建的两个动画相比有点不同，那两个动画有些不同，它们来自一个单一的动画记录。这听上去有些奇怪，请按照下面的步骤操作：

1. 在 Animations 文件夹中选中 WalkForwardTurns.fbx 文件，然后按照制作 Idle 动画的

方式完成 rigging 操作。

2. 默认情况下会看到一个很长的动画，名字为 _7_aU1_M_P_WalkForwardTurnRight。在 Clip Name 文本框中输入 WarlkForwardTurnRight 对它重命名，然后按下 Enter 键。

3. 选中 WalkForwardTurnRight 动画片段，然后将它的属性设置为图 18-10 中所示的那样。缩短的 Start 和 End 时间间隔将会截断动画，保证它只包含一个向右行走的循环（请确保先进行预览，查看它是否如我们想象那样）。完成之后，点击 Apply。

4. 在 Clips 列表（见图 18-11）中点击 + 图标，创建一个 WalkForwardTurnLeft 的动画片段。WalkForwardTurnLeft 动画片段与 WalkForwardTurnRight 动画片段基本一致，除了需要勾选 Mirror 属性（见图 18-11）。记住，当完成设置的时候，点击 Apply 按钮。

此时，所有的动画都已经准备好，可以开始进行下面的工作。现在要开始构建动画器。

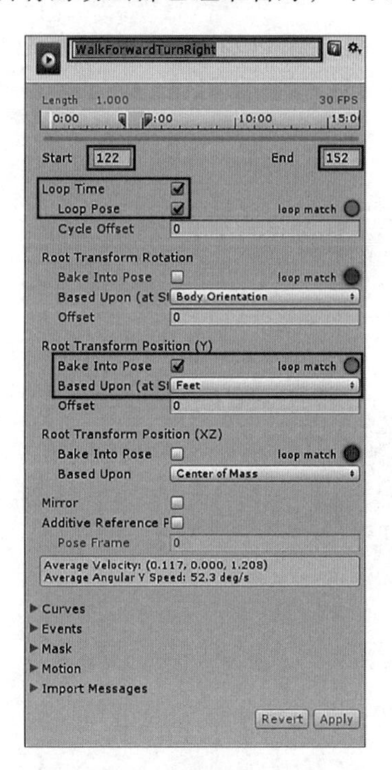

图 18-10 WalkForwardTurn Right 的设置

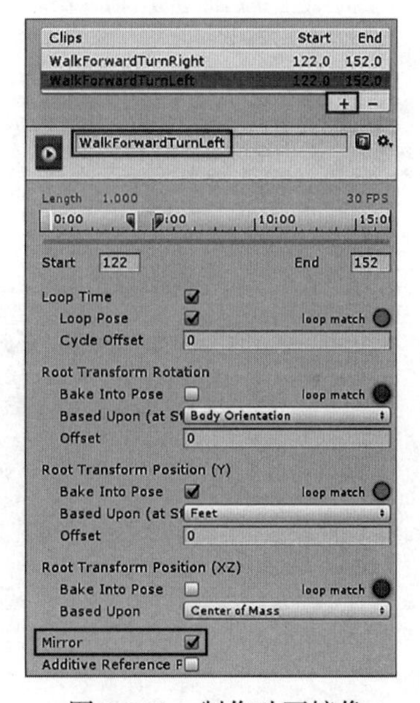

图 18-11 制作动画镜像

18.3 创建一个 Animator

在 Unity 中，Animator 是一种资源。这也就意味着它们是项目的一部分，存在于场景之外。能做到这一点非常好，因为它可以让你一遍又一遍地重复使用资源。想要在项目中添加一个 Animator，只需要右键单击 Project 视图中的一个文件夹，然后单击 Create > Animator Controller（但是现在不要这样做）。

动手做 ▼

设置场景

在这个练习中，我们将会设置一个场景，本章后面会用到这个场景。请确保保存这里创建的场景，因为后面还会用到。请按照下面的步骤操作：

1. 如果你现在还没有完成，那么先创建一个新项目，然后完成本章前面介绍的模型和动画。

2. 将 Ethan 模型拖入场景（在 Assets\Standard Assets\Characters\ThirdPersonCharacter\Models 下），然后将它的位置设置于（0, 0, –5）。

3. 将 Main Camera 拖到 Ethan 下作为它的子节点（在 Hierarchy 视图中，拖动 Main Camera 对象到 Ethan 游戏对象上），然后将摄像机的位置设置为（0, 1.5, –1.5）。

4. 在 Project 视图中，创建一个新文件夹，命名为 Animators。右键单击新的文件夹，然后选择 Create > Animator Controller。将 animator 命名为 PlayerAnimator。在场景中选中 Ethan，然后将动画器拖动到 Inspector 中 Animator 组件的 Controller 属性上。

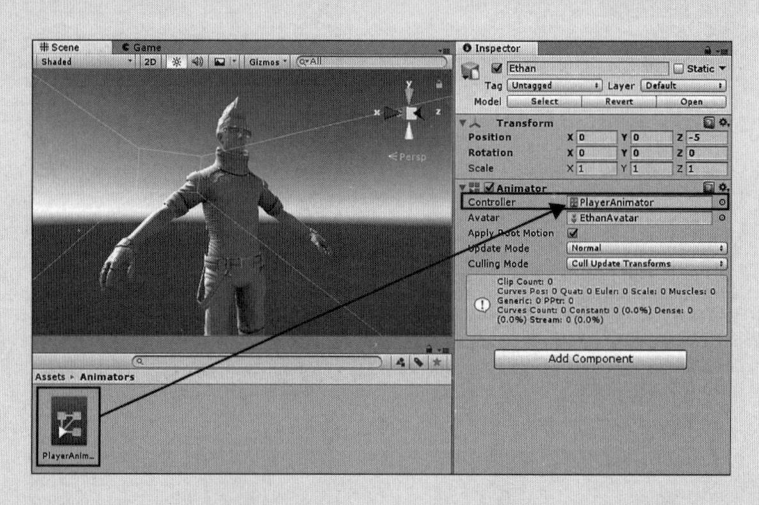

图 18-12　在模型中添加 animator

5. 在场景中添加一个平面。将平面放在（0, 0, –5）的位置，缩放大小设置为（10, 1, 10）。

6. 在随书资源的 Hour 18 中找到 Checker.tga 文件，然后将它导入到项目中。创建一个新的材质，命名为 Checker，然后将 Checker.tga 作为 albedo 的材质（见图 18-13）。

7. 将 Tiling 属性的 X 和 Y 都设置为 10，然后将材质应用于平板（现在平板还不是很有用，但是它在本章后面的作用很大）。

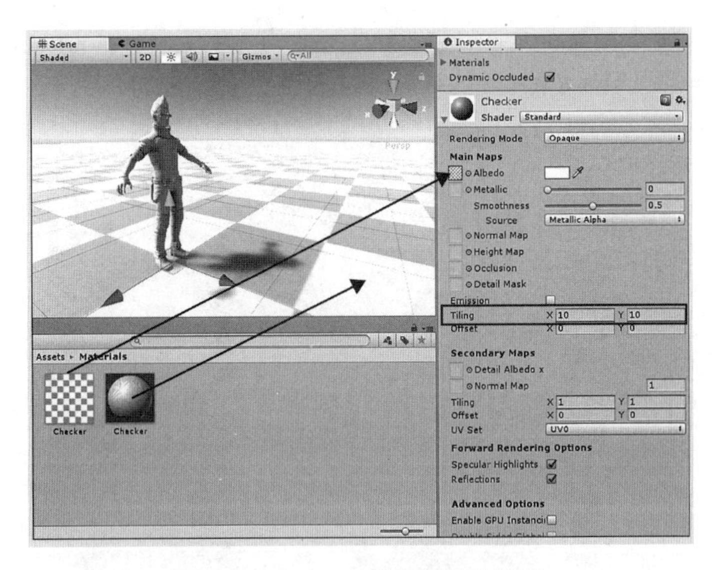

图 18-13　checker 纹理拼接的设置

18.3.1　Animator 视图

双击一个 animator 就会显示出 Animator 视图（也可以通过 Window > Animator 命令打开）。这个视图的功能类似一个流程图，它能让你可视化创建动画路径和绑定。这就是 Mecanim 系统的真正实力。

图 18-14 显示了基本的 Animator 视图。按下鼠标中键并拖曳，就可以移动 Animator 视图，滚动鼠标滚轮就可以缩放大小。这个新的 animator 非常简单：它只有一个基础层，没有参数、Entry 和 Exit 节点以及 Any State 节点（本章后面会详细介绍这些组件）。

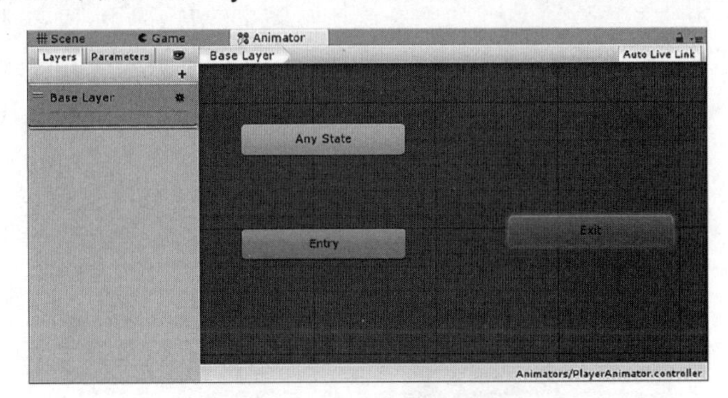

图 18-14　Animator 视图

18.3.2　Idle 动画

首先要应用到 Ethan 模型的是 Idle 动画。我们之前已经完成了长时间的准备工作，所以现在添加这个动画很简单。我们只需要找到 Idle 动画片段，它在 Idles.fbx 文件中（参考本章前面的图 18-7），然后将它拖曳到 Animator 视图上（见图 18-15）。

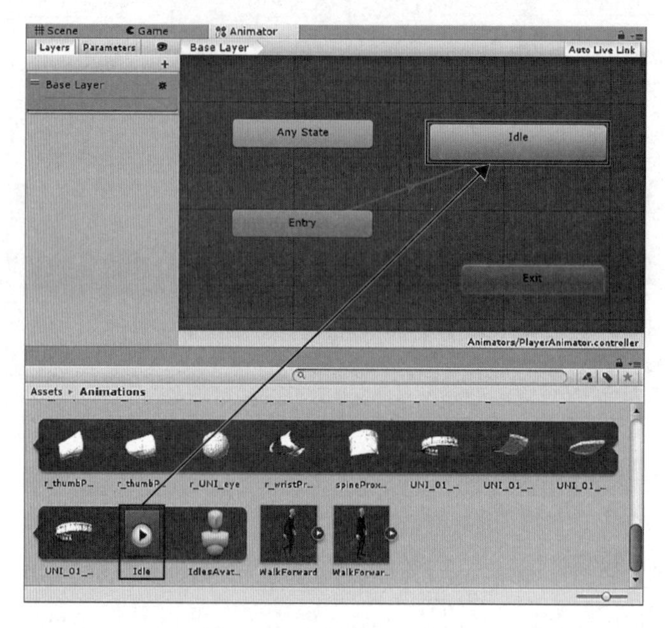

图 18-15　应用 Idle 动画

现在我们运行场景，会发现 Ethan 模型开始循环播放 Idle 动画。

提示：滑步

当你运行场景，查看 Ethan 模型播放休闲动画的时候，可能会发现模型的脚会在地面上打滑。这是因为动画是授权式的。在这个动画中，角色的移动取决于角色的臀部与脚步之间的对照（导致看起来像纸风车在旋转）。我们可以在 Animator 视图中修整这个问题。选中 Idle 动画这个状态，然后在 Inspector 视图中，选中 Foot IK 复选框（见图 18-16）。模型现在的脚开始着地了。这样会让角色的休闲动画正确播放，双脚紧紧贴地。顺便说一句，IK 的意思是 Inverse Kinematics；更多的细节内容就不在本文的考虑范围之内了。

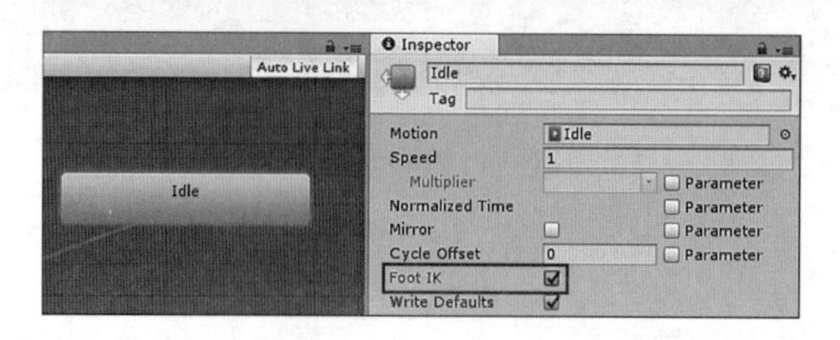

图 18-16　选中 Foot IK

18.3.3 参数

参数就是 animator 的变量。我们可以在 Animator 视图中设置参数，然后在脚本中操作它们。这些参数控制着动画的变换和混合。要想创建一个参数，只需要简单地点击 Animator 视图中的 Parameters 选项卡。

动手做 ▼

添加参数

在这个练习中，我们需要添加两个参数。这个练习建立在本章前面做的练习，请按照下面的步骤操作：

1. 确保完成了本练习之前的所有练习。

2. 在 Animator 视图中，点击左边的 Parameters 选项卡，然后点击 + 号创建一个新的参数。选择一个 Float 参数，然后将它命名为 Speed（见图 18-17）。

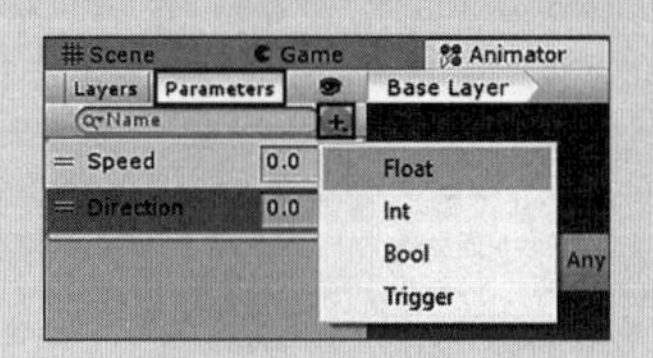

图 18-17 添加参数

3. 重复步骤 2，然后再创建一个名为 Direction 的 float 参数。

18.3.4 状态和混合树

下一步要做的是创建一个新的状态。状态本质上说就是模型当前处于播放什么动画的状态。当将 Idle 动画添加到 Animator 控制器的时候，我们就已经创建了一个状态。Ethan 这个模型有两个状态：Idle 和 Walking。Idle 状态已经就位。因为 Walking 状态对应三种动画，所以我们需要创建一个使用了混合树（Blend Tree）的状态，它会让一个或者多个动画基于某些参数无缝绑定。为了创建一个新的状态，请按照下面的步骤操作：

1. 在 Animator 视图中右键单击 Animator 视图的空白点，然后使用 Create State > From New Blend Tree。在 Inspector 视图中，将这个新状态命名为 Walking（见图 18-18）。

图 18-18 创建并命名一个新状态

2. 双击新状态就可以展开它，然后选中新建的 Blend Tree 状态。在 Inspector 中，点击 Parameter 属性下拉框，然后将它更改为 Direction。之后点击 motions 下面的 + 并选中 Add Motion Field 添加三个动作。在这张图中，将最小值设置为 –1，将最大值设置为 1（见图 18-19）。

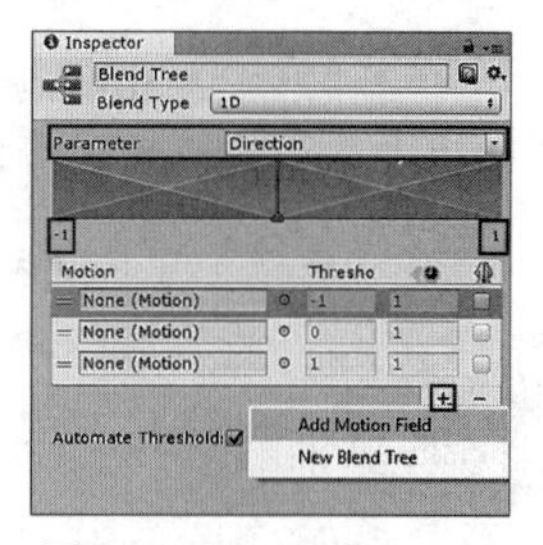

图 18-19 Add Motion Field

3. 按照 WalkForwardTurnLeft、WalkForwardStraight、WalkForward TurnRight 的顺序将每个行走动画拖动到对应的动作栏中（见图 18-20）。转身动画片段在 WalkForwardTurns.fbx 中，向前 走的动画在 WalkForward.fbx 中。

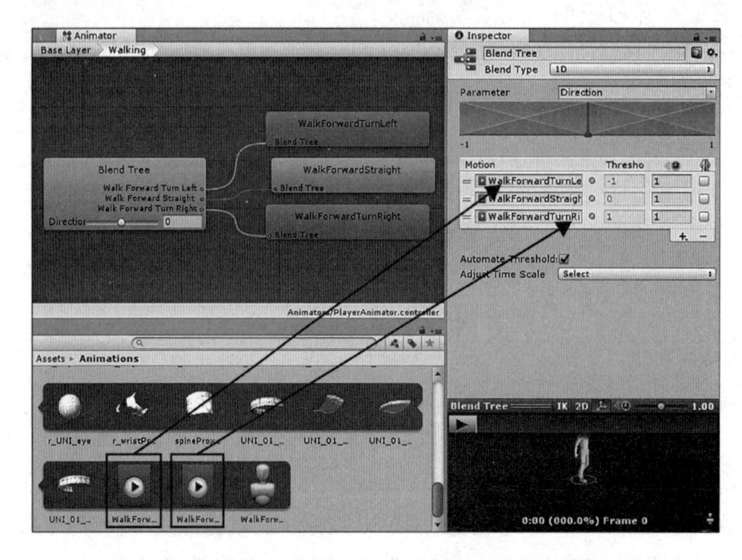

图 18-20 更改最小值，然后将动画添加到混合树中

现在我们已经准备好基于方向参数制作动画混合。一般来说，需要告诉混合状态类计算参数 Direction。基于参数值，混合树将会选择每个动画一定的百分比片段混合到一起制作出最终的动画。比如说 Direction 参数设置为 –1，那么混合树将会播放 WalkForwardTurnLeft 动画的全部内容。如果 Direction 等于 0.5，那么混合树将会播放 50% 的 WalkForwardStraight 动画和 50% 的 WalkForwardTurnRight 动画。我们可以很容易发现混合树的强大之处！如果先退出展开的视图，可以点击 Animator 视图上方的 Base Layer(见图 18-21）。

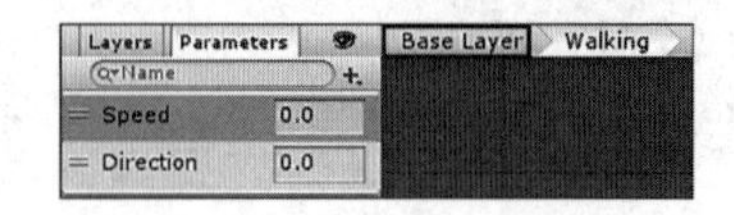

图 18-21 在 Animator 视图中导航

18.3.5　过渡

需要做的最后一件事是：确保在 animator 完成时告诉 animator 如何在 Idle 动画与 Walking 动画之间进行过渡。你需要设置两种过渡：一种是让动画器从休闲过渡到步行，另一种则是相反的过渡。要创建过渡，可以按照下面的步骤操作：

1. 右键单击 Idle 状态，然后选择 Make Transition，创建一条跟随鼠标移动的白线。点击 Walking 状态，这样就可以将两种状态连接起来。
2. 重复第 1 步，只不过这次是把 Walking 状态连接到 Idle 状态。
3. 单击 Idle 到 Walking 的过渡上面的箭头就可以执行编辑操作。添加一个条件，并将条件的 Speed Greater 的值设置为 0.1（见图 18-22）。对 Walking 到 Idle 的过渡执行相同的操作，只不过把条件设置中的 Speed Less Than 设置为 0.1。
4. 不要勾选 Has Exit Time 选项框，这样当按下行走键的时候，Idle 动画就可被打断。

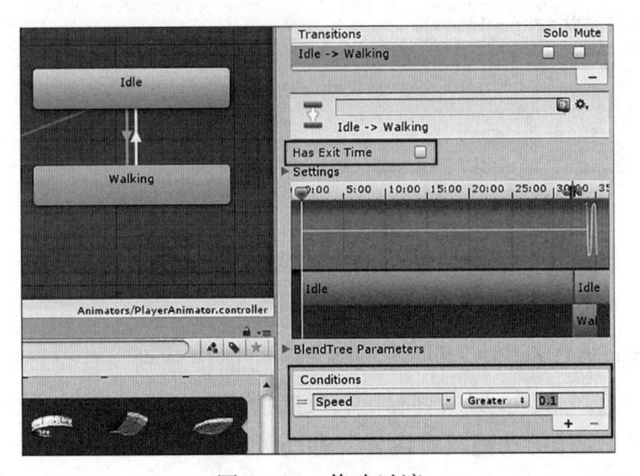

图 18-22　修改过渡

animator 完成了。可能你会注意到：当场景运行时，没有任何移动的动画出现。这是因为还从来没有改变过速度和方向参数。在下一节中，我们将学习如何通过脚本更改这两个参数。

18.4　编写 Animator 的脚本

现在我们已经设置好了模型、绑定、动画、animator、过渡和混合树，最后我们要让整体具有交互性。

幸运的是，实际要处理的脚本组件很简单。大多数困难的工作已经在编辑器中完成了。此时，我们只需操纵在动画器中创建的参数，让 Ethan 能够站起来奔跑。由于设置的参数类型是 float，所以我们需要调用动画器下面的这个方法：

```
SetFloat (<name> , <value>);
```

动手做 ▼

最后的修改

请按照下面的步骤，在本章前面创建的项目中添加一个脚本组件，然后让它可以工作：

1. 创建一个名为 Scripts 的文件夹，然后添加一个新脚本。将这个脚本命名为 AnimationControl。在场景中，将脚本绑定到 Ethan 模型中（这一步非常关键）。

2. 在 AnimationControl 脚本中添加如下代码：

```
Animator anim;
void Start ()
{
    // Get a reference to the animator
    anim = GetComponent<Animator> ();
}
void Update ()
{
    anim.SetFloat ("Speed", Input.GetAxis ("Vertical"));
    anim.SetFloat ("Direction", Input.GetAxis("Horizontal"));
}
```

3. 运行场景，然后注意动画由垂直和水平轴控制（如果忘记了，这里提示一下：水平轴和垂直轴控制的快捷键是 WASD 键和方向键）。

大功告成！添加了这个脚本之后运行场景，可能注意到一些奇怪的现象。不仅 Ethan 经历了休闲、步行和转弯这些动作，而且模型也会移动。这是由两个原因造成的。

第一个原因是：选择的动画具有内置的移动行为，这是通过 Unity 外面的 animator 完成的，如果没有实现这一点，将不得不自己编写移动程序；

第二个原因是：默认情况下 animator 允许动画移动模型，可以在 Animator 组件的 Apply Root Motion 属性中更改它（见图 18-23），但是这样修改会导致一些奇怪的效果。

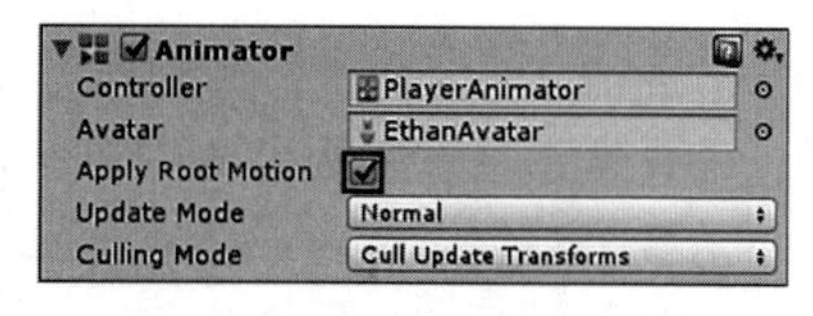

图 18-23　根动作动画的属性

随书资源中包含最终的项目文件，当你想要对照的时候可以看一看。

18.5　本章小结

本章开始的时候，我们创建了一个非常简单的动画。从一个立方体开始，为它添加了 Animator 组件。之后，创建了 Animator 控制器，然后将它链接到 animator 上。接下来，创建了动画状态和对应的动作片段。最终，我们学习了如何完成状态混合。

18.6 问答

问：在 Unity 中可以在人形模型上执行关键帧动画吗？

答：Unity 不支持在人形模型上制作关键帧动画，不过可以在网上找到应对方式，不过最好在一个专注制作 3D 包的软件中制作好人形动画，然后再将它导入到 Unity 中使用。

问：对象可以同时被 animator 和物理引擎移动吗？

答：虽然小心点操作可以完成这个功能，但是最好不要这样做。至少在某一时刻，我们需要清晰地知道是 animator 还是物理引擎在移动对象。

18.7 测验

花些时间完成下面的练习，确保掌握了本章的内容。

问题

1. 为了让 Animator 组件正常工作，它必须要引用什么？
2. Animator 选项卡中默认动画状态的颜色是什么？
3. 动画状态可以有多少个动作片段？
4. 使用什么可以从脚本中触发动画过渡？

答案

1. 要使用 Animator 组件，必须要创建一个 Animator 控制器并连接到 Animator 组件。在人形角色的情况下，必须使用一个 avatar。
2. 橘黄色。
3. 分情况：动画状态可以是单个片段，也可以是一个混合树，还可以是其他状态机。
4. Animator 参数。

18.8 练习

如果想创建健壮、高质量的动画系统，需要学习大量的知识。在本章中，我们获得了完成这个目标的一些方法和一组设置。还有很多资源可以使用，不管怎样，学习是成功的关键。

本章的练习还是继续学习使用 Mecanim 系统。我们可以从浏览 Unity 关于这个系统的文档开始学习，这一部分的文档链接是：https://docs.unity3d.com/Manual/AnimationSection.html。

我们也可以深入研究一下 Ethan 预设的动画，资源位置：Assets/Standard Assets/Characters/ThirdPersonCharacter/Prefabs/ThirdPersonController.prefab。这个预设中包含很多复杂的 animator，比本章学习的 Ethan 的 Animator 复杂得多，它有三个混合树用于 Airborne、Grounded 和 Crouching 状态。

Chapter 19 第19章

时　间　线

在本章中，我们将学习Unity强大的序列化工具：时间线（timeline）。首先我们会学习时间线和Director的结构与概念。然后，我们将会探索动画剪辑的概念，以及它们如何序列化到时间线上。最后，我们将探索如何花样使用时间线为游戏带来更精致和复杂的功能。

注意：时间线的神秘感超出了它的功能

在本章中，我们将会学习Unity中时间线系统的各个部分。有一点要注意的是时间线是一个非常强大和复杂的工具。事实上，本章我们只是介绍了它的一点点知识。整个时间线系统的结构简单而又模块化，所以它可以有很多自定义和有趣的使用方式（就像塑料玩具中的一个咬合结构，无法给它命名）。这也就是在告诉你，如果你曾经想“嗯，我想知道我是否可以使用时间线来完成这项工作”，那么回答很可能是yes。虽然制作过程不一定容易，但是制作途径很可能是可行的。

19.1　时间线的基础知识

首先，时间线是一个序列化工具。这就意味着它可以让事情按照指定的时间顺序发生。某个时间发生什么事情由你决定。从某种意义上说，时间线与Animator控制器（见第18章）非常相似。Animator控制器用于序列化动画，并控制在对象上播放哪个动画。Animator控制器的使用范围有限制，它只能控制自身或者子对象。比如说，它无法用于创建一个这样一个动画片段：两个护卫正在交谈，此时一个小偷悄悄地从他们身后的阴影中溜过。这就是时间线可以完成的典型工作。我们可以在不同的时间点，让很多不同的对象做各种各样的事情。

19.1.1 剖析时间线

一个序列化的条目的核心元素称为剪辑（clip）。这个术语看上去像是说时间线只能用于动画，但事实上，剪辑的内容可以来源于很多地方，比如，音频剪辑、控制追踪、自定义的数据事件甚至是开启或者禁用游戏对象。我们甚至可以编辑自己的剪辑内容，然后应用在想要的地方。

我们将剪辑放到一个或多个轨道（track）中（见图 19-1）。轨道决定了什么类型的剪辑可以放在这个轨道上，以及它们可以控制什么对象。比如说，为了让两个角色顺序播放动画，我们需要两个动画轨道（每个动画占用一个），每个轨道上有一个或者多个动画。

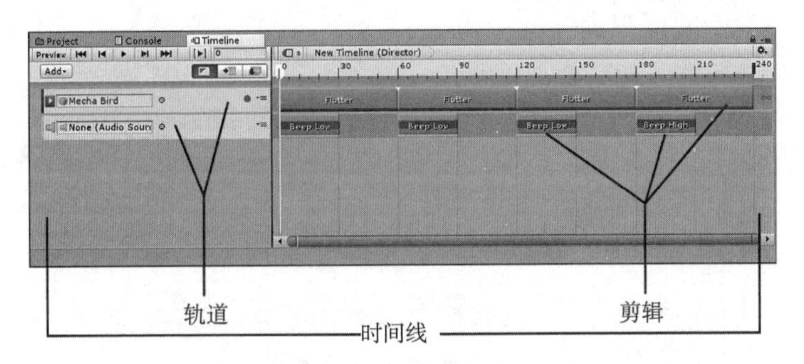

图 19-1 剖析时间线

剪辑和轨道都在时间线的面板中（如图 19-1 所示）。这个面板可以跨场景使用，也可以在单个场景中拥有多个时间线的面板。时间线使用绑定（binding）跟踪它控制的对象。这些绑定可以通过代码构建，但是通常我们只是通过拖动的方式将要控制的对象放到时间线上。

最后，时间线系统使用 Playable Director 组件来控制时间线。这个组件可以添加到场景中的游戏对象上，它决定了时间线何时播放，何时停止，以及当时间线结束的时候发生什么事件。

19.1.2 创建时间线

就像本章前面提到的那样，时间线是一块可以承载其他内容的资源。所以，要想使用时间线，第一步就是创建一个时间线资源。在 Project 视图上右键单击，然后选择 Create > Timleline（见图 19-2）。

一旦创建了时间线，它就需要受 Playable Director 组件的控制，这个组件会添加到场景中的一个游戏对象上。要想在一个游戏对象上添加一个 Playable Director 组件，我们可以选中这个对象，然后点击 Add Component > Playables > Playable Director。然后，需要将时间线资源作为 Playable Director 的 Playable 属性。还有一种更简单的方法可以一次性完成上述两个步骤：将时间线资源从 Project 视图直接拖到 Hierarchy 视图中用于控制时间线的游戏对象上（见图 19-3）。

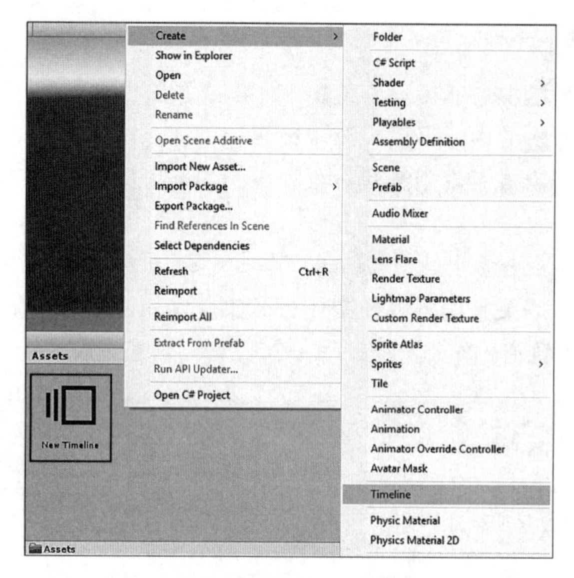

图 19-2 创建一个时间线

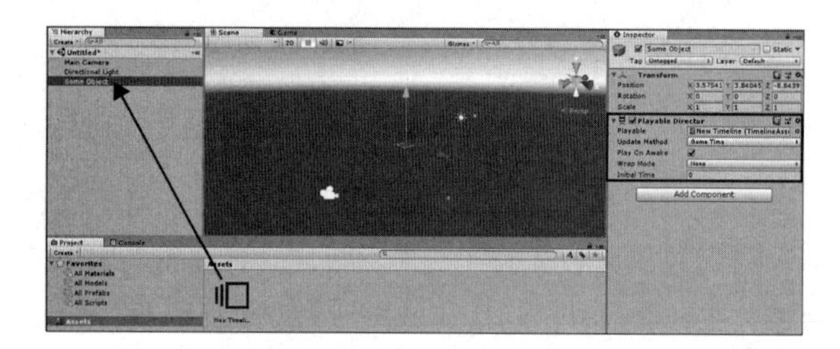

图 19-3 在游戏对象上添加一个 Playable Director 组件

动手做 ▼

创建一个时间线资源

现在，我们来创建一个时间线资源，并在一个游戏对象上添加 Playable Director 组件。确保保存这次练习创建的项目和场景，本章后面还会用到它。请按照下面的步骤操作：

1. 创建一个新项目或者场景。在项目中添加一个新文件夹，命名为 Timelines。
2. 在 Timelines 文件夹中，右键单击，然后选择 Create > Timeline 创建一个新的时间线。
3. 在场景中添加一个新的游戏对象（使用 GameObject > Create > Create Empty 命令），然后将这个对象命名为 Director。
4. 将新的时间线资源从 Project 视图拖动到 Hierarchy 视图中的 Director 游戏对象上（将时间线资源拖动到 Scene 视图或者 Inspector 视图的游戏对象上没有作用）。
5. 选中 Director 游戏对象，然后确保 Inspector 视图中出现了 Playable Director 组件。

19.2 使用时间线

创建时间线是一个非常简单的过程，但是时间线本身无法完成任何工作。为了使用时间线，需要创建轨道和剪辑，用于控制和序列化场景中的对象。这个工作是通过时间线窗口完成的，时间线窗口与第 17 章中介绍的 Animation 窗口很相似。

19.2.1 时间线窗口

为了查看并使用时间线，需要打开时间线窗口。可以使用 Window > Timeline 来完成这个操作，也可以简单地双击 Project 视图中的时间线资源。这个窗口具有一些控制功能，如预览和回放、模式控制，以及一大块用于放置轨道和剪辑的面板（见图 19-4）。

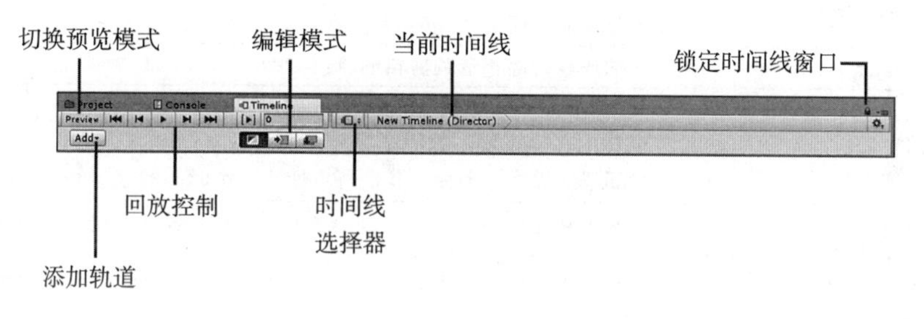

图 19-4 时间线窗口

现在时间线窗口中没什么可看的，因为里面是空的。随着学习的深入，我们可以接触更多与时间线窗口有关的知识。

> 提示：锁定时间线窗口
>
> 当我们使用时间线窗口的时候，会经常点击 Scene 或者 Project 窗口中的其他对象。当我们这样做的时候，会发现如果取消选择 Director 游戏对象，那么时间线窗口会变空。这样会令人很恼火。所以，使用时间线窗口的时候最好将它锁定（参见图 19-4），这样就可以防止切换当前选中的游戏对象时影响时间线窗口的内容。然后就可以在时间线窗口中使用时间线选择器选择想要修改的时间线。非常简单！

> 警告：Preview 模式
>
> 时间线窗口有一个 Preview 模式（参见图 19-4）。当启动这个模式后，你会发现时间线可以影响场景中的对象。这个功能对于序列化和保证所有功能都能线性排列非常重要。幸好，在时间线窗口工作的时候会自动开启 Preview 模式。当处于 Preview 模式的时候，有一些功能会被禁用。比如说，无法应用任何预设的更改。如果你发现某些对象的行为不正确，那么请尝试离开 Preview 模式，然后确保时间线窗口没有影响到场景中的对象。

19.2.2 时间线轨道

时间线上的轨道决定了可以执行什么操作，哪些对象做哪些事情，哪些事情由哪些对象完成。一般来说，时间线轨道帮我们做了很多工作。想要在时间线中添加一个轨道，可以点击时间线窗口（见图 19-4）中的 Add 按钮。表 19-1 列出了内置的轨道类型，并描述了它们的功能。

表 19-1 时间线轨道类型

类型	描　述
Track Group	这种轨道本身不包含任何功能。它只是用来将其他轨道分组，方便管理
Activation Track	这种轨道类型可以激活和反激活游戏对象
Animation Track	这种轨道类型可以让你在一个游戏对象上播放动画。注意，这种轨道类型的优先级高于对象上任何由 Animator 播放的动画
Audio Track	允许你播放或者停止音频剪辑的轨道类型
Control Track	这个轨道类型允许你控制其他可播放的对象。一个可播放的对象是由 Unity 可播放系统创建的任何资源。这种轨道类型最常见的使用场景是用一个时间线控制另外一个时间线的播放。因此，我们可以使用一个时间线来控制其子时间线的序列
Playable Track	这种特殊的轨道类型用于控制自定义的可播放对象（也就是说，可播放的对象是自定义构建的，用于扩展时间线系统）

注意：更多轨道类型

表 19-1 中列举的轨道类型都是本书发布的时候 Unity 中已经存在的轨道类型。时间线是一个相当新的功能，所以它的功能还在持续改进中。这个列表也会随着未来版本的发布而逐渐变长。进一步讲，时间线具有可扩展性。如果我们有一些需求的功能还没有提供，那么也可以创建自定义的轨道类型。现在，很多开发者都创建了自定义的轨道类型，可以在 Unity Asset Store 中找到它们。如果感兴趣，可以从 Unity 自己的 Default Playables Library 开始（见 https://www.assetstore.unity3d.com/en/#!/content/95266）。

动手做 ▼

添加轨道

在这个练习中，我们将在本章前面创建的时间线的资源中添加轨道线。请确保已经保存了当前的场景，因为本章后面还会继续使用。请按照下面的步骤操作：

1. 打开在上一个“动手做”练习中创建的场景，在场景中添加一个立方体，然后将它放在（0, 0, 0）的位置。

2. 打开时间线窗口（使用 Window > Timeline 命令）。在场景中选中 Director 游戏对象。我们将会在时间线 窗口中看到时间线（虽然现在时间线上还没有任何轨道线）。

3. 点击右上角的锁图标锁定时间线窗口（参见图 19-4）。

4. 点击 Add 按钮，然后选中 Animation Track，添加一个新的动画轨道线。

5. 从 Hierarchy 视图中将 Cube 对象拖动到时间线窗口的 Track Binding 属性上，完成将 Cube 游戏对象绑定到动画轨道上的操作。

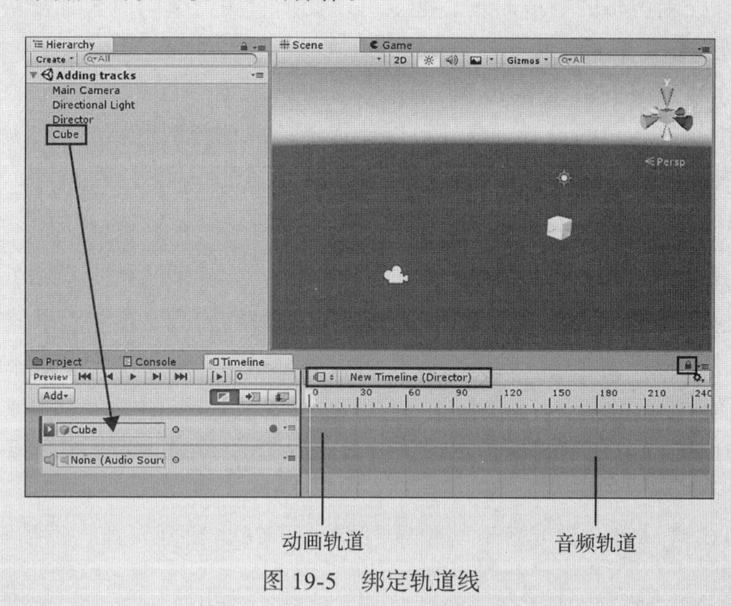

图 19-5　绑定轨道线

6. 当出现提示的时候，点击 Create Animator on Cube。

7. 点击 Add 按钮，然后选中 Audio Track 添加音频轨道线。音频轨道线的功能实现不需要绑定到游戏对象上。

19.2.3　时间线剪辑

时间线中一旦添加了轨道线，之后就需要添加剪辑片段。剪辑的行为根据轨道线的类型不同多少会有些差异，但是一般来说所有剪辑的功能都是相同的。要想在轨道线上添加剪辑，只需要点击一条轨道线，然后选中 Add From <type of clip>。所以，比如说，如果你想在音频轨道线上添加剪辑，那么应该使用 Audio Clip 的 Add 功能（见图 19-6）。当弹出菜单的时候，就可以选择想要添加到轨道上的剪辑了。另外，也可以将相关的资源从 Project 视图中拖动到时间线窗口的轨道上，这样也可以完成剪辑的添加。

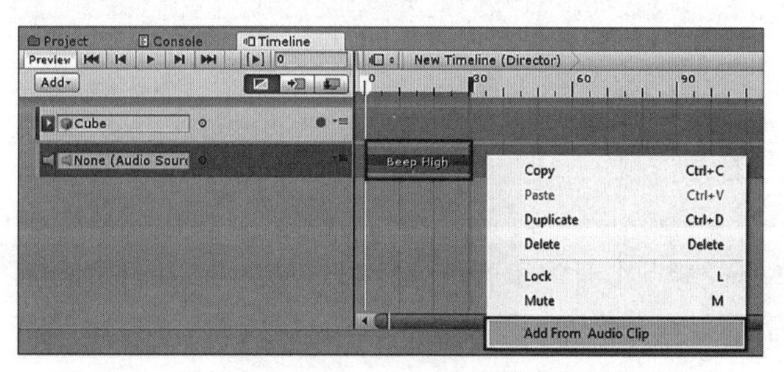

图 19-6　添加名为 Beep High 的剪辑到音频轨道线上

一旦轨道上有了剪辑，就可以通过来回移动来控制它们的播放时间。你也可以重新调整剪辑的大小来控制剪辑的播放时长。甚至可以使用音频剪辑的时长来裁切或者循环播放一个动画。注意剪辑的时长取决于轨道的类型。

除了通过在轨道线上来回拖动剪辑来调整播放设置外，也可以选择一段剪辑，然后在 Inspector 视图中修改相应的设置。这样可以让你更精准地控制剪辑的工作流程（虽然这样做不如点击并拖曳操作快）。

动手做 ▼

序列化剪辑

现在是时候看下时间线上发生了什么！你将会添加剪辑到上个“动手做”练习中创建的时间线轨道上。做完这个练习之后，记得再次保存场景，因为本章后面还会用到。请按照下面的步骤操作：

1. 打开之前练习中创建的场景，找到随书资源中的 Animations 和 Audio 两个文件夹并将其导入项目中。

2. 在时间线窗口中，右键单击动画轨道绑定到 Cube 游戏对象，然后选择 Add from Animation Clip。

3. 在弹出的 Select AnimationClip 对话框中，选择新导入的 Red 动画剪辑。

4. 重复第三步，添加 Orange、Yellow、Green、Blue、Indigo 和 Violet（见图 19-7）。

5. 右键单击音频轨道，然后选择 Add from Audio Clip 命令。然后选择 Beep High 音频剪辑。

6. 通过按下 Ctrl+D 或者在 Mac 上按下 Command+D 在音频轨道上复制 Beep High 剪辑六次。

7. 移动音频剪辑，然后随着时间的变化，立方体的颜色也会跟着变化。

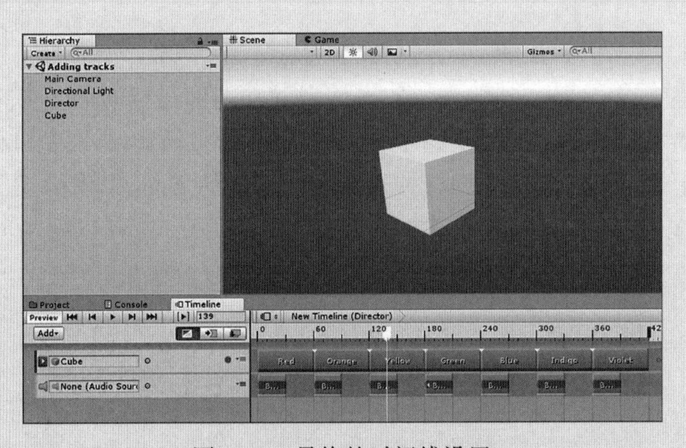

图 19-7　最终的时间线设置

8. 移动 scrubber 或者点击时间线窗口中的 Play 按钮就可以预览动画。注意音频无法提前预览（Unity 的下个版本会增加预览功能）。保存场景然后播放。注意立方体的颜色会随着音频剪辑的变化而变化。

提示：快速动画

动画轨道上可以应用导入的动画和通过 Unity 的 Animation 窗口创建的动画。如果想要使用时间线让一个对象快速地动起来，那么还有一个更简单的方法：将游戏对象绑定到动画轨道上，然后直接点击轨道上的 Record 按钮（见图 19-8）。这个功能与 Animation 窗口（参考第 17 章）中的 Record 模式一样。唯一的区别是，这个 Record 按钮不会创建新的动画剪辑，而是将动画剪辑数据直接保存在时间线资源中。使用这种方法，我们可以快速生成简单动画，为整个动画剪辑增加深度。

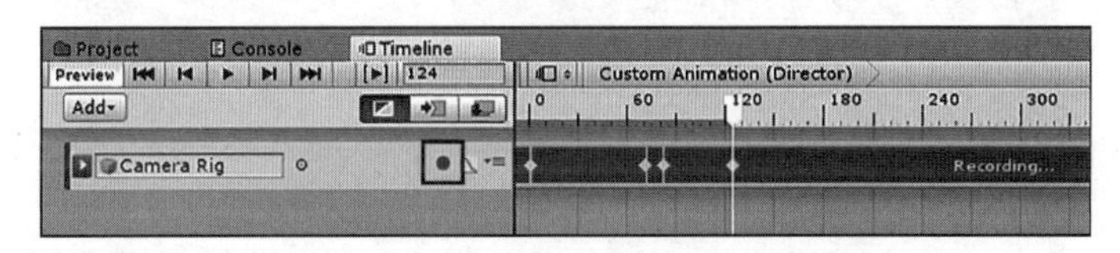

图 19-8 在时间线窗口中执行 Record 操作

提示：静默和锁定

时间线窗口中的每个轨道都可以被锁定，以防意外操作产生的更改。我们只需要选中一条轨道线，然后按下 L 键，或者右键单击选择 Lock 功能。除此之外，轨道还可以实现静默功能，这样当时间线播放的时候，轨道线就不会播放了。想要让一条轨道静默，那么可以选中它，然后按下 M 键或者右键点击并选择 Mute。

19.3 复杂的控制

前面我们只是学习了时间线系统的一些表面知识。很明显，这个系统很适合做动画，但是它也可以用来创建各种类型的复杂行为。比如说控制卫兵的行动，让一堆人看起来更富有生命力，或者当角色受到伤害的时候显示复杂的屏幕特效。

19.3.1 在轨道上混合剪辑

从本章开始到现在，我们一直都在处理轨道线上的独立剪辑片段。并不一定非得这样做，实际上，可以使用一个时间线绑定两个不同的剪辑来创建一个新的结果。我们只需要将一个剪辑拖动到另外一个剪辑上即可。比如说图 19-9，显示了“序列化剪辑”中将 Red 和 Orange 剪辑混合在一起的结果。

混合工作不仅限于动画剪辑，也可以混合音频轨道以及 Unity 社区创建的众多自定义轨道。使用混合剪辑可以达到前所未有的控制程度，并且在关键帧之间完成平滑的动作“tweening”（过渡）。

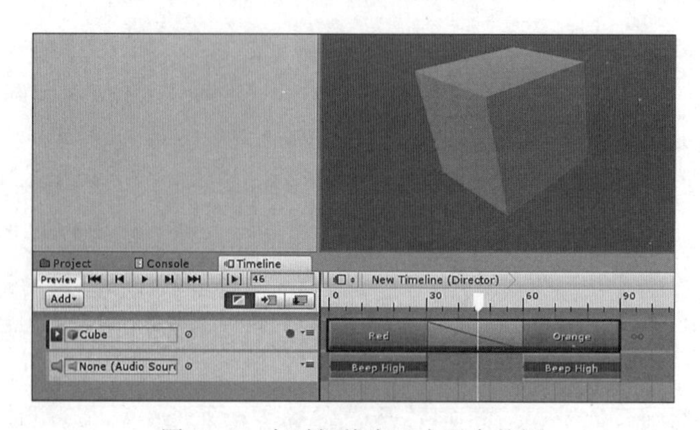

图 19-9　在时间线窗口中混合剪辑

动手做▼

混合剪辑

下面的步骤显示了如何混合添加到上一个“动手做”练习中的剪辑，从而创建出像彩虹一样平滑的过渡效果。完成练习后请记得保存场景，因为本章后面还会用到这个项目。请按照下面的步骤操作：

1. 打开上个练习中创建的场景，确保时间线窗口处于打开的状态，并且选中 Director 游戏对象。

2. 在时间线窗口中，拖动 Orange 剪辑，让它有一半与 Red 剪辑重叠。在 Inspector 视图中，Orange 剪辑应该在第 30 帧的时候开始，在第 90 帧的时候结束。

3. 继续混合剩下的剪辑，直到时间线上基本上都是混合过的剪辑（见图 19-10）。

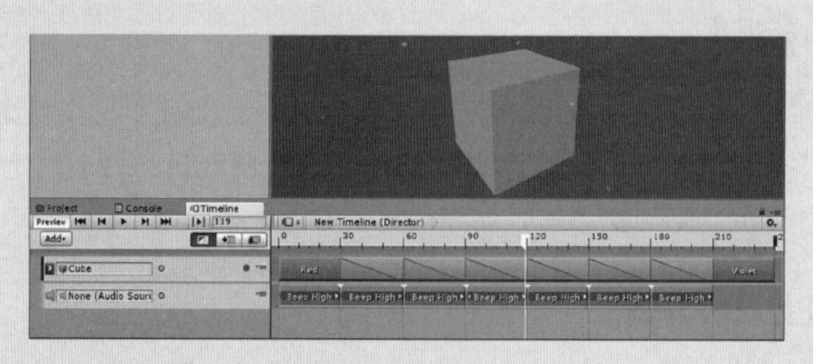

图 19-10　混合所有颜色的剪辑

4. 调整音频剪辑，让它匹配每个颜色动画。这样声音就会帮助我们区分颜色的转变。

19.3.2　针对时间线编程

大多数情况下，构建自定义的可播放的轨道和剪辑需要的代码相当复杂，超出了本书讨论的范围。不过，我们还是可以用代码实现一些简单的功能，比如说场景运行的时候通知时间线何时开始播放，而不是让时间线自动播放。这样就可以触发影片的播放或者游戏内事件。

为了编写时间线系统可以使用的代码，需要告诉 Unity 使用 Playables 库：

```
using UnityEngine.Playables;
```

然后创建一个类型为 PlayableDirector 的变量，使用它控制时间线。有两个主要的方法：Play() 和 Stop()。

```
PlayableDirector director = GetComponent<PlayableDirector>();

director.Play(); // Start a timeline
director.Stop(); // Stop a timeline
```

另外一件可以完成的工作是告诉 Director 运行的时候播放什么动画。这个功能的一个潜在使用场景是：当拥有多个时间线的时候，可以随机选择或者根据游戏进程决定播放哪一个时间线：

```
public PlayableAsset newTimeline;

void SomeMethod()
{
    director.Play(newTimeline);
}
```

使用这些简单的方法调用，你就可以在运行时使用时间线系统提供的绝大多数功能。

动手做▼

使用代码播放时间线

在这个练习中，我们将会完成使用脚本控制时间线的例子：

1. 打开上一个“动手做”练习中创建的场景，然后添加一个名为 Scripts 的文件夹，在文件夹中添加一个名为 InputControl 的脚本。

2. 选中 Director 游戏对象，然后不要勾选 Playable Director 组件上的 Play on Awake。将 InputControl 脚本附加到 Director 游戏对象上，然后像下面一样修改代码：

```
using UnityEngine;
using UnityEngine.Playables;

public class InputControl : MonoBehaviour
{
    PlayableDirector director;

    void Start()
    {
        director = GetComponent<PlayableDirector>();
    }

    void Update()
    {
```

```
            if (Input.GetButtonDown("Jump"))
            {
                if (director.state == PlayState.Paused)
                    director.Play();
                else
                    director.Stop();
            }
        }
    }
```

3. 运行场景，现在当你按下空格键的时候，就可以控制时间线的开启或者关闭。

19.4 本章小结

本章我们首先学习了 Unity 中的时间线系统。我们考察了如何创建时间线资源，以及如何填充轨道和剪辑。然后，我们学习了混合剪辑，最后学习了如何使用脚本来控制时间线。

19.5 问答

问：时间线和可播放的对象之间有什么区别？

答：时间线本身就可以播放。只不过，它用来播放可播放的对象（它还可以包含可播放的对象）。

问：场景中可以有多少个时间线同时播放？

答：可以有任意多个时间线同时播放，只要你愿意。但是要注意：如果两个时间线想要控制相同的对象，那么这两个时间线的优先级会有高低。

19.6 测验

花些时间完成下面的练习，确保掌握了本章的内容。

问题

1. 在场景中，使用什么组件播放时间线？
2. Unity 有多少内置的轨道线类型？
3. 告诉时间线上的轨道线控制哪个对象的术语是什么？
4. 如何混合两个剪辑片段？

答案

1. Playable Director 组件。

2. 5个（如果算上分组类型，那么就是6个）。
3. 将对象绑定（binding）到轨道线上。
4. 简单地将一个剪辑拖动到另外一个剪辑上。

19.7 练习

这个练习是关于时间线系统的一个开放式练习。除了练习时间线相关的知识，我们还鼓励你下载一些Unity的视频教程（网址：https://unity3d.com/learn/tutorials/s/animation）。本章的练习中包含以下内容：

1. 使用动画创建一个动态的UI。
2. 创建卫兵巡逻的模式。
3. 创建一系列复杂的镜头动画。
4. 使用活动轨道线来用多个灯光实现闪光灯或者移动光幕的效果。

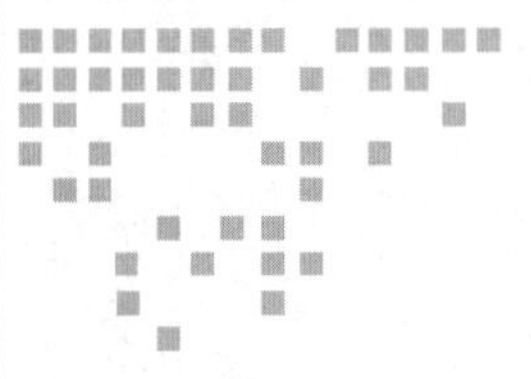

Chapter 20 第 20 章

游戏案例 4：Gauntlet Runner

让我们制作一款游戏！在本章中，我们将制作一款 3D 跑酷游戏，根据游戏内容将其命名为 Gauntlet Runner。本章开始我们先开始设计游戏。然后，着重讲解构建游戏世界的过程。接下来，将构建游戏实体和控制流。在本章最后，我们会体验游戏，看看可以优化完善哪些功能。

> 提示：完成的项目
>
> 一定要按照本章的指导来构建完整的游戏项目。如果遇到了困难，可以在随书资源的 Hours 20 中找到游戏的完整副本。如果需要帮助或灵感，可以查看一下。

20.1 设计

在第 6 章中，我们已经学习过什么是设计元素。这一次，我们将直接开始设计。

20.1.1 理念

在这款游戏中，你将扮演一个生化机器人，在隧道中跑得越远越好，并在跑步的过程中尝试充电以延长游戏时间。游戏的过程中需要避开一些会降低速度的障碍物。当时间用完之后，游戏就结束了。

20.1.2 规则

游戏规则用于规定玩家如何玩游戏，而且还介绍了对象的一些属性。Gauntlet Runner 的游戏规则如下所示：

1. 玩家可以左右移动和“phase out”(变成灵魂状态)，并且不能以任何其他的方式移动。

2. 如果玩家撞上某个障碍物，那么速度会降低50%，持续1秒。

3. 如果玩家完成了一个充电操作，那么游戏时间将会延长1.5秒。

4. 玩家受到轨道边缘的限制。

5. 输掉游戏的条件是时间用完了。

6. 没有获胜条件，但是游戏的目标是尽量跑得远。

20.1.3　需求

这款游戏的需求很简单，如下所示。

1. 一张赛道纹理。

2. 一张墙壁纹理。

3. 一个玩家模型。

4. 一个自定义的着色器，当玩家phase out（本章后面介绍）的时候使用。

5. 一个充电装置和一个障碍物，我们在Unity中创建它们。

6. 一个游戏管理器，我们在Unity中创建它。

7. 充电装置的粒子效果，我们在Unity中创建它。

8. 交互式脚本，我们会在Visual Studio中编写它们。

为了让游戏的视觉效果更富有吸引力，一般我们会使用游戏开发社区提供的资源。在本章这个游戏案例中，我们将会使用Unity Technologies(https:// www.assetstore.unity3d.com/en/#!/content/76216)Adventure示例游戏中提供的纹理和角色模型。我们还会使用一个自定义的着色器，它由Andy Duboc（https://github.com/andydbc/HologramShader）提供。

20.2　游戏世界

这款游戏的游戏世界由3个立方体组成，它们组合起来看上去像一条赛道。整个设置相当简单，游戏中还有一些其他的组件，它们增加了游戏的挑战性和趣味。

20.2.1　场景

在设置场地的功能之前，得先配置并准备好场景才能进行下一步。要准备场景，请按照下面的步骤操作：

1. 创建一个名为Gauntlet Runner的3D新项目，然后创建一个新文件夹，命名为Scenes，最后将场景命名为Main保存在这个文件夹中。

2. 把Main Camera的位置设置于(0, 3, –10.7)处，然后旋转角度设置为(33, 0, 0)。

3. 在随书资源的Hour 20中找到这两个文件夹：Textures和Materials。将这两个文件夹拖到 Project 视图中，然后导入。

4. 在 Materials 文件夹中找到材质 Dark Sky。这个材质用于天空盒，注意着色器的类型为 Skybox/Procedural（见图 20-1）。将 Dark Sky 材质从 Project 视图中拖动到 Scene 视图来更改天空。

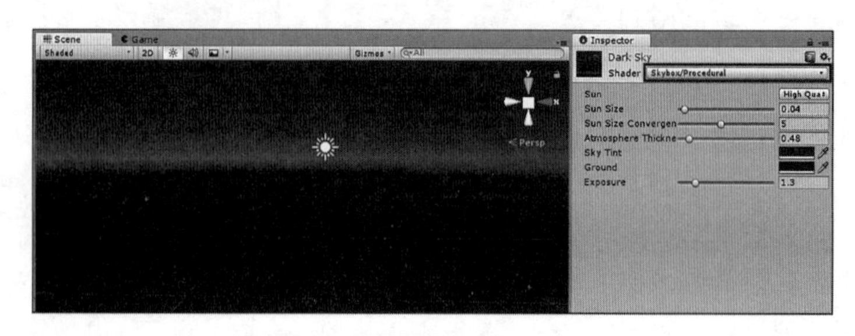

图 20-1　新的 Dark Sky 材质

用于这款游戏的摄像机将固定在某个位置，并悬浮在游戏世界的上方。游戏世界的余下部分将从它下面经过。

> 注意：元数据的烦恼
>
> 在本节中，我们将会导入随书资源中的三个文件夹。如果仔细查看这三个文件夹，你会发现对于每个资源来说，还有另外一个 .meta 扩展名的同名文件与之对应。这些 .meta 文件存储了很多信息，它们可以让资源之间相关联。如果随书资源中的资源没有对应的 .meta 文件，那么材质仍然有它们对应的设置，但是它们不会知道使用哪种纹理。同样，角色模型也不会知道要使用什么材质。

20.2.2 Gauntlet

这款游戏中的地面将是滚动的，不过与 Captain Blaster（第 15 章）中使用的滚动式背景不同，实际上我们不会滚动任何东西。在下一节中会详细介绍，目前只需要明白：我们只需要创建一个地面对象就可以创建滚动效果。地面本身将包含一个基本的立方体和两个方块。要创建地面，请按照下面的步骤操作：

1. 向场景中添加一个立方体，命名为 Ground，然后把它的位置设置于 (0，0，15.5) 处，旋转角度设置为（0, 180, 0），缩放比例设置为 (10，.5，50)。

2. 向场景中添加另一个名为 Wall 的方块，然后把它的位置设置于 (–5.5，1.2，15.5) 处，并把缩放比例设置为 (50，2，1)，旋转角度设置为 (0，–90，0)。复制 Wall 对象，把新对象放在 (5.5，1.2，15.5) 处。

3. 在之前导入的 Materials 文件夹中找到 Ground 和 Wall 材质。Ground 材质有一点金属风格带有一些纹理贴图。内置的粒子着色器为 Wall 材质提供了一种发光的效果（见图 20-2）。

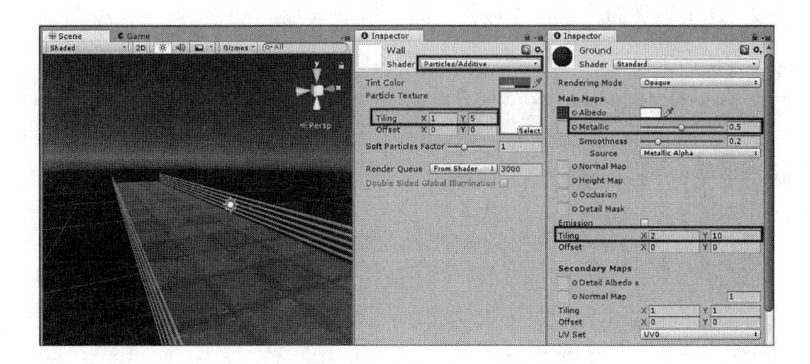

图　20-2

4. 将 Ground 材质拖动到 Ground 游戏对象上。将 Wall 材质拖动到 Wall 游戏对象。

就是这样，现在我们已经有了基本的 gauntlet。

20.2.3　滚动地面

在第 15 章，我们已经通过创建一种背景的两个实例，并以一种“蛙跳”的方式移动背景的两个实例从而达到滚动背景的效果。在 Gauntlet Runner 这款游戏中，你将使用一种更聪明的解决方案。每种材质都具有一组纹理偏移，选中材质（tiling 的下面），就可以在 Inspector 视图中查看它们。你需要在运行时通过脚本修改这些偏移量。如果把纹理设置为重复（也就是默认设置），那么纹理就会无缝的循环出现。如果操作正确的话，看到的结果就是无缝地滚动的对象，但实际上，对象没有发生任何移动。要创建这种效果，可以按照本书下面的步骤操作。

1. 创建一个名为 Scripts 的新文件夹，然后创建一个名为 TextureScroller 的新脚本，把该脚本添加到地面的游戏对象上。

2. 把以下代码添加到脚本中（替换代码中的 Start() 和 Update() 方法）：

```
public float speed = .5f;

Renderer renderer;
float offset;

void Start()
{
    renderer = GetComponent<Renderer>();
}

void Update()
{
    // Increase offset based on time
    offset += Time.deltaTime * speed;
    // Keep offset between 0 and 1
    if (offset > 1)
```

```
        offset -= 1;
    // Apply the offset to the material
    renderer.material.mainTextureOffset = new Vector2(0, offset);
}
```

3. 运行场景，我们会发现赛道正在滚动。这是创建滚动式 3D 对象的一种简单、高效的方式。

20.3 实体

现在我们已经拥有了一个滚动的游戏世界，接下来开始构建游戏中用到的实体：玩家、充电装置、障碍物和触发器区域。触发器区域将用于清理通过玩家的任何对象。我们不需要为这款游戏创建复活点。相反，我们会探索另外的方法来处理它：让游戏控制充电装置和障碍物的创建。

20.3.1 充电装置

这款游戏中的充电装置是简单的球体，球体上会添加一些效果。我们将会创建一个球体，摆放到特定的位置，然后通过它制作一个预设。要创建充电装置，可以按照下面的步骤操作：

1. 向场景中添加一个球体，并把它摆放在 (0，1.5，42)，缩放大小设置为（0.5,0.5,0.5）。然后给该球体添加一个刚体，不要勾选 Use Gravity。

2. 创建一种名为 Powerup 的新材质，把它设置为黄色。Metallic 设为值 0，然后 Smoothness 设置为 1，然后把该材质应用于球体。

3. 给球体添加一个点光源（使用 Add Component > Rendering > Light 命令），把灯光设置为黄色。

4. 给球体添加一个粒子系统（使用 Component > Effects > Particle System 命令），如果粒子系统有一些紫色的效果，不要担心。下面的操作会修正这个问题。

5. 在粒子模块中，将 Start Lifetime 设置为 5，Start Speed 设置为 –5，将 Start Size 设置为 0.3，然后将 Start Color 设置为淡黄色。

6. 在 Emission 模块，将 Rate over Time 设置为 30，在 Shape 模块，将 Shape 设置为 Sphere，并将 Radius 设置为 1。

7. 在 Renderer 模块，将 Render Mode 设置为 Stretched Billboard，将 Length Scale 设置为 5。

8. 创建一个名为 Prefabs 的新文件夹，将球体重命名为 Powerup，选中 Hierarchy 视图中的球体，然后把它拖到 Prefabs 文件夹中。然后在场景中删除球体。

警告：粒子的问题

根据 Unity 版本的不同，当你将粒子系统添加到充电装置上的时候，可能会看到奇怪的带颜色的小方块而不是粒子。如果出现这种情况，需要我们手动将 Default Particle 材质应用到 Particle System 组件的 Renderer 模块。要做到这一点，只需要简单地点击 Renderer 模块中 Material 属性旁边的圆形选择器，然后在列表中选择 Default-Particle（见图 20-3）。

在把对象放入预设中之前，通过设置对象的位置，可以简单地实例化预设，然后它将出现在设置的位置。结果就是将不需要一个复活点。图 20-4 显示了做好的充电装置（虽然充电装置的图片还没有调整好）。

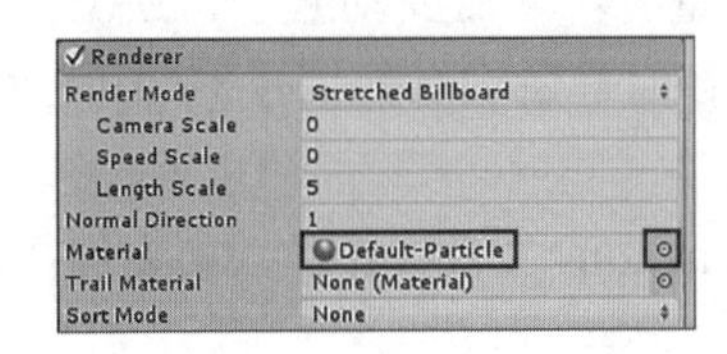

图 20-3　为默认的 Default-Particle 材质赋值

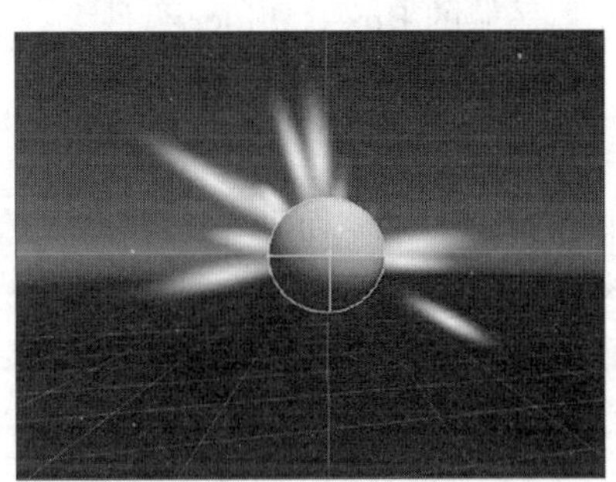

图 20-4　充电装置

20.3.2　障碍物

在这款游戏中，我们使用小的发红光的立方体表示障碍物。玩家可以选择避开它们或者穿过去。要创建障碍物，请按照以下步骤操作：

1. 向场景中添加一个立方体，然后命名为 Obstacle。把它的位置设置在 (0，0.4，42) 处，缩放大小设置为 (1，0.2，1)。在立方体上添加一个刚体，不要勾选 Use Gravity。

2. 在障碍物上添加一个灯光组件，然后将灯光设置为红色。

3. 创建一种名为 Obstacle 的新材质，将它应用于 Obstacle 游戏对象。将材质的颜色设置为红色，勾选 Emission 选择框，将它设置为暗红色（见图 20-5）。

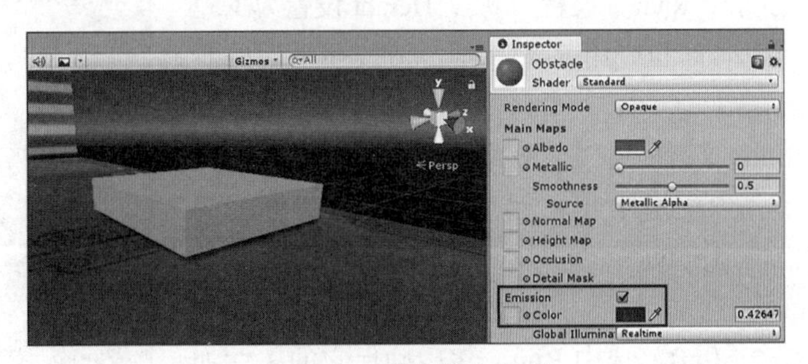

图 20-5　障碍物和材质

4. 将 Obstacle 游戏对象拖动到 Prefabs 文件夹，然后将它转化为一个 prefab。再删除 Obstacle 游戏对象。

20.3.3 触发器区域

与前面几章创建的游戏一样，触发器区域用于清理从玩家身边经过的任何游戏对象。要创建触发器区域，请按照下面的步骤操作：

1. 向场景中添加一个立方体，把该立方体命名为 TriggerZone，然后把它放在 (0，1，–20) 的位置，然后将缩放比例设置为 (10，1，1)。

2. 在触发器区域的 Box Collider 组件上，选中 Is Trigger 复选框。

20.3.4 玩家

玩家的制作占据了这款游戏绝大部分的工作量。玩家需要动起来，还需要一个控制器并使用自定义的着色器。之前我们讨论过着色器，但是还没有使用过 Unity 之外的着色器。在我们继续前进之前，让我们先将玩家制作好：

1. 在本章的随书资源中，找到 Models 和 Animations 文件夹，然后将它们拖动到 Project 视图，导入它们。

2. 在 Models 文件夹，选中 Player.fbx 模型。就像前面所说，这个资源可以免费使用，它在 Unity 的 Adventure 示例游戏中。

3. 在 Rig 选项卡下，将动画类型更改为 Humanoid，然后点击 Apply。现在，你应该看到 Configure 按钮旁边有一个复选框。(如果 Humanoid rig 需要一个刷新器，那么请参考第 18 章的内容)。

4. 将 Player 模型拖到场景中，然后放置在（0,0.25,-8.5）的位置。给 Player 游戏对象设置 Player 标签（记住：一个对象的标签可以在 Inspector 视图的左上方的下拉框中看到）。

5. 为玩家添加一个胶囊碰撞体（使用 Add Component > Physics > Capsule Collider 命令）。勾选 Is Trigger 复选框，最后将 Center Y 的值设置为 0.7，Radius 设置为 0.3，Height 设置为 1.5。

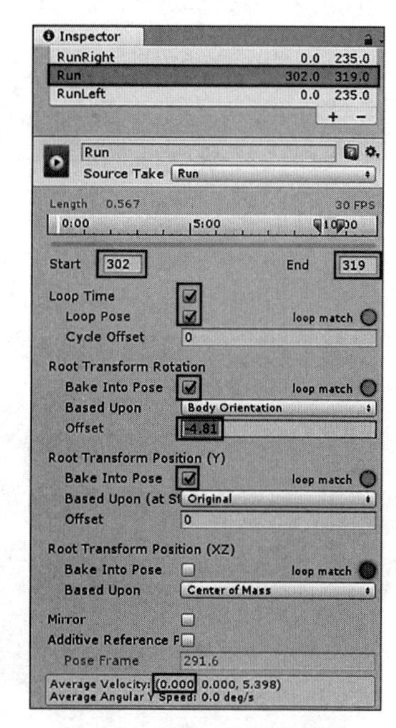

图 20-6　Run 动画的属性

现在，我们开始准备和应用 Run 动画，请按照下面的步骤操作：

1. 在 Animations 文件夹中选中 Runs.fbx 文件。在 Inspector 视图中点击 Rig 选项卡，然后将动画类型更改为 Humanoid。最后点击 Apply。

2. 在 Animations 选项卡下，注意有三个影片剪辑：RunRight、Run 和 RunLeft。选中 Run，然后确保它的属性如图 20-6 所示（为了避免过于拖沓，要将 x 轴的属性 Average

Velocity 属性更改为 0）。然后点击 Apply。

3. 在 Project 视图中点击 Runs.fbx 模型右边的箭头展开托盘，定位到 Run 动画剪辑，然后将它拖动到场景中的 Player 模型上。如果操作正确，那么 Runs.fb 旁边会出现一个名为 Player 的 animator controller。

如果现在开始运行场景，我们会遇到一些动画问题。首先，玩家会越跑越远。让我们回忆一下，我们只想制作玩家正在移动的表现，但是并不想让玩家真正地移动起来。第二个问题是动画的运动速度太快，玩家会出现滑步的问题。按照下面的步骤可以解决这些问题：

1. 为了移除根节点的动作，让玩家原地跑步，我们需要在场景中选中 Player 游戏对象。在 Animator 组件上不要勾选 Apply Root Motion。

2. 在 Project 视图中，双击 Player animator controller（在 Animations 文件夹）打开 Animator 窗口。

3. 在 Animator 窗口，选中 Run 状态。在 Inspector 窗口，设置 Speed 到 .7，然后检查 Foot IK(如图 20-7 所示)。运行你的场景，然后看看玩家如何移动。

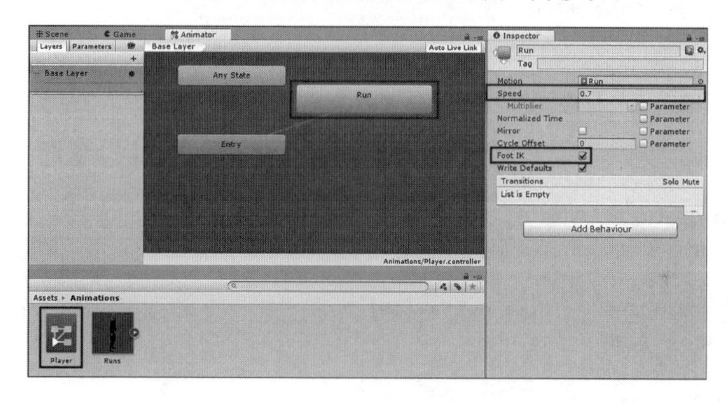

图 20-7　Run 属性

玩家实体现在已经准备好。在接下来的部分，我们将要添加跟游戏相关的有趣功能的代码。

20.4　控制管理器

现在应该添加控制管理器和交互来让游戏正常运行了。因为充电装置和障碍物的位置已经在预设中设置好了，所以没有必要再制作一个出生点了。所以，几乎所有的控制逻辑将放在游戏管理器对象中。

20.4.1　触发器区域脚本

我们要创建的第一个脚本是用于触发器区域的脚本。记住：触发器区域将摧毁任何阻挡玩家的对象，以便让玩家通行。要创建触发区域，只需创建一个名为 TriggerZone 的新脚本，然后把它添加到触发器区域游戏对象上。将下面的代码放在脚本中：

```
void OnTriggerEnter(Collider other)
{
    Destroy(other.gameObject);
}
```

触发器脚本的功能非常简单，它会摧毁任何进入这个区域的对象。

20.4.2 游戏管理器脚本

游戏的大多数功能都是在这个脚本中完成的。首先，在场景中创建一个空游戏对象，命名为 Game Manager，它只是脚本的一个占位符。然后创建一个名为 GameManager 的脚本，把它添加到刚才创建的游戏管理器对象上。下面是游戏管理器脚本的代码，有些复杂，一定要仔细阅读每一行，弄清楚每行代码的功能。把下面的代码添加到脚本中：

```
public TextureScroller ground;
public float gameTime = 10;

float totalTimeElapsed = 0;
bool isGameOver = false;

void Update()
{
    if (isGameOver)
        return;

    totalTimeElapsed += Time.deltaTime;
    gameTime -= Time.deltaTime;

    if (gameTime <= 0)
        isGameOver = true;
}

public void AdjustTime(float amount)
{
    gameTime += amount;
    if (amount < 0)
        SlowWorldDown();
}

void SlowWorldDown()
{
    // Cancel any invokes to speed the world up
    // Then slow the world down for 1 second
    CancelInvoke();
    Time.timeScale = 0.5f;
    Invoke("SpeedWorldUp", 1);
```

```
    }

    void SpeedWorldUp()
    {
        Time.timeScale = 1f;
    }

    // Note this is using Unity's legacy GUI system
    void OnGUI()
    {
        if (!isGameOver)
        {
            Rect boxRect = new Rect(Screen.width / 2 - 50, Screen.height - 100, 100, 50);
            GUI.Box(boxRect, "Time Remaining");

            Rect labelRect = new Rect(Screen.width / 2 - 10, Screen.height - 80, 20, 40);
            GUI.Label(labelRect, ((int)gameTime).ToString());
        }
        else
        {
            Rect boxRect = new Rect(Screen.width / 2 - 60, Screen.height / 2 - 100, 120, 50);
            GUI.Box(boxRect, "Game Over");

            Rect labelRect = new Rect(Screen.width / 2 - 55, Screen.height / 2 - 80, 90, 40);
            GUI.Label(labelRect, "Total Time: " +(int)totalTimeElapsed);

            Time.timeScale = 0;
        }
    }
```

注意：旧 UI 系统

注意，与 Amazing Racer（第 6 章）类似，Gauntlet Runner 游戏使用 Unity 的旧 GUI 系统。实际上，我们制作游戏的时候并不会使用这个系统，这里使用旧系统主要是为了节约时间，防止本章的篇幅过长。不要慌张：我们还是有机会在这个游戏中使用新的 UI 系统的，这将作为本章的练习内容。

记住：这款游戏的规则之一是当玩家撞上障碍物时，所有的一切都会降低速度。因此，我们可以更改 Time.timeScale 从而达到更改整个游戏速度的目的。剩下的变量用于保存游戏的时间和状态。

Update() 方法用于记录时间，它把从上一帧起经过的时间（Time.deltaTime）加到 totalTimeElapsed 变量上。它还会检查游戏是否结束，当剩余的时间降为 0 时游戏就会结束。如果游戏结束，它就会更改 isGameOver 标志的值。

SlowWorldDown() 和 SpeedWorldUp() 方法将会协同工作。无论何时玩家撞上障碍物，都会调用 SlowWorldDown() 方法，该方法上会减慢时间流逝的速度。之后它会调用

Invoke() 方法，该方法的意思是说“在 x 秒后调用这里编写的方法”，其中调用的方法是在引号中指定的方法，过多少秒后执行则是第二个参数。你可能注意到 SlowWorldDown() 方法的开头调用了 CancelInvoke() 方法，这个方法会取消等待调用的任何 SpeedWorldUp() 方法，因为玩家撞上了另一个障碍物。在之前的代码中，1 秒后将会调用 SpeedWorldUp() 方法。该方法将恢复时间的流逝速度，让玩家可以正常游戏。

当玩家碰到充电装置或者障碍物的时候，就会调用 AdjustTime() 方法。这个方法会调整剩余的时间，如果剩余的时间变为负数，这个方法就会调用 SlowWorldDown()。

最后，OnGUI 方法会在游戏运行的时候将剩余的时间显示在场景中，同时在游戏结束的时候还会显示游戏整体持续的时间。

20.4.3 Player 脚本

Player 脚本有两个职责：管理玩家移动和碰撞控制，同时处理穿越效果。创建一个新的脚本，命名为 Player，然后将它添加到场景中的 Player 对象上。将下面的代码添加到脚本中：

```
[Header("References")]
public GameManager manager;
public Material normalMat;
public Material phasedMat;

[Header("Gameplay")]
public float bounds = 3f;
public float strafeSpeed = 4f;
public float phaseCooldown = 2f;

Renderer mesh;
Collider collision;
bool canPhase = true;

void Start()
{
    mesh = GetComponentInChildren<SkinnedMeshRenderer>();
    collision = GetComponent<Collider>();
}

void Update()
{
    float xMove = Input.GetAxis("Horizontal") * Time.deltaTime * strafeSpeed;

    Vector3 position = transform.position;
    position.x += xMove;
    position.x = Mathf.Clamp(position.x, -bounds, bounds);
    transform.position = position;

    if (Input.GetButtonDown("Jump") && canPhase)
    {
```

```
            canPhase = false;
            mesh.material = phasedMat;
            collision.enabled = false;

            Invoke("PhaseIn", phaseCooldown);
        }
    }

    void PhaseIn()
    {
        canPhase = true;
        mesh.material = normalMat;
        collision.enabled = true;
    }
```

首先，这个脚本使用了 attribute(属性)。attribute 是用于修改代码的特殊标签。正如你所见，这段代码使用了 Header attribute，它会让 Inspector 视图显示 header 的字符串（在编辑器中观察它）。

前三个变量用于保存游戏管理器和两个材质。当玩家穿越的时候就会交换材质。剩下的变量用来处理游戏设置，比如说关卡边界以及玩家在边道上的速度。

Update() 方法首先基于输入让玩家移动。然后它会检查并确保玩家没有超过边界。它使用 Math.Clamp() 方法完成这个工作，这样保证玩家一直在赛道中。之后 Update() 方法会检查玩家是否按下了空格键（Input Manager 中称为“Jump”）。如果玩家按下了空格键，玩家就会穿越，同时准备好在冷却时间内返回正常状态。当玩家处于穿越状态的时候，我们会禁用碰撞体，这样玩家就不会碰到障碍物也不会收集充电装置了。

20.4.4 碰撞脚本

充电装置和障碍物都需要朝着玩家移动。当玩家碰到它们的时候，都会修改游戏时间。因此，可以给它们使用相同的脚本，让其拥有相同的行为。创建一个名为 Collidable 的脚本，然后把它添加到充电装置和障碍物的预设上。我们在 Inspector 中选中这两个对象，然后点击 Add Component > Scripts > Collidable。添加如下代码：

```
    public GameManager manager;
    public float moveSpeed = 20f;
    public float timeAmount = 1.5f;

    void Update()
    {
        transform.Translate(0, 0, -moveSpeed * Time.deltaTime);
    }
    void OnTriggerEnter(Collider other)
    {
        if (other.tag == "Player")
        {
```

```
        manager.AdjustTime(timeAmount);
        Destroy(gameObject);
    }
}
```

这个脚本非常简单。脚本中有一些变量用于保存游戏管理器脚本、移动速度和时间。然后，每当 Update() 方法调用的时候，这个对象就会发生移动。当对象发生碰撞的时候，就会检查碰到的是否是玩家。如果碰到的是玩家，那么游戏管理器就会知道，然后销毁自身。

20.4.5 出生点脚本

出生点脚本用于控制对象在场景中的创建。因为位置数据在预设中，所以我们不用将游戏对象摆放得特别精确，只需要将脚本放到 Game Manager 对象上即可。创建一个名为 Spawner 的新脚本，然后将它添加到 Game Manager 对象上。在脚本中添加如下代码：

```
public GameObject powerupPrefab;
public GameObject obstaclePrefab;
public float spawnCycle = .5f;

GameManager manager;
float elapsedTime;
bool spawnPowerup = true;

void Start()
{
    manager = GetComponent<GameManager>();
}

void Update()
{
    elapsedTime += Time.deltaTime;
    if (elapsedTime > spawnCycle)
    {
        GameObject temp;
        if (spawnPowerup)
            temp = Instantiate(powerupPrefab) as GameObject;
        else
            temp = Instantiate(obstaclePrefab) as GameObject;

        Vector3 position = temp.transform.position;
        position.x = Random.Range(-3f, 3f);
        temp.transform.position = position;
        Collidable col = temp.GetComponent<Collidable>();
        col.manager = manager;

        elapsedTime = 0;
        spawnPowerup = !spawnPowerup;
    }
}
```

这段脚本包含指向充电装置和障碍物游戏对象的引用，剩下的变量用于控制对象复活的时机和顺序。充电对象和障碍物将轮流复活，因此有一个标志用来表示哪个对象在复活过程中。

在 Update() 方法中会累加流逝的时间，然后检查是否应该创建一个新对象。如果是，脚本之后将检查应该复活哪个对象。然后，它将复活充电装置或者障碍物。创建的对象会随机向左或者向右移动。新生成的对象将会包含一个游戏管理器的引用。最后，Update() 方法将会减少流逝的时间，然后重置充电装置的标志，以便下一次生成障碍物。

20.4.6　将游戏的各个部分组合在一起

现在我们开始制作游戏的最后一部分：将脚本和对象连接在一起。首先在 Hierarchy 视图中选择 Game Manager 对象，然后把 Ground 对象拖到 Game Manager Script 组件中它们对应的属性上（见图 20-8）。最后把 Powerup 和 Obstacle 的预设拖动到 Spawn（Script）组件中对应的属性上。

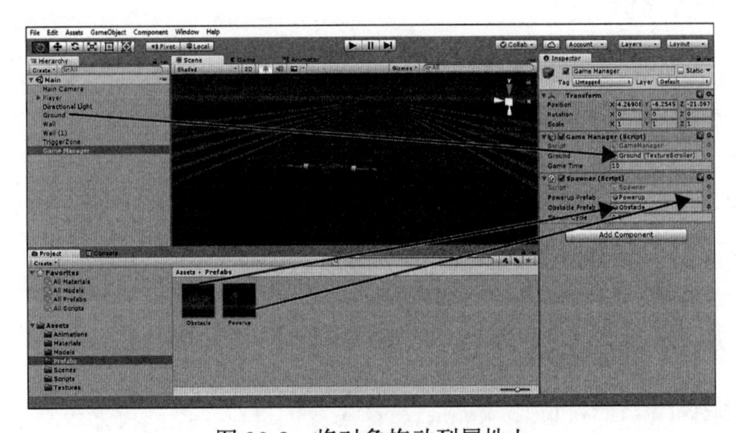

图 20-8　将对象拖动到属性上

接下来，在 Hierarchy 视图中选中 Player 对象，然后将 Game Manager 对象拖动到 Player(Script) 组件（见图 20-9）的 Manager 属性上。另外，如果在 Project 视图中查看 Model 文件夹，你会看到 PhasedOut 材质，它的右边是自定义的着色器 Hologram。如果好奇，可以随便看看，但是要记住，编写自己的着色器是一个非常复杂的话题，超出了本书的范围。不过不要着急：Unity 自带的可视化着色器创建工具已经作为 Unity 2018.1 的“体验”功能发布！当准备就绪之后，将 Player 材质和 PhasedOut 材质拖动到玩家的 Player（Script）组件对应的属性上。

最后，选择 Obstacle 的预设，然后将 Collidable 脚本的 Time Amount 属性设置为 –5。大功告成！现在已经是一个完整可玩的游戏了。

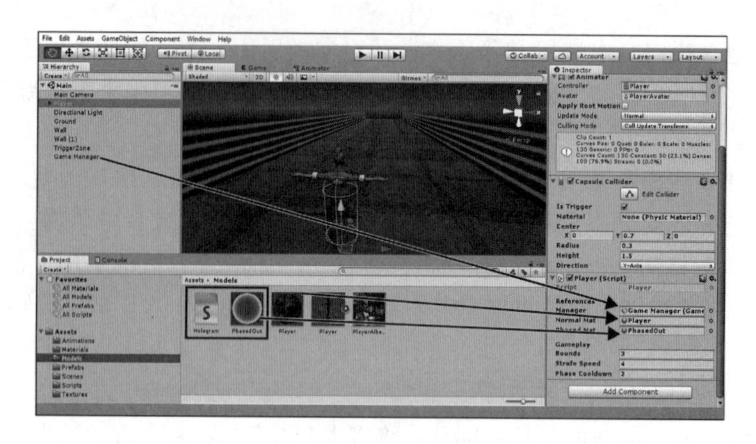

图 20-9　将游戏控制和材质添加到玩家对应的脚本中

20.5　改进的空间

与之前一样，在游戏没有进行测试和调整之前，游戏并没有完全完成。现在，我们应该从头到尾玩一遍游戏，看看喜欢哪里，不喜欢哪里。记住：要把你认为确实可以增强游戏体验的功能记录下来，还要把你感觉有损游戏体验的地方也记录下来。对于有关游戏的将来迭代的任何想法，一定要做记录。尝试邀请一些朋友来玩游戏，并且记录下他们关于游戏的反馈。以上工作都可以让游戏变得更加独特并且更有趣。

20.6　本章小结

本章我们制作了游戏 Gauntlet Runner。首先我们进行了游戏元素设计，然后，我们构建了赛道，使用纹理的小技巧让它滚动起来。之后，我们构建了游戏中要使用的各种实体。最后，我们构建了控制流程和脚本。最后，我们测试了游戏并记录了相关的反馈。

20.7　问答

问：Gauntlet Runner 中对象的移动和地面并不完全对齐。这样正常吗？

答：在这个例子中，很正常。需要我们进行更精确的测试和调整让它们同步。这是需要集中力量进行改善的一个元素。

问：因为“穿越”的时间与冷却的时间相同，所以玩家不能一直处于穿越状态吗？

答：当然可以。虽然这样做玩家只能坚持十秒，因为在穿越状态下玩家无法收集能量。

20.8　测验

花些时间完成下面的练习，确保掌握了本章的内容。

问题

1. 玩家怎样做才能输掉 Gauntlet Runner 这个游戏？

2. 如何让背景滚动生效？

3. Gauntlet Runner 这款游戏如何控制场景中对象的速度？

答案

1. 当时间用完的时候，玩家就会输掉游戏。

2. Gauntlet 保持静止，对象上的纹理交互更替。我们看到的结果就是地面在移动。

3. 它会更改整个游戏的时间速率。不过，我们会注意到充电装置和障碍物的移动速度仍然很快，这是为什么呢？

20.9　练习

现在我们应该尝试实现游戏测试时记录的一些修改。我们应该尝试让游戏变得独一无二。希望你将找到游戏想要改进的点或者加强游戏中的一些长处。下面列出了一些可能会改进的点：

1. 尝试添加新的 / 不同的充电装置和障碍物。

2. 尝试使用 Unity 新的 UI 系统替代旧的 GUI 代码。

3. 尝试通过更改充电装置和障碍物重生的频率来增加或减小难度。还可以更改充电装置增加了多少时间或者游戏世界变慢了多长时间。甚至可以尝试调整游戏世界变慢的程度，或者给不同的对象提供不同的变慢速度。

4. 给充电装置和障碍物提供一种新的外观。尝试修改纹理和粒子效果，让它们看上去更有吸引力。

5. 显示当前跑过的距离而不是分数，甚至可以让游戏的速度持续增加，从而创造游戏失败的条件。

Chapter 21 第21章

音　频

本章将学习 Unity 中的音频，首先我们会了解音频的基本知识。其次，将探索音频源组件以及它们的工作原理。我们还将查看单独的音频剪辑以及它们在音频制作中的作用。最后，你将学习如何利用代码操纵音频以及如何使用音频混淆器。

21.1　音频的基础知识

体验的很大一部分与声音息息相关。想象一下如果在一部恐怖电影添加大笑的配乐，一下就会让紧张的体验变成搞笑的体验。视频游戏也是如此。大多数时间玩家并没有认识到这一点，但是声音在整个游戏中占了非常大的比重。当玩家玩解密游戏的时候，声音将给出暗示，比如铃声标记。咆哮的加农炮可以给战争模拟游戏增加一点现实感。使用 Unity，很容易实现令人惊叹的音频效果。

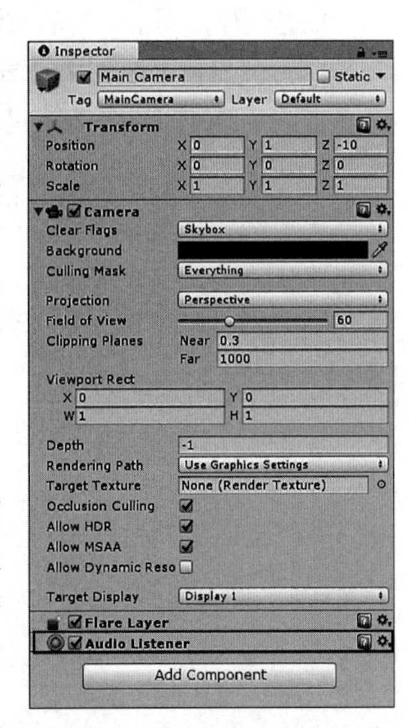

图 21-1　音频侦听器

21.1.1　音频的组成部分

为了让音频能在场景中正常工作，需要3个组件：音频侦听器（Audio Listener）、音频源（Audio Source）和音频剪辑（Audio Clip）。音频侦听器是音频系统中最基本的组件，侦听器是一个简单的组件，它唯一的职责是“监听”场景中发生的事情。音频侦听器就像游戏世界里的耳朵一样。默认情况下，每个场景的 Main Camera 上都有一个音频侦听器（见图 21-1）。

音频侦听器没有额外的属性，也不需要你做额外的工作。没有可供音频侦听器使用的属性，并且不需要做任何事情以使之工作。

把音频侦听器放在代表玩家的游戏对象上是一种常见的操作。如果把音频侦听器放在任何其他游戏对象上，记得需要从 Main Camera 上移除它。每个场景中只允许存在一个音频侦听器。

音频侦听器用于侦听声音，但是实际发出声音的是音频源，音频源是一个组件，它可以放在场景中的任何对象上（即使这个对象上带有音频侦听器）。音频源有很多相关的属性和设置，本章后面有专门的一小节用来介绍它们。

音频正常工作所需的最后一个项目是音频剪辑。正如你想象的那样，音频剪辑是音频源实际播放的声音文件。每个剪辑都具有一些属性，可以设置这些属性来改变 Unity 播放它们的方式。Unity 支持以下音频格式：.aif、.aiff、.wav、.mp3、.ogg、.mod、.it、.s3m 和 .xm。

这 3 个组件（音频侦听器、音频源以及音频剪辑）一起为场景提供了音频体验。

21.1.2 2D 和 3D 音频

关于音频，我们需要知道一个概念：2D 和 3D 音频。2D 音频剪辑是最基本的音频类型，它们以相同大小的音量播放音频，而不管音频侦听器是否接近场景中的音频源。2D 声音最适用于菜单、警告、声道或者总是需要以完全相同的方式被收听的音频。2D 音频最大的优点也是最大的弱点。考虑一下，无论你身处何方，游戏中的每种声音都以完全相同的音量播放，那么会让人感到非常吵闹且一点都不真实。

3D 音频解决了 2D 音频的问题。这些音频剪辑具有衰减（Rolloff）功能，这个功能的意思是：音频侦听器会根据与音频源的远近，从而让声音变得更小或更大。在复杂的音频系统中，比如 Unity 中的音频系统，3D 声音甚至可以有一种模拟的 Doppler 效果（多普勒音效，本章后面会介绍）。如果场景中有多个音频源且想获得真实的音频效果，那么 3D 音频就是最好的选择。

每个音频剪辑的维度都是由播放音频剪辑的音频源控制。

21.2 音频源

本章前面说过，音频源是场景中实际播放音频剪辑的组件。音频源与音频侦听器之间的距离确定了 3D 音频剪辑如何发声。要给游戏对象添加音频源，可以选择想要添加音频源的对象，然后使用 Add Component > Audio > Audio Source 命令。

音频源组件有一系列属性，可以让你精准地控制在场景中如何播放声音。表 21-1 描述了音频源组件的各个属性。除了这些属性，本章后面的 3D Sound Setting 小节中还有很多可以应用在 3D 音频剪辑中的设置。

表 21-1　音频源组件的属性

属性	描　述
Audio Clip	指定要播放的声音文件
Output	（可选的）可以将声音剪辑输出到混音器中
Mute	确定是否静音
Bypass Effects	确定音频效果是否可以应用于这个资源。选择这个属性将会关闭这些效果
Bypass Listenser Effects	确定音频侦听器效果是否可以应用于这个声音源。选择这个属性将会关闭这些效果
Bypass Reverb Zones	确定是否将混响区域效果应用于这个声音元。选择这个属性会关闭这些效果
Play On Awake	确定音频源是否载入场景就开始播放音频
Loop	确定当一次播放结束后，音频源是否会重新开始播放音频剪辑
Priority	指定音频源的重要程度。0 表示最重要，255 表示最不重要。背景音乐一般设置为 0，因为它要一直播放
Volume	指定音频源的音量，1 表示 100% 的音量
Pitch	指定音频源的音高
Stereo Pan	在声音 2D 组件的立体声栏位设置位置
Spatial Blend	设置音频源中 3D 引擎的效果占多少。使用这个选项控制声音是 2D 还是 3D
Reverb Zone Mix	设置输出到混响区域的信号量的大小

注意：音频的优先级

每个系统的音频声道都是有限个。这个数量并不是一致的，它依赖于许多因素，比如系统的硬件和操作系统。因此，大多数音频系统都会使用优先级系统。在优先级系统中，声音是按接收到的顺序播放的，直到音频的声道超过了系统允许存在的最大数量。一旦所有声道都被占用，就会用高优先级的声音替换低优先级的声音。我们只需记住：在 Unity 中，优先级数字越低，意味着实际播放时的优先级越高。

21.2.1　导入音频剪辑

如果没有任何音频要播放，那么音频源将无所事事。在 Unity 中，导入音频资源就像导入其他资源一样容易。只需选中想要的文件并将它拖到 Project 视图中，就完成了资源添加的工作。本章使用的音频资源来自于慷慨的 Jeremy Handel（http://handelabra.com）。

动手做▼

测试音频

在这个联系中，我们将会在 Unity 中测试音频，并确保所有内容正常工作。练习完成之后，请保存这个场景，因为本章后面还会使用它。请按照下面的步骤操作：

1. 创建一个新项目或者场景。在随书资源的 Hours 21 中找到 Sounds 文件夹，然后拖到 Unity 的 Project 视图中完成导入操作。

2. 在场景中创建一个立方体，然后将它的位置摆放在（0, 0, 0）。

3. 在立方体上添加一个音频源（选中 Add Component > Audio > Audio Source）。

4. 在新导入的 Sounds 文件夹中找到 looper.ogg 文件，然后将它拖动到立方体音频源的 Audio Clip 属性上（见图 21-2）。

5. 确保勾选了 Play On Awake 属性，然后运行场景。注意音频正在播放，它应该在 20 秒之后停止播放（除非设置了循环播放）。

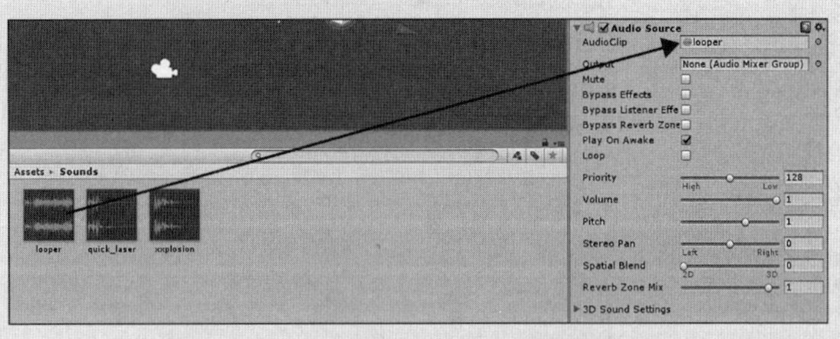

图 21-2　在音频源上添加音频剪辑

> 提示：静音按钮
>
> 在 Game 窗口的顶部有一个 Mute Audio（在 Maximize on Play 和 Stats 之间）。当游戏运行的时候，如果听不到任何声音，那么请确保没有按下这个静音按钮。

21.2.2　在 Scene 视图中测试声音

如果每次想要测试音频时都需要运行场景，那就太麻烦了。因为我们不仅需要启动场景，还需要导航到游戏世界中有声音的地方。要做到这一点并不简单——即使我们可以做到。一种替代方案是在 Scene 视图中测试音频。

要在 Scene 视图中测试音频，需要打开场景音频，点击场景音频切换开关（见图 21-3）。当开启这个开关后，场景会使用假想的音频侦听器，这个侦听器位于 Scene 视图当前帧的引用上（而不是位于实际的音频侦听器组件所在的位置）。

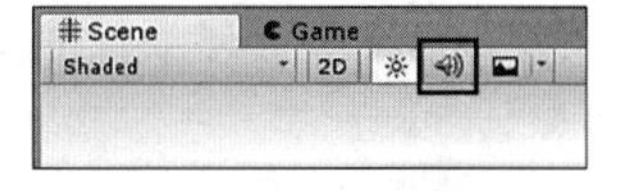

图 21-3　音频开关

动手做 ▼

在 Scene 视图中添加音频

这个练习将会展示如何在 Scene 视图中测试音频。它使用了上一个“动手做”练习中创建的场景。如果你现在还没有完成那个练习，那么请先完成它。然后按照下面的步骤操作：

1. 打开上一个练习中创建的场景。

2. 打开场景音频开关（参见图 21-3）。

3. 在 Scene 视图中来回移动。注意声音始终使用相同的音量，而不管距离发出声音的立方体有多远。默认情况下，所有的声音资源都是 2D 音效。

4. 将 Spatial Blend 滑动条拖动到 3D（见图 21-4）。现在再尝试在 Scene 视图中移动，注意当离音频发生器较远的时候，声音也会越来越小。

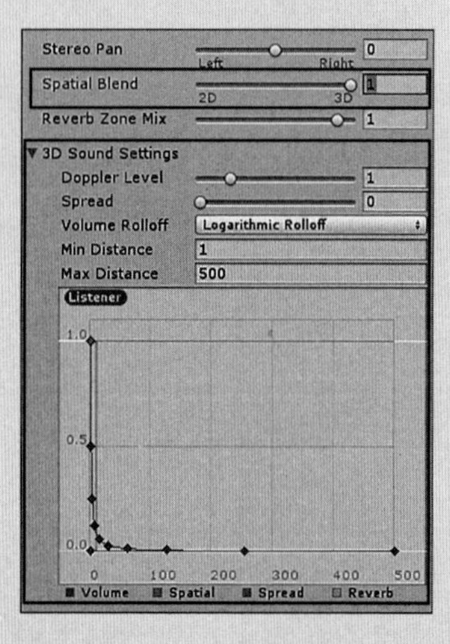

图 21-4　3D 音频设置

21.2.3　3D 音频

如前所述，默认情况下所有的音频都是 2D 音频。我们可以很轻松地将 2D 音频转换为 3D 音频，只需要将 Spatial Blend Slider 的值设置为 1。这就意味着所有的音频都将有基于距离和移动速度的 3D 效果。这些效果可以通过音频组件的 3D 属性修改（见图 21-4）。

表 21-2 描述了各种 3D 音频效果。

表 21-2　3D 音频属性

属性	描　述
Doppler Level	确定在音频上应用多少 Doppler 效果（当你离开或者靠近声音源的时候声音的扭曲程度）。设置为 0 表示不应用任何效果
Spread	指定如何扩散系统中不同的音频源发出的声音。设置为 0 意味着所有的音频源都在相同的位置，信号就是单一的信号。除非你明白音频系统，否则不用动这个值的属性
Volume Rolloff	确定如何通过距离更改音量大小。默认设置是 Logarithmic。可以更改为 Linear 或者使用自定义衰减曲线
Min Distance	指定能按照 100% 音量接收到声音的最大距离。数值越高，距离越远
Max Distance	指定能听到声音的距离声音源最远的距离

提示：使用图形

当调试 3D Sound Settings 的时候，我们会看到图形。它会告诉你当你处于不同的位置的时候，音频的大小。而且它能让你直观地感受到对音量大小的控制。在这种情况下，一张图胜过千言万语。

21.2.4 2D 音频

有的时候，无论音频处于场景中的什么位置，都希望它能按照最大音量播放。最常见的例子就是背景音乐。要将音频剪辑从 3D 切换为 2D，可以选择音频文件，然后将 Spatial Blend 滑动条拖动到 2D（这是默认设置，见图 21-4）。注意，我们可以设置 2D 和 3D 的混音，这就意味着无论距离多远都能听到一些声音。

3D Sound Settings 设置中的如 Priority、Volume、Pitch 等属性，都可以应用于 2D 声音和 3D 声音。3D Sound Settings 的部分设置只能应用于 3D 声音。

21.3 音频脚本

当创建了一个音频源之后就立即开始播放音频，如果这就是你想要的功能，那么再好不过了。但是，如果想在创建了声音源一段时间之后再播放声音，或者想从相同的声音源中播放不同的声音，那么这个时候就需要声音脚本了。幸好，使用代码管理音频并不困难。代码的主要工作与你使用的任何音频播放器的工作类似：选择一首歌，然后点击 Play。音频脚本中用到的变量和方法都是 Audio 类的一部分。

21.3.1 开始或者停止播放音频

当开始使用脚本处理音频的时候，首先要做的是获得 Audio Source 组件的引用，使用如下代码：

```
void Start ()
{
    // Find the audio source component on the cube
    audioSource = GetComponent<AudioSource> ();
}
```

现在 Audio Source 组件的引用已经存在于变量 audioSource 中了，我们可以开始调用这个类中的方法。首先要实现的基本功能是开始和结束一个音频剪辑，分别对应两个简单的方法 Start() 和 Stop()。使用的方法如下所示：

```
audioSource.Start(); // Starts a clip
audioSource.Stop();  // Stops a clip
```

上面的代码将会播放由 Audio Source 组件中 Audio Clip 属性指定的声音剪辑。当然，我们也可以在一段时间的延迟之后播放一段声音剪辑。为了实现这个功能，我们需要使用方法 PlayDelayed()，这个方法带有一个参数，用于指定延迟播放剪辑的秒数，如下所示：

```
audioSource.PlayDelayed(<some time in seconds>);
```

我们可以使用 isPlaying 变量检查当前是否有音频剪辑正在播放，它是 audioSource 的一部分。想要使用这个变量查看音频剪辑是否正在播放，可以输入以下代码：

```
if(audioSource.isPlaying)
{
   // The track is playing
}
```

正如这个变量的名字所示，如果当前正在播放音频剪辑，则变量为 true，反之则为 false。

动手做 ▼

开始或者停止音频播放

按照下面的步骤练习如何使用脚本控制音频剪辑的开始或者停止播放：

1. 打开在上一个“动手做”练习中创建的场景。

2. 在之前创建的 Cube 游戏对象上，找到 Audio Source 组件。不要勾选 Play On Wake 属性，但是要勾选 Loop 属性。

3. 创建一个名为 Scripts 的新文件夹，然后创建一个名为 AudioScript 的新脚本。将这个脚本添加到立方体上。然后对脚本代码做如下更改：

```
using UnityEngine;

public class AudioScript : MonoBehaviour
{
    AudioSource audioSource;

    void Start()
    {
        audioSource = GetComponent<AudioSource>();
    }

    void Update()
    {
        if (Input.GetButtonDown("Jump"))
        {
            if (audioSource.isPlaying == true)
                audioSource.Stop();
            else
                audioSource.Play();
        }
    }
}
```

4. 运行场景。按下空格键就可以开始或者停止音频播放。注意当你播放音频的时候，音频剪辑总是从头开始播放。

提示：未提到的属性

Inspector 视图中列出的音频源的所有属性也可通过脚本使用。例如，Loop 属性在代码中可以使用 audioSource.loop 变量访问。如前所述，所有这些变量都是用于音频对象的，看看你可以找到多少个这样的变量！

21.3.2 修改音频剪辑

使用脚本可以轻松控制要播放哪些音频剪辑。关键是在使用 Play( ) 方法播放剪辑之前，在代码中更改 Audio Clip 属性。在切换到一个新的音频剪辑之前，要确保当前的音频剪辑已经停止。否则，音频剪辑将不会切换。

要更改音频源的音频剪辑，可以给对象 audioSource 的 clip 变量赋一个 AudioClip 类型的变量。例如，如果有一个名为 newClip 的音频剪辑，可以使用以下代码把它赋给音频源并播放：

```
audioSource.clip = newClip;
audioSoure.Play();
```

我们可以轻松地创建一个音频剪辑集合，然后使用这种方法在各个音频剪辑之间切换。在本章结束的练习题中，我们来完成这个操作。

21.4 音频混频器

现在我们已经学习了如何从一个声音源播放一个音频并让听众听到这段音频。这个过程非常直接而且易于操作，但是，我们现在是在“真空“中播放音频。也就是说，我们每次都在播放一段音频剪辑或者个数有限的几段音频剪辑。当我们需要平衡各个音频剪辑的音量或者效果的时候，会感到非常困难。因为我们需要找到场景或者 prefab 中的每个音频剪辑并修改它，所以我们引入了音频混频器。audio mixers（音频混频器）是一种用于混合舞台效果的资源类型，当需要平衡音频的时候可以提供精准的控制。

21.4.1 创建音频混频器

音频混频器非常容易创建和使用。要创建一个音频混频器，只需要在 Project 视图中右键单击，然后选择 Create > Audio Mixer。一旦创建了一个音频混频器，我们就可以双击它，然后打开 Audio Mixer 视图（见图 21-5）。当然，我们也可使用 Window > Audio Mixer 命令打开 Audio Mixer 视图。

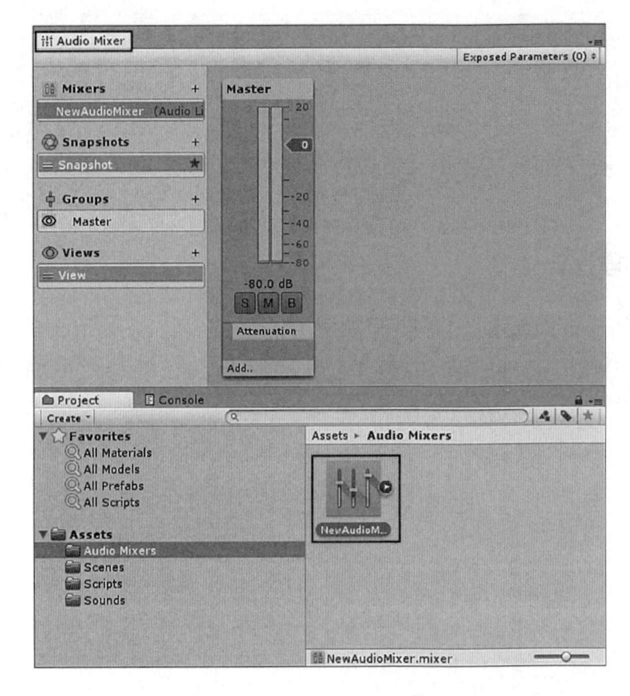

图 21-5 Audio Mixer 视图

21.4.2 将音频发送到混频器

一旦创建了音频混频器，我们就需要让声音经过混频器传播出去，要做到这一点，需要将音频源的输出设置到音频混频器的某个组中。默认情况下，一个音频混频器仅对应一个分组，称为 Master。我们可以添加多个分组，这样可以更好地组织音频（见图 21-6）。分组可以让音频管理更加模块化。

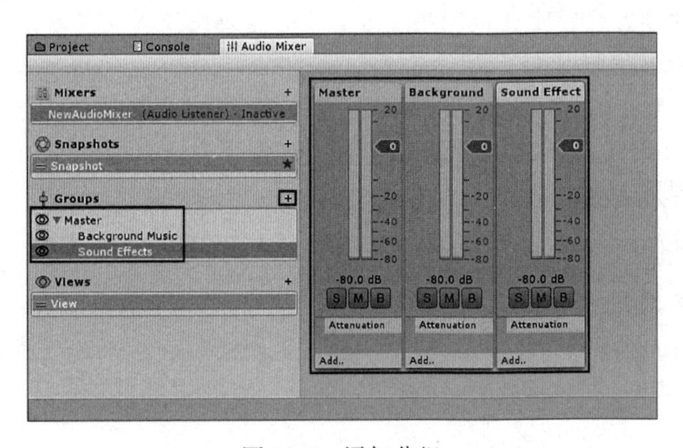

图 21-6 添加分组

一旦创建了音频分组，我们只需要将 Audio Source 组件的输出属性设置到这个分组（见图 21-7）。这样做可以让音频混频器控制音频的音量大小和效果。进一步讲，它能重写音频源的 Spatial Blend 属性，让音频像 2D 音频源一样。使用音频混频器，我们还可以一次性控制整个音频集的音量和效果（见图 21-7）。

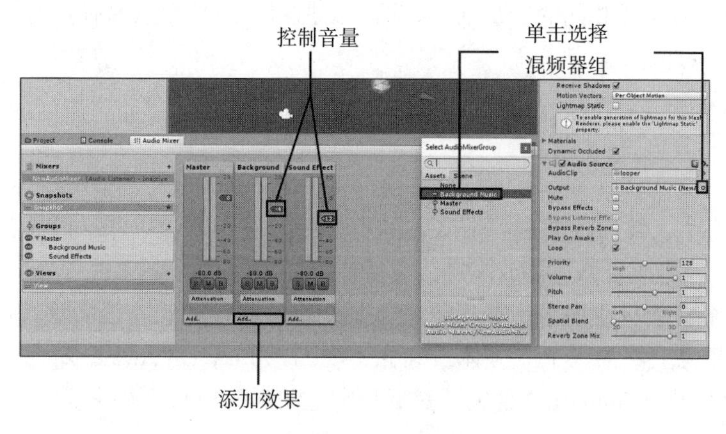

图 21-7　路由音频

21.5　本章小结

在本章中，我们学习了在 Unity 中使用音频。首先学习了音频的基本知识以及让音频正常工作使用的组件。接着，我们学习了音频源组件，然后尝试了在 Scene 视图中测试音频以及如何使用 2D 和 3D 音频剪辑。在本章最后，我们学习了如何通过脚本操纵音频，以及如何使用音频混频器。

21.6　问答

问：系统中平均会有多少个音频声道？

答：每个系统中的数量各不相同。现代游戏平台可以同时播放成百上千个音频剪辑。问题的关键是我们要清楚目标平台然后使用最优的系统。

21.7　测验

花些时间完成下面的练习，确保掌握了本章的内容。

问题

1. 让音频正常工作需要哪些组件？

2. 判断题：无论侦听器距离音频源多远，3D 声音都会以相同的音量播放。

3. 什么方法允许在一段延迟之后播放音频剪辑？

答案

1. 音频侦听器、音频源和音频剪辑。

2. 错。2D 声音使用相同的音量播放，而不管监听器距离音频源有多远。

3. PlayDelayed()。

21.8 练习

在这个练习中，我们将创建一个基本的声音板。这个声音板可以播放三种声音中的一个。我们还可以开始或者停止播放声音，或者让声音开启或者关闭。

1. 创建一个新项目或场景。在场景中添加一个立方体，将它设置在（0, 0, –10）的位置，然后在音频源上添加一个立方体。确保不要勾选 Play On Awake 属性。在随书资源的 Hour 21 文件夹中找到 Sounds 文件夹，然后将它拖动到 Assets 文件夹。

2. 创建一个名为 Scripts 的文件夹，在其中创建一个名为 AudioScript 的脚本。将这个脚本添加到立方体上。使用下面的代码替换脚本中的代码：

```
using UnityEngine;

public class AudioScript : MonoBehaviour
{
    public AudioClip clip1;
    public AudioClip clip2;
    public AudioClip clip3;

    AudioSource audioSource;

    void Start()
    {
        audioSource = GetComponent<AudioSource>();
        audioSource.clip = clip1;
    }

    void Update()
    {
        if (Input.GetButtonDown("Jump"))
        {
            if (audioSource.isPlaying == true)
                audioSource.Stop();
            else
            audioSource.Play();
        }

        if (Input.GetKeyDown(KeyCode.L))
```

```
        {
            audioSource.loop = !audioSource.loop; // toggles lopping
        }

        if (Input.GetKeyDown(KeyCode.Alpha1))
        {
            audioSource.Stop();
            audioSource.clip = clip1;
            audioSource.Play();
        }
        else if (Input.GetKeyDown(KeyCode.Alpha2))
        {
            audioSource.Stop();
            audioSource.clip = clip2;
            audioSource.Play();
        }
        else if (Input.GetKeyDown(KeyCode.Alpha3))
        {
            audioSource.Stop();
            audioSource.clip = clip3;
            audioSource.Play();
        }
    }
}
```

3. 在 Unity 编辑器的场景中选中这个立方体。然后将 Sounds 文件夹中的 looper.ogg、quick_laser.ogg 和 xxplosion.ogg 拖动到音频脚本的 Clip1、Clip2 和 Clip3 上。

4. 运行场景，注意如何使用按键 1/2/3 切换音频剪辑。我们还可以使用空格键开始或者停止音频播放。最后，我们可以使用 L 键控制音频播放。

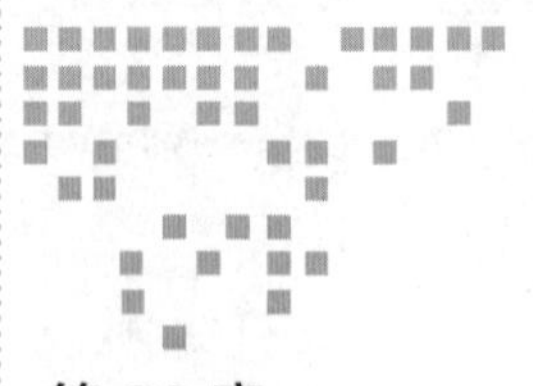

Chapter 22 第22章

移动开发

手机和平板电脑之类的移动设备正在逐渐变成常见的游戏设备。在本章中，我们将学习使用 Unity 为 Android 和 iOS 设备进行移动开发，首先我们探讨移动设备的需求。然后学习如何接受来自设备加速计的特殊输入。最后我们学习触摸界面输入。

注意：需求

本章专门用于介绍移动设备开发，所以，如果没有移动设备（iOS 或 Android），将不能做本章的任何练习。不过不用担心，这里介绍的知识内容仍然是有意义的，你仍然能够针对移动设备开发游戏，只不过不能用移动设备玩而已。

22.1 为移动开发做准备

使用 Unity 针对移动设备开发游戏非常容易，而且针对移动平台开发游戏与针对其他平台开发游戏几乎完全相同。最大的不同就是移动平台的输入方式不同（通常没有键盘也没有鼠标）。记住这一点，只需构建一次游戏，就可以把它部署在任何系统上。不再有任何问题可以阻挡你针对主要的平台构建游戏。这种跨平台的兼容性是前所未有的。开始在 Unity 中针对移动设备开发游戏之前，首先需要配置好计算机。

注意：数量众多的设备

现在有许多各种类型的移动设备。在编写本书时，Apple 有两种可以运行游戏的设备（iPad 和 iPhone/iPod），Android 则有数不清种类的手机和平板电脑，还有很多可以使用的 Windows 设备。每种设备的硬件都略微不同，配置步骤也略有差异。因此，本书

> 只会在安装过程中提供简单的指引。为每一个人编写一份准确的指南是不可能的。事实上，Unity、Apple 和 Android（Google）已经编写了多份指南，它们比本章介绍的内容更详尽，如果需要可以参考它们。

22.1.1 设置环境

在打开 Unity 制作游戏之前，需要先设置开发环境。设置的具体细节有些不同，主要依赖于我们的目标设备和我们想要做什么。但是一般步骤如下所示：

1. 安装目标设备的软件开发工具包（Software Development Kit，SDK）。
2. 确保计算机可以识别并且可以处理你的设备（当想在设备上执行测试时才需要这个步骤）。
3. 如果目标平台是 Android，还需要告诉 Unity 在哪里查找 SDK。

如果这些步骤对你而言似乎有点神秘，请不要担心。有大量的资源可以帮助你完成这些步骤。学习的最佳起点是 Unity 的官方文档，可以访问 http://docs.unity3d.com 。这个网站包含了与 Unity 相关的方方面面的信息。

如图 22-1 所示，Unity 文档中包含 iOS 和 Android 开发环境的设置的指引。这些文档会随着环境配置的更改而更新。如果你不打算用一台设备跟着文档操作，那么可以直接跳到下一小节。如果打算用一台设备跟着文档操作，那么需要在进入下一小节之前，先按照文档中的介绍完成开发环境的配置。

图 22-1 针对特定平台的文档

22.1.2 Unity Remote

在设备上测试游戏最基本的方式是构建项目，然后把得到的文件放到设备上，最后在设备上运行。这个过程比较烦琐，很快就会厌倦。另一种测试游戏的方式是构建项目，然后使用 iOS 或 Android 模拟器运行。同样，这种方法也需要很多步，而且还涉及到模拟器的配置和运行。如果是在针对性能、渲染或其他高级特性进行大规模测试，那么这些系统就可能非常实用。不过，针对基本的测试，我们有一种更好的方法：使用 Unity Remote。

Unity Remote 是一个应用程序，可以从移动设备对应的应用程序商店中下载。它可以让你在 Unity 编辑器中运行游戏的同时，也让游戏运行在移动设备上，从而达到测试的目的。简而言之，它可以让你在开发的时候，既能设备上实时体验游戏的运行，还能将设备的输入内容返回给游戏。在 https://docs.unity3d.com/Documentation/Manual/UnityRemote5.html 上可以找到关于 Unity Remote 的更多信息。

要想找到 Unity Remote 应用程序，可以在设备的应用程序商店中搜索“Unity Remote”。然后就可以像其他应用程序一样下载并安装（见图 22-2）。

一旦安装完毕，那么 Unity Remote 既可以作为游戏的显示器也可以作为游戏的控制器。我们可以将设备上的点击信息、加速器信息以及多点输入信息返回给 Unity。这个功能非常高效，因为你可以在不安装任何移动 SDK 或者登录特定的开发账号下测试游戏（的最基本的功能）。

图 22-2　Google Play 商店中的 Unity Remote 应用程序

动手做▼

测试设备的设置

通过这个练习，我们可以确保移动开发环境的设置正确。在这个练习中，我们将使用设备上的 Unity Remote 与 Unity 中的场景交互。如果还没有将设备配置好，那么将无法执行下面的这些步骤，不过仍然可以通过阅读了解要发生的事情。如果按照这些步骤操作无效，就意味着你的环境没有正确配置。请按照下面的步骤操作：

1. 创建一个新项目或者场景，然后在屏幕中间添加一个 UI 按钮。

2. 在 Inspector 中，将按钮的 Pressed Color 设置为 Red。

3. 运行场景，确保点击按钮可以更改它的颜色，停止场景的运行。

4. 使用一根 USB 线将设备与电脑连接在一起，当电脑识别出设备之后，在设备上打开 Unity Remote 这个应用程序。

5. 在 Unity 中，使用 Edit > Project Settings > Editor 这个命令，然后在 Inspector 的 Unity Remote > Device 选择设备类型。注意，如果没有安装 Unity 对应的移动平台（Android 或者 iOS），那么在 Editor 设置中不会看到对应的选项。

6. 再次运行场景，几秒钟之后就会发现按钮显示在设备上。现在，可以点击设备上的按钮来改变按钮的颜色。

22.2 加速计

大多数现代的移动设备都带有内置的加速计。加速计会传递设备的物理方位的信息，它会告诉我们设备是在移动、倾斜还是平放着，也可以在全部 3 根轴中检测这几项指标。图 22-3 显示了移动设备加速计的轴向以及它们在垂直方向（portrait orientation）上是如何定位的。

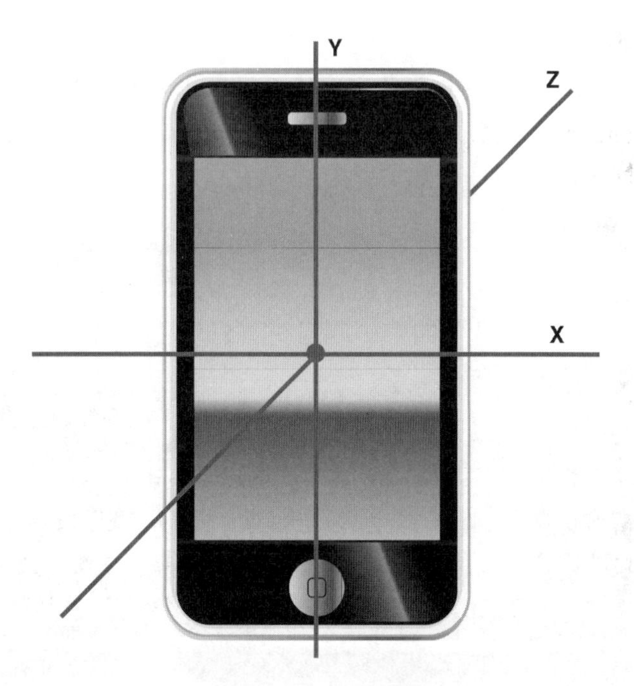

图 22-3 加速计的轴

正如你在图 22-3 中看到的那样，当在正前方垂直握持设备时，设备的默认轴与 Unity

中的 3D 轴向对齐。如果转动设备在一个不同的方向上使用它，需要把加速计的数据转换为正确的轴对应的数据。比如说，如果图 22-3 中是水平方向上拿着设备，那么手机加速器的 x 轴将与 Unity 中的 y 轴对应。

22.2.1 针对加速计的设计

当我们设计的游戏中使用到移动设备的加速计时，需要记住几点。第一点是在指定的时间，加速计只有两根轴可以信任，因为无论设备如何摆放，总有一根轴用来表示重力方向。考虑图 22-3 中的设备的方向，可以看到虽然通过倾斜设备可以操纵 x 轴和 z 轴，但是 y 轴目前正处于负值，因为重力正在把它往下拉。如果转动手机让它面朝上，那么只能使用 x 轴和 y 轴。在这种情况下，z 轴将始终保持不变。

当游戏设计中涉及加速计的时候，还需要考虑另外一点：输入不是非常精确。移动设备不会以固定的时间间隔从它们的加速计读取数据，所以不得不使用近似值。结果就是从加速计读入的数值可能起伏较大，不均匀。因此，常见的做法是当使用加速计的输入的时候，需要平缓地移动对象，或者隔一段时间去计数输入的平均值。加速计取值的范围是 –1 到 +1，表示设备 180 度翻转。没有人玩游戏的时候会垂直摆放手机，所以，通常输入的值会小于键盘的值，比如说（0.5 到 –0.5）。

22.2.2 使用加速计

读取加速计的输入与读取任何其他用户输入一样使用脚本完成。我们只需要从名为 acceleration 的 Vector3 变量中读取它即可，该变量是 Input 对象的一部分。因此，我们可以按照下面的代码访问 x 轴、y 轴和 z 轴的数据：

```
Input.acceleration.x;
Input.acceleration.y;
Input.acceleration.z;
```

使用这些值，就可以相应地操纵游戏对象了。

> 注意：轴不匹配
>
> 当我们使用 Unity Remote 获取加速计的信息的时候，会发现轴向可能与本章前面描述的不匹配。这是因为 Unity Remote 基于屏幕的宽高比计算游戏的朝向。这就意味着 Unity Remote 将自动以水平方向显示（从一侧握住设备，使得较长的边缘与地面平行）并帮我们转换轴向。因此，当使用 Unity Remote 时，x 轴将与设备的长边缘对齐，y 轴则与设备的短边缘对齐。看起来似乎有些怪异，但是无论如何，我们可能会像这样使用设备。所以可以少用一个步骤。

动手做▼

使用意念……或手机的动力移动立方体

在这个练习中，我们将使用移动设备的加速计在场景中四处移动立方体。显然，要完成这个练习，需要一个带有加速计的移动设备，并且该设备已经配置连接好。然后按照下面的步骤操作：

1. 创建一个新项目或者场景（如果创建一个新项目，记得像前面介绍的那样修改编辑器的设置）。在场景中添加一个立方体，然后将它的位置设置与（0,0,0）的位置。

2. 创建一个名为 AccelerometerScript 的新脚本，然后将它添加到立方体上。将下面的代码添加到脚本的 Update() 方法中。

```
float x = Input.acceleration.x * Time.deltaTime;
float z = -Input.acceleration.z * Time.deltaTime;
transform.Translate(x, 0f, z);
```

3. 确保移动设备已经与电脑连接。水平方向握住设备，然后运行 Unity Remote。运行场景，注意当你倾斜手机的时候就会沿着 x 轴或者 z 轴移动立方体。

22.2.3 多点触摸输入

移动设备主要使用屏幕的多点触摸功能控制。支持多点触摸的屏幕可以检测到用户何时以及在哪里执行触摸操作，它们通常一次可以追踪多个点的触摸操作。支持的触摸个数因设备而异。

触摸屏幕传递给设备的不仅仅是一个简单的触摸位置。事实上，每次单独的触摸都会存储相当多的信息。在 Unity 中，每次屏幕触摸的信息都存储在一个 Touch 变量中。这意味着每次触摸屏幕，都会生成一个 Touch 变量。只要手指在屏幕上保持触摸状态，Touch 变量将会一直存在。如果沿着屏幕拖动手指，Touch 变量就会跟踪它。这些 Touch 变量一起存储在一个名为 touches 的集合中，它是 Input 对象的一部分。如果当前没有触摸屏幕的操作，那么这个集合将为空。要访问这个集合，可以输入以下代码：

```
Input.touches;
```

使用 touches 集合，我们可以遍历其中的每一个 Touch 变量，然后处理对应的数据。做法如下所示：

```
foreach(Touch touch in Input.touches)
{
   // Do something
}
```

就像本章前面描述的那样，每个触摸操作都包含很多信息，而不仅仅是触摸的位置信息。表 22-1 列出了 Touch 变量类型的全部属性。

表 22-1　Touch 变量的属性

属性	描　述
deltaPosition	从上次更新到现在位置发生的改变。当检测手指的移动的时候，这个属性很有用
deltaTime	从上次更改触摸到现在经过的时间
fingerId	触摸的唯一索引。比如说，同一时刻最多支持五点触摸的设备上，这个值的范围是 0 ~ 4
phase	触摸当前所处的阶段：Began、Moved、Stationary、Ended 或者 Canceled
position	屏幕上触摸的 2D 位置
tapCount	在屏幕上执行触摸的次数

管理用户和游戏对象之间复杂的交互的时候，这些变量很有用。

动手做▼

追踪触摸点

在这个练习中，我们将会追踪手指的触摸操作并在屏幕上显示。很明显，为了完成这个练习，我们需要一台配置好多点触摸功能并连接到电脑的移动设备。然后按照下面的步骤操作：

1. 创建一个新项目或者场景。

2. 创建一个名为 TouchScript 的脚本，然后将它添加到 Main Camera 上。在脚本中添加如下代码：

```
void OnGUI()
{
    foreach (Touch touch in Input.touches)
    {
        string message = "";
        message += "ID: " +touch.fingerId + "\n";
        message += "Phase: " +touch.phase.ToString() + "\n";
        message += "TapCount: " +touch.tapCount + "\n";
        message += "Pos X: " +touch.position.x + "\n";
        message += "Pos Y: " +touch.position.y + "\n";

        int num = touch.fingerId;
        GUI.Label(new Rect(0 + 130 * num, 0, 120, 100), message);
    }
}
```

3. 确保移动设备已经与电脑连接。运行场景，用手指触摸屏幕，然后注意显示的信息（见图 22-4）。移动手指，然后观察数据的更新。现在同时用多个手指触摸，移动手指然后随机离开屏幕。观察系统是如何追踪每个触摸操作的。在同一时刻，屏幕上最多有多少个触摸操作？

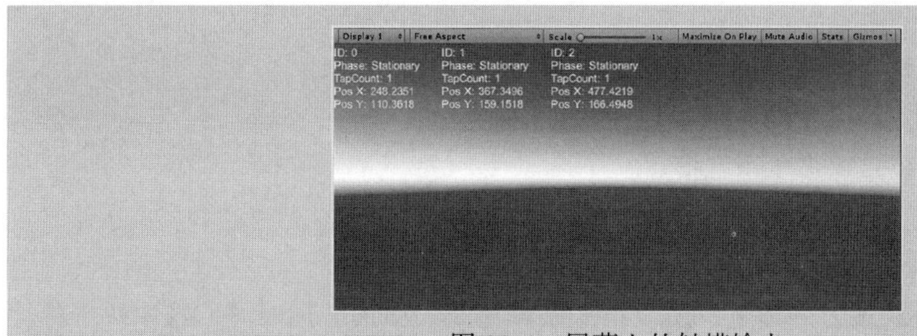

图 22-4 屏幕上的触摸输出

警告：为了解释道理才做的操作

在刚才的练习中，我们创建了一个 OnGUI() 方法用于收集屏幕上的各种触摸信息。在这段代码中，使用触摸数据构建 message 的方式是强烈不推荐使用的。因为在 OnGUI 方法中执行太多操作会严重降低项目的效率，所以我们应该避免使用这种方法。之所以我要使用这种方式，是因为这样操作起来比较简单，而且只是为了阐述触摸操作相关问题的原理。记住，始终在更新函数 Update() 中执行更新操作。除此之外，我们还应该使用新的 UI 系统，因为新 UI 系统的效率比较高。

22.3 本章小结

在本章中，我们学习了使用 Unity 为移动设备开发游戏。首先学习了如何配置开发环境，让游戏可以在 Android 和 iOS 系统中工作。之后，我们学习了如何使用设备的加速计功能。最后，我们体验了 Unity 的触摸跟踪系统。

22.4 问答

问：我真的能只构建游戏一次，就能把它部署到所有主要的平台，包括移动平台上吗？

答：当然可以！只需要考虑一件事：移动设备一般没有台式机那么强大的处理能力。因此，如果游戏包含很多复杂的逻辑处理或者效果，就可能会带来一些性能问题。如果计划把游戏也部署到移动平台上，那么需要确保它能够高效运行。

问：iOS 设备与 Android 设备之间的区别是什么？

答：从 Unity 的角度讲，这两种操作系统并没有太大的差别，它们都是针对移动设备设计的操作系统，这两种设备都视为移动设备。尽管如此，两类设备之间的硬件差异（比如说处理能力、电池电量或者手机 OS）可能会影响游戏的效果。

22.5 测验

花些时间完成下面的练习，确保掌握了本章的内容。

问题

1. 什么工具可以在场景运行时给 Unity 实时发送设备的输入数据？

2. 实际上，我们一次可以使用加速计上的多少根轴？

3. 设备同一时刻可以追踪多少个触摸点？

答案

1. Unity Remote app。

2. 两根轴。因为受到重力的影响，所以第三根轴总是与引力方向对齐，这取决于你手持设备的方式。

3. 完全依赖于设备。上次我测试 iOS 设备，发现它可以同时追踪 21 个触摸点。这个数量已经足够多了，手指头加上脚指头的数量再算上朋友的一根手指才凑够 21。

22.6 练习

在这个练习中，我们将会根据移动设备的触摸输入移动场景中的对象。显然，为了完成这个练习，我们需要令一台支持多点触摸的设备配置好并连接到电脑。如果手上没有符合条件的移动设备，也可以通过阅读来获取基本的思想。

1. 创建一个新场景或者项目。使用 Edit > Project Settings > Editor 命令，然后设置 Device 属性，让它能够识别 Unity Remote 这个应用程序。

2. 在场景中添加三个立方体，将它们分别命名为 Cube1、Cube2 和 Cube3，位置分别设置为 (–3, 1–5)、(0, 1, –5) 以及（3, 1, –5）。

3. 创建一个新的文件夹命名为 Scripts，然后在 Scripts 文件夹中创建一个名为 InputScript 的新脚本，将它添加到这三个立方体上。

4. 在脚本的 Update() 方法中添加如下的代码：

```
foreach (Touch touch in Input.touches)
{
    float xMove = touch.deltaPosition.x * 0.05f;
    float yMove = touch.deltaPosition.y * 0.05f;

    if (touch.fingerId == 0 && gameObject.name == "Cube1")
        transform.Translate(xMove, yMove, 0F);

    if (touch.fingerId == 1 && gameObject.name == "Cube2")
        transform.Translate(xMove, yMove, 0F);

    if (touch.fingerId == 2 && gameObject.name == "Cube3")
        transform.Translate(xMove, yMove, 0F);
}
```

5. 运行场景，然后使用三根手指触摸屏幕。注意，我们可以独立移动三个立方体。我们还会发现当一根手指离开屏幕的时候并不会影响其他两根手指对立方体的控制。

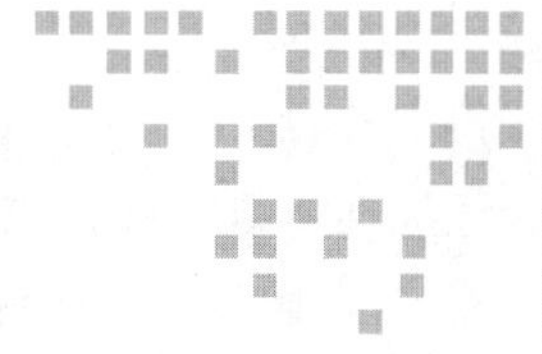

第 23 章 Chapter 23

优化和部署

在本章，我们将学习对游戏优化和部署。首先学习如何在不同的场景之间切换。然后，探索在场景之间保存数据和游戏对象的方式。之后，我们会了解 Unity 的玩家及其设置，最后学习如何编译和部署游戏。

23.1 管理场景

迄今为止，我们在 Unity 中所做的一切工作都发生在同一个场景中。尽管以这种方式构建大型、复杂的游戏也是可能的，但是使用多个场景构建游戏一般要容易很多。场景背后的思想是：它是游戏对象的集合。因此，当在场景之间转换时，当前场景中的游戏对象都会被销毁，然后创建新的游戏对象。不过，我们可以防止出现这种情况，下一节会讨论它。

> 注意：什么是场景？让我们再来讨论一下
>
> 在本书前面的章节，我们已经学习了场景的基础知识。不过，现在应该使用当前拥有的知识重新理解场景的概念。理想情况下，场景就像是游戏中的一个关卡。随着游戏难度的增加划分为一个个场景，或者动态生成一个个关卡，每个关卡都对应一个场景。但是，并非一定要这样。因此，把场景视作一个常用资源列表的思想可能更好一些。由使用相同对象构成的关卡组成的游戏实际上可能只包含一个场景。切换游戏时，我们要做的只是卸载不需要的对象，然后加载需要的对象，这刚好与新的场景思想对应。实际上，不要仅仅因为能够这样做，就把关卡拆分到不同的场景中。我们应该只有游戏玩法需要或者有利于资源管理的时候，才创建新场景。

注意：构建？

本章翻来覆去主要讨论两个术语：构建（Building）和部署（Deploying）。虽然它们通常都代表相同的功能，但还是有一些不同。构建一个项目意味着告诉 Unity 将 Unity 项目转化为一个最终可执行的文件集合。因此，在 Windows 操作系统上构建，将会生成一个 .exe 文件及对应的 data 文件夹。在 Mac OS 系统上构建就会生成一个 .dmg 文件，其中包含所有的游戏数据等。部署意味着将构建的可执行文件发送到一个平台上准备执行。比如说，当针对 Android 构建了一个 .apk 文件（游戏）之后，它就会被部署到 Android 设备上准备运行。这些选项都是由 Unity 的构建设置管理，稍后将会详细介绍。

23.1.1 建立场景顺序

在场景之间转换相对比较容易，它只需要一点点设置即可正常工作。首先要做的就是把项目对应的场景添加到项目的编译设置中，如下所示。

1. 使用 File > Build Settings 命令，打开编译设置。

2. 在打开的 Build Settings 对话框中，单击你希望出现在最终项目中的场景，拖曳到 Build 窗口中（见图 23-1）。

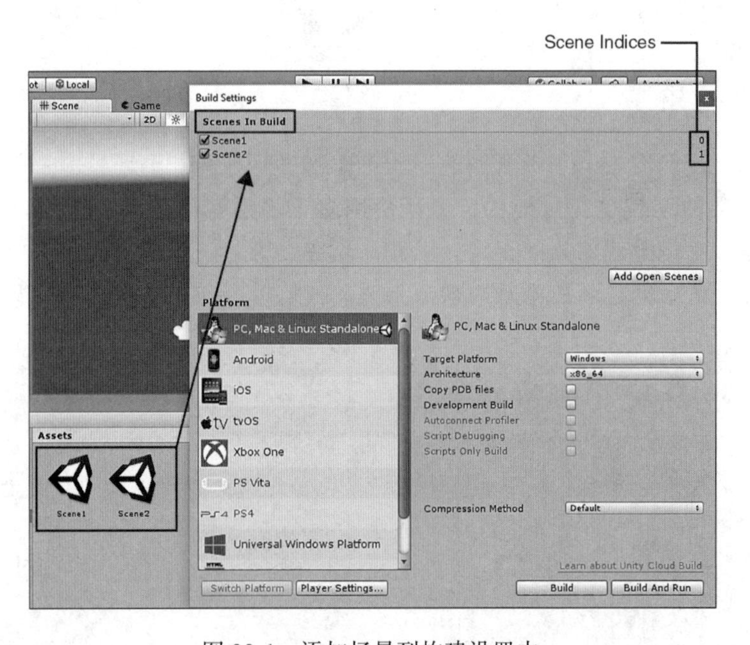

图 23-1 添加场景到构建设置中

3. 注意 Build 窗口中每个场景旁边的数字，后面我们会用到这个数字。

动手做▼

将场景添加到构建设置中

在这个练习中，我们需要将场景添加到项目的构建设置中。确保保存这个练习中创建的项目，因为我们将会在下一小节中再次使用它。请按照下面的步骤操作：

1. 创建一个新项目，然后添加一个名为Scenes的新文件夹。
2. 使用File >New Scene命令添加一个新场景，然后使用File > Save Scene As命令保存场景。在Scenes文件夹中将场景保存为Scene1。重复这个步骤保存另一个场景Scene2。
3. 打开构建设置（使用File > Build Settings命令）。首先将Scene1拖到Build窗口的Scenes中，然后再将Scene2拖动到相同的窗口。确保Scene1的索引为0，Scene2的索引为1。如果不对，通过上下拖动场景来更改索引值。

23.1.2 切换场景

现在已经建立了场景的顺序，在它们之间切换已经变得很容易。想要更改场景，使用方法LoadScene()，它是类SceneManager中的一个方法。为了使用这个类，我们需要告诉Unity你想要访问它，所以需要在要使用它的脚本的顶部添加下面的代码：

```
using UnityEngine.SceneManagement;
```

LoadScene()方法使用了一个参数，它可以是一个表示场景索引的整数也可以是一个用来表示场景名称的字符串。因此，要载入索引为1和名称为Scene2的场景，下面的任意一种写法都可以：

```
SceneManager.LoadScene(1);        // Load by index
SceneManager.LoadScene("Scene2"); // Load by name
```

这个方法会立即销毁所有已经存在的游戏对象，然后载入下一个场景。注意这个代码的执行速度非常快，而且无法撤回。所以在使用这个方法之前，一定要确认它就是你想要使用的方法（第14章结尾的练习中的LevelManager就是用了这个方法）。

提示：场景异步加载

到现在为止，我们都在讨论立即加载场景。也就是说，当我们告诉SceneManager类更改场景，那么当前的场景就会卸载，然后加载下一个场景。对于小型项目来说，这种做法比较合适，但是如果我们想要尝试载入一个大型场景，那么场景切换的时间就会比较长，在这段切换的时间内，整个屏幕都将是黑色的。为了避免这种情况的发生，我们可以尝试使用异步（asynchronously）加载场景。这里的“异步（async）”加载的意思是在游戏还在运行的过程中，在后台加载新场景。当新场景加载完毕之后，就会切换场景。这个方法的处理过程不是立即完成的，但是可以帮助我们防止出现游戏卡顿的现象。一般来说，异步加载场景有些复杂，超出了本书介绍的范围。

23.2 保存数据和对象

现在我们已经学会了如何切换场景，毫无疑问，我们也清楚地知道数据不会在场景切换的时候带过去。事实上，所有的场景都是自包含的，不需要保存任何对象。在一些更复杂的游戏中，保存数据（通常称为数据的持久化）是一个非常迫切的需求。在本节中，我们将学习如何保存一个场景的对象到另外一个场景中使用，以及如何将数据保存到文件中供后面使用。

23.2.1 保存对象

在场景之间保存数据的一种简单的方法是：不销毁带有数据的对象。比如说，一个玩家对象上面有一些脚本，脚本中包含生命、背包、分数等信息，将这么大的数据转移到下一个场景中的最容易的方式是确保它们不会被销毁。有一种简单的方法可以完成这项工作，即使用名为 DontDestroyOnLoad( ) 的方法，该方法需要一个参数，参数就是你想保存的游戏对象。因此，如果你想保存一个存储在名为 Brick 的变量中的游戏对象，可以编写以下代码：

```
DontDestroyOnLoad (Brick);
```

因为这个方法使用一个游戏对象作为参数，另一种在对象自身上调用这个方法的方式是使用 this 关键字。如果想要保存对象自身，那么可以将下面的代码放到对象所带的脚本的 Start() 方法中：

```
DontDestroyOnLoad (this);
```

现在，当你切换场景的时候，我们保存的对象就不会销毁。

动手做 ▼

保存对象

在这个练习中，我们将在两个场景之间传递一个立方体对象。这个练习要使用上一个“动手做”练习中创建的项目。如果你还没有完成上一个练习，那么请先完成它。然后确保保存了项目，因为下一小节我们还会使用这个项目。请按照下面的步骤操作：

1. 打开上一个练习中创建的项目。载入 Scene2，然后在场景中添加一个球体。将球体放在（0, 2, 0）的位置。

2. 载入 Scene1 场景，然后在场景中添加一个立方体，将立方体放在（0,0,0）的位置。

3. 创建一个 Scripts 文件夹，然后在里面创建一个名为 DontDestroy 的新脚本。将这个脚本添加到 cube 上。

4. 修改 DontDestroy 脚本，添加如下代码：

```
using UnityEngine;
using UnityEngine.SceneManagement;

public class DontDestroy : MonoBehaviour
{
```

```
        void Start()
        {
            DontDestroyOnLoad(this);
        }

        // A neat trick for easily detecting mouse clicks on an object
        void OnMouseDown()
        {
            SceneManager.LoadScene(1);
        }
    }
```

这段代码将会在场景切换时保存这个立方体。除此之外，它还使用了一点小技巧用于检测用户点击立方体（OnMouseDown()）。当用户点击立方体的时候，就会载入 Scene2。

5. 运行场景，当你在 Game 视图中点击立方体的时候，就会发生场景切换行为，在切换后的场景中，我们可以看到球体出现在立方体旁边（见图 23-2）。

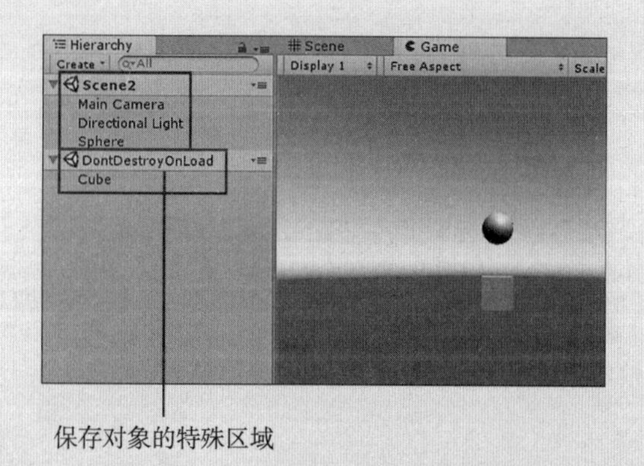

图 23-2　保存到 Scene2 的立方体

警告：黑暗的场景

当切换场景的时候，可能会发现新场景会比较昏暗，虽然新场景中也有光源。这是因为动态载入场景的时候没有完整的灯光数据。幸好，解决方案很简单：仅需要在 Unity 中载入场景即可，使用 Window > Lighting > Settings 命令。不要勾选底部的 Auto Generate，然后点击 Generate Lighting。这样 Unity 就不会为场景使用临时的灯光计算，然后将这些计算提交到资源中。场景旁边就会出现一个文件夹，与场景具有相同的名字。之后，载入场景的时候，灯光就会正常显示。

23.2.2　保存数据

有的时候，你需要将数据保存到一个文件中，之后再访问它。要保存的数据可能有玩家的分数，配置偏好或者仓库数据。有很多复杂并且功能强大的方法来保存数据，但是一个最简单的解决方案是使用 PlayerPrefs。PlayerPrefs 是一个对象，它用于将基础数据保存到一个本地的文件系统中。之后，再使用 PlayerPrefs 将数据读出来。

将数据保存到 PlayerPrefs 就像为数据起名字或者为数据本身赋值一样简单。保存数据的方法依赖于数据类型。比如说，要保存一个整数，我们需要调用 SetInt 方法。要想获得整数，需要调用 GetInt() 方法。所以，将表示分数的数字 10 保存到 PlayerPrefs 中然后再读取回来如下所示：

```
PlayerPrefs.SetInt ("score", 10);
PlayerPrefs.GetInt ("score");
```

还有用来保存字符串的方法 SettingString() 和保存浮点数的方法 SetFloats()。使用这些方法，我们可以轻松地将任何数据保存到文件中。

动手做▼

使用 PlayerPrefs

在这个练习中，我们会将数据保存到 PlayerPrefs 文件中。本练习要使用上一个“动手做”练习中创建的项目。如果还没有完成那个练习，那么在继续之前要先完成它。这个练习中我们会使用传统 GUI。因为我们练习的目标是 PlayerPrefs 而不是 UI。请按照下面的步骤操作：

1. 打开在之前练习中创建的项目，然后确保 Scene1 已经被载入。添加一个新的脚本，名字为 SaveData，将它添加到 Scripts 文件夹中，然后在脚本中添加如下代码：

```
public string playerName = "";

void OnGUI()
{
    playerName = GUI.TextField(new Rect(5, 120, 100, 30), playerName);

    if (GUI.Button(new Rect(5, 180, 50, 50), "Save"))
    {
        PlayerPrefs.SetString("name", playerName);
    }
}
```

2. 将脚本附加到 Main Camera 对象上。然后保存 Scene1 载入 Scene2。

3. 创建一个名为 LoadData 的新脚本，将它添加到 Main Camera 对象上。在脚本中添加如下代码：

```
string playerName = "";

void Start()
{
    playerName = PlayerPrefs.GetString("name");
```

```
    }

    void OnGUI()
    {
        GUI.Label(new Rect(5, 220, 50, 30), playerName);
    }
```

4. 保存 Scene2，然后载入 Scene1。运行场景。在文本框中输入名字，然后点击 Save 按钮。现在点击立方体，载入 Scene2（在前面的练习中，我们已经学习了如何在切换场景的时候保存立方体）。我们会发现刚才输入的名字现在已经显示在了屏幕上。在这个练习中，我们的数据在一个场景中保存到了 PlayerPrefs 中，然后在另外一个场景中从 PlayerPrefs 中载入。

警告：数据安全

虽然使用 PlayerPrefs 保存游戏数据非常简单，但这种方法并不是非常安全。数据存储在玩家硬盘驱动器上一个未加密的文件中。因此，玩家可以轻松地打开文件，然后操纵其中的数据。这样他们就可以非法获得不公平的优势，还可能会破坏游戏。PlayerPrefs 顾名思义，设计的目的就是用于保存玩家的参数设置。不过也常常用来保存其他数据。真正实现数据安全很困难，超出了本书的介绍范围。只要记住：PlayerPrefs 适合于我们现在游戏开发的需求，但是在将来，我们将深入学习更复杂、更安全的保存玩家数据的方式。

23.3　Unity 玩家设置

Unity 提供了多种设置，在游戏编译之后，这些设置就会影响游戏的工作方式。这些设置称为玩家设置，它们用于管理像游戏图标和所支持的屏幕宽高比这样的设置。设置有很多种，其中很多设置都是自解释的。如果使用 Edit > Project Settings > Player 命令，就会在 Inspector 视图中打开 Player Settings 窗口。花一些时间了解一下这些设置，在后面的小节中看看这些设置，这样才能了解它们的功能。

23.3.1　跨平台设置

首先我们会看到跨平台设置（见图 23-3）。无论为哪个平台（Windows、iOS、Android、Mac 等）构建游戏，这些设置都通用。本节涉及的设置基本上都是自解

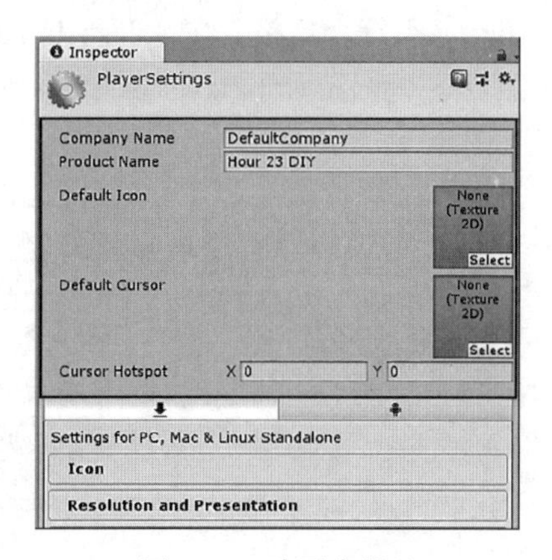

图 23-3　跨平台设置

释的。产品的名称是显示在游戏标题上的名字。这个图标可以是任意有效的纹理图片文件。注意图标的尺寸必须是 2 的幂次方，比如说 8 × 8，16 × 16，32 × 32，64 × 64 等等。如果图标不满足 2 的幂次方的尺寸，那么图标将无法正常缩放，而且图片质量也会很低。我们还可以指定一个自定义的光标，并定义光标的热点位置（光标的热点位置指的是“点击”的地方）。

23.3.2 各个平台的设置

各个平台的设置（Per-platform Settings）专门针对每个平台。虽然针对每个平台的设置有很多重复的选项，但是我们还是要针对每个平台设置游戏的构建选项。在选择条中选中平台对应的图标就可以指定特定的平台（见图 23-4）。注意，只能看到当前已经安装的平台图标。比如在图 23-4 中，当前的机器上只安装了 Standalone（PC、Mac 和 Linux）以及 Android 平台。

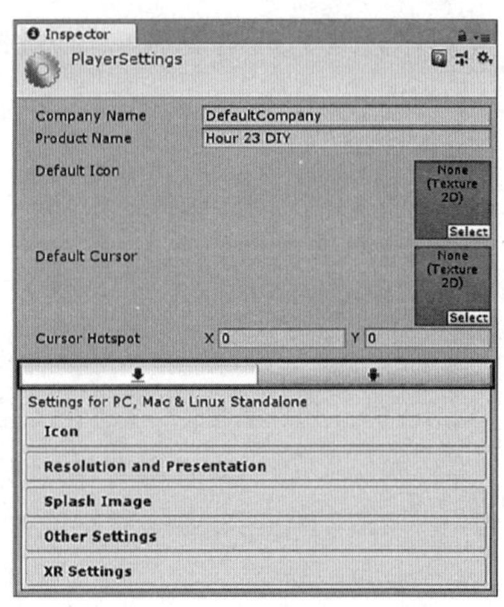

图 23-4 平台选择栏

这里面很多设置都要求了解要构建的平台。如果不是特别了解某个设置对平台的影响，那么就不要修改这个设置。还有一些设置的功能特别明确，只有想达成一个特定目标的时候才需要修改这个目标。比如说，Resolution 和 Presentation 设置用于处理游戏窗口的尺寸。对于构建桌面游戏来说，可以选择窗口化或者全屏，还有很多宽高比可以选择。启用或者禁用不同的宽高比，就可以让玩家在玩游戏的时候选择不同的分辨率。

如果在 Cross-Platform 设置部分为 Default Icon 属性设置了图标，那么图标设置就会自动填充。我们会看到基于提供的图片，生成了各种尺寸的图标。这就是为什么要求提供的图标必须符合规格。在 Splash Image 部分，我们还可以提供一张图片作为启动图片。启动图片是一张添加到 Player Settings 对话框中的图片，当玩家首次启动游戏的时候就会显示这张图片。

> **注意：太多设置**
>
> 你可能会注意到 Player Settings 中有大量的设置本节没有介绍。因为大多数属性都已经设置了默认值，可以让我们快速构建游戏。其他设置主要用于实现高级功能或优化。对于大多数设置，如果不理解它们的作用，那么就不应该修改它们，因为随意改动可能导致奇怪的问题出现，或者根本就无法让游戏正常运行。简而言之，在熟悉游戏构建概念以及熟练掌握各种不同功能之前，可以只使用基本设置。

> 注意：太多玩家
>
> 本章大量使用了玩家（Player）这个术语，因为这个术语有两种使用方式。第一种显然是实际玩游戏的人，这个术语的第二种方式是描述 Unity Player，它是游戏的窗口（就像电影播放器或电视一样），存在于计算机（或设备）上。因此，当你听到 player 这个词时，它很可能指的是一个人。但是当你听到 Player Settings 时，它很可能指的是显示游戏的软件。

23.4 构建游戏

比如说我们已经构建了自己的所有消息。完成了所有的工作并在编辑器中测试了所有的功能。我们检查了所有的设置，然后按照我们想要的方式进行了设置。很好，现在开始构建游戏。我们需要了解构建过程中需要用到的两个设置窗口。首先是 Build Settings 窗口，它决定了构建过程的最终结果。另外一个是 Game Settings 窗口，这些设置玩家可以看到并自行配置。

23.4.1 构建设置

构建设置窗口包含游戏构建需要的术语。在这个窗口中，我们可以指定游戏运行的平台以及游戏中使用的各种场景。之前我们已经见过这个窗口，但是现在我们需要仔细查看这个窗口中的设置。

打开 Build Settings 窗口，使用 File > Build Settings。在 Build Settings 对话框中，我们可以更改并配置想要的游戏。图 23-5 显示了 Build Settings 窗口和里面的各种配置。

图 23-5 Build Settings 对话框

正如你所见，在 Platform 这一部分中，我们可以指定构建的新平台。如果你选择一个新平台，我们需要使用 Switch Platform 来切换平台。点击 Player Settings 按钮可以打开 Inspector 视图中的 Player Settings 对话框。之前，我们已经在 Build 部分中看到了 Scenes 的信息。在这一部分中，我们可以选择游戏要使用的场景以及它们的顺序。我们还可以为选定的平台指定各种构建配置。PC，Mac&Linux Standalone 设置是自解释的。唯一需要注意的一点是 Development Build 选项，它可以让游戏运行一个调试器和性能分析器。

当我们准备好构建游戏的时候，可以点击 Build 按钮来构建游戏，也可以点击 Build and Run 按钮构建游戏，然后就可以立即运行。Unity 创建的文件依赖与所选的平台。

23.4.2 游戏设置

当构建完毕之后，使用实际构建出来的游戏文件（而不是在 Unity 中）运行游戏，玩家将会看到一个 Game Settings 对话框（见图 23-6）。在这个对话框中，玩家可以选择游戏体验相关的选项。

首先我们会注意到窗口标题栏中显示的游戏名称。同时，我们在 Player Settings 对话框设置的启动画面会显示在窗口的最顶端。在第一个选项卡 Graphics 中，我们可以指定游戏运行的分辨率。Player Settings 窗口中设置的宽高比和操作系统决定可以使用的分辨率。玩家可以在窗口中运行游戏，也可以使用全屏方式运行，并选择游戏的质量设置。

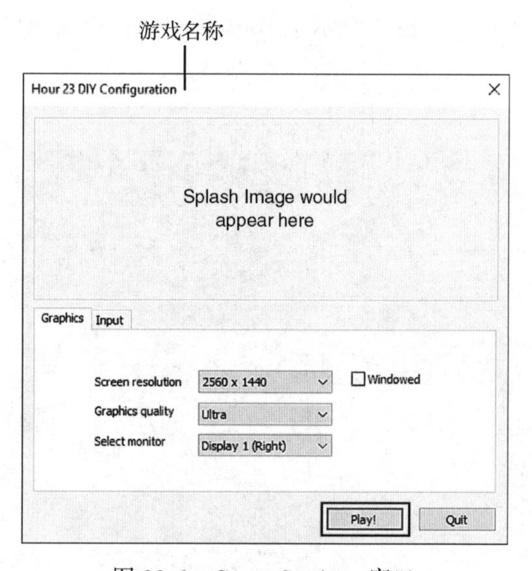

图 23-6　Game Settings 窗口

然后玩家可以切换到 Input 选项卡（图 23-7），它可以将输入轴映射到对应的热键和按钮。

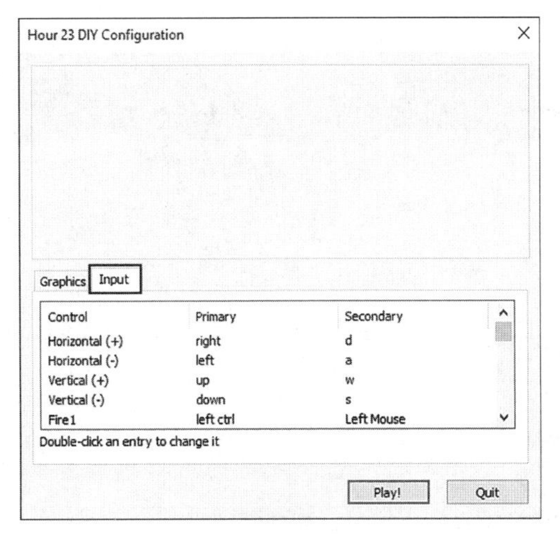

图 23-7　输入设置

注意：告诉你就是这样！

可能你会回想起在本书前面，我曾经说过：应该确保从玩家的输入轴而不是指定的热键中获取玩家输入。这是为什么呢？如果寻找特定的键而不是轴，那么玩家除了使用你设计的控制模式之外将别无选择。如果你认为这不是什么问题，那么只需记住很多人（比如残疾人）都在使用非标准的输入设备。如果我们拒绝了他们重新映射游戏控制的能力，那么他们可能就没办法玩你的游戏。使用轴而不是特定的键对你来说要做的只是小事一桩，但是玩家对游戏的口碑却可能两极分化。

当玩家选择了他们想要的设置之后，就可以按下 Play! 按键，开始享受游戏吧！

23.5　本章小结

本章我们学习了在 Unity 中优化和构建游戏。首先了解了如何使用 SceneManager.LoadScene() 方法在 Unity 中更改场景，然后学习了如何保存游戏对象和数据，之后学习了各种游戏设置，最后学习了如何构建游戏。

23.6　问答

问：很多设置看上去很重要，为什么本章没有介绍？

答：说实话，大多数设置对你来说都没有用。事实是直到真正需要这些设置之前，它们根本没有那么重要。大多数设置都是平台特定的，这些内容超出了本书的范围。与其花大量篇幅介绍可能从来都用不到的设置，还不如在需要的时候自行学习。

23.7 测验

花些时间完成下面的练习，确保掌握了本章的内容。

问题

1. 如何确定游戏中每个场景的索引？
2. 判断题：使用 PlayerPrefs 对象可以保存数据。
3. 游戏图标的尺寸标准是什么？
4. 判断题：游戏设置中的输入设置可以让玩家重新映射游戏中的所有输入。

答案

1. 把场景添加到 Scenes In Build 列表后，每个场景就会有一个对应的索引。
2. 正确。
3. 游戏图标应该是一个正方形，各边长应该是 2 的幂次方，比如：8 × 8、16 × 16、32 × 32 等。
4. 错误。玩家只能重新映射由输入轴确定的输入，而不是特定按键确定的输入。

23.8 练习

在这个练习中，我们将会为桌面操作系统构建一款游戏，并且体验各种功能。这个练习本身并没有太多的内容，所以在这个练习之外，应该花大量时间用于体验不同的设置，然后观察它们的效果。因为这个练习只是一个构建游戏的例子，所以本章的随书资源中没有完整的项目。

1. 打开之前创建的任何项目或者创建一个新项目。
2. 打开 Player Settings 对话框，然后按照喜好配置游戏。
3. 打开 Build Settings 对话框，确保将场景添加到 Build 列表的 Scenes 中。
4. 确保将平台设置为 PC、Mac&Linux Standalone。
5. 点击 Build 构建游戏。
6. 找到构建游戏的文件，然后运行。体验不同的游戏设置，观察这些设置如何影响游戏。

第 24 章 Chapter 24

结 束 语

在本章中，我们将结束 Unity 的基础入门课程。首先我们将查看自己到现在已经学会的知识。然后，我们将了解去哪里继续提升自己的技能。最后，我们将介绍可用的资源，帮助你进行下一步的继续学习。

24.1 成果

当我们花费了大量的时间来做某件事情时，有时可能会忘记之前完成的工作。仔细回顾在开始学习时所拥有的技能并把它们与你现在所拥有的技能相比较会很有帮助。在这个发现之旅中可以找到很多动力和满足感。下面让我们先看一些数字。

24.2 19 小时的学习时间

首先，我们花了 19 小时（或者更多时间）认真学习了使用 Unity 进行游戏开发的各个方面的内容。下面列出已经学过的一些知识。

1. 如何使用 Unity 编辑器，以及 Unity 中的各种窗口和对话框。

2. 游戏对象、变换和变形等各种基础知识，关于 2D 与 3D 坐标系统、局部坐标系统和世界坐标系统。这样我们就成了使用 Unity 内置的几何形状的专家。

3. 学习了关于模型的知识。确切地说，我们学习了由纹理和应用了材质的着色器构成的模型，它又会应用于网格。我们了解了网格由三角形组成，这些三角形由 3D 空间里的许多点组成。

4. 如何在 Unity 中构建地形。我们制作了独特的地形，使用 Unity 提供的工具来制作我们梦寐以求的游戏场景，并使用环境效果和环境细节来改进游戏世界。

5. 摄像机和灯光的知识。

6. 在 Unity 中编程。如果在阅读本书之前从未写过程序，那么这将是一个非常大的挑战，祝你好运！

7. 碰撞、物理材质和光线投射相关的知识。换句话说，你在使用物理学进行对象交互方面已经迈出了第一步。

8. 预设和实例化相关的知识。

9. 如何使用 Unity 强大的用户界面控件制作 UI。

10. 如何使用 Unity 的角色控制器控制角色的移动。在这个基础之上，我们构建了一个自定义的 2D 角色控制器应用于自己的项目。

11. 如何使用 2D 瓦片地图构建精彩的 2D 世界。

12. 如何使用各种粒子系统构建令人叹为观止的粒子效果，还可以细致检查每个粒子模块。

13. 如何使用 Unity 新的 Mecanim 动画系统。在学习这部分内容的时候，我们还学习了怎样重新映射模型上的 rigging，这样它们就可以使用不是专门为它制作的动画。我们还学习了如何编辑动画，然后就可以制作属于自己的动画剪辑。

14. 如何序列化各种操作，从而使用 Timeline 创建复杂的动画。

15. 如何在项目中使用音频。我们学习了如何处理 2D 和 3D 音频，以及如何循环播放和交换音频剪辑。

16. 如何制作针对移动设备的游戏。我们学习了如何使用 Unity Remote 测试游戏，同时学习了如何使用设备加速计和多点触摸屏幕。

17. 如何使用多个场景和数据保存来改善游戏，如何编译游戏然后玩游戏。

这个清单非常长，甚至没有涵盖本书中学习到的所有内容。当你阅读这个清单的时候，我希望大家能还记得每一个知识点。现在我们的确已经学习了很多知识！

24.2.1 4 个完整的游戏案例

在本书的学习过程中，我们制作了 4 款游戏：Amazing Racer、Chaos Ball、Captain Blaster 和 Gauntlet Runner。我们设计了每一款游戏。仔细研究了每个游戏的理念，确定了规则，并且提出了需求。一旦完成了这些工作，我们就开始构建每个游戏所需的实体。我们将游戏中用到的各个对象，比如说玩家、世界、球体、陨石等都放到游戏中的合适位置。我们编写了所有的脚本，然后在游戏中构建了所有的交互操作。最重要的是，我们测试了所有的游戏，确定了每个游戏的优势和缺陷。我们玩过这些游戏，让自己的伙伴也一起体验过这些游戏。我们考虑如何优化游戏，甚至我们可以考虑如何自己优化这些游戏。让我们探讨一下使用的游戏机制和理念：

1. Amazing Racer ：这是一款 3D 赛跑类的游戏，我们使用了内置的第一人称角色控制器，还亲手创建了带有纹理的地形。游戏中使用了水洼、触发器和灯光。

2. Chaos Ball：这个3D游戏中使用了很多碰撞和物理相关技术。我们使用物理材质构建了一个有弹性的竞技场。同时还实现了角落的球门，让特定的对象具备运动性。

3. Captain Blaster：这是一个复古的2D太空射击游戏，它使用了滚动背景和2D效果。这也是我们制作的首个可能会输掉的游戏。我们使用了第三方的模型和纹理，让这个游戏的图形风格变得更高级。

4. Gauntlet Runner：这是一个3D跑酷游戏，跑动的过程中可以收集充电装置并避开障碍物。这个游戏使用了Mecanim动画和第三方的模型，而且还很聪明地使用纹理坐标实现了3D滚动效果。

现在我们已经拥有了设计游戏、构建游戏、测试游戏以及针对新硬件适配游戏的经验。非常不错。

24.2.2 超过50个场景

在本书的整个过程中，我们创建了超过50个场景。让我们来思考下这个数字。在阅读本书的过程中，我们亲手体验了至少50种不同的概念，为接下来的工作积累了大量经验。

现在你可能领会了本节存在的意义。我们做了那么多工作，而且应该为之感到自豪。我们亲自体验了Unity游戏引擎的很多功能。在前进的道路上，这些知识可以为我们提供很多帮助。

24.3 下一步怎么走

即使现在已经学完了本书，我们掌握的知识也与能够完整地做出游戏相距甚远。事实上，准确地说，在游戏行业这样一个快速发展的领域中，我们学无止境。即便如此，这里还是给出了一些建议，指出接下来的方向。

24.3.1 制作游戏

毫无疑问，严肃地说，首先就是制作游戏，我们没有夸大其词。如果你想继续深入学习Unity游戏引擎，或者你想找到游戏制作领域的工作，或者已经拥有了一份游戏领域的工作还想继续提升自己的技术，那么就请制作游戏吧。在游戏（或者任何其他软件）行业的新手当中，有一个常见的错误观念就是：只靠知识就可以让你获得一份工作或者提升你的技能。这与事实相距甚远，经验是最重要的因素，所以请开始制作游戏。不一定要做多大的游戏。开始先做几款像本书示例游戏那样的小游戏。事实上，尝试立即开始制作大型游戏可能会导致强烈的挫败感。不过，无论决定做什么，都要制作游戏。

24.3.2 与人打交道

有许多本地和在线协作小组都在寻找制作用于商业目的的游戏和休闲类别的游戏。加入他们！事实上，如果他们拥有像你一样具有丰富的 Unity 经验的人才，那么他们将很幸运。记住，你已经开发了 4 款游戏。与其他人合作可以学会许多团队相关的知识。此外，与他人合作还能帮助你，让你制作的游戏实现更复杂的功能。尝试寻找美术师和音响师，让你的游戏充满丰富的视觉和听觉效果。你将发现在团队中工作是了解自身优点和缺点的最佳方式。这是在现实中检验你的各个方面的好机会，还能增强你的自信心。

24.3.3 记录

把你的游戏以及游戏开发历程记录下来，它将是你个人发展过程中的财富。无论是开始写博客，还是只想保存到私人笔记中。记录的内容都能在当下和回忆中帮助你。记录也可以是一种磨炼技能以及与他人合作的极佳方式。这样做可以把你的制作思路展现给大家，从大家那里获得反馈，从其他人那里获得灵感。

24.4 可供使用的资源

一般来说，在继续学习 Unity 游戏引擎以及进行游戏开发的过程中，有许多资源可以使用。首先要推荐的是 Unity 官方文档。官方文档涵盖了 Unity 的各种知识，网址：http://docs.unity3d.com。官方文档通过一种技术方法介绍了 Unity 的方方面面，这一点很重要，不要把这个网站看作是一种学习工具，更确切地说它是一份手册。

Unity 还在它们的 Learn 站点上提供了各式各样的在线教程。网址：http://unity3d.com/learn。在这个网站上可以找到很多视频、项目及各种其他资源，它们能帮助你提升技术水平。

如果你发现自己的问题在这两个资源中找不到答案，那么体验一下 Unity 社区，它会很有帮助。Unity Answers 的网址是：http://answers.unity3d.com。在这里可以提出具体的问题，然后从 Unity 专业人员那里直接获得答案。

除了 Unity 官方资源之外，我们还可以利用几个游戏开发网站进行学习，两个最流行的网站是 http://www.gamasutra.com 和 http://www.gamedev.net。这两个网站都带有大型社区，而且还会定期发表文章。它们的主题并不仅限于 Unity，可以提供大量无倾向性的信息源。

24.5 本章小结

在本章中，我们回顾了到目前为止学到的 Unity 相关知识，而且探讨了未来的学习路线。首先我们检查了在本书的学习过程中完成的所有工作。然后，探讨了在此之后做哪些事情可以提升我们的技术水平。最后，介绍了 Internet 上可以使用的一些免费资源。

24.6 问答

问：在阅读了本章的内容之后，我情不自禁地感觉你认为我应该制作游戏，是这样吗？

答：是的。我相信我已经提过好几次了。通过实践和创新来提升自己的技能水平很重要这件事我已经强调很多遍了。

24.7 测验

花些时间完成下面的练习，确保掌握了本章的内容。

问题

1. 可以使用 Unity 制作 2D 或 3D 游戏吗？
2. 你对自己迄今为止所完成的事情感到自豪吗？
3. 为了继续提升游戏开发技术水平，最适合一个人做的事情是什么？
4. 你是否已经学完了所有与 Unity 相关的知识？

答案

1. 当然可以。
2. 当然。
3. 继续制作游戏并分享给大家。
4. 不。从来都不要停止学习！

24.8 练习

本书最后一章的主要作用是回顾和巩固所学的知识，本书最后一个练习的意义也在于此。撰写所谓的项目总结（Post-Mortem）在游戏业中很普遍，项目总结背后的思想是：撰写一篇关于你制作游戏的文章，然后让其他人阅读。在项目总结中，分析哪些工作做得好，哪些工作做得不好。总结的目的是把自己踩过的坑告诉其他人，让他们不再犯相同的错误。

在这个练习中，写一份你在本书中制作的游戏的项目总结。不用让任何人阅读它，写报告的过程非常重要。一定要花一些时间完成这项工作，因为之后你可能会再次阅读它。当你阅读之前写的项目总结的时候，你会惊讶于之前感觉困难或者高兴的事情。

在撰写了项目总结之后，把它打印出来（如果是手写的就不用打印了），并把它放入本书中。之后，当你再次翻开本书时，一定要记得打开项目总结并阅读。

推荐阅读

游戏AI
开发实用指南
Practical Game AI Programming

Unreal Engine 4
游戏开发秘笈
UE4虚拟现实开发
Unreal Engine VR Cookbook
Developing Virtual Reality with UE4

Unity3D
网络游戏实战
(第2版)
Multiplayer Game Development With Unity3D

游戏服务器
架构与优化
Architecture and Optimization for Game Servers

Unity与C++
网络游戏开发实战
基于VR、AI与分布式架构

OpenGL编程指南
(原书第9版)
OpenGL Programming Guide

R语言游戏数据
分析与挖掘

The Art of Game Analytics
游戏数据分析的艺术

Cocos Creator
游戏开发实战